21世纪高等学校物联网专业系列教材

物联网技术导论

第3版

◎ 桂小林 主编

清华大学出版社

北京

内 容 简 介

本书从物联网技术和应用的视角,深入浅出地阐述物联网的概念与体系结构、物联网关键技术及其典型应用。全书融入思政和实验案例,重点讲述物联网感知技术(含传感、检测、标识和定位技术)、物联网传输技术(含短距离无线技术、移动通信技术和卫星通信技术)、物联网数据处理技术(含数据存储、分析和检索技术)、物联网信息安全技术(含数据安全和隐私保护技术)以及物联网的典型应用等。

本书既可作为普通高等学校物联网工程及相关专业"物联网技术导论""物联网专业导论""物联网工程导论"等课程的教材,也可作为高职高专学校相关专业的"物联网技术"课程教材,并可作为物联网工程师、物联网用户及物联网爱好者的学习参考书或培训教材。

图书在版编目(CIP)数据

物联网技术导论/桂小林主编. —3 版. —北京:清华大学出版社,2024.3(2025.1重印)
21 世纪高等学校物联网专业系列教材
ISBN 978-7-302-66050-7

Ⅰ. ①物… Ⅱ. ①桂… Ⅲ. ①物联网—应用—高等学校—教材 Ⅳ. ①TP393.4 ②TP18

中国国家版本馆 CIP 数据核字(2024)第 070815 号

责任编辑:黄 芝 李 燕
封面设计:刘 键
责任校对:申晓焕
责任印制:宋 林

出版发行:清华大学出版社
      网　　　址:https://www.tup.com.cn,https://www.wqxuetang.com
      地　　　址:北京清华大学学研大厦 A 座　　　邮　编:100084
      社 总 机:010-83470000　　　邮　购:010-62786544
      投稿与读者服务:010-62776969,c-service@tup.tsinghua.edu.cn
      质量反馈:010-62772015,zhiliang@tup.tsinghua.edu.cn
      课件下载:https://www.tup.com.cn,010-83470236
印 装 者:涿州汇美亿浓印刷有限公司
经　　销:全国新华书店
开　　本:185mm×260mm　　印　张:18.75　　　　字　数:459 千字
版　　次:2018 年 9 月第 1 版　2024 年 5 月第 3 版　　印　次:2025 年 1 月第 4 次印刷
印　　数:5001~8000
定　　价:59.80 元

产品编号:097039-01

前　言

教育部自 2010 年设置物联网工程专业至今，全国有超过 600 所高校开设了物联网工程本科专业。最近 5 年，物联网技术(特别是大数据和人工智能技术)得到了突飞猛进的发展，原有教材的内容已不能完全满足目前物联网工程专业学生培养的需要，因此，对《物联网技术导论》进行了全面修订，增加了大数据、云计算和人工智能等新内容。

本书以习近平新时代中国特色社会主义思想为指导，遵循党的教育方针，根据"教育部高等学校计算机类专业教学指导委员会　物联网工程专业教学研究专家组"的《高等学校物联网工程专业规范(2020 版)》，以立德树人为根本任务，进行知识和内容的组织，可以作为物联网工程专业的第一本专业教材使用，也可以作为非物联网工程专业的"物联网技术"或"物联网应用"等通识课程的教材使用。本书建议安排 32～48 学时进行讲解，最少不应少于16 学时。

考虑到"物联网作为战略新兴产业"和"物联网工程专业作为新工科专业"的特点，在对专业内涵、专业知识领域和知识单元等方面进行研究和分析的基础上，全书科学合理地安排教材内容，目标是提升学生对物联网工程专业的"认知"能力和对物联网技术的"理解"能力。

全书共 9 章，采用由底而上的分层架构进行组织。具体内容包括物联网的概念、物联网体系结构、传感与检测技术、标识与定位技术、物联网通信技术、物联网数据处理、物联网信息安全和物联网的典型应用等。考虑到物联网专业的特点，本书最后还专门以一章(第 9章)对"物联网技术导论"课程的课内实验进行了介绍，以期对相关高校开展物联网技术实践提供参考。

本书第 3 版由西安交通大学桂小林教授负责统筹和修订，主要修订了第 3～5 章和第 9章，新增了关于"智能手机中的传感器"的内容，并将原第 9 章的"物联网工程专业的知识体系"修改为"物联网技术导论实验指导"，各章新增了"选择题"题型。此外，参与本书前期工作的有安健、何欣、张文东等，在此表示感谢。

本书内容丰富，章节安排合理，叙述清楚，难易适度，既可作为普通高等学校物联网工程及相关专业"物联网技术导论""物联网专业导论""物联网工程导论"等课程的教材，也可作为高职高专学校相关专业的"物联网技术"课程教材，并可作为物联网工程师、物联网用户及物联网爱好者的学习参考书或培训教材。

为了配合教学，本书免费提供电子教案、习题解答、课程大纲和实验案例，读者可从清华大学出版社网站下载或从作者的课程网站获取。本书在"爱课程"网站和"智慧树"网站上配套开设了"物联网技术概论"MOOC 课程，该课程已经获批国家线上一流本科课程。

限于编者水平，书中难免有不足之处，敬请读者批评指正。

编　者

2024 年 2 月于西安交通大学

教学安排建议

本书建议安排 32～48 学时。如果采用线上线下混合教学,建议课堂授课环节不少于 24 学时,课外线上学习不少于 12 学时。另外,建议安排不少于 8 学时的课内实验。具体建议如下。

教学章节	教学内容	教学安排与学时建议	实践内容
第 1 章 绪论	物联网的概念; 物联网的起源与发展; 物联网的应用	课堂讲授 2 学时; 线上学习 1 学时	观看物联网产业视频
第 2 章 物联网体系结构	物联网体系结构的概念; 常见的物联网体系结构; 物联网关键技术; 其他物联网应用架构; 物联网的反馈与控制	课堂讲授 2 学时; 课堂研讨 1 学时; 线上学习 1 学时	观看大国重器视频
第 3 章 传感与检测技术	传感检测模型; 传感器的特性与分类; 传感器技术原理; 常见传感器介绍; 智能温度传感器 DS18B20	课堂讲授 2～4 学时; 线上学习 2 学时; 课内实验 2 学时	观看传感器视频 温度传感器实验
第 4 章 标识与定位技术	条形码技术; RFID 技术; 定位技术	课堂讲授 6 学时; 线上学习 2 学时; 课内实验 2 学时	观看卫星导航视频 EAN-13 编码实验
第 5 章 物联网通信技术	近距离无线通信技术; 远距离无线通信技术; 有线通信技术; Internet 技术	课堂讲授 3 学时; 课堂研讨 1 学时; 线上学习 2 学时	观看计算机网络视频
第 6 章 物联网数据处理	物联网数据的大数据特征; 物联网数据存储; 物联网数据分析与挖掘; 物联网数据检索	课堂讲授 4～5 学时; 线上学习 2 学时; 课内实验 2 学时	Hadoop 课外实践 数据聚类实验
第 7 章 物联网信息安全	物联网的安全问题分析; 物联网的安全体系; 物联网的感知层安全; 物联网的传输层安全; 物联网的应用层安全; 外包数据的隐私保护; 物联网的位置隐私	课堂讲授 2～3 学时; 线上学习 1 学时; 课内实验 2 学时	数字签名课外实践 DES 编程实验
第 8 章 物联网的典型应用	基于物联网的环境监控; 基于物联网的智能家居; 基于物联网的智能交通管理; 基于物联网的智能物流管理; 基于物联网的工业流程管理	课堂讲授 1 学时; 线上学习 1 学时	观看智能家居视频

目 录

第 1 章　绪论 ……………………………………………………………………………… 1

　1.1　物联网的概念 …………………………………………………………………… 1

　　1.1.1　物联网的定义 …………………………………………………………… 1

　　1.1.2　"物"的含义 …………………………………………………………… 2

　　1.1.3　物联网的特征 …………………………………………………………… 2

　1.2　物联网的起源与发展 …………………………………………………………… 3

　　1.2.1　物联网的起源 …………………………………………………………… 4

　　1.2.2　物联网的发展 …………………………………………………………… 4

　1.3　物联网的应用 …………………………………………………………………… 10

　1.4　本章小结 ………………………………………………………………………… 12

　习题 …………………………………………………………………………………… 12

第 2 章　物联网体系结构 ……………………………………………………………… 14

　2.1　物联网体系结构的概念 ………………………………………………………… 14

　　2.1.1　物联网体系结构的定义 ………………………………………………… 14

　　2.1.2　物联网体系结构的设计原则 …………………………………………… 15

　2.2　常见的物联网体系结构 ………………………………………………………… 16

　　2.2.1　三层物联网体系结构 …………………………………………………… 16

　　2.2.2　四层物联网体系结构 …………………………………………………… 17

　2.3　物联网关键技术 ………………………………………………………………… 24

　　2.3.1　感知与标识技术 ………………………………………………………… 24

　　2.3.2　网络融合技术 …………………………………………………………… 25

　　2.3.3　云计算技术 ……………………………………………………………… 26

　　2.3.4　智能信息处理技术 ……………………………………………………… 26

　　2.3.5　隐私安全技术 …………………………………………………………… 27

　2.4　其他物联网应用架构 …………………………………………………………… 27

　　2.4.1　无线传感器网络体系结构 ……………………………………………… 28

　　2.4.2　EPC/UID 系统结构 ……………………………………………………… 30

　　2.4.3　信息物理融合系统结构 ………………………………………………… 32

　　2.4.4　M2M 系统结构 …………………………………………………………… 34

　2.5　物联网的反馈与控制 …………………………………………………………… 35

　　2.5.1　反馈控制的基本原理 …………………………………………………… 35

　　　2.5.2　反馈控制系统的组成 ･･････････････････････････････････ 37

　　　2.5.3　物联网系统的反馈控制 ･･････････････････････････････ 38

　2.6　本章小结 ･･ 40

　习题 ･･ 40

第3章　传感与检测技术 ･･･ 42

　3.1　传感检测模型 ･･ 42

　3.2　传感器的特性与分类 ･･････････････････････････････････････ 44

　　　3.2.1　传感器的特性 ･･････････････････････････････････････ 44

　　　3.2.2　传感器的分类 ･･････････････････････････････････････ 46

　　　3.2.3　传感器的发展趋势与应用 ･･････････････････････････ 50

　3.3　传感器技术原理 ･･ 53

　　　3.3.1　电阻应变式传感器 ･････････････････････････････････ 53

　　　3.3.2　电感式传感器 ･･････････････････････････････････････ 56

　　　3.3.3　电容式传感器 ･･････････････････････････････････････ 59

　　　3.3.4　压电式传感器 ･･････････････････････････････････････ 62

　　　3.3.5　磁电感应式传感器 ･････････････････････････････････ 65

　　　3.3.6　其他类型的传感器 ･････････････････････････････････ 68

　3.4　常见传感器介绍 ･･ 68

　　　3.4.1　温度传感器 ･･ 68

　　　3.4.2　湿敏传感器 ･･ 71

　　　3.4.3　光电传感器 ･･ 72

　　　3.4.4　气敏传感器 ･･ 75

　　　3.4.5　压力传感器 ･･ 76

　　　3.4.6　加速度传感器 ･･････････････････････････････････････ 76

　　　3.4.7　智能传感器 ･･ 77

　3.5　智能温度传感器 DS18B20 ･･････････････････････････････････ 80

　　　3.5.1　DS18B20 概述 ･･･････････････････････････････････････ 80

　　　3.5.2　DS18B20 的测温原理 ･･･････････････････････････････ 81

　　　3.5.3　DS18B20 的内部结构 ･･･････････････････････････････ 81

　　　3.5.4　DS18B20 的编程结构 ･･･････････････････････････････ 83

　3.6　本章小结 ･･ 85

　习题 ･･ 85

第4章　标识与定位技术 ･･･ 88

　4.1　条形码技术 ･･ 88

　　　4.1.1　一维条形码的概念 ･････････････････････････････････ 89

　　　4.1.2　一维条形码的实例 ･････････････････････････････････ 90

　　　4.1.3　二维条形码技术 ･･･････････････････････････････････ 96

　　　　4.1.4　条形码生成器 ·· 99

　　4.2　RFID 技术 ··· 102

　　　　4.2.1　RFID 的概念及分类 ·· 103

　　　　4.2.2　RFID 的核心技术 ·· 107

　　　　4.2.3　RFID 的防碰撞技术 ··· 113

　　4.3　空间定位技术 ·· 119

　　　　4.3.1　卫星定位技术 ··· 120

　　　　4.3.2　蜂窝定位技术 ··· 125

　　　　4.3.3　WiFi 定位技术 ·· 127

　　4.4　本章小结 ··· 130

　　习题 ··· 130

第 5 章　物联网通信技术 ·· 133

　　5.1　近距离无线通信技术 ·· 133

　　　　5.1.1　WiFi 技术 ·· 133

　　　　5.1.2　蓝牙技术 ··· 136

　　　　5.1.3　ZigBee 技术 ··· 140

　　　　5.1.4　6LoWPAN 技术 ·· 142

　　5.2　远距离无线通信技术 ·· 143

　　　　5.2.1　卫星通信技术 ··· 143

　　　　5.2.2　移动通信技术 ··· 149

　　　　5.2.3　微波通信技术 ··· 152

　　5.3　有线通信技术 ·· 155

　　　　5.3.1　双绞线 ·· 155

　　　　5.3.2　光纤 ··· 156

　　　　5.3.3　以太网 ·· 160

　　5.4　Internet 技术 ··· 163

　　　　5.4.1　Internet 通信协议 ··· 163

　　　　5.4.2　Internet 接入技术 ··· 172

　　　　5.4.3　Internet 路由算法 ··· 175

　　5.5　本章小结 ··· 177

　　习题 ··· 177

第 6 章　物联网数据处理 ·· 179

　　6.1　物联网数据的大数据特征 ··· 179

　　6.2　物联网数据存储 ··· 180

　　　　6.2.1　数据库存储 ·· 180

　　　　6.2.2　基于云架构的数据存储 ·· 186

　　6.3　物联网数据分析与挖掘 ··· 192

　　　6.3.1　物联网数据的预处理 ·· 192

　　　6.3.2　物联网的知识发现 ·· 193

　　　6.3.3　物联网的数据挖掘 ·· 195

　　　6.3.4　物联网数据并行处理 ·· 200

　6.4　物联网数据检索 ··· 205

　　　6.4.1　文本检索 ·· 205

　　　6.4.2　图像检索 ·· 206

　　　6.4.3　音频检索 ·· 209

　　　6.4.4　视频检索 ·· 211

　6.5　本章小结 ·· 212

　习题 ·· 212

第7章　物联网信息安全 ·· 214

　7.1　物联网的安全问题分析 ··· 214

　7.2　物联网的安全体系 ··· 216

　7.3　物联网的感知层安全 ·· 220

　　　7.3.1　RFID 的安全威胁 ··· 220

　　　7.3.2　RFID 的安全机制 ··· 223

　　　7.3.3　物联网摄像头的安全机制 ·· 227

　　　7.3.4　二维码的安全机制 ·· 228

　　　7.3.5　感知层的可信接入机制 ··· 229

　7.4　物联网的传输层安全 ·· 232

　　　7.4.1　物联网传输层的安全挑战 ·· 232

　　　7.4.2　传输层的数据加密机制 ··· 233

　　　7.4.3　传输层的安全传输协议 ··· 239

　7.5　物联网的应用层安全 ·· 241

　　　7.5.1　访问控制 ·· 241

　　　7.5.2　数字签名 ·· 244

　7.6　外包数据的隐私保护 ·· 245

　7.7　物联网的位置隐私 ··· 248

　7.8　本章小结 ·· 249

　习题 ·· 250

第8章　物联网的典型应用 ·· 252

　8.1　基于物联网的环境监控 ··· 252

　　　8.1.1　基于物联网的环境监控系统架构 ··· 252

　　　8.1.2　基于物联网的环境监控关键技术 ··· 254

　　　8.1.3　物联网技术在环境监控中的应用 ··· 255

　8.2　基于物联网的智能家居 ··· 259

8.2.1　基于物联网的智能家居组织架构 ･･･････････････････････ 259

8.2.2　基于物联网的智能家居关键技术 ･･･････････････････････ 260

8.2.3　物联网技术在智能家居中的应用 ･･･････････････････････ 261

8.3　基于物联网的智能交通管理 ････････････････････････････ 263

8.3.1　基于 RFID 的不停车收费系统 ･･･････････････････････ 264

8.3.2　基于物联网的智能交通关键技术 ･･･････････････････････ 264

8.3.3　物联网在智能交通中的应用 ････････････････････････ 266

8.4　基于物联网的智能物流管理 ････････････････････････････ 268

8.4.1　基于物联网的智能物流管理系统架构 ････････････････････ 269

8.4.2　基于物联网的智能物流管理关键技术 ････････････････････ 270

8.4.3　物联网在智能物流管理中的应用案例 ････････････････････ 270

8.5　基于物联网的工业流程管理 ････････････････････････････ 271

8.5.1　物联网在工业流程管理中的架构 ･･･････････････････････ 272

8.5.2　物联网在工业流程管理中的关键技术 ････････････････････ 272

8.5.3　物联网在工业流程管理中的应用案例 ････････････････････ 273

8.6　本章小结 ･･ 275

习题 ･･ 275

第 9 章　物联网技术导论实验指导 ･･････････････････････････ 276

9.1　实验准备：实验环境安装和配置 ･･････････････････････････ 276

9.2　一维条形码 EAN 编码实验 ･･･････････････････････････ 279

9.3　一维条形码 EAN 的可视化实验 ･････････････････････････ 281

9.4　基于 Python 库的条形码生成实验 ････････････････････････ 282

9.5　基于最大树的数据聚类实验 ････････････････････････････ 284

参考文献 ･･ 287

第 **1** 章

绪论

"最深邃的技术是那些'消失'的技术，这些技术融入日常生活当中，令人难以分辨"。这是 20 世纪 90 年代初，信息产业还处于个人计算机时代时，计算机科学家马克·魏泽尔对计算机和网络技术未来发展的展望。经过近 30 年的发展，当年的展望正逐渐变成现实。近年来，伴随着网络技术、通信技术、智能嵌入技术的迅速发展，"物联网"一词频繁出现在世人眼前。作为下一代网络的重要组成部分，物联网受到了学术界、工业界的广泛关注，引起了美、日、韩及欧洲等国家和地区的高度重视，各国纷纷制定了物联网发展规划并付诸实施。业界专家普遍认为，物联网技术将会带来一场新的技术革命，它是继个人计算机、互联网及移动通信网络之后全球信息产业的第三次浪潮。

1.1　物联网的概念

从计算机时代到互联网时代，信息技术的发展给我们的生活和工作带来了巨大的变化。如今，以互联网为依托的物联网，伴随着全球一体化、工业自动化和信息化进程的不断深入，已经融入我们的工作和日常生活中，成为办公和娱乐不可或缺的一部分。

1.1.1　物联网的定义

顾名思义，物联网（Internet of Things，IoT）就是一个将所有物体连接起来所组成的物-物相连的互联网络。由于目前物联网的研究尚处于发展阶段，物联网的确切定义尚未完全统一。一个普遍被大家接受的定义为：物联网是通过使用射频识别（Radio Frequency Identification，RFID）、传感器、红外感应器、全球定位系统、激光扫描器等信息采集设备，按约定的协议，把任何物品与互联网连接起来，进行信息交换和通信，以实现智能化识别、定位、跟踪、监控和管理的一种网络（或系统）。

从定义可以看出，物联网是对互联网的延伸和扩展，其用户端可延伸到世界上任何的物品。国际电信联盟（ITU）在《ITU 互联网报告 2005：物联网》中指出，在物联网中，一个牙刷、一条轮胎、一座房屋，甚至是一张纸巾都可以作为网络的终端，即世界上的任何物品都能连入网络；物与物之间的信息交互不再需要人工干预，物与物之间可实现无缝、自主、智能的交互。换句话说，物联网以互联网为基础，主要解决人与人、人与物和物与物之间的互联和通信。

1.1.2　"物"的含义

在物联网中,"物"的含义除了包括各种家用电器、电子设备、车辆等电子装置以及高科技产品外,还包括食物、服装、零部件和文化用品等非电子类物品,甚至包括一瓶饮料、一条轮胎、一个牙刷和一片树叶等。我们正从今天的"物联网"(IoT)走入"万物互联"(Internet of Everything,IoE)的时代,所有的东西将会获得语境感知、增强的处理能力和更好的感应能力。如果再将人和信息加入物联网中,将会得到一个集合十亿甚至万亿连接的网络。

万物互联将人、机、物有机融合在一起,给企业、个人和国家带来新的机遇和挑战,并带来更加丰富的个体生活体验和前所未有的经济发展机遇。随着越来越多的人、机、物与数据及互联网连接起来,互联网的功能呈爆发式增长,并由此深入到社会生活的各个方面,改变着人们的社会生活方式。

但是,从信息论的角度理解,物联网中的"物"必须是通过 RFID、无线网络、广域网或者其他通信方式互联的可读、可识别、可定位、可寻址、可控制的物品(或物体),其中,可识别是最基本的要求。不能识别的物品(或物体)不能视作物联网或万物互联的要素。

为了实现"物"的自动识别,需要对物品进行编码,该编码必须具有唯一性。同时,为了便于数据的读取和传输,需要有可靠的数据传输的通路以及遵循统一的通信协议。另外,在一些智能嵌入系统中,还要求"物"具有一定的存储功能和计算能力,这就需要"物"包含中央处理器(Central Processing Unit,CPU)和必要的系统软件(操作系统)。

1.1.3　物联网的特征

经过近十年的快速发展,物联网展现出了与互联网不同的特征。与传统的互联网相比,物联网具有全面感知、可靠传递、智能处理和深度应用四个主要特征,如图 1-1 所示。

1. 全面感知

由于微电子技术的快速发展,嵌入式设备更加微型化,使得为每个物品、动物或人安装电子感知装置成为可能,物联网将进入全面感知时代。为了使物品具有感知能力,需要在物品上安装不同类型的身份识别装置,例如电子标签(tag)、一维条形码与二维条形码(简称二维码)等,或者通过传感器、红外感应器等感知其物理属性和个性化特征。利用这些装置或设备,可随时随地获取物品信息,实现物体的全面感知。

2. 可靠传递

由于大量感知节点的存在,每天将产生数以亿计的数据,这些数据需要借助各种通信网络进行传输。数据传输的稳定性和可靠性是保证物-物相连的关键。为了实现物与物之间的信息交互,就必须遵守统一的通信协议。由于物联网是一个异构网络,不同的实体间协议规范可能存在差异,需要通过相应的软、硬件进行转换,保证物品之间的信息能实时、准确地传递。

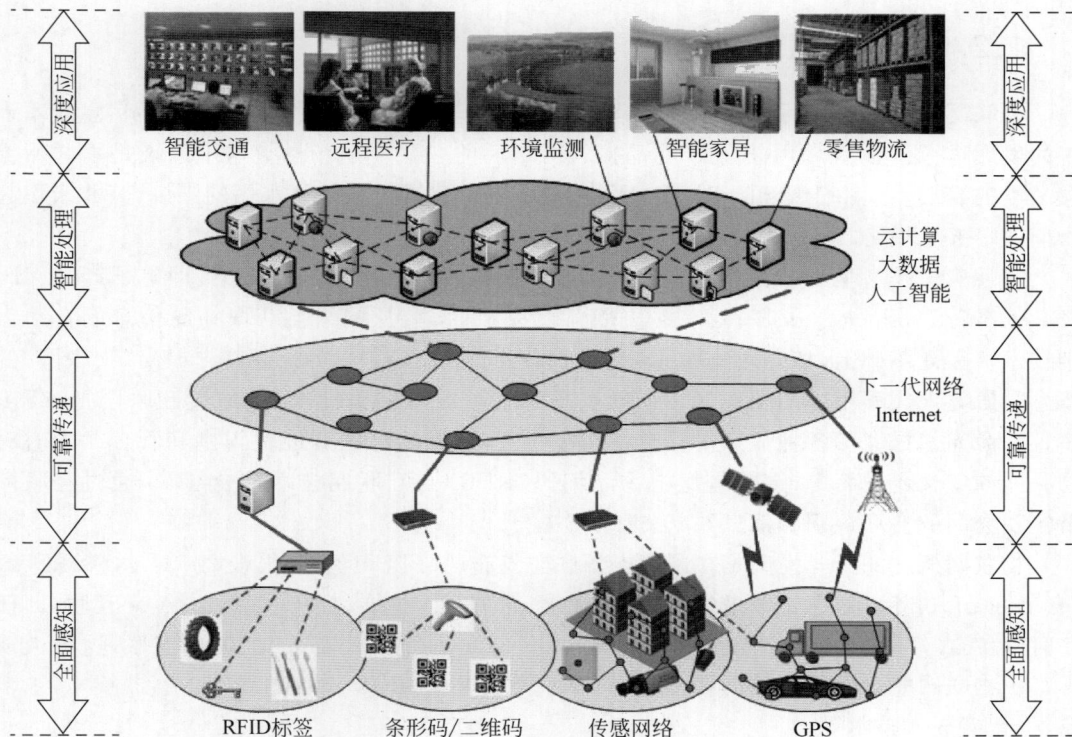

图 1-1　物联网的特征示意图

3．智能处理

物联网为什么需要感知和传输数据？其目的是要实现对各种物品(包括人)进行智能化识别、定位、跟踪、监控和管理等功能。因此，就需要智能信息处理平台的支撑。智能信息处理平台通过云计算、大数据和人工智能等智能处理技术，对海量数据进行存储、分析和处理，再针对不同的应用需求，对物品实施智能化的控制。

4．深度应用

应用需求促进了物联网的发展。早期的物联网只是在零售、物流、交通和工业等应用领域使用。近年来，物联网已经渗透到智能农业、远程医疗、环境监控、智能家居、自动驾驶等与老百姓生活密切相关的应用领域之中。物联网的应用正向广度和深度两个维度发展。特别是大数据和人工智能技术的发展，使得物联网的应用向纵深方向发展，产生了大量的基于大数据深度分析的物联网应用系统。

1.2　物联网的起源与发展

自从 2009 年中国、欧盟、美国等纷纷提出物联网发展政策至今，物联网经历了高速发展阶段。传统企业和 IT 巨头纷纷布局物联网，使物联网在制造业、零售业、服务业、公共事业等多个领域加速渗透，物联网正处于大规模爆发式增长的阶段。

1.2.1　物联网的起源

物联网概念的起源可以追溯到 1995 年,比尔·盖茨在《未来之路》一书中对信息技术未来的发展进行了预测,其中描述了物品接入网络后的一些应用场景。这可以说是物联网概念最早的雏形。但由于受到当时无线网络、硬件及传感器设备发展水平的限制,其并未引起人们的足够重视。

1998 年,麻省理工学院(MIT)提出基于 RFID 技术的唯一编码方案,即电子产品编码(Electronic Product Code,EPC),并以 EPC 为基础,研究从网络上获取物品信息的自动识别技术。在此基础上,1999 年,美国自动识别技术(AUTO-ID)实验室首先提出“物联网”的概念。研究人员利用物品编码和 RFID 技术对物品进行编码标识,再通过互联网把 RFID 装置和激光扫描器等各种信息传感设备连接起来,实现物品的智能化识别和管理。当时对物联网的定义还很简单,主要是指把物品编码、RFID 与互联网技术结合起来,通过互联网络实现物品的自动识别和信息共享。

物联网概念的正式提出是在国际电信联盟发布的《ITU 互联网报告 2005:物联网(The Internet of Things)》中。该报告对物联网的概念进行了扩展,提出物品的 3A 化互联,即任何时刻(Any Time)、任何地点(Any Where)、任何物体(Any Thing)之间的互联,这极大地丰富了物联网概念所包含的内容,涉及的技术领域也从 RFID 技术扩展到传感器技术、纳米技术、智能嵌入技术等。

物联网的概念是在国际一体化、工业自动化与信息化不断发展和相互融合的背景下产生的。业内专家普遍认为,物联网一方面可以提高经济效益,大大节约成本;另一方面可以为全球的经济发展提供技术动力。

由此可见,以计算为核心的第一次信息产业浪潮推动了信息技术进入智能化时代,以网络为核心的第二次信息产业浪潮推动了信息技术进入网络化时代,在以感知为核心的第三次信息产业浪潮中,物联网将推动信息技术进入社会化时代。

1.2.2　物联网的发展

近年来,随着芯片、传感器等硬件价格的不断下降,通信网络、云计算和智能处理技术的革新和进步,物联网迎来了快速发展期。美、日、韩及欧洲等发达国家和地区都在加快对物联网研究的步伐,以争取占领该领域的国际领先地位。我国也积极参与其中,并在标准制定和相关技术研究方面取得了阶段性成果,物联网的应用研究已经处于国际先进水平。

1. 国际发展现状

美国作为物联网技术的主导国之一,最早展开了物联网及相关技术与应用的研究。2007 年,美国率先在马萨诸塞州剑桥城打造全球第一个全城无线传感网。2009 年 1 月,IBM 首席执行官彭明盛提出“智慧地球”的概念,其核心是指以一种更智慧的方法——利用新一代信息通信技术改变政府、公司和人们相互交互的方式,以便提高交互的明确性、效率、灵活性和响应速度。具体地说,就是将新一代信息技术运用到各行各业,即把传感器嵌入和装备到全球范围内的计算机、铁路、桥梁、隧道、公路等附着的监控计算机中,并相互连接,形成"物联网",然后再通过超级计算机和云计算平台的相互融合,实现实时、可靠、智能地管理生产和生活,最终实现"智慧地球"。"智慧地球"的提出,立刻引起了全球对物联网的广泛关注,时任美国总统奥巴马也积极做出回应,将"智慧地球"提升为美国的国家发展战略,期望能利用它来刺激经济,把美国的经济带出低谷。

欧盟委员会为了主导未来物联网的发展,近年来一直致力于鼓励和促进欧盟内部物联网产业的发展。早在 2006 年,欧盟委员会就成立了专门的工作组进行 RFID 技术研究,并于 2008 年发布《2020 年的物联网——未来路线》,对未来物联网的研究与发展提出展望。2009 年 6 月,欧盟委员会正式提出了《欧盟物联网行动计划》(*Internet of Things—An Action Plan for Europe*),内容包括监管、隐私保护、芯片、基础设施保护、标准修改、技术研发等在内的 14 项框架,主要有管理、隐私及数据保护、"芯片沉默"的权利、潜在危险、关键资源、标准化、研究、公私合作、创新、管理机制、国际对话、环境问题、统计数据和进展监督等一系列工作。该计划的目的是希望欧盟通过构建新型物联网管理框架来引领世界"物联网"的发展,同时为了尽快普及物联网,使物联网为尽快摆脱经济危机发挥作用。

工业领域正在全球范围内发挥越来越重要的作用,是推动科技创新、经济增长和社会稳定的重要力量。在 2011 年 4 月的汉诺威工业博览会上,德国政府正式提出了工业 4.0 (Industry 4.0)战略,目标是建立一个高度灵活的个性化和数字化的产品与服务的生产模式,旨在支持工业领域新一代革命性技术的研发与创新,以提高德国工业的竞争力,在新一轮工业革命中占领先机。工业 4.0 的核心就是物联网,又称为第四次工业革命,其目标就是实现虚拟生产和与现实生产环境的有效融合,提高企业生产率。作为世界工业发展的风向标,德国工业界的举动深深影响着全球工业市场的变革。从 18 世纪中叶以来,人类历史上先后发生了三次工业革命,发源于西方国家及衍生国家,并由他们所创新与主导。图 1-2 给出了四次工业革命的发展示意图。

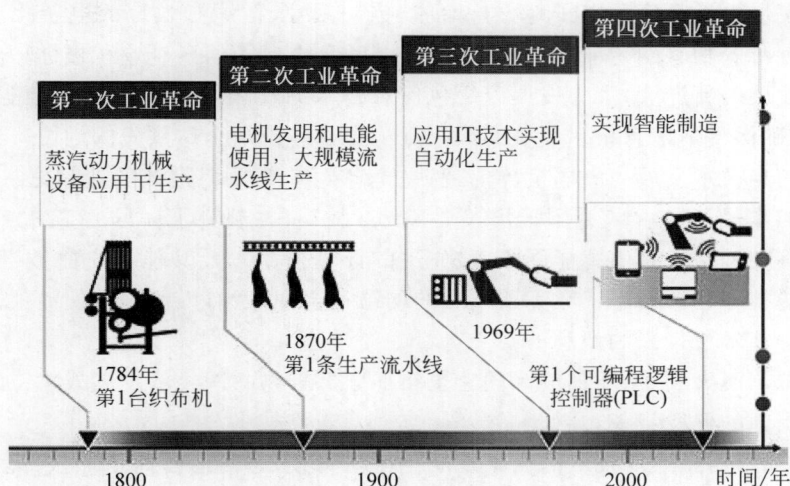

图 1-2 四次工业革命发展示意图

第一次工业革命:1760—1840 年的"蒸汽时代",标志着农耕文明向工业文明的过渡,是人类发展史上的一个伟大奇迹。

第二次工业革命:1840—1950 年进入的"电气时代",使得电力、钢铁、铁路、化工、汽车等重工业兴起，石油成为新能源，促使交通迅速发展，世界各国的交流更为频繁，并逐渐形成一个全球化的国际政治、经济体系。

第三次工业革命：第二次世界大战之后开创了"信息时代"，全球信息和资源交流变得更为迅速，大多数国家和地区都被卷入到全球化进程之中，世界政治经济格局进一步确立，人类文明的发达程度也达到空前的高度。第三次信息革命方兴未艾，还在全球扩散和传播。

前三次工业革命使得人类社会发展进入了空前繁荣的时代，与此同时，也造成了巨大的能源、资源消耗，付出了巨大的环境和生态成本代价，急剧扩大了人与自然的矛盾。进入 21世纪，人类面临空前的全球能源与资源危机、全球生态与环境危机、全球气候变化危机的多重挑战，由此引发了第四次工业革命。第四次工业革命的目标是实现智能制造，引导绿色工业的到来。它以自然要素投入为特征，实现以绿色要素投入为特征的跃迁，并普及至整个社会。21世纪发动和创新的第四次工业革命，中国第一次与美国、欧盟、日本等发达国家和地区站在同一起跑线上，在加速信息工业革命的同时，正式发动和创新"中国制造 2025"计划，支撑第四次工业革命的实现。

"中国制造 2025"计划是一场全新的以物联网、大数据和人工智能为特征的绿色工业革命，它的实质和特征，就是大幅度地提高资源生产率，经济增长与不可再生资源要素全面脱钩，与二氧化碳等温室气体排放脱钩，目标是实现中国制造的全面转型和升级。

日本也是最早展开物联网研究的国家之一。自 20 世纪 90 年代中期以来，日本相继推出了 e-Japan、u-Japan 和 i-Japan 等一系列国家信息技术发展战略，在以信息基础设施建设为主的前提下，不断发展和深化与信息技术相关的应用研究。2004 年，日本政府提出 u-Japan 计划，着力发展泛在网及相关应用产业，并希望由此催生新一代信息科技革命。2009 年 8 月，日本又提出了下一代的信息化战略——i-Japan 计划，提出"智慧泛在"构想，其要点是大力发展电子政府和电子地方自治体，推动医疗、健康和教育的电子化。同时，计划构建一个个性化的物联网智能服务体系，充分调动日本电子信息企业积极性，开拓支持日本中长期经济发展的新产业，大力发展以绿色信息技术为代表的环境技术和智能交通系统等重大项目，以确保日本信息技术领域的国家竞争力始终位于全球领先的地位。

韩国的信息技术发展一直居世界前列，是全球宽带普及率最高的国家之一。为了紧跟物联网研究的步伐，2004 年，韩国推出了 u-Korea 战略，并制订了详尽的 IT839 计划。该计划认为无所不在网络将是由智能网络、最先进的计算技术以及其他领先的数字技术基础设施组合而成的技术社会形态。在无所不在的网络社会中，所有人可以在任何地点、任何时刻享受现代信息技术所带来的便利。

此外，法国、澳大利亚、新加坡等国家也在加紧部署物联网经济发展战略，加快推进下一代网络基础设施的建设步伐。

在我国，随着信息通信技术的变革发展与创新突破，通信运营商正加快部署 NB-IoT 和 eMTC 网络，上中下游产业链已基本形成，网络也已实现全国覆盖。用于运动健身、休闲娱乐、智能开关、医疗健康、远程控制、身份认证的眼镜、跑鞋、手表、手环、戒指等不同形态的物联网可穿戴设备正在渗透到人们的生活中，为人们带来更多的便利。据预测，到 2025 年我国物联网终端连接数量将达到 22.9 亿个，全球物联网终端连接数量将达到 250 亿个，其中，消费物联网终端连接数量独领风骚，约为 110 亿个，工业物联网终端连接数量为 140 亿个，占全球连接数量的一半以上。

2．国内发展现状

我国对物联网的研究起步较早。1999 年,中国科学院就启动了传感网的研究,在无线智能传感器网络通信技术、微型传感器、传感器终端机、移动基站等方面取得了重大进展,并且形成了从材料、技术、器件、系统到网络的完整产业链。到目前为止,我国的传感器标准体系的研究已形成初步框架,向国际标准化组织提交的多项标准提案也均被采纳,传感网标准化工作已经取得了积极进展。

与此同时,我国正逐步建立以 RFID 应用为基础的全国物联网应用平台。从 2004 年起,国家金卡工程每年都推出新的 RFID 应用试点,涉及电子票证与身份识别、动物与食品追踪、药品安全监管、煤矿安全管理、电子通关与路桥收费、智能交通与车辆管理、供应链管理与现代物流、危险品与军用物资管理、贵重物品防伪、票务及城市重大活动管理、图书及重要文档管理、数字化景区与旅游等众多领域。

2009 年 8 月 7 日,时任国务院总理温家宝在无锡微纳传感网工程技术研发中心时提出了"感知中国"的理念,标志着我国物联网产业的研究和发展已上升到国家战略层面,物联网的研究在国内加速推进。

2009 年 9 月 11 日,"传感器网络标准工作组成立大会暨感知中国高峰论坛"在北京举行,会议提出了传感网发展的一些相关政策,成立了传感器网络标准工作组。2009 年 11 月 12 日,中国移动与无锡市人民政府签署"共同推进 TD-SCDMA 与物联网融合"战略合作协议,中国移动将在无锡成立中国移动物联网研究院,重点开展 TD-SCDMA 与物联网融合的技术研究与应用开发。

2010 年年初,我国正式成立了传感(物联)网技术产业联盟。同时,工业和信息化部也宣布将牵头成立一个全国推进物联网的部际领导协调小组,以加快物联网产业化进程。《2010 年政府工作报告》明确提出:"要大力培育战略性新兴产业。要大力发展新能源、新材料、节能环保、生物医药、信息网络和高端制造产业。积极推进新能源汽车、'三网'融合取得实质性进展,加快物联网的研发应用。加大对战略性新兴产业的投入和政策支持。"

2011 年 3 月,《物联网"十二五"发展规划》正式出台,明确指出物联网发展的九大领域,目标到 2015 年,我国要初步完成物联网产业体系构建。在 2013 年,国家发展改革委、工业和信息化部、科技部、教育部、国家标准委等多部委联合印发《物联网发展专项行动计划(2013—2015)》包含了 10 个专项行动计划,随后各地组织开展 2014—2016 年国家物联网重大应用示范工程区域试点。2014 年 6 月,工业和信息化部印发《工业和信息化部 2014 年物联网工作要点》,为物联网发展提供了有序指引。

2015 年 3 月 5 日,时任国务院总理李克强在全国两会上作《政府工作报告》时首次提出"中国制造 2025"的宏大计划,加快推进制造产业升级。"中国制造 2025"的基本思路是,借助两个 IT 的结合(Industry Technology & Information Technology,工业技术和信息技术),改变中国制造业现状,令中国到 2025 年跻身现代工业强国之列,成为第四次工业革命的引领者。如今,从"中国制造 2025"再到"互联网+",都离不开物联网的技术支撑。物联网已被国务院列为我国重点规划的战略性新兴产业之一,在国家政策带动下,我国物联网领域在技术标准研究、应用示范和推进、产业培育和发展等领域取得了长足的进步。随着物联网应用示范项目的大力开展、国家战略的推进,以及云计算、大数据等技术和市场的驱动,我国物联网市场的需求不断被激发,物联网产业呈现出蓬勃生机。

2018 年 6 月,工业和信息化部发布了关于开展 2018 年物联网集成创新与融合应用项目征集工作的通知,围绕物联网重点领域应用、物联网关键技术和服务保障体系建设,征集一批具有技术先进性、示范效果突出、产业带动性强、可规模化应用的物联网创新项目。

2019 年 9 月,国家主席习近平对国家网络安全宣传周作出重要指示:要坚持促进发展和依法管理相统一,既大力培育人工智能、物联网、下一代通信网络等新技术新应用,又积极利用法律法规和标准规范引导新技术应用。

2020 年 5 月,工业和信息化部发布了《关于深入推进移动物联网全面发展的通知》,提出建立 NB-IoT(窄带物联网)、4G 和 5G 协同发展的移动物联网综合生态体系。

2021 年 9 月,工业和信息化部发布了《物联网基础安全标准体系建设指南(2021 版)》,明确物联网终端、网关、平台等关键基础环节安全要求,满足物联网基础安全保障需要,促进物联网基础安全能力提升。

事实上,最近 10 年,中国在制造业领域取得巨大成就。这其中就包括空中造楼机、穿隧道架桥机和隧道掘进机。

(1)空中造楼机。

中国研发的空中造楼机,挑战超高层建筑,世界第一。武汉某中心项目建筑高度约 635 米,而建设这样一栋楼的物料和装备,共有五六十万吨,是普通 300 米建筑的两倍,建设风险更是比 300 米高楼大了 4 倍,这对于高空作业平台有了更高的要求。面对这样的高难度挑战,建造者们使用了一个神奇的机器,那是一个足有 4.5 层楼高的红色巨型机器,它就是中国最新一代的空中造楼机,也就是武汉某项目的智能顶升平台。

智能顶升平台使用诸多传感与控制器的空中造楼机,拥有 4000 多吨的顶升力,使用它在千米高空进行施工作业毫无难度。而且它还能在八级大风中平稳进行施工,四天一层的施工速度更是让国内外惊艳,这台空中造楼机完美地展现了中国超高层建筑施工技术,居全世界领先的地位。

(2)穿隧道架桥机。

中国研发了全球最先进的穿隧道架桥机,让世界震撼。近几年,中国高铁的发展速度令世人瞩目,逢山开路、遇水架桥,中国速度的背后,离不开一种独一无二的机械装备——穿隧道架桥机。架桥机上,前、后、左、右共有上百个传感器,负责转向、防撞、测速等功能。根据这些传感器数据,可以判断架桥机的运行情况,进行精准控制。穿隧道架桥机让中国高铁的建设进程不断提速。2018 年通车的渝贵铁路,全长 345 千米,桥梁 209 座,历时 5 年修建完成,如果没有穿隧道架桥机,工期将成倍增加。

(3)隧道掘进机。

中国研发了"挖隧道神器",即隧道掘进机。2015 年 12 月 24 日,我国首台双护盾硬岩隧道掘进机研制成功,该机器具有掘进速度快、适合较长隧道施工的特点。每台隧道掘进机上包括使用物联网技术的探测系统和控制系统,如激震系统、接收传感器、破岩震源传感器、噪声传感器等。现代盾构掘进机采用了类似机器人的技术,如控制、遥控、传感器、导向、测量、探测、通信技术等,集机、电、液、传感、信息技术于一体,具有开挖切削土体、输送土渣、拼装管片、隧道衬砌、测量导向纠偏等功能,是目前最先进的隧道掘进设备。

显然,随着物联网的发展,我国智能制造技术不断被激发,呈现出蓬勃生机。

3. 物联网发展面临的问题

目前,尽管物联网的发展方兴未艾,但还有一系列问题需要解决,如政策、标准、安全、技术和商业模式等,具体包括:

- ➢ 标准统一化问题。由于物联网的研究正处于发展阶段,相关的各类标准还未统一,不同的研究机构和标准组织都在制定自己的标准。到目前为止,还不存在一种被世界各国都认可的、统一的物联网国际标准。这就需要我国的科研工作者一方面加紧相关标准化的研究,另一方面积极参与各国的协商,加快物联网相关技术的国际标准化进程。
- ➢ 协议与安全问题。物联网是互联网的延伸,其核心基于 TCP/IP 协议,但在接入层面,由于接入方式众多,所涉及的协议复杂,需要一个统一的协议。同时,物联网中的物与物、物与人之间进行互联,使用大量的信息采集和交换设备,而且所涉及的大部分数据都涉及个人隐私,所以数据的安全性问题成为物联网的重要问题之一。如何实现大量数据的信息安全以及用户隐私数据的保护,成为亟待解决的问题。
- ➢ 核心技术有待突破。目前,我国对物联网核心技术的掌握相对薄弱。传感器是数据采集的基本单元,我国除了部分传感器技术在国际上处于领先地位外,其他部分尖端产品还要依赖进口,例如,高性能高精度传感器、高端 RFID 传感器等。如何尽快突破和掌握传感器的核心技术,特别是高端传感器的核心技术,是我国物联网发展所面临的另一个重要问题。
- ➢ 商业模式与产业链问题。物联网产业涉及终端设备提供商(芯片、传感器、其他硬件)、网络设备提供商、软件及应用开发商、系统集成商、网络提供商、运营及服务提供商等多个行业,所以,为了使物联网得以顺利发展,还需要加强各相关行业和部门的合作,协调各方的利益和职责。
- ➢ 配套政策和规范的制定与完善。物联网的发展不仅需要技术的支持,而且需要多个行业的通力合作,这就需要国家的产业政策和行业规范要走在前面,要制定出适合这个行业发展的政策、法规,并不断完善,以确保物联网行业健康、快速地发展。

社会信息化的发展过程不是一蹴而就的事,它是一个渐进的过程,是在社会需求与科学技术相互影响、相互促进的过程中一步一步地发展起来的。尽管物联网的发展还面临一系列问题,但是其前景是广阔的。随着信息技术在工业、农业、国防、科技和社会生活各个方面的应用,物联网技术的发展会不断成熟,将把我国的工业现代化和社会信息化建设的水平推向一个更高的台阶。

4. 物联网、大数据与人工智能的深度融合

物联网正是得益于云计算、大数据和人工智能的支持,才得到了蓬勃发展,并为用户提供了更好的服务体验。

首先,物联网通过各种感知设备(如 RFID、传感器、二维码等)感知物理世界的信息,这些信息通过互联网传输到云端存储设备中,为后续分析和利用提供支撑。

其次,物联网感知的数据具有异构、多源和时间序列等特征,海量的感知数据具有典型的大数据特点,需要采用大数据分析技术进行深度分析和挖掘,为用户提供高效的数据应用服务。

最后,物联网感知的海量数据,包含人、机、物共融信息,对这些信息的深度挖掘、分析、利用、控制和可视化,离不开人工智能技术。

由此可见,物联网、云计算、大数据和人工智能是一脉相承的。其中物联网是数据获取的基础,云计算是数据存储的核心,大数据是数据分析的利器,人工智能是反馈控制的关键。物联网、云计算、大数据和人工智能构成了一个完整的闭环控制系统,将物理世界和信息世界有机融合在一起。

1.3　物联网的应用

物联网应用层主要面向用户需求,利用所获取的感知数据,经过前期分析和智能处理,为用户提供特定的服务。目前,物联网应用的研究已经扩展到智能交通、智能物流、环境监测、智能电网、医疗健康、智能家居等多个领域。

1. 智能交通

随着人们生活水平的不断提高,车辆的保有量日益增加,城市交通承受的压力也越来越大,道路拥堵、交通事故等不断见诸报端。据相关统计数据显示,目前,有30%的燃油浪费在寻找停车位的过程中,不仅造成了资源浪费、环境污染,还给人们的生活带来了很大的不便。通过使用不同的传感器和RFID,可以对车辆进行识别和定位,了解车辆的实时运行状态和路线,方便车辆的管理,同时也可实现交通的监控,了解道路交通状况。

另外,还可以利用自动识别实现高速公路的不停车收费、公交车电子票务等,提高交通管理效率,减少道路拥堵。近十年来,我国路网监测密度和实时性不断提高,高速公路电子不停车收费技术得到推广应用,公交运营实现了监测、调度、出行服务的智能化。智能交通在服务百姓便捷出行和交通科学管理方面发挥着重要作用。然而,其发展也面临各种问题。例如,交通建设及管理中积累了大量的基础信息资源,但这些资源的数字化和网络化程度较低,限制了其二次开发和再加工;数据分析、处理、应用能力不足,欠缺针对海量数据的快速准确的信息提取技术;智能交通系统建设涉及多部门、多领域,协调困难,阻碍了基础信息资源的互通和共享。

2. 智能物流

现代物流系统从供应、采购、生产、运输、仓储、销售到消费,由一条完整的供应链构成。在传统的管理系统中,无法及时跟踪物品信息,对物品信息的录入和清点也多以手工为主,不仅速度慢,而且容易出现差错。引入物联网技术,结合全球定位系统(GPS),能够改变传统的信息采集和管理的方式,实现从生产、运输、仓储到销售各环节的物品流动监控,提高物流管理的效率。

近几年,中国快递已进入年业务量"300亿件"时代,必须思考和解决一个共同的问题:如何让海量包裹更快、更好地送达每一个消费者。从整个物流发展轨迹来看,智能物流的发展,应该是从传统配送到集中配送、协同配送、共同配送,最后到智能配送,用互联网技术改进传统的运作模式。随着"互联网＋物联网"的发展,智能化和信息化技术在生产与物流中快速普及应用,所有核心环节都将变得更加"智能"。而智能物流能使整个物流系统模仿人的智能,具有思维、感知、学习、推理判断和自行解决物流中某些问题的能力,标志着信息化在整合网络和管控流程中进入一个新的阶段,即进入一个动态、实时进行选择和控制的管理水平,并成为未来发展的方向。

3．环境监测

我国幅员辽阔,环境和生态保护问题严峻。通过利用不同类型的传感器,可以感知大气和土壤、水库、河流、森林绿化带、湿地等自然生态环境中的各项技术指标,为大气保护、土壤治理、河流污染监测和森林水资源保护等提供数据依据,形成对河流污染源的监测、灾害预警以及智能决策的闭环管理。

从物联网环境监测应用的具体细分领域来看,污染监测系统是物联网环境监测应用市场的主要应用,其中废水和废气污染源监测系统市场发展相对比较成熟,固体废物在线监管系统兴起较晚,市场仍处于成长阶段。生态环境监测系统市场广阔,其中大气质量监测系统、地表水质监测系统等市场快速发展,土壤墒情、近岸海域水质监测等市场也正处于快速成长阶段。

4．智能电网

智能电网以物联网为基础,其核心是构建具备智能判断和自适应调节能力的多种能源统一入网和分布式管理的智能化网络系统。通过对电网与用户用电信息进行实时监控和采集,采用最经济、最安全的输配电方式将电能输送到终端用户,实现对电能的最优配置与利用,提高电网运行的可靠性和能源的利用效率。从智能电网的能源接入、输配电调度、安全监控与继电保护、用户用电信息采集、计量计费到用户用电,都是通过物联网技术来实现的。

例如,针对电气设备节点处易发热的现象,采用光纤传感技术,主动在线监测节点温度变化情况,更早发现事故隐患,将损失减至最低。同时,可将工作人员从繁重的巡检中解脱出来,提供大量在线监测数据,为用户全面了解和评价电气设备的使用情况提供可靠依据,指导以后的检修工作。

5．医疗健康

通过在人身上放置不同的医疗传感器,可以对人体的健康参数进行实时监测,及时获知用户生理特征,提前进行疾病的诊断和预防。对于医疗急救,利用物联网技术,将病人当前身体各项监测数据上传至医疗救护中心,以便救护中心的专家提前做好救护准备,或者给出治疗方案,对病人实施远程医疗。英特尔公司目前正在研制家庭护理的传感网系统,作为"应对老龄化社会技术项目"的一项重要内容。

随着中国老龄化时代的到来,物联网技术和短距离无线通信技术的快速发展,可穿戴设备的广泛使用,智能监护为人们看病提供方便的同时,还促进了人们自身医疗健康保健意识的提高。

6. 智能家居

智能家居,又称智能住宅,是以物联网技术为基础,利用综合布线技术、网络通信技术、安全防范技术、自动控制技术、音视频技术将与家居生活有关的设备集成。这些设备包括各类电子产品、通信产品、家电等,通过不同的互联方式进行通信及数据交换,实现家庭网络中各类电子产品之间的"互联互通"的一种服务。

从目前的一些物联网应用系统来看,大部分都是一些封闭的专用系统,应用范围相对较小,而且电信运营商也未能有效地参与其中,还是以行业内零散的应用为主,并未实现真正意义上的物物相联。在国家大力推动工业化与信息化两化融合的背景下,需要更进一步地加强行业间的合作,加快物联网应用的推广和普及。

1.4　本章小结

本章主要讲述了物联网的基本概念、物联网的起源与国内外发展状况以及物联网的主要应用领域。首先给出了物联网的定义、特征,解析了物联网中"物"的含义;然后介绍了物联网的起源和发展过程,详细描述了物联网在我国的发展现状,分析了存在的问题;最后介绍了物联网的主要应用领域。物联网对于世界经济、政治、文化、军事等各个方面都将会产生深远的影响。因此,物联网被称为是继计算机、互联网之后,世界信息产业的第三次浪潮,也是信息产业新一轮竞争中的制高点。

习题

一、选择题(单选或多选)

1. 《未来之路》的作者是(　　)。
   A. 乔布斯　　　　　　B. 比尔·盖茨　　　　C. 彭明盛　　　　　D. 以上都不是
2. 智慧地球的提出者是(　　)。
   A. 乔布斯　　　　　　B. 比尔·盖茨　　　　C. 彭明盛　　　　　D. 以上都不是
3. 产品电子编码(Electronic Product Code,EPC)是由(　　)最早提出的。
   A. 麻省理工学院　　　　　　　　　　　B. 斯坦福大学
   C. 香港大学　　　　　　　　　　　　　D. 中国商品编码协会
4. 2009年8月7日,时任国务院总理温家宝在无锡微纳传感网工程技术研发中心视察时提出了(　　)。
   A. 感知中国　　　　　B. 物联中国　　　　C. 中国制造2025　　D. 工业4.0
5. 2015年3月5日,时任国务院总理李克强在全国两会上作《政府工作报告》时首次提出(　　)。
   A. 感知中国　　　　　B. 物联中国　　　　C. 中国制造2025　　D. 工业4.0
6. 在RFID系统中,无源标签的能耗从(　　)而来。
   A. 光照　　　　　　　B. 磁场　　　　　　C. 电池　　　　　　D. 振动

7. 下面不属于物联网感知技术的是（　　）。

　　A. 二维码　　　　　　B. 摄像机　　　　　　C. 北斗定位　　　　D. 蓝牙

8. 目前流行的智能手机的计步功能主要通过（　　）传感器实现。

　　A. 加速度　　　　　　B. 温度　　　　　　　C. 光　　　　　　　D. 声音

9. 物联网的英文缩写为（　　）。

　　A. WLW　　　　　　B. IoT　　　　　　　C. RFID　　　　　D. EPC

10. 中国智能制造的典型创新性成果包括（　　）。

　　A. 空中造楼机　　　B. 穿隧道架桥机　　　C. 隧道掘进机　　D. 以上都不是

二、问答题

1. 什么是物联网？物联网中的"物"主要指什么？

2. 简述物联网的主要特征和每个特征的具体含义。

3. 什么是 RFID？什么是 EPC？简述 EPC 和 RFID 的关系。

4. 简述物联网的起源。

5. 试述物联网的国内外发展现状。

6. 分析物联网发展过程中所面临的主要问题和可采取的措施。

7. 简述物联网技术的主要应用领域，并举出几个实例。

8. 利用物联网技术，设计一种智能物流的解决方案。

9. 什么是工业 4.0？简述工业 4.0 的主要特征。

10. 简述四次工业革命的发展历程。

11. 什么是中国制造 2025？其提出的目标是什么？

12. 简述物联网、云计算、大数据和人工智能的相互关系。

第 2 章

物联网体系结构

体系结构（architecture）用来描述一组部件以及部件之间的联系。自 1964 年 G. Amdahl 首次提出体系结构这个概念，人们对计算机系统开始有了统一而清晰的认识。依托体系结构思想，为计算机系统的设计与开发奠定了良好的基础。近 60 年来，体系结构研究得到了长足的发展，其内涵和外延得到了极大的丰富。特别是网络计算技术的发展，使得网络计算体系结构成为当今一种主要的计算模式结构。体系结构与系统软件、应用软件、程序设计语言的紧密结合与相互作用也使今天的计算机与以往有很大的不同，并触发了大量的前沿技术，如物联网、云计算和大数据等。

2.1 物联网体系结构的概念

2.1.1 物联网体系结构的定义

认识任何事物都有一个从整体到局部的过程，尤其对于结构复杂、功能多样的系统更是如此。首先需要对它的整体结构有所了解，然后才能进一步去讨论其中的细节。正如在不同的地质结构和不同地理环境区域建造房子需要规划不同的房屋结构一样，物联网系统搭建的首要任务是建立科学、合理的体系架构。当前，国内外关于物联网的体系结构研究还在发展阶段，对于体系结构各层的描述、相关协议和关键技术还没有形成统一的、各行业都认可的标准。

物联网体系结构是指描述物联网部件组成和部件之间的相互关系的框架和方法。正如体系结构的英文表示是 architecture，其含义是"结构""建筑"的意思，表示要建造一栋房子首先要对其结构、布局等进行规划，然后才能动工实施，否则，只是纸上谈兵，漫无目的地开工，没有统一的规划指导，最后可能前功尽弃。由于物联网的建设处于迅速发展之中，涉及不同领域、不同行业、不同应用，因此需要细心规划，建立起全面、准确、灵活、满足不同应用需求的体系结构。

物联网体系结构是指导物联网应用系统设计的前提。物联网应用广泛，系统规划和设计极易因角度的不同而产生不同的结果，因此急需建立一个具有框架支撑作用的体系结构。另外，随着应用需求的不断发展，各种新技术将逐渐纳入物联网体系中，体系结构的设计也将决定物联网的技术细节、应用模式和发展趋势。

要构建合理的物联网体系结构，应该遵循如下步骤，并逐一完善。

（1）分析物联网各个关联要素之间的关系。图 2-1 给出了物联网的各个主要要素。在物联网中，任何人和物都可以在任何时间、任何地点实现与任何网络的无缝融合，它实现了物理世界的情景（context）感知、处理和控制这一闭环过程，在真正意义上形成了人-物、人-人、物-物间信息连接的新一代智能互联网络。

（2）分析物联网的应用背景和目标。物联网的最终目标是建立一个满足人们生产、生活以及对资源、信息更高需求的综合平台，管理跨组织、跨管理域的各种资源和异构设备，为上层应用提供全面的资源共享接口，实现分布式资源的有效集成，提供各种数据的智能计算、信息的及时共享以及决策的辅助分析等。

（3）分析物联网与互联网的关系和区别。物联网是在无线传感器网络、互联网的基础上发展起来的，在体系结构和关键技术上存在一定的联系和相似性，但是又有本质上的区别。具体表现在以下方面。

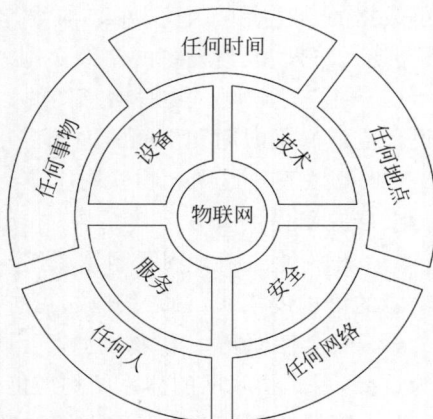

图 2-1　物联网的各关键要素

➤ 无线传感器网络是一种"随机分布并集成传感器、数据处理模块和通信模块的节点，通过自组织的方式构成的网络"，它可以借助节点中内置的、形式多样的传感器测量周边环境中的热、红外、声音、雷达和地震波信号。由无线传感器网络的定义可以看出，无线传感器网络的目的是传输数据，这些数据由传感器来采集，由无线网络来传输。参考物联网的定义，可以发现两种网络之间的明显区别：物联网主要用来解决物与物、人与物、人与人的相连，传输数据只是作为连接的手段。由此可以看出物联网与传统的无线传感器网络是有很大不同的，但是无线传感器网络的相关技术可以作为物联网开发的基础。

➤ 互联网是一种典型的客户端驱动模式，当用户需要了解一个物品时，需要依靠人在互联网上去收集这个物品的相关信息，然后放置到互联网上供人们浏览，人在其中要做很多的工作，且难以动态了解其中的变化。而物联网则不需要，它是靠物品"自己说话"，通过在物品中植入各种微型感应芯片，借助无线、有线通信网络，与已有的互联网相互连接，让其"开口说话"。可以说互联网连接的是虚拟世界，而物联网则是实现物理世界的互联互通。

2.1.2　物联网体系结构的设计原则

物联网的问世打破了传统的思维模式，必将在技术、应用模式等方面带来新的变革。物联网问世之前，物理世界和信息世界是分开的，一方面是环境、建筑物、公路等物理基础设施，另一方面是数据中心、计算机、服务器、个人终端等。物联网通过附着在物体上的各种感知设备，使物体具备了"开口说话"的能力，通过各种有线、无线方式接入网络，在真正意义上实现了物理世界与信息世界的融合。研究物联网体系结构，首先需要明确设计物联网体系结构的基本原则，以便形成统一的体系标准。

物联网是从应用角度出发，利用互联网、无线通信网络进行感知信息的传送，它是现有互联网、移动通信网应用的延伸,是自动化控制、遥控遥测及信息应用技术的综合展现。当物联网与近程通信、信息采集与网络技术、用户终端设备结合后,其价值才会逐步得到展现。因此,设计物联网体系结构时应该遵循以下几条原则。

(1)以用户为中心。物联网的最终应用都是为人服务的,人不仅是感知数据的参与者,也是数据的消费者。因此,在结构设计时要充分考虑到用户的便利性,满足用户的不同需求,实现人与人、人与设备的高效协同。

(2)时空性原则。物联网感知的数据具有空间复杂交错、时间离散的特点,其体系结构的设计应该满足时间和空间方面的需求。

(3)互联互通原则。物联网应该实现不同网络及通信协议的平滑过渡、无缝融合,更好地为上层应用提供服务。

(4)开放性原则。物联网体系结构除包含基本模块外,还应该包含一些为用户提供不同功能的可扩展模块。通过开放、可扩展的设计,可以最大限度地实现物联网的应用。

(5)安全性原则。物-物、物-人互联之后,物联网的安全性将比计算机互联网的安全性更为重要,因此物联网的体系结构应能够防御大范围的网络攻击。

(6)稳健性原则。物联网系统涉及传感器、网络、通信、人工智能等多方面知识,其系统是庞大而又复杂的。因此,系统结构应该具备一定的健壮性和稳定性。

(7)可管理性原则。物联网中感知设备众多,节点散布范围广,感知信息种类多,各节点实时状态未知,如何分析、解释、管理网络中产生的大量节点和数据,是物联网必然要解决的问题。物联网应该具备良好的管理功能,可以监测网络内部的各种感知设备的活动状态、属性等信息,辅助用户监测网络行为,发现网络中的错误,实现对监测网络的图形显示、科学管理和实时监测。

综上所述,物联网体系结构是基于物联网应用的客观需求,是关于如何构建物联网的技术和规范的定义,包括划分和定义物联网的基本组成部分、定义各部分功能、描述不同部分之间的关系以及涉及的关键技术。显然,物联网体系结构是物联网的骨骼和灵魂,是最基本的内容。只有建立科学合理、符合需求的物联网体系结构,才能使物联网发挥自己的作用。

2.2 常见的物联网体系结构

由物联网的特点可知,物联网具有很强的异构性。为实现异构设备之间的互联、互通与互操作,物联网需要以一个开放的、分层的、可扩展的网络体系结构为框架。下面从不同视角阐述几种常见的物联网体系结构。

2.2.1 三层物联网体系结构

通过前面的分析,物联网可以抽象划分成广泛分布的感知设备、物联网中间件、上层应用三个层次,如图 2-2 所示。中间件(middleware)是位于感知设备和应用之间的通用服务,这些服务具有标准的程序接口和协议,即中间件=平台+通信。它处于感知设备层和应用层之间,作为两者之间的一个桥梁,主要作用是把用户和资源联系起来,提供用户对资源的透明使用。底层是广泛分布的感知设备层,是感知资源的集合,也是感知信息的来源,是构建物联网的基础。顶层是应用层,各种反馈决策和应用都在这一层实现,它直接影响物联网最终能具备的功能。

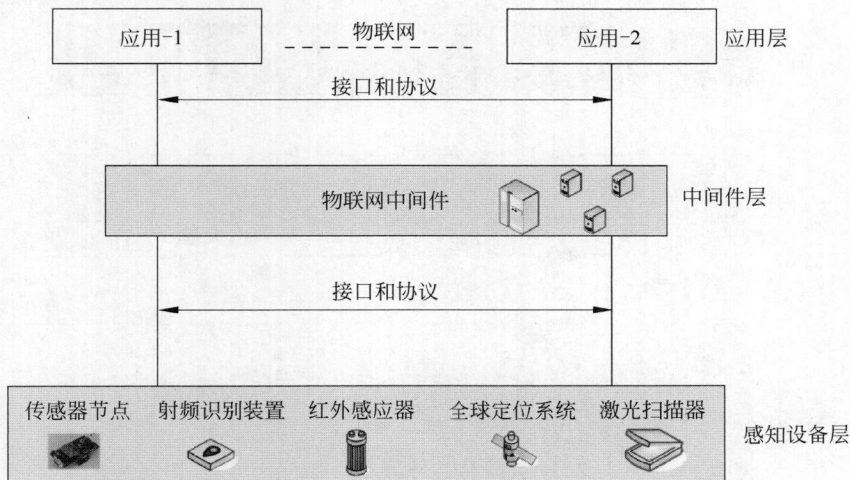

图 2-2 物联网的三层体系结构

该物联网体系结构对物联网进行了充分抽象,把感知控制功能抽象为感知设备层,传输和数据处理抽象为中间层,与应用关联的人机接口抽象为应用层。层与层之间通过接口或协议进行连接和通信。采用该结构的好处如下。

(1) 屏蔽了资源的异构性。异构性表现在计算机的软硬件之间的异构,包括硬件(CPU和指令集、硬件结构、驱动程序等)、操作系统(不同操作系统的 API 和开发环境)、数据库(不同的存储和访问格式)等。造成异构的原因包括市场竞争、技术升级以及保护投资等因素。物联网中的异构性主要体现在:首先,物联网中底层的信息采集设备种类众多,如传感器、一维条形码、二维条形码、摄像头以及卫星定位系统等,这些信息采集设备及其网关拥有不同的硬件结构、驱动程序、操作系统等;其次,不同的设备所采集的数据格式不同,这就需要将所有这些数据进行格式转化,以便应用系统直接处理这些数据;最后,物联网同一个信息采集设备所采集的信息可能要提供给多个应用环境,不同应用系统之间的数据也要实现互联互通,但是因为异构性,使得不同系统在不同平台之间不能移植,而且,因为网络协议和通信机制的不同,这些系统之间不能实现有效的集成。通过中间件,可以有效屏蔽物联网感知设备和通信设备的异构性,为用户提供一体化访问接口。

(2) 增强了安全性。安全是各种网络系统运行的重要基础之一,物联网的开放性、包容性也决定了它不可避免地存在信息安全隐患。这就需要建立可靠的安全架构,研究其中的安全关键技术,满足机密性、真实性、完整性、抗抵赖性的四大要求,同时还需解决好物联网中的用户隐私保护与信任管理问题。通过中间件,可以有效解决物联网感知设备、通信设备和计算设备的身份管理、访问控制和隐私保护的需求。

2.2.2　四层物联网体系结构

目前,国内外的研究人员在描述物联网的体系结构时,多采用 ITU-T 在 Y. 2002 建议中描述的泛在传感器网络(Ubiquitous Sensor Network,USN)高层架构作为基础,它自下而上分为感知网络层、泛在接入层、中间件层、泛在应用层 4 个层次，如图 2-3 所示。

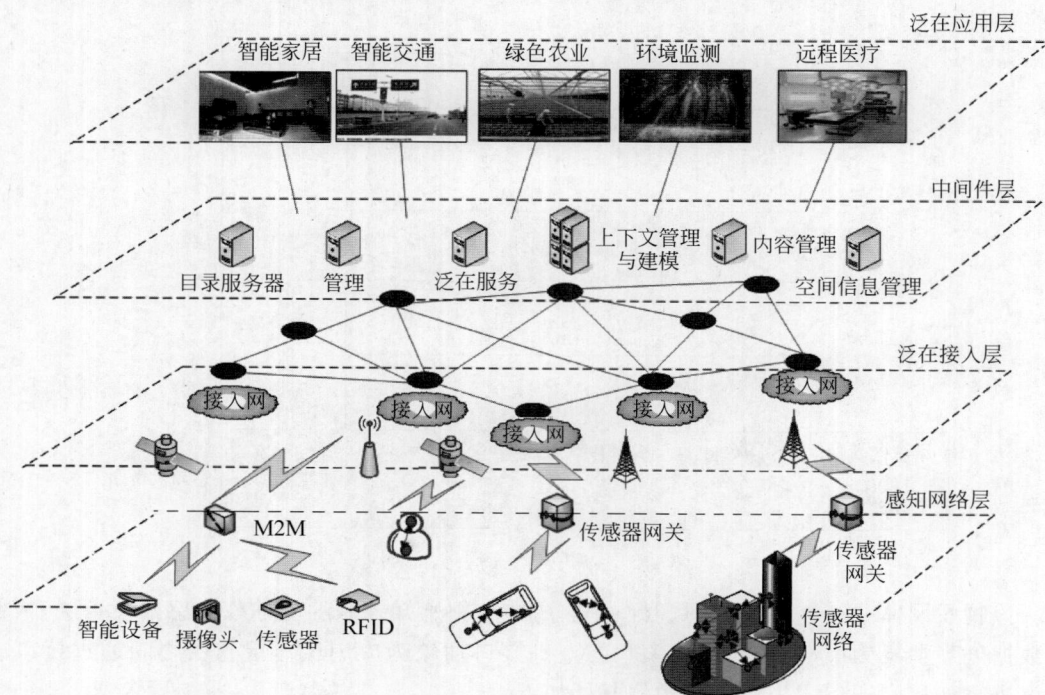

图 2-3　物联网的 USN 架构

USN 分层框架的一个最大特点是依托下一代网络（Next Generation Network，NGN）架构，各种传感器在最靠近用户的地方组成无所不在的网络环境，用户在此环境中使用各种服务，NGN 则作为核心的基础设施为 USN 提供支持。

显然，基于 USN 的物联网体系架构主要描述了各种通信技术在物联网中的作用，不能完整反映出物联网系统实现中的功能集划分、组网方式、互操作接口、管理模型等，不利于物联网的标准化和产业化。因此需要进一步提取物联网系统实现的关键技术和方法，设计一个通用的物联网系统架构模型。

目前，国内外对于物联网的体系结构还未形成完全统一的认知，还没有一个大家公认的规范化的物联网体系结构模型。国际电信联盟（ITU）从通信角度出发，在其物联网产业白皮书中给出了物联网的三层架构，包括感知层、传输层和应用层，该三层架构将数据处理等功能隐藏到了应用层中，物联网数据存储和智能处理等细节被屏蔽，物联网中的计算机科学与技术问题被忽略，不符合物联网的"全面感知、可靠传递和智能处理"这一特征。因此，通过对该结构的细化，可以抽象出数据处理层或中间件层。图 2-4 给出了一种包含数据处理层的物联网四层体系结构，用以指导物联网的理论和技术研究。该结构侧重物联网的定性描述而不是协议的具体定义。因此，物联网可以定义为一个包含感知控制层、数据传输层、数据处理层、应用决策层的四层体系结构。

该体系结构借鉴了 ITU 的基于 USN 的四层体系结构和三层体系结构思想，采用自下而上的分层架构。各层功能描述如下。

图 2-4　物联网的四层体系结构

1．感知控制层

感知控制层简称感知层,它是物联网发展和应用的基础,包括条形码识别器、图像采集器(摄像头)、红外线探测器、各种传感器(如温度、湿度传感器等)、RFID 标签、RFID 读写器和感知数据接入网关等。

感知是指对客观物体的信息直接获取并进行认知和理解的过程。人类对物体的信息需求来源于对物体的身份识别、空间定位及其状态检测,然后,通过专家系统进行辅助分析和决策,最终实现对物理世界的闭环反馈控制,以此构成一个闭环控制过程。感知和标识技术是物联网的基础,它负责采集物理世界中发生的物理事件和数据,实现对外部世界信息的感知和识别。感知信息的获取需要技术的支撑。人们对于信息获取的需求促使感知信息的新技术不断被研发出来,如传感器、RFID、定位技术等,如图 2-5 所示。目前,物联网中主要应用到的感知识别技术有以下几种。

(1) 传感技术。传感技术(Sensing Technology)同智能计算技术(Smart Computing Technology)、通信技术(Communication Technology)一起被称为物联网技术的三大支柱。从仿生学的观点看,如果把智能计算看成处理和识别信息的"大脑",把通信系统看成传递信息的"神经系统"的话,那么传感器就是物理世界的"感觉器官"。

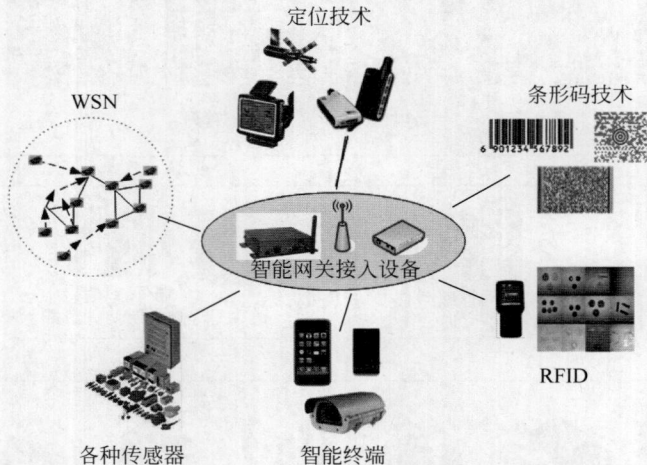

图 2-5 物联网感知技术

传感器是将能感受到的及规定的被测量按照一定的规律转换成可用输出信号的器件或装置,通常由敏感元件和转换元件组成。其中敏感元件是指传感器中能直接感受或响应被测量(输入量)的部分;转换元件是指传感器中能将敏感元件感受的或响应的被测量转换成适于传输和(或)测量的电信号的部分。

(2)标识技术。标识技术(Identification Technology)是利用 RFID、条形码等作为物品身份识别的一种技术,目标是建立起一个实现全球物品信息实时共享的网络。目标标识过程是将感知到的目标外在特征信息转换成属性信息的过程。标识技术涵盖物体识别、位置识别和地理识别。对物理世界的识别是实现全面感知的基础。

物联网标识技术是以二维码、RFID 标识为基础的,用以解决目标的全局标识问题。标识是一种自动识别各种物联网物理和逻辑实体的方法。识别之后才可以实现对物体信息的整合和共享,对物体的管理和控制,对相关数据的正确路由和定位,并以此为基础实现各种各样的物联网应用。

(3)定位技术。定位技术(Location Technology)是测量目标的位置参数、时间参数、运动参数等时空信息的技术,它利用信息化手段来得知某一用户或者物体的具体位置。定位技术在物流调度、智能交通、服务行业等基于位置的服务上都有很大的应用前景。目前,常见的定位技术包括卫星定位、蜂窝定位、网络定位等。

2. 数据传输层

数据传输层主要负责通过各种接入设备实现互联网、短距离无线网络和移动通信网等不同类型的网络融合,实现物联网感知与控制数据的高效、安全和可靠传输。此外,还提供路由、格式转换、地址转换等功能。

物联网的数据传输层主要用于信息的传送,它是物理感知世界的延伸,可以更好地实现物与物、物与人以及人与人之间的通信。它是物联网信息传递和服务支撑的基础设施,通过泛在的互联功能,实现感知信息高可靠性、高安全性的传送。物联网中感知数据的传递主要依托网络和通信技术,其中通信技术根据传输类型的不同分为无线通信和有线通信,如

图 2-6 所示。

（1）目前主流的短距离无线通信技术包括 WLAN 技术、超宽带（UWB）技术、ZigBee 技术、RFID 以及蓝牙技术。WLAN、UWB 等技术主要应用在便携式家电以及通信设备中，它们的最高传输速率大于 100Mb/s，支持视频、音频等多媒体信息的传输。低速短距离通信技术 ZigBee、RFID 等主要应用在家庭、企业、工厂等领域实现自动化控制、监测、跟踪等。短距离无线通信技术是一种结构简单、功耗低、成本低的无线通信网络，可以广泛应用在物联网底层数据的感知中。

（2）广域网通信技术主要有 IP 互联技术、4G/5G 移动通信技术、卫星通信技术等。广域网通信

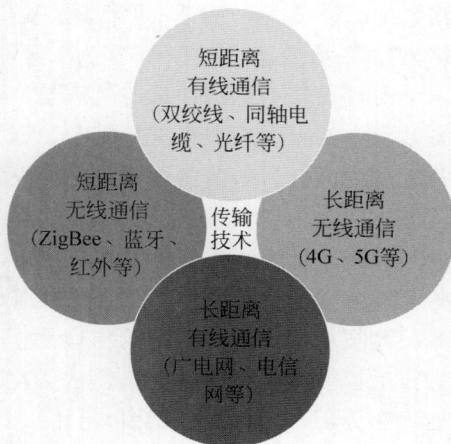

图 2-6 物联网数据传输技术

技术负责底层感知数据的远程传输，通过不同类型网络最终交付给用户使用。

现有的各种通信网针对各自的客户目标而设计，是一个泛在化的接入和异构的接入，形成了目前多种异构网络并存的局面，物联网需要适应各种不同的通信技术，实现一个多元化和交互式的网络环境。因此物联网必然是异构、泛在的，它要实现不同网络的无缝融合，透明操作。网络融合技术充分利用了不同网络通信资源的优势，根据应用环境的不同，因地制宜，通过灵活有效的组网方式，为用户提供更丰富的网络服务。未来物联网中的网络层面将不再局限于传统的、单一的网络结构，最终将实现互联网、4G/5G 移动通信网、广播电视网等不同类型融合网络的无缝、透明的融合（见图 2-7），其中涉及有线、无线、移动等多种方式的接入，异构网之间地址的统一、转换，分组格式、路由方式的选择等问题。

图 2-7 三网融合示意图

网络融合应该遵从网络分层和功能分离的原则，使得不同终端、不同接入方式都可共享同一网络平台，隔离上层应用和底层控制，屏蔽异构网络的复杂性。网络融合初始阶段主要是通过搭建统一的服务平台，为各个网络提供相应的接口，形成一个以 IP 互联网为核心，移动通信网、有线电视网并存的网络架构。物联网中网络互联的最终目标是构建一个真正统一、开放的平台，不同网络间的界限将不再存在；提供宽带、窄带、移动、无线等多种接入方式，实现任何时间、任何地点、任何网络的互联。

综上所述，物联网的数据传输层主要包括接入网和核心网两层结构。接入网为物联网终端提供网络接入功能和移动性管理等。接入网包括各种有线接入和无线接入。核心网基于端口统一、高性能、可扩展的网络，支持异构接入以及终端的移动性。现行的通信网络有 2G 网络、3G/4G/5G 移动网络以及计算机互联网、有线电视网、企业网等。

3．数据处理层

数据处理层提供物联网资源的初始化，监测资源的在线运行状况，协调多个物联网资源（计算资源、通信设备和感知设备等）之间的工作，实现跨域资源间的交互、共享与调度，实现感

知数据的语义理解、推理、决策以及提供数据的查询、存储、分析、挖掘等。数据处理层具体利用云计算、大数据(Big Data)和人工智能(AI)等技术与平台为感知数据的存储、分析提供支持。

海量感知信息的计算与处理是物联网的支撑核心,数据处理层则利用云计算平台实现海量感知数据的动态组织与管理。云计算技术的运用,使数以亿计的各类物品的实时动态管理成为可能。随着物联网应用的发展、终端数量的增长,借助云计算处理海量信息,进行辅助决策,提升物联网信息处理能力,主要实现了以下功能。

(1)智能信息处理。在物联网中,为了感知某一事件的发生,需要部署多种类别不同的感应设备来监测事件的不同属性;通过对感知数据的融合处理来判别事件是否发生。其中的关键技术是如何将感知的物理数据转换为便于人和机器理解的逻辑数据。智能信息处理融合了智能计算、数据挖掘、算法优化、机器学习等技术,可以将物品"讲话"的内容进行智能处理和分析,最终将结果交付给用户。例如,当我们在超市拿起一件物品时,通过智能信息处理技术可以将产品的产地、结构、成分等用户关心的信息返回给我们,帮助我们更好地了解该产品。物联网所带来的变革是将思想注入物体中,使其能和人进行直接交流,形成一个智能化的网络。如何使物具有"思想",我们认为其关键就是各种智能技术的引入。

(2)海量感知数据的存储。未来物联网中需要存储数以亿计的传感设备在不同时间采集的海量信息,并对这些信息进行汇总、拆分、统计、备份,这需要弹性增长的存储资源和大规模的并行计算能力。利用"云计算"中的虚拟化、分布式存储等技术,其核心是采用云计算技术实现信息存储资源和计算能力的分布式共享,为海量信息的高效利用提供支撑。物联网的云计算架构如图 2-8 所示。

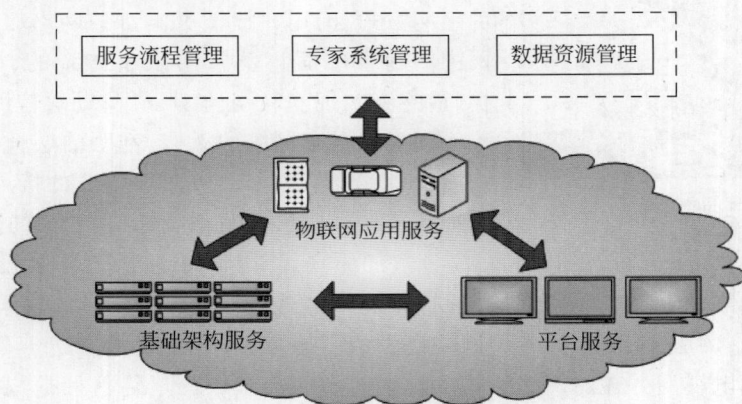

图 2-8　物联网的云计算架构

(3)服务计算。在物联网中,虽然不同行业应用的业务流程和功能存在较大差异,但从应用角度来看,其计算控制的需求是相同的,都需要对采集的数据进行分析处理。因此可以将这部分功能从与行业密切相关的流程中剥离出来,封装成面向不同行业的服务,以平台服务的方式提供给客户。智能云终端通过集中各类应用资源并结合专家系统,建立网络化信息处理基础设施,为广泛感知的各种数据信息提供存储、分析、决策的平台,最终以服务的方式提供给用户。服务不仅是泛在感知网络和智能网络之间的纽带和"黏合剂",也是以动态、开放、移动和聚众为基本特征的新兴移动网络环境下各类应用的核心载体,开辟了新的协同和交互模式。

4．应用决策层

物联网应用决策层利用经过分析处理的感知数据，为用户提供多种不同类型的服务，如检索、计算和推理等。物联网的应用可分为监控型（物流监控、污染监控）、控制型（智能交通、智能家居）、扫描型（手机钱包、高速公路不停车收费）等。应用决策层针对不同应用类别，定制相适应的服务。

物联网技术综合了传感器技术、嵌入式计算技术、互联网络及无线通信技术、分布式信息处理技术等多个领域的技术，在智能家居、工农业控制、城市管理、远程医疗、环境监测、抢险救灾、防恐反恐、危险区域远程控制等众多领域有着广泛的应用价值。

（1）监控型应用。物联网中，监控型应用主要运用各种传感设备和现代科技手段对代表物体属性的要素进行监视、监控和测定，实现信息的采集、传递、分析以及控制。例如，环境监测、远程医疗、物流跟踪等。基于 RFID 的物流跟踪应用如图 2-9 所示。

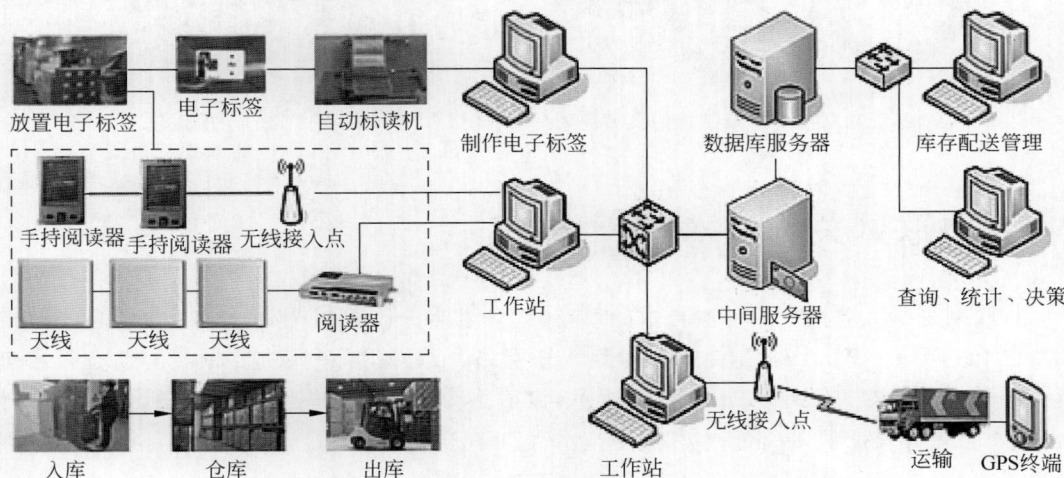

图 2-9　基于 RFID 的物流跟踪应用

（2）控制型应用。与监控不同，在控制型应用中更加强调和注重对物体的控制。控制的基础是信息，一切信息的获取都是为了控制，最终控制的实现也是依靠相关信息的反馈。控制的目的是改变受控物体的属性或功能，更好地满足人们的需求。未来的智能家居、智能交通都是典型的控制型应用。图 2-10 是基于物联网的智能交通的典型应用。

（3）扫描型应用。随着物联网带来的第三次信息技术革命，基于传感器、RFID 技术的手机钱包、电子支付等扫描型业务发展得如火如荼。具有移动感知支付功能的手机钱包实现了通过手机感应而直接支付缴费的功能（见图 2-11）。它不需用户更换手机，只需将手机的 SIM 卡与含有用户信用信息的 RFID 相结合，当用户需要付费时，通过 RFID 阅读器（有时也称读写器）进行感应、解读即可完成整个支付功能。随着全球通信技术的迅猛发展，以手机等设备为载体的基于 RFID 的电子支付功能将在未来的社会移动商务中扮演重要角色。

此外，物联网在每一层中还应包括安全机制、容错机制等技术，用来贯穿物联网系统的各个层，为用户提供安全、可靠和可用的应用支持。

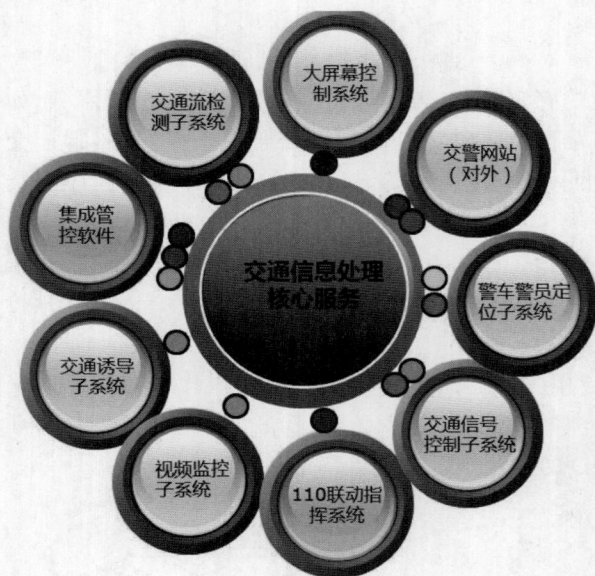

图 2-10　基于物联网的智能交通的典型应用

图 2-11　手机钱包

2.3　物联网关键技术

　　物联网是继互联网后又一次技术的革新,代表着未来计算机与通信的发展方向。这次革新也取决于从 RFID、EPC、传感技术到认知网络、云计算等一些重要领域的动态技术创新。物联网发展的关键技术如图 2-12 所示,包括感知技术、标识技术、网络融合技术、云计算技术、能耗管理技术、智能技术和安全技术等。

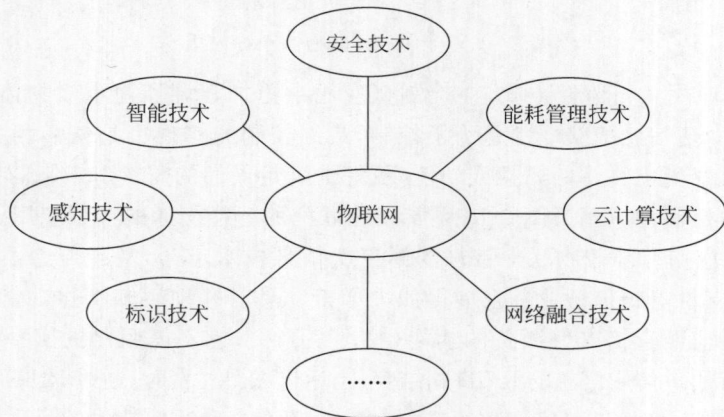

图 2-12　物联网发展的关键技术

2.3.1　感知与标识技术

　　感知和标识是物联网实现"物物相联,人物互动"的基础。数据的产生、获取、传输、处理、应用是物联网的重要组成部分,其中数据的获取是物联网智能信息化的重要环节之一,没有它,物联网也就成了无源之水、无本之木。图 2-13 所示是物联网的相关感知设备和器件。

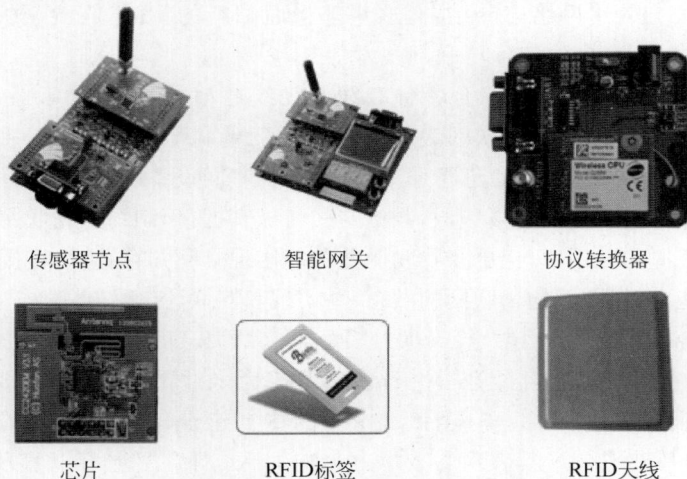

传感器节点　　　　　智能网关　　　　　协议转换器

芯片　　　　　RFID标签　　　　　RFID天线

图 2-13　物联网的相关感知设备和器件

(1) 传感器。传感器(sensor)可以探测包括热、力、光、电、声等外部环境信号,为物联网中数据的传递、加工、应用提供原始数据。它实现对目标相关信息的动态获取,使"物"具有了感知外部世界的能力。可以将 RFID 比作人体的"眼睛",而传感器可以视为"皮肤",RFID 解决"Who"的问题,实现对物体的识别,而传感器解决"How"的问题,实现对物体的感知。传感器技术依赖于敏感机理、敏感材料、工艺设备和计测技术,对基础技术和综合技术要求非常高。目前,传感器在被检测量类型和精度、稳定性和可靠性、低成本、低功耗等方面还没有达到规模应用的水平,是物联网产业化发展的重要瓶颈之一。

(2) 无线传感网络。无线传感网络(Wireless Sensor Network,WSN)综合了传感器技术、通信技术、嵌入式技术和分布式技术,通过相互间的协作监测、感知来采集区域内目标对象的信息,并对这些信息进行处理后返回给用户。目前,面向物联网的 WSN 研究方向主要有 WSN 网络协议的研究、支撑技术的研究和网络安全的研究。

(3) 标识技术。物联网是通过各种智能设备之间的互联互通形成的一个包含亿万物体的巨大网络。因此,在物联网的应用过程中首先需要解决的是"物"的识别。物体的标识技术是指与物体相关联的,用来无歧义地标识物体的全局唯一值。标识的实质就是对物联网中所有的"物"进行编码,实现"物"的数字化的过程。编码的规则则有很多,例如使用 RFID 技术的 EPC 编码、基于 TCP/IP 的 IPv4 和 IPv6 编码、基于条块规则的一维条形码和二维条形码等,不同编码规则之间的映射与兼容,编码与服务之间的映射,都是未来物联网中需要解决的问题。

2.3.2　网络融合技术

物联网本质上是泛在网络,需要融合现有的各种通信网络,并引入新的通信网络。要实现泛在的物联网,异构网络的融合是一个重要的技术问题。

(1) 接入与组网技术。物联网的网络技术涵盖泛在接入和骨干传输等多个层面的内容。以互联网协议版本 6(IPv6)为核心的下一代网络,为物联网的发展创造了良好的基础网条件。以传感器网络为代表的末梢网络在规模化应用后,面临与骨干网络的接入问题,并且其网络技术需要与骨干网络充分结合,这些都将面临新的挑战,需要研究固定、无线和移动网及 Ad Hoc 网技术、自治计算与联网技术等。

(2) 通信技术。物联网需要综合各种有线及无线通信技术,其中近距离无线通信技术将是物联网的研究重点。由于物联网终端一般使用工业科学医疗(ISM)频段(免许可证的2.4GHz ISM 频段全世界都可通用)进行通信,大量的物联网设备以及现有的无线保真(WiFi)、UWB、ZigBee、蓝牙等设备均使用该频段,频谱空间将极其拥挤,制约了物联网的实际大规模应用。为提升频谱资源的利用率,让更多物联网业务能实现空间并存,应切实提高物联网规模化应用的频谱保障能力,保证异构物联网的共存,并实现其互联、互通、互操作。

(3) 三网融合技术。"三网融合"又叫"三网合一"(即 FDDX),意指电信网、有线电视网和计算机通信网的相互渗透、互相兼容并逐步整合成为全世界统一的信息通信网络。"三网融合"是为了实现网络资源的共享,避免低水平的重复建设,形成适应性广、容易维护的高速、宽带的多媒体基础平台。其表现为技术上趋向一致,网络层上可以实现互联互通,形成无缝覆盖,业务层上互相渗透和交叉,应用层上趋向使用统一的 IP 协议,在经营上互相竞争、互相合作,朝着提供多样化、多媒体化、个性化服务的同一目标逐渐交汇在一起,行业管制和政策方面也逐渐趋向统一。

2.3.3　云计算技术

物联网要求每个物体都与它唯一的标识符相关联,这样就可以在数据库中检索信息。因此需要一个海量的数据库和数据平台把数据信息转换成实际决策和行动。若所有的数据中心都各自为政,数据中心大量有价值的信息就会形成信息孤岛,无法被有需求的用户有效使用。云计算(见图 2-14)试图结合有效的信息生命周期管理技术和节能技术在这些孤立的信息孤岛之间通过提供灵活、安全、协同的资源共享来构造一个大规模的、地理上分布的、异构的资源池,包括信息资源和硬件资源。

云计算是一种以数据和处理能力为中心的密集型计算模式,它融合了多项信息通信技术(ICT),是传统技术"平滑演进"的产物。其中以虚拟化技术、海量存储技术、编程模型、Web 技术、分布式计算技术、信息安全技术最为关键。云计算平台是由软件、硬件、处理器加存储器构成的复杂系统,它按需进行动态部署、配置、重配置以及取消服务。在云计算平台中的服务器可以是物理的服务器或者虚拟的服务器,其本质是驻留在个人计算机和局部服务器远程运行的应用程序中。

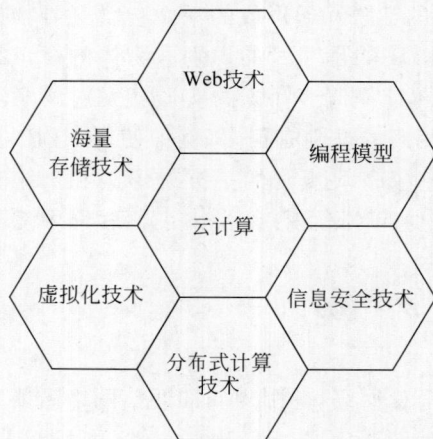

图 2-14　云计算相关技术

2.3.4　智能信息处理技术

物联网的海量感知终端产生了大量的感知数据,这些数据包括文本、图片和视频等多元异构信息。对海量数据的处理面临巨大挑战。大数据分析和处理技术、人工智能处理技术将为物联网数据处理提供强有力的支撑。

大数据是指无法在一定时间范围内用常规软件工具进行捕捉、管理和处理的数据集合，是需要新处理模式才能使之具有更强的决策力、洞察发现力和流程优化能力的海量、高增长率和多样化的信息资产。大数据具有 5V 特点，即大容量（volume）、高速度（velocity）、多样化（variety）、低价值密度（value）和真实性（veracity）。

而人工智能的核心是模糊集合、模糊逻辑、遗传算法、神经网络等，它们是实现大数据处理的理论基础。

模糊逻辑是一种模仿人脑的不确定性概念判断、推理的思维逻辑方式。对于模型未知或不能确定的描述系统，以及强非线性、大滞后的控制对象，应用模糊集合和模糊规则进行推理，表达过渡性界限或定性知识经验，可以模拟人脑方式，实行模糊综合判断，推理解决常规方法难以对付的规则型模糊信息问题。模糊逻辑善于表达界限不清晰的定性知识与经验，它借助于隶属度函数概念，区分模糊集合，处理模糊关系，模拟人脑实施规则型推理，解决因"二分逻辑"不能有效解决的种种不确定问题。

人工神经网络（Artificial Neural Networks，ANNs）也简称为神经网络（NNs），它是一种模仿动物神经网络行为特征进行分布式并行信息处理的算法数学模型。这种网络依靠系统的复杂程度，通过调整内部大量节点之间相互连接的关系，从而达到处理信息的目的。

2.3.5 隐私安全技术

由于物联网终端感知网络具有私有特性，因此隐私安全也是一个必须面对的问题。物联网中的传感器节点通常需要部署在无人值守、不可控制的环境中，除了一般无线网络所面临的信息泄露、信息篡改、重放攻击、拒绝服务等多种威胁外，还面临传感器节点容易被攻击者获取，通过物理手段获取存储在节点中的敏感信息，从而侵入网络、控制网络的威胁。涉及安全的主要方面有程序内容、运行状态和信息传输等。

从安全技术角度来看，相关技术包括以确保使用者身份安全为核心的认证技术，确保安全传输的密钥建立及分发机制，以及确保数据自身安全的数据加密、数据安全协议等数据安全技术。因此，在物联网安全领域，数据安全协议、密钥建立及分发机制、数据加密算法设计以及认证技术是关键的部分。

通过上述关键技术的分析可知，物联网是由各种技术融合而成的新型技术体系。影响物联网大规模应用的关键问题是技术种类繁多、标准各异，需要互联互通，因此物联网具有巨大的深入发展和提升的空间。

2.4 其他物联网应用架构

目前，具有代表性的物联网应用架构主要可以分为三类：基于传感器技术的无线传感网系统结构；基于互联网和射频识别技术的 EPC/UID 系统结构；学术界提出的 CPS 和企业界提出的 M2M 系统结构。下面分别介绍这些相关应用框架。

2.4.1　无线传感器网络体系结构

无线传感器网络（WSN）是由大量的密集部署在监控区域的智能传感器节点构成的一种网络应用系统。由于传感器节点数量众多，部署时只能采用随机投放的方式，传感器节点的位置不能预先确定；在任意时刻，节点间通过无线信道连接，采用多跳（Multi-hop）、对等（Peer to Peer）通信方式，自组织网络拓扑结构；传感器节点间具有很强的协同能力，通过局部的数据采集、预处理以及节点间的数据交换来完成全局任务。

无线传感器网络如图 2-15 所示，它是由大量功能相同或不同的无线传感器节点、网关节点、汇聚节点（Sink）、Internet 或通信卫星、控制中心等部分组成的一个多跳的无线网络。传感器节点散布在指定的感知区域内，每个节点都可以收集数据，并通过 ZigBee 协议以多跳路由方式把数据传送到 Sink 节点。Sink 节点也可以用同样的方式将信息发送给各节点。Sink 节点通过网关节点直接与 Internet 或通信卫星相连，通过 Internet 或通信卫星实现任务管理器节点（即观察者）与传感器之间的通信。无线传感器网络的体系结构如图 2-16 所示。该网络体系结构由通信协议、WSN 管理以及 WSN 支持技术 3 部分组成。

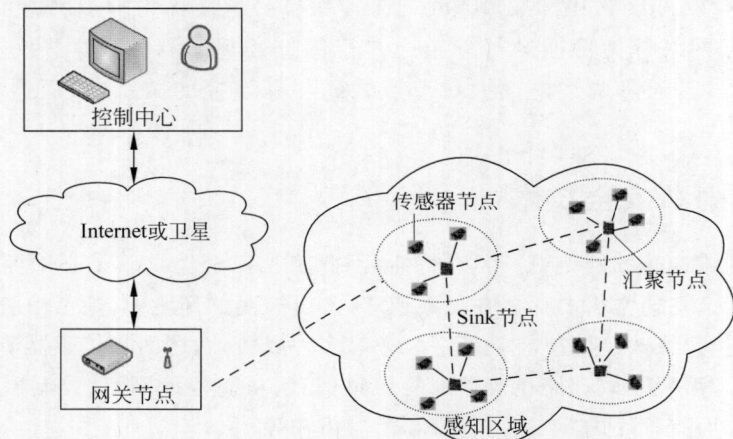

图 2-15　无线传感器网络

1. 通信协议

物理层协议：物理层负责数据的调制、发送与接收。物理层传输方式涉及 DSN 采用的传输媒体、选择的频段及调制方式。WSN 采用的传输媒体主要有无线电、红外线、光波。研究核心是传感器的软、硬件技术。

数据链路层：负责数据成帧、帧检测、媒体访问和差错控制。WSN 的 MAC 协议的两个主要目标是自组网络和共享信道接入。

网络层：主要完成数据的路由转发，实现传感器与传感器、传感器与观察者之间的通信。它支持多传感器协作完成大型感知任务。

传输层：主要负责数据传输与控制，保证无差错的数据收发。

应用层：由各种面向应用的软件系统构成，包括分布式网络接口、时间同步和节点定位等技术。

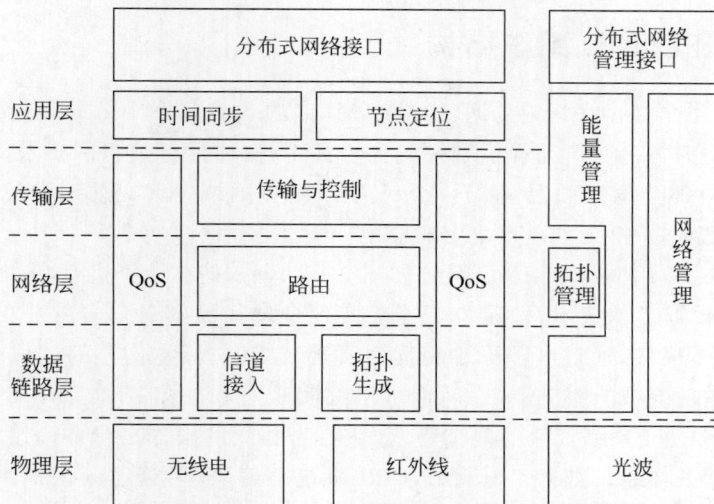

图 2-16　无线传感器网络的体系结构

2．WSN 管理

能量管理：负责控制节点对能量的使用。在 WSN 中，电池能源是各个节点最宝贵的资源，为了延长网络存活时间，必须有效地利用能源。

拓扑管理：负责保持网络连通和数据的有效传输。由于传感器节点被大量密集部署于监控区域，为了节约能源，延长 WSN 的生存时间，部分节点将按照某种规则进入休眠状态。拓扑管理的目的就是在保持网络联通和数据有效传输的前提下，协调 WSN 内各个节点的状态转换。

网络管理：负责网络维护、诊断，并向用户提供网络管理服务接口，通常包含数据收集、数据处理、数据分析和故障处理等功能，还需要根据 WSN 的能量受限、自组织、节点易损坏等特点设计新型的全分布式管理机制。

网络安全：由于在 WSN 中，传感器节点随机部署，网络拓扑的动态性以及信道的不稳定性，使传统的安全机制无法适用，因此需要新型的网络安全机制。

3．WSN 支持技术

时间同步：在 WSN 中，单个传感器的能力有限，通常需要大量的传感器相互配合。这些协同工作的传感器节点需要全局同步的时钟支持。

节点定位：节点定位是指确定每个传感器节点在 WSN 系统中的相对位置或绝对的地理坐标。节点定位功能在 WSN 的许多应用中都起着至关重要的作用。例如在军事侦察、火灾监测、灾区救助等应用中，传感器节点需要根据自身的位置信息来确定目标的位置。另外，通过节点定位，WSN 系统可以智能地选择一些特定的节点来完成任务，这种工作模式可以大大降低整个系统的能量消耗，提高系统的生存时间。

通过前面关于物联网与传感网的区别分析可知，传感网只属于物联网的一部分或一个方面，物联网是一个泛在的概念，包括的范围很广，在体系结构和关键技术等方面需要借鉴传感器网络的相关知识和经验。

2.4.2 EPC/UID 系统结构

EPC 的概念最早是由美国麻省理工学院(MIT)的 Sarma 和 Brock 教授在 1999 年提出的,其核心思想是为每一个产品提供唯一的电子标识符,通过射频识别技术实现数据的自动标识和采集。2003 年,国际物品编码协会(EAN)和美国统一代码协会(UCC)联合成立了 EPC global,以推动 EPC 技术在商业上的应用。

基于 EPC 和 RFID 技术的 EPC 系统如图 2-17 所示,是在计算机互联网的基础上,利用 RFID、条形码等数据通信技术,构建一个能够实现全球物品实时信息共享的物联网。EPC 的核心器件是电子标签,通过电子标签阅读器实现对 EPC 标签信息的读取,并把标签信息送入互联网 EPC 系统中的服务器(中间件),最终实现对物品信息的实时采集和全程跟踪。EPC 系统是一个先进的、综合性的复杂系统,它具有独立的操作平台和高度的互动性,是开放、灵活和可扩展的体系。如表 2-1 所示,EPC 系统由编码体系、射频识别系统和信息网络系统三部分组成。

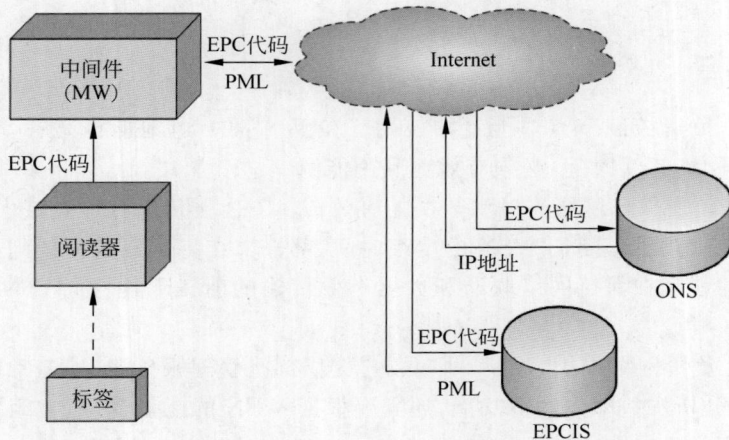

图 2-17 EPC 系统的组成

表 2-1 EPC 系统的组成

系统构成	名称	注释
编码体系	EPC 代码	用来标识目标的特定代码
射频识别系统	EPC 标签	贴在物品之上或者内嵌在物品中
	阅读器	识别 EPC 标签
信息网络系统	EPC 中间件	EPC 系统的软件支持系统
	对象名称解析服务(Object Naming Service,ONS)	
	EPC 信息服务(EPICS)	

1. EPC 编码体系

EPC 编码体系是新一代的编码标准,它是全球统一标识系统的扩展和延伸,是全球统一标识体系的重要组成部分,是 EPC 系统的核心与关键。EPC 编码具有兼容性、科学性、全面性、合理性、统一性的特性。

目前,EPC 编码体系有 EPC-64、EPC-96 和 EPC-256 三种。使用较多的是 EPC-64 编码体系,而新一代的 EPC 标签采用 EPC-96 编码体系,其具体结构如表 2-2 所示。

表 2-2　EPC-96 编码体系

体系	标头	厂商识别代码	对象分类代码	序列号
EPC-96	8 位	28 位	24 位	36 位

2．EPC 射频识别系统

EPC 射频识别系统可实现 EPC 代码的自动采集,主要由射频标签和射频读写器组成。射频标签是物品电子识别码的有效载体,附着于目标物体上,可全球唯一标识并对其进行自动识别和读写。读写器与信息系统相连,它负责读取标签中的 EPC 代码并将其输入到网络信息系统中。EPC 标签与读写器之间通过无线感应方式进行信息交换。

EPC 标签:EPC 标签是电子产品编码的物理载体,主要由天线和芯片组成。EPC 标签中存储的信息是 96 位或者 64 位的电子代码。EPC 标签有主动式和被动式标签。

读写器:读写器的主要功能是实现标签信息的阅读,与标签建立通信并在系统和标签之间传送数据。EPC 读写器与网络之间不需要通过计算机连接,所有读写器之间的数据交换可以直接通过一个对等网进行。

PML(Physical Markup Language)是一种用于描述物理对象、过程和环境的通用语言,其主要目的是提供通用的标准化词汇表,用来描绘和分配 Auto ID 激活的物体的相关信息。PML 以可扩展标记语言 XML 的语法为基础,其核心是用标准词汇来表示由 Auto ID 基础结构获得的信息,如位置、组成以及其他遥感勘测的信息。

3．EPC 信息网络系统

EPC 信息网络系统由本地网络和 Internet 组成,是实现信息管理、信息流通的功能模块。EPC 系统的信息网络系统是在 Internet 的基础上,通过 EPC 中间件、ONS 和 EPCIS 来实现全球"实物互联"。

EPC 中间件:EPC 中间件具有一系列特定属性的"程序模块"或"服务",并被用户集成以满足特定需求。EPC 中间件也称为 SAVANT,它是加工和处理来自读写器所有信息和事物流的软件,是连接读写器和应用的纽带。其主要任务是将数据送往企业应用程序之前进行标签数据校对、读写器协调、数据传送、数据存储和任务管理。

ONS:ONS 是一个自动的网络服务系统,它是 EPC 系统的核心部件,ONS 给 EPC 中间件指明产品相关信息的服务器。ONS 是联系 EPC 中间件和 EPC 信息服务的网络枢纽,并且 ONS 的设计与架构都以 DNS 原理为基础,因此,可以使整个 EPC 系统以 Internet 为依托,与现有网络架构灵活交互。

EPCIS:EPCIS 提供了一个模块化、可扩展的服务接口,使得 EPC 系统中的数据可以在不同企业之间共享。它处理与 EPC 相关的各种信息。

4．UID

UID(Ubiquitous IDentification)是指"到处存在的"或"泛在的"身份识别。UID 最早始

于日本 20 世纪 80 年代中期的实时操作系统(TRON),是日本东京大学倡导的全新的计算机体系,旨在构建"计算无处不在"的环境。2003 年 6 月,UID 中心在东京成立,2004 年 4 月,UID 中国中心在北京成立。

UID 中心建立的目的是研究物品识别所需的技术,并最终实现"计算无处不在"的理想环境。如图 2-18 所示,UID 系统由泛在识别码(U-code)、泛在通信器、U-code 解析服务器和信息系统服务器组成。

泛在识别码(U-code):在 UID 中,为了识别物品而赋予物品唯一性的固有识别码称为 U-code。将 U-code 部署于泛在环境下的不同物品,可以实现对各种物品的自动识别。

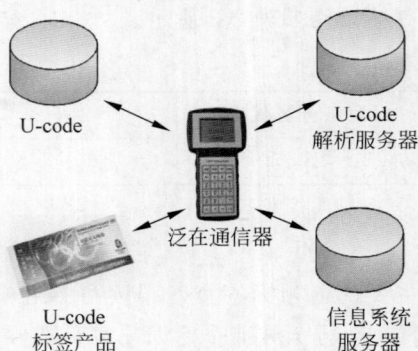

图 2-18　UID 技术架构

泛在通信器:泛在通信器是人机交互所需的终端设备,它能给我们提供无处不在的交流机会,同时具有丰富的多元通信功能。泛在通信器主要由电子标签、读写器、无线广域通信设备组成。

U-code 解析服务器:U-code 解析服务器是以 U-code 为基础,对提供泛在 ID 相关信息服务的系统地址进行检索的目录服务系统。

信息系统服务器:用来存储并提供相关的各种信息。信息系统服务器采用基于 PKI(公开密钥基础设施)的虚拟专用网(VPN),使得服务器具有专门的抗破坏性。

2.4.3　信息物理融合系统结构

信息物理融合系统(Cyber Physical System,CPS)是一个综合计算、网络和物理环境的多维复杂系统,通过 3C——计算(computation)、通信(communication)和控制(control)技术的有机融合与深度协作,实现大型系统的实时感知和动态控制。CPS 的基本特征是构成了一个能与物理世界交互的感知反馈环,通过计算进程和物理进程相互影响的反馈循环,实现与实物过程的密切互动,从而给实物系统增加或扩展新的能力。

CPS 是一种大规模、分布式、异构、复杂以及深度嵌入式的实时系统,是当今最前沿的交叉研究领域之一,涉及计算科学、网络技术、控制理论等多个学科,被普遍认为是计算机信息处理技术史上的下一次革命。Internet 改变了人与人之间的交互方式,CPS 将会改变人与现实物理世界之间的交互方式。

CPS 是最近几年才兴起的一个热门的前沿研究领域。在 2007 年美国总统科技顾问委员会的报告中,CPS 被列为联邦研究基金最优先资助的项目,从此引起了美国政府、学术界及工业界的广泛关注和高度重视,并已经投入了大量的人力和物力从事 CPS 领域基础理论及应用研究。目前,国内外关于 CPS 的研究主要集中在 CPS 系统结构、相关技术与挑战、系统建模、系统安全、QoS、应用案例等。

如图 2-19 所示是国防科技大学根据 CPS 的概念和特性设计的一种面向服务的 CPS 体系框架。该框架分为四层,分别为节点层、网络层、资源层和服务层,其中,安全管理、全局时间管理和并发控制、数据处理和人机接口是贯穿整个 CPS 体系的 WSN 支持技术。

(1)节点层:它是 CPS 与物理世界交互的终端,也是 CPS 中最关键的一层,无论是在

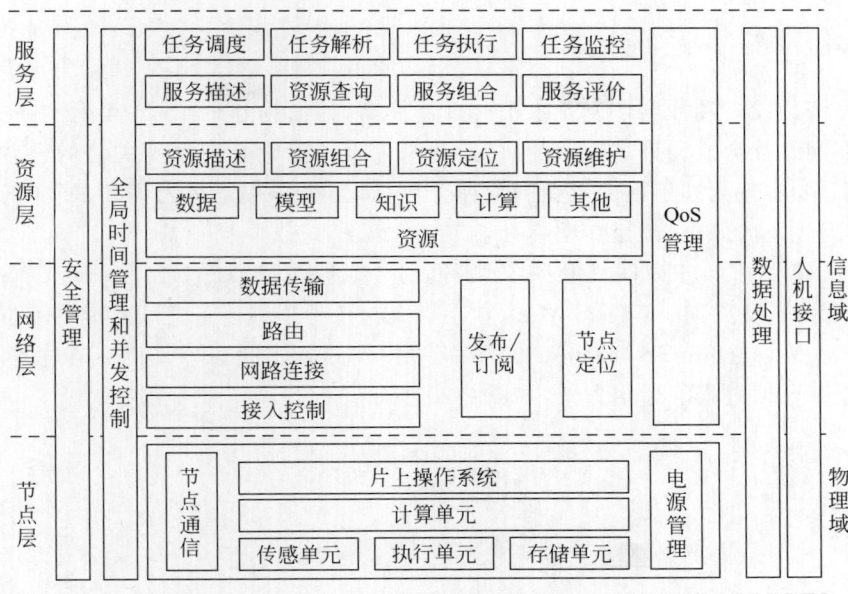

图 2-19 面向服务的 CPS 体系框架

CPS 研究还是系统开发中,该层都是体现 CPS 概念的基础。节点层包括的元素有传感器、执行器、嵌入式计算机、PDA 等,该层包含了多种技术,如嵌入系统技术、传感器技术、节点通信技术、连接与覆盖技术、路由技术、电源管理、片上计算机和数据库技术、智能控制、移动对象管理等。

(2)网络层:它是 CPS 实现资源共享的基础,CPS 通过网络将各种远程资源有效地连接,实现资源共享。现有的 Internet 已经提供了比较成熟的网络技术,如 TCP/IP、XML、HTML、Web Service 等。网络中的许多技术都可以在 CPS 的网络层使用,如接入控制、网络连接、路由、数据传输、发布/订阅模式的数据共享模式,但是在 CPS 中仍然有很多不同于传统计算机网络的新技术,这些新技术包括:异构节点产生的异构数据的描述和语义理解;由于节点移动性导致的节点定位问题、感知能力的覆盖问题等。

(3)资源层:它是 CPS 中实体存在的抽象,资源层对 CPS 中各种资源进行有效管理。CPS 除了节点层的各种实体资源以外还有信息处理资源,如数据库、巨型计算中心、模型库、知识库等,这些处理都由相应的硬件来完成,实际上是硬件提供的信息处理“能力”。该层将这些信息处理能力以及节点的感知和对物理过程影响能力描述成资源,然后通过对资源查询、组合、定位和维护实现对资源的有效管理,为 CPS 各种任务的完成提供保障。

(4)服务层:它是 CPS 中资源能力的抽象层,该层将资源的“能力”包装成服务提供给用户。资源是实体的一种存在方式,而资源反映在信息空间中应该表现为能力。CPS 与物理环境交互存在实时性和不确定性,因此,该体系框架中任务产生模式是事件/信息触发的,当下层向服务层申请服务时,服务层首先对任务进行解析,然后再为下层提供相应的服务。

近年来发展迅速的传感器技术、无线通信技术、微电子技术以及计算机技术,尤其是近年来发展迅速的移动 Ad Hoc 网络、Mesh 网络、传感器网络以及融合传统的有线网、蜂窝网络,为 CPS 系统成为现实奠定了理论基础。构架新的网络模型能够为 CPS 网络方面的研究带来新的方向与策略。

2.4.4　M2M 系统结构

随着经济的发展和社会信息化水平的日益提高,如何构建一个以"无处不在的网络"为目标的泛在网络社会成为许多国家的政府、学术界以及运营企业高度关注的课题。从技术实现角度看,要实现无处不在的泛在网络社会目标,无线接入是最为高效、便捷的技术实现方式之一,因此国内外也将"泛在网络社会"称为"无线宽带城市"。

M2M 的定义可以分为广义和狭义两种。广义上的 M2M 包括 Machine-to-Machine、Man-to-Machine 以及 Machine-to-Man,它是指人与各种远程设备之间的无线数据通信。狭义上的 M2M 是 Machine-to-Machine 的简称,指一方或双方是机器且机器通过程序控制,能自动完成整个通信过程的通信形式,如图 2-20 所示。

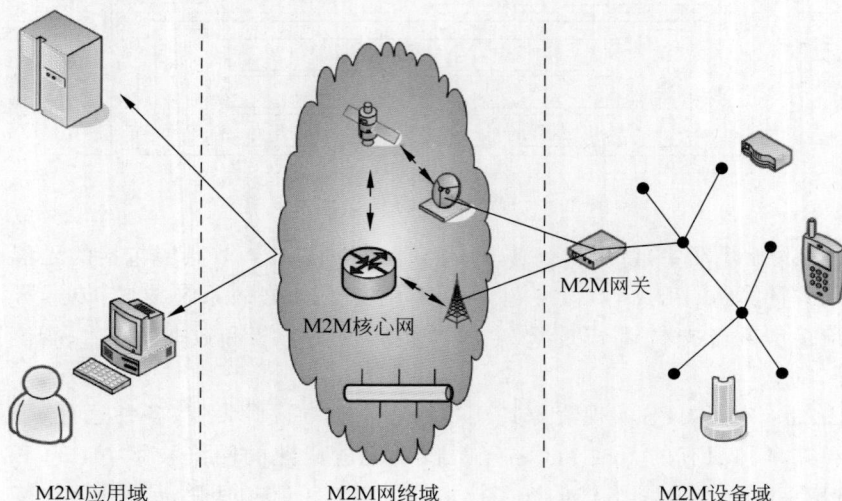

图 2-20　M2M 架构

自 2002 年起,M2M 技术在世界各地开始得到快速推动,M2M 应用遍及电力、交通、工业控制、零售、公共事业管理、医疗、水利、石油等多个行业。欧洲电信标准化协会(ETSI)和第三代合作伙伴计划(3GPP)等国际标准化组织都启动了针对快速成长的 M2M 技术进行标准化的专项工作。目前,M2M 已被正式纳入国家《信息产业科技发展十一五规划及 2020 年中长期规划纲要》的重点扶持项目,通过无线技术将泛在网络的基础单元——人类社会的有形物资连成网络,实现所有人与人、物与物、人与物之间的连接。

从图 2-20 中可知,M2M 系统从右至左可以划分为 M2M 设备域、M2M 网络域、M2M 应用域。无所不在的设备域是泛在网的感官和触角,它实现对外界的感知和对受控单元的控制;M2M 网络域是由众多形态多样、接入手段多样、功能多样的终端单元组成的,它们实现信息的探知和传输,同时根据自身的逻辑和控制中枢的逻辑实现控制和被控制;网络应用是 M2M 的大脑,这种网络应用可以是简单的、单一的、需要人工干预的普通应用,也可以是复杂的、融合的、高度自动化的智能应用。

通过以上对 WSN、EPC、CPS 以及 M2M 的架构分析可知,它们都是物联网的不同表现形式。从它们概念中可知,物联网包含了物理世界的信息感知和传送,WSN 和 EPC 系统都侧重于物理世界感知信息的获取，M2M 则主要强调机器与机器之间的通信，而 CPS 更强调反馈与控制过程，突出了对物理世界实时动态的信息控制与服务。M2M、EPC 更偏重实际应用，CPS、WSN 则更强调学术研究。

2.5　物联网的反馈与控制

"某日小张正在公司上班时，突然手机收到振动及铃声提示……原来是家中无人时门被打开，门磁门锁侦测到有人闯入，于是将闯入报警通过无线网关发送到主人小张的手机，手机收到信息后发出振动及铃声提示，小张确认后发出控制指令，电磁门锁自动落锁并触发无线声光报警器发出报警。"这一场景并不是科幻虚构，而是建立在物联网技术基础上的一种智能家居案例。这个案例说明物联网是把所有具备信息传感功能的设备或物体互联，从而形成的一个巨大的传感器智能网，最终可具备"全面感知、可靠传送、智能处理"的综合功能。要能够达到这样的功能，物联网必须具有感、联、智、控四种属性。这四种属性形成了一个完整的反馈控制系统，在完善的智能处理基础上可实现对物的自动控制。因此，我们可以从"控制论"的角度来理解物联网的结构及其作用。为了更好地理解作为一个反馈控制系统的物联网，本节将对自动控制的基本原理与方式、反馈控制原理、物联网结构的反馈控制解析以及典型应用的控制系统模型描述等几方面进行阐述。

2.5.1　反馈控制的基本原理

自动控制是指在没有人直接参与的情况下，利用外加的设备或装置（称控制装置或控制器），使机器、设备或生产过程（统称被控对象）的某个工作状态或参数（即被控量）自动地按照预定的程序运行。如雕刻机可按照预定的程序自动雕刻文字；自动洗衣机能自动洗衣服；雷达和计算机组成的导弹发射和制导系统，能自动地将导弹引导到敌方目标；无人驾驶飞机能按照预定轨迹自动升降和飞行等。近几十年来，随着电子计算机技术的发展和应用，在宇宙航行、机器人控制、导弹制导以及核动力等高新技术领域中，自动控制技术更具有特别重要的作用。不仅如此，自动控制技术的应用已将应用范围扩展到生物、医学、环境、经济管理和其他许多社会生活领域中，自动控制已成为现代社会生活中不可或缺的重要组成部分。物联网的出现，为自动控制技术提供了更为广阔的应用空间。对物的"感知"使我们能够将任何物体作为被控对象进行控制；将物"互联"使我们能够传递各种控制信号和数据；"智能"语义中间件，可提供对物的语义技术、数据推理和语义执行环境等控制核心；反馈"控制"是以上三种作用的目的与成果。所以说，自动控制技术在物联网系统中依然占据重要位置。

反馈控制系统是自动控制系统最基本的控制方式，也是应用最广泛的一种控制方式。除此之外，还有开环控制方式和复合控制方式，它们都有其各自的特点和不同的适用场合。近几十年来，以现代数学为基础，引入计算机的新的数字控制方式也有了很大发展，如最优控制、自适应控制、模糊控制等。

下面对几种常见的自动控制方式的原理进行简要说明。

（1）闭环控制方式。闭环控制方式是按偏差进行控制的，其特点是在不论因什么原因使被控量偏离期望值而出现偏差时,必定会产生一个相应的控制作用去减小或消除这个偏差,使被控量与期望值趋于一致。可以说,按闭环控制方式组成的反馈控制系统,具有抑制任何内、外扰动对被控量产生影响的能力,有较高的控制精度。但这种系统使用的元件多、结构复杂,特别是系统的性能分析和设计也比较麻烦。尽管如此,它仍是一种重要的并被广泛应用的控制方式。

(2) 开环控制方式。开环控制方式是指控制装置与被控对象之间只有顺向作用而没有反向联系的控制过程,按这种方式组成的系统统称为开环控制系统,其特点是系统的输出量不会对系统的控制作用产生影响。开环控制系统可以按给定量控制方式组成,也可以按扰动控制方式组成。按给定量控制方式组成的开环控制系统,其控制作用直接由系统的输入量产生,给定一个输入量,就有一个输出量与之相对应,控制精度完全取决于所用的元件及校准的精度。一些自动化装置,如自动售货机、自动洗衣机、指挥交通的红绿灯转换等都是开环控制系统。

有一种开环控制系统是按扰动控制的,被称为顺馈控制系统。其原理是利用可测量的扰动量产生一种补偿作用,以减少或抵消扰动对输出量的影响。

(3) 复合控制方式。按扰动控制的方式在技术上较按偏差控制的方式简单,但是它只适合扰动可测的场合,而且一个补偿装置只能补偿一种扰动因素,对其余扰动均不起补偿作用。因此,比较合理的一种控制方式是把两者结合起来,对主要扰动采用适当补偿的装置实现按扰动控制,同时再组成反馈控制系统实现按偏差控制,以消除其余扰动产生的偏差。这样,系统的主要扰动已被补偿,反馈控制系统就比较容易被设计,控制效果也会更好。这种结合按偏差控制和按扰动控制的控制方式被称为复合控制方式。

在反馈控制系统中,控制装置对被控对象施加的控制作用,是取自被控量的反馈信息,该信息被用来不断修正被控量与输入量之间的偏差,从而实现对被控对象进行控制任务。

其实,人的一切活动都体现出反馈控制的原理,人本身就是一个具有高度复杂控制能力的反馈控制系统。例如,人用手拿桌上的书,汽车司机操纵方向盘驾驶汽车沿公路平稳行驶等,这些日常生活中习以为常的动作都渗透着反馈控制的深奥原理。下面通过解析手从桌上取书的动作过程,透视一下它所包含的反馈控制机理。在这里,书的位置是手运动的指令信息(一般称为输入信号)。取书时,首先人要用眼睛连续目测手相对于书的位置,并将这个信息送入大脑(称为位置反馈信息),然后由大脑判断手与书之间的距离,产生偏差信号,并根据其大小发出控制手臂移动的命令(称为控制作用或操纵量),逐渐使手与书之间的距离(即偏差)减小。显然,只要这个偏差存在,上述过程就要反复进行,直到偏差减小为零,手便取到书了。通过对这个例子的分析发现,大脑控制手取书的过程是一个利用偏差(手与书之间距离)产生控制作用,并不断使偏差减小直至消除的运动过程;同时,为了取得偏差信号,必须有手位置的反馈信息,两者结合起来,就构成了反馈控制。显然,反馈控制实质上是一个按偏差进行控制的过程,因此,也称为按偏差的控制。

人取物视为反馈控制系统时,手是被控对象,手位置是被控量(即系统的输出量),产生控制作用的机构是眼睛、大脑和手臂,统称为控制装置,如图 2-21 所示为该反馈控制系统的基本组成及工作原理。

通常,把输出量送回到输入端,并与输入信号相比较产生偏差信号的过程,称为反馈。

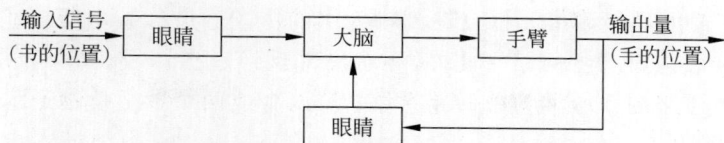

图 2-21 人取书的反馈控制系统方块图

若反馈的信号是与输入信号相减,使产生的偏差越来越小,则称为负反馈;反之,则称为正反馈。反馈控制就是采用负反馈并利用偏差进行控制的过程,而且,由于引入了被控量的反馈信息,整个控制过程为闭合过程,因此反馈控制也称闭环控制。

在工程实践中,为了实现对被控对象的反馈控制,系统中必须配置具有人的眼睛、大脑和手臂功能的设备,以便对被控量进行连续的测量、反馈和比较,并按偏差进行控制。这些设备依其功能分别称为测量元件、比较元件和执行元件,并统称为控制装置。

2.5.2 反馈控制系统的组成

为了实现各种复杂的控制任务,首先要将被控对象和控制装置按照一定的方式连接起来,组成一个有机的整体,这就是自动控制系统。在自动控制系统中,被控对象的输出量即被控量是要求严格加以控制的物理量,它可以要求保持为某一恒定值,如温度、压力、液位等,也可以要求按照某个给定程序运行,如飞行航迹等;而控制装置则是对被控对象施加控制作用的机构的整体,它可以采用不同的原理和方式对被控对象进行控制,但最基本的一种是基于反馈控制原理组成的反馈控制系统。

反馈控制系统是由各种结构不同的元部件组成的。从完成"自动控制"这一职能来看,一个系统必然包含被控对象和控制装置两大部分,而控制装置是由具有一定职能的各种基本元素组成的。在不同的系统中,结构完全不同的元部件却可以具有相同的职能,因此,将组成系统的元部件按职能分为以下几种。

- 测量元件:其职能是检测被控制的物理量,如果这个物理量是非电量,一般要转换为电量。
- 给定元件:其职能是给出与期望的被控量相对应的系统输入量(即参据量)。
- 比较元件:其职能是把测量元件检测的被控量实际值与给定元件给出的参据量进行比较,求出它们之间的偏差。
- 放大元件:其职能是将比较元件给出的偏差信号进行放大,用来推动执行元件去控制被控对象。
- 执行元件:其职能是直接推动被控对象,使其被控量发生变化。用来作为执行元件的有继电器、电动机、液压马达等。
- 补偿元件:也叫校正元件,它是结构或参数便于调整的元部件,用串联或反馈的方式连接在系统中,以改善系统性能。最简单的校正元件是由电阻、电容组成的无源或有源网络,复杂的则用计算机。

一个典型的反馈控制系统的基本组成可用如图 2-22 所示的方框图表示。图中,用圈表示比较元件,它将测量元件检测到的被控量与参据量进行比较。"－"表示两者符号相减,是负反馈;如果是"＋"则表示正反馈。信号从输入端沿箭头方向到达输出端的传输通道称前向通道；系统输出量经测量元件反馈到输入端的传输通道称为主反馈通道。前向通道与主反馈通道共同构成了主回路。此外,还有局部反馈通道以及由它构成的内回路。只包含一个主反馈通路的系统称为单回路系统；有两个或两个以上反馈通道的系统称多回路系统。

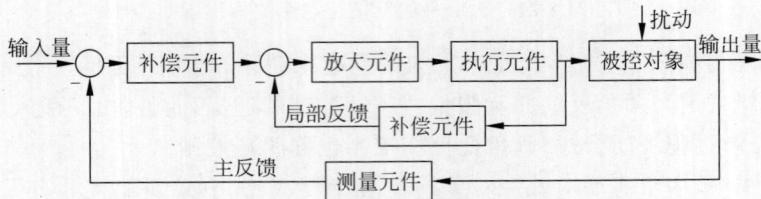

图 2-22　反馈控制系统的基本组成

　　一般,加到反馈控制系统上的外作用有两种类型：一种是有用输入,另一种是扰动。有用输入决定系统被控量的变化规律,如输入量；而扰动是系统不希望有的外作用,它破坏有用输入对系统的控制。在实际系统中,扰动总是不可避免的,而且它可以作用于系统中的任何元部件上。一个系统也可能同时受到几种扰动的作用。电源电压的波动,环境温度、压力以及负载的变化,飞行中气流的冲击,航海中的波浪等,都是现实中存在的扰动。

2.5.3　物联网系统的反馈控制

1. 物联网控制的特征

　　控制系统的特性是系统在控制作用下表现出来的一些基本特征,这些特征是衡量一个控制系统性能的主要依据。可以通过对控制系统控制参数进行调整来改善控制性能。传统自动控制系统关注"稳、准、快"。

➢ "稳"是指通过控制可使被控对象稳定在期望值附近。

➢ "准"是指被控对象的输出量与参据量之间的偏差在一个可容忍的范围内。

➢ "快"是指被控对象达到期望值的时间延迟短。

　　这三种控制特性是针对传统控制系统提出的,也是经典控制理论的主要研究点。我们往往希望控制系统能够快速、准确地达到期望的稳定状态。在经典控制理论中往往通过调整表征控制系统规律的控制方程的参数来改善这三个特性。经过多年的研究发现,控制的速度和稳定性是一对不可调和的矛盾,在实际系统设计时,需要根据具体的系统需求来确定速度与稳定性之间的平衡点。例如函数记录仪需要有较快的响应速度,而飞机的姿态角控制系统就需要有较大的阻尼来保证其稳定性。

　　随着控制系统应用领域的不断扩展,控制系统特性的内涵也不断变化。现代控制理论提出了新的特性——稳健性,计算机系统提出了保安性、可信性、时延性。

➢ "稳健性"是指控制系统在一定(结构、大小)的参数摄动下,维持某些性能的特性。根据对性能的不同定义,可分为稳定稳健性和性能稳健性。计算机系统的稳健性就是系统的健壮性,它是在异常和危险情况下系统生存的关键。例如,计算机软件在输入错误、磁盘故障、网络过载或有意攻击情况下,仍能保持不死机、不崩溃的能力,就是该软件的稳健性。

> "保安性"是指对数据的安全性的保障，包括保密、隐私等。

> "可信性"是指控制源和被控对象的可信性。

> "时延性"是指控制器在设计时应充分考虑网络传输的时延因素对控制结果的影响。

由于物联网是建立在互联网基础上的，其控制信号的传输路径与传统的控制系统相比要复杂、不可靠得多，网络上的任何问题都会在物联网控制系统中表现出来。因此，在分析物联网控制系统的控制特性时，应着重考虑稳健性、保安性、可信性和时延性。

另外，控制理论能够形式化地描述一个控制系统，并通过数学方法来分析和研究控制系统的性能，是研究分析、设计自动控制系统的基本方法，它已经在以往的自动控制系统应用中起到了巨大的作用。现代控制理论针对计算机控制特点提出了离散控制理论，加入了信号的采用与保持、差分方程、Z 变换、Z 传递函数等方法，对离散控制系统的稳定性、暂态性、稳态误差等进行分析，并提出了数字 PID 控制方法，可提供更加灵活、多样的控制方式。

物联网的控制系统一定是一个计算机参与的离散控制系统，将离散控制理论的分析方法引入物联网系统的分析、研究和设计过程中，能够使这一过程更加科学、合理，对系统的各种性能将有一个更准确的判断，同时也便于进行仿真分析。因此，应注重控制理论与物联网领域的交叉研究。

2. 物联网控制模型

传统的自动控制系统往往是针对某种特定系统的，如数控机床、洗衣机等，各控制部件结构紧凑，由内部总线连接在一起。传送的信号为模拟信号或数字信号加模拟信号。比较元件产生的偏差信号较小，无法驱动执行部件，这时需要放大元件将其放大以便驱动执行部件执行控制操作。而物联网系统是建立在互联网基础上的 M2M 系统，结构松散，物与物之间的耦合度可以很低，甚至可以是远程的。物联网就是 M2M 之间通过网络进行连接，构成网络资源共享的系统，从而形成的一个巨大的传感器智能网，最终可具有"全面感知、可靠传送、智能处理"的综合功能。它的奇妙之处在于它将射频识别设备（RFID）、传感设备、全球定位系统或其他信息获取方式等各种创新的传感设备嵌入世界范围的各种物体、设施和环境中，把信息处理能力和智能技术通过互联网注入每一个物体里面，使物质世界被极大地数据化并赋予生命，使物体会"说话"、会"思考"、会"行动"。当物体达到这样的一种状态，即物体在无人直接参与的情况下"说话""思考""行动"时，整个物联网将成为一个巨大的自动控制系统。与传统的自动控制系统不同的是，这个自动控制系统具有更高程度的复杂性、多样性、灵活性和不确定性。

在物联网中，传统自动控制系统中的有些功能在物联网环境下是可以分离在不同地点或合并在一个设备中的。因此，可以重绘物联网控制系统结构图，如图 2-23 所示。

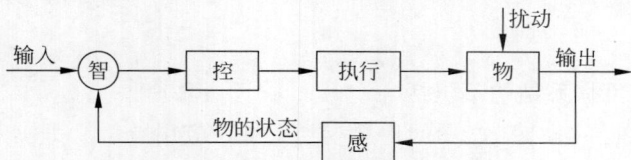

图 2-23　物联网控制系统结构图

根据物联网控制系统的结构,下面简要描述其中各个部件的功能。

➤ 被控对象(物):物联网中的被控对象可以存在于网络的任何位置,同时也可能是任何物体或人,因此,必须有一种方式来表征需要控制的对象。通常采用 RFID 技术来对物体进行标识。

➤ 测量元件(感):反馈控制系统最主要的依据来源于测量元件,即随时掌握被控对象的状态,物联网要实现控制和管理功能也离不开对物的状态的感知。因此,传感器就成为必需的部件,而且,通过传感器网络可以提供多维度的被控量。

➤ 比较元件、给定元件、校正元件(智):这些都可由智能终端,如计算机或服务器来承担。

➤ 执行元件(控):物联网对物体进行控制的执行器件,除了传统控制系统中的继电器等外,还包括物体中嵌入式的处理器和软件系统。

➤ 网络(联):由于物联网的控制对象、测量元件、执行器件和控制元件可能在地理上分布在不同的地方,这些部件之间需要借助各种通信手段进行远程连接,完成各部件之间的各种控制物信息的传输。

综上,物联网中的"感、智、控"分别构成了物联网控制系统的测量、比较、执行等三大部件,这三大部件又在"联"这种网络平台上得以相互作用,形成了"控制系统",最终实现了"控"的目的。在前面介绍过的智能家居的例子中,"门磁"为测量元件,完成"感"的功能;"无线网"为网络部件,完成"联"的功能;"手机"为智能终端,是比较元件、给定元件,完成"智"和"控"的功能;"电磁门锁"和"报警器"为执行元件,执行"控"的命令。在这样的系统中,将人、手机、门磁、门锁和报警器通过无线网络连接起来,实现远程控制的目的。

与传统自动控制系统相比,物联网建立在互联网络之上,同时需要区分不同的被控对象,因此更加复杂,控制系统的表现更加多样,计算机可以实现的各种控制也更加灵活。但是,由于网络是连接各个部件的途径,因此控制的结果具有很强的不确定性。所以,物联网控制系统的控制特性与传统的控制系统的控制特性有较大区别。

2.6　本章小结

本章根据物联网系统组成结构的分析和讨论,提出了物联网体系结构的层次模型,详细分析了各组成模块的功能和作用;讨论了物联网的主要关键技术和四种物联网应用架构,给出了物联网反馈控制的原理和基本组成架构。

习题

一、选择题

1. 三层的物联网体系结构不包括(　　)。

　　A. 感知设备层　　　　B. 中间件层　　　　C. 应用层　　　　D. 无线网络层

2. 四层的物联网体系结构中,定位技术属于(　　)。

　　A. 感知控制层　　　　B. 数据传输层　　　　C. 应用决策层　　　　D. 数据处理层

3. 四层的物联网体系结构中,云计算技术属于(　　)。

    A. 感知控制层　　　　B. 数据传输层　　　C. 应用决策层　　　D. 数据处理层

4. ZigBee 属于(　　)中的标准协议。

    A. WSN　　　　　　　B. EPC　　　　　　C. CPS　　　　　　D. UID

5. RFID 属于(　　)中使用的核心技术。

    A. WSN　　　　　　　B. EPC　　　　　　C. CPS　　　　　　D. 以上都不是

6. 下面属于 M2M 系统架构的是(　　)。

    A. Man-to-Man　　　　　　　　　　　B. Machine-to-Machine

    C. Machine-to-Man　　　　　　　　　D. Man-to-Machine

7. 在无线传感器网络中,负责接入主干网络的节点是(　　)。

    A. 网关节点　　　　　B. Sink 节点　　　　C. 汇聚节点　　　D. 以上都不是

8. 远程监控大坝水位,并根据水位远程控制泄洪的技术是(　　)。

    A. 开环控制　　　　　　　　　　　　　B. 物联网反馈控制

    C. 人工控制　　　　　　　　　　　　　D. 以上都不是

9. 人类从书桌上拿取一本书的过程属于(　　)。

    A. 开环控制　　　　　　　　　　　　　B. 闭环控制

    C. 物联网反馈控制　　　　　　　　　　D. 以上都不是

10. 人们按下电源开关开灯的过程属于(　　)。

    A. 开环控制　　　　　　　　　　　　　B. 闭环控制

    C. 物联网反馈控制　　　　　　　　　　D. 以上都不是

二、问答题

1. 什么是体系结构?简述体系结构对计算机系统的发展影响。

2. 什么是物联网体系结构?研究物联网体系结构重点关注哪些因素?

3. 简述物联网体系结构的设计原则。

4. 分析三层物联网体系结构和四层物联网体系结构的差别和联系。

5. 简述四层物联网体系结构中每一层的功能。

6. 什么是 EPC 系统?简述 EPC 系统的组成。

7. 什么是无线传感器网络?简述无线传感器网络的组成。

8. 什么是 CPS?简述 CPS 的组成。

9. 什么是 M2M?简述 M2M 系统的组成。

10. 什么是反馈控制?简述反馈控制在物联网中的应用。

11. 简述物联网反馈控制的原理。

第3章

传感与检测技术

传感与检测技术是实现物联网系统的基础。传感技术是把各种物理量转变成可识别的信号量的过程,检测是指对物理量进行识别和处理的过程。例如,用湿敏电容把湿度信号转变成电信号,这就是传感;对从传感器得来的信号进行处理的过程就是检测。本章重点介绍传感器的功能特性、分类、技术原理以及常见传感器类别,并重点讲述一款智能温度传感器的基本原理和关键技术。

3.1 传感检测模型

在人们的生产和生活中,经常要和各种物理量和化学量打交道,例如经常要检测长度、质量、压力、流量、温度、化学成分等。在生产过程中,生产人员往往依靠仪器、仪表来完成检测任务。这些检测仪表都包含或者本身就是敏感元件,能很敏锐地反映待测参数的大小。在为数众多的敏感元件中,把那些能将非电量形式的变量转换成电变量的元件叫作传感器。从狭义角度来看,传感器是一种将测量信号转换成电信号的变换器。从广义角度看,传感器是指在电子检测控制设备输入部分中起检测信号作用的器件。

通常,传感器输出的电信号(如电压和电流)不能在计算机中直接使用和显示,还要借助模数转换器(A/D 转换器)将这些信号转换为计算机能够识别和处理的信号。只有经过变换的电信号,才容易显示、存储、传输和处理。为此,把能够感受规定的被测量并按照一定的规律将其转换成可用输出信号的元器件或装置,称为传感检测装置。

传感与检测技术是实现物联网系统的基础。传感是把各种物理量转换成可识别的信号量的过程,而检测是指对物理量进行识别和处理的过程。例如,用湿敏电容把湿度信号转换成电信号,这就是传感;对传感器得来的信号进行数字化处理的过程就是检测。

图 3-1 给出的是将"物理信号"转换为"数字信号"的传感检测与反馈控制模型。该模型由传感器部件、信号处理部件和反馈控制部件(可选)三大部分组成。

1. 传感器部件

传感器部件由敏感元件、转换元件和信号调理转换电路组成。敏感元件是指传感器中能直接感受或响应被测对象的部分;转换元件是指传感器中能将敏感元件感受或响应的被测量转换成适于传输或测量的电信号的部分。

由于传感器输出信号一般都很微弱(毫伏级),所以,还需要一个信号调理转换电路对微弱信号进行放大或调制等,使得其达到信号变换电路(如 A/D 转换器)能够识别的范围(伏

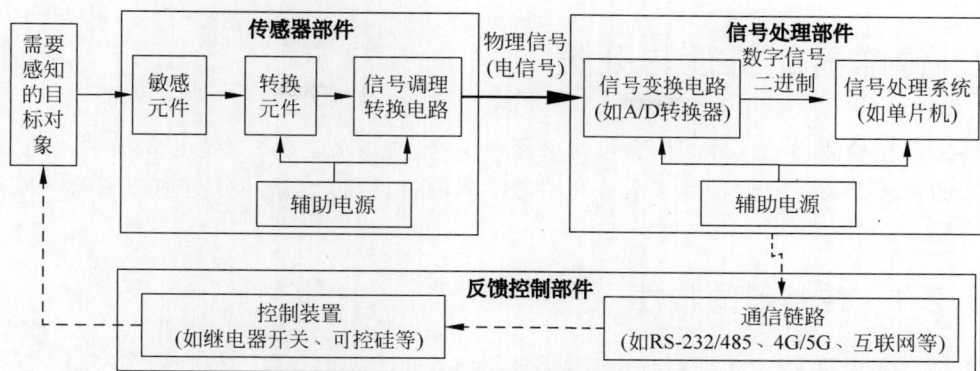

图 3-1 传感检测与反馈控制模型的功能结构

特级）。此外，传感器的工作必须有辅助电源，因此，电源也作为传感器组成的一部分。

随着半导体器件与集成技术在传感器中的应用，传感器的信号调理转换电路与敏感元件和转换元件通常会集成在同一芯片上，安装在传感器的壳体里。传感器部件的输出电量有很多种形式，如电压、电流、电容、电阻等，输出信号的形式由传感器的原理确定。

2. 信号处理部件

信号处理部件通常由信号变换电路和信号处理系统及辅助电源构成。

信号变换电路负责对传感器输出的电信号进行数字化处理（即转换为二进制数据），一般由模数转换电路（即 A/D 转换器）构成。A/D 转换器，简称 ADC，通常是指一个将模拟信号转换为数字信号的电子元件。其功能是将一个输入的电压信号转换为一个输出的数字信号。由于数字信号本身不具有实际意义，仅仅表示一个相对大小。故任何一个模数转换器都需要一个参考模拟量作为转换的标准，比较常见的参考标准为最大的可转换信号大小。而输出的数字量则表示输入信号相对于参考信号的大小。

模数转换一般要经过采样、量化和编码等几个步骤。采样是指用每隔一定时间的信号样值序列来代替原来在时间上连续的信号，也就是在时间上将模拟信号离散化；量化是用有限个幅度值近似原来连续变化的幅度值，把模拟信号的连续幅度变为有限数量的有一定间隔的离散值；编码则是按照一定的规律，把量化后的值用二进制数字表示，然后转换成二值或多值的数字信号流。这样得到的数字信号方便计算机进行处理或进行远程传输。

信号处理系统一般由单片机或微处理器组成，按照某种规则或算法将二进制数据转换为用户容易识别的信息（如温度、湿度、压力等）。单片机又称单片微控制器，已广泛应用到智能仪表、实时工控、通信设备、导航系统、家用电器等设备之中。在单片机中，主要包含微处理器（CPU）、只读存储器（ROM）和随机存储器（RAM）等。在新一代单片机中，也开始集成A/D 变换器、D/A 变换器等功能，这样，单片机的功能更加强大，所构造的系统更加小型化。

3. 反馈控制部件

反馈控制部件包括通信链路和控制装置两部分。检测的信号如果需要反馈到目标对象进行控制的话，则由信号处理部件的信号处理系统形成决策，决策结果通过通信链路（如有线链路 RS232/485、无线链路 4G/5G 等）发送到控制装置，由控制装置对目标对象进行实时反馈控制。需要说明的是，反馈控制不是每个物联网系统都需要的，因此在图中使用虚线表示。

3.2　传感器的特性与分类

传感器在检测物理世界的信息量时会存在误差,这些误差是由传感器的特性决定的,不同类型的传感器有不同的特性。本节介绍传感器的特性、传感器的分类和传感器的发展趋势与应用。

3.2.1　传感器的特性

在科学试验和生产、生活过程中,需要对各种各样的物理参数进行检测和控制。这就要求传感器能感受被测非电量并将其转换成与被测量有一定函数关系的电量。传感器所测量的非电量是处在不断变动之中的,传感器能否将这些非电量的变化不失真地变换成相应的电量,取决于传感器的输出/输入特性。传感器这一基本特性可用其静态特性和动态特性来描述。

传感器的静态特性是指被测量的值处于稳定状态时的输出/输入关系。只考虑传感器的静态特性时,输入量与输出量之间的关系式中不含有时间变量。衡量静态特性的重要指标是线性度、灵敏度、迟滞和重复性等。

1. 线性度

传感器的线性度是指传感器的输出与输入之间数量关系的线性程度。输出与输入关系可分为线性特性和非线性特性。从传感器的性能看,希望具有线性关系,即具有理想的输出/输入关系。但实际遇到的传感器大多为非线性的,如果不考虑迟滞和蠕变等因素,传感器的输出/输入关系可用一个多项式表示:

$$y = a_0 + a_1 x + a_2 x^2 + \cdots + a_n x^n \tag{3-1}$$

式中:a_0 表示输入量 x 为 0 时的输出量;$a_1, a_2, \cdots, a_n$ 为非线性项系数。

静态特性曲线可通过实际测试获得。在实际使用中,为了方便标定和数据处理,得到线性关系,因此引入各种非线性补偿环节,如采用非线性补偿电路或计算机软件进行线性化处理,从而使传感器的输出与输入关系是线性或接近线性的。如果传感器非线性项的次方不高,当输入量变化范围较小时,可用一条直线(切线或割线)近似地代表实际曲线的一段,如图 3-2 所示,使传感器输出/输入特性线性化。所采用的直线称为拟合直线。实际特性曲线与拟合直线之间的偏差称为传感器的非线性误差(或线性度),通常用相对误差 γ_L 表示,即

$$\gamma_L = \pm \frac{\Delta L_{\max}}{Y_{FS}} \times 100\% \tag{3-2}$$

式中:$\Delta L_{\max}$ ——最大非线性绝对误差;

　　　Y_{FS} ——满量程输出。

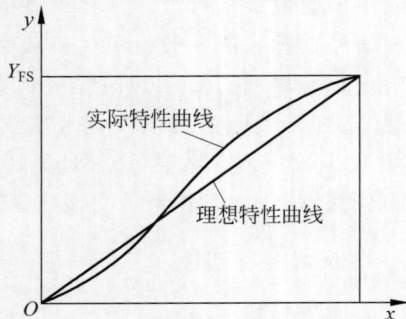

图 3-2　线性度

2. 灵敏度

灵敏度是传感器静态特性的一个重要指标,其定义是输出量增量 Δy 与引起输出量增量 Δy 的相应输入量的增量 Δx 之比。用 S 表示灵敏度,即

$$S = \frac{\Delta y}{\Delta x} \tag{3-3}$$

它表示单位输入量的变化所引起传感器输出量的变化,如图 3-3 所示。很显然,灵敏度 S 值越大,表示传感器越灵敏。

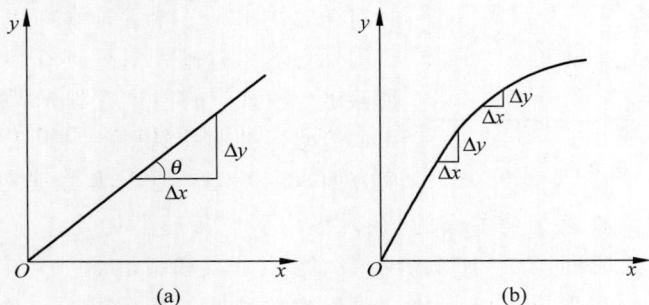

图 3-3　传感器的灵敏度

3. 迟滞

传感器在正(输入量增大)、反(输入量减小)行程期间其输出/输入特性曲线不重合的现象称为迟滞,如图 3-4 所示。也就是说,对于同一大小的输入信号,传感器的正反行程输出信号大小不相等。这种现象是由传感器敏感元件材料的物理性质和机械零部件的缺陷所造成的,例如弹性敏感元件的弹性滞后、运动部件摩擦、传动机构的间隙、紧固件松动等。

图 3-4　迟滞特性

迟滞大小通常由实验确定。迟滞误差可由下式计算:

$$\gamma_H = \frac{\Delta H_{max}}{Y_{FS}} \times 100\% \tag{3-4}$$

式中:ΔH_{max} 为正反行程输出值间的最大差值。

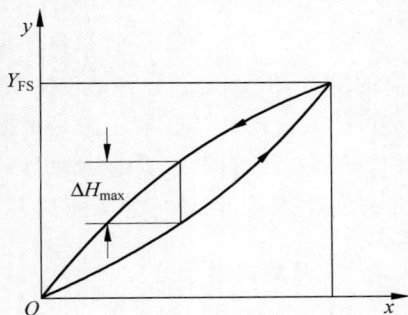

4. 重复性

重复性是指传感器在输入量按同一方向作全量程连续多次变化时,所得特性曲线不一致的程度(见图 3-5)。重复性误差属于随机误差,常用标准差 σ 计算,也可用正反行程中最大重复差值 ΔR_{max} 计算,即

$$\gamma_R = \pm \frac{(2 \sim 3)\sigma}{Y_{FS}} \times 100\% \tag{3-5}$$

或

$$\gamma_{R} = \pm \frac{\Delta R_{max}}{Y_{FS}} \times 100\% \tag{3-6}$$

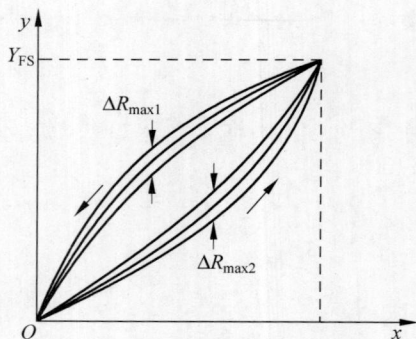

图 3-5　重复性

传感器的动态特性是指其输出对随时间变化的输入量的响应特性。当被测量随时间变化,是时间的函数时,传感器的输出量也是时间的函数,其间的关系要用动态特性来表示。一个动态特性好的传感器,其输出将再现输入量的变化规律,即具有相同的时间函数。实际上除了具有理想的比例特性外,输出信号将不会与输入信号具有相同的时间函数,这种输出与输入间的差异就是所谓的动态误差。

传感器的动态特性往往可以从时域和频域两个方面采用瞬态响应法和频率响应法来分析。由于输入信号的时间函数形式是多样的,在时域内研究传感器的动态响应特性,通常只能研究几种特定的输入时间函数,如跃阶函数、脉冲函数和斜坡函数等响应特性。在频域内研究动态特性一般则采用正弦函数。动态特性良好的传感器暂态响应时间很短且频率响应范围很宽。这两种分析方法内部存在必然的联系,在不同的场合、根据不同的应用需求,通常采用正弦变化和跃阶变化的输入信号来分析和评价。

3.2.2　传感器的分类

传感器是实现自动检测和自动控制的首要环节,如果没有传感器对原始参数进行精确可靠的测量,那么无论是信号转换或信息处理,获取、显示最优化数据,进而实现精确控制都是不可能实现的。传感器一般是根据物理学、化学、生物学等特性、规律和效应设计而成的,其种类繁多,往往同一种被测量可以用不同类型的传感器来测量,而同一原理的传感器又可测量多种物理量,因此传感器有许多种分类方法。

1. 按照测试对象分类

按照被测对象,可以将传感器分为温度传感器、湿度传感器、压力传感器、位移传感器和加速度传感器。

(1) 温度传感器。利用物质各种物理性质随温度变化的规律将温度转换为电量的传感器。温度传感器是温度测量仪表的核心部分,品种繁多。按测量方式可分为接触式和非接触式两大类,按照传感器材料及电子元件特性可分为热电阻和热电偶两类。

(2) 湿度传感器。能感受气体中水蒸气含量,并将其转换成电信号的传感器。湿度传感器的核心器件是湿敏元件,它主要有电阻式、电容式两大类。湿敏电阻的特点是在基片上覆盖一层用感湿材料制成的膜,当空气中的水蒸气吸附在感湿膜上时,元件的电阻率和电阻值都发生变化,利用这一特性即可测量湿度。湿敏电容则是用高分子薄膜电容制成的。常用的高分子材料有聚苯乙烯、聚酰亚胺、酪酸醋酸纤维等。

(3) 压力传感器。能感受压力并将其转换成可用输出信号的传感器,主要是利用压电效应制成的。压力传感器是工业实践中最为常用的一种传感器,广泛应用于各种工业自控环境,涉及水利水电、铁路交通、智能建筑、航空航天、石化、电力、船舶、机械制造等众多行业。

(4)位移传感器。又称为线性传感器,分为电感式位移传感器、电容式位移传感器、光电式位移传感器、超声波式位移传感器、霍尔式位移传感器。电感式位移传感器属于金属感应的线性器件,接通电源后,在开关的感应面将产生一个交变磁场,当金属物体接近此感应面时,金属中产生涡流而吸收了振荡器的能量,使振荡器输出幅度线性衰减,然后根据衰减量的变化来完成无接触检测物体。

(5)加速度传感器。一种能够测量加速度的电子设备。加速度传感器有两种:一种是角加速度传感器,是由陀螺仪(角速度传感器)改进的;另一种就是线加速度传感器。

除上述介绍的传感器外,还有流量传感器、液位传感器、力传感器、转矩传感器等。按测试对象命名的优点是比较明确地表达了传感器的用途,便于使用者根据用途选用。但是这种分类方法将原理互不相同的传感器归为一类,很难找出每种传感器在转换机理上有何共性和差异。

2.按照原理分类

按照工作原理,可以将传感器分为以下几种。

(1)电学式传感器。非电量电测技术中应用范围较广的一种传感器,常用的有电阻式传感器、电容式传感器、电感式传感器、磁电式传感器及电涡流式传感器等。

电阻式传感器是利用变阻器将被测非电量转换为电阻信号的原理制成的。电阻式传感器一般有电位器式、触点变阻式、电阻应变片式及压阻式等。电阻式传感器主要用于位移、压力、力、应变、力矩、气流流速、液位和液体流量等参数的测量。电容式传感器是利用改变电容的几何尺寸或改变介质的性质和含量,从而使电容量发生变化的原理制成的,主要用于压力、位移、液位、厚度、水分含量等参数的测量。电感式传感器是利用电磁感应把被测的物理量,如位移、压力、流量、振动等转换成线圈的自感系数和互感系数的变化,再由电路转换为电压或电流的变化量输出,实现非电量到电量的转换。磁电式传感器是利用电磁感应原理,把被测非电量转换成电量制成的,主要用于流量、转速和位移等参数的测量。电涡流式传感器是利用金属在磁场中运动切割磁力线,在金属内形成涡流的原理制成的,主要用于位移及厚度等参数的测量。

(2)磁学式传感器。利用铁磁物质的一些物理效应而制成的,主要用于位移、转矩等参数的测量。

(3)光电式传感器。利用光电器件的光电效应和光学原理制成的,主要用于光强、光通量、位移、浓度等参数的测量。光电式传感器在非电量电测及自动控制技术中占有重要的地位。

(4)电动势型传感器。利用热电效应、光电效应、霍尔效应等原理制成的,主要用于温度、磁通、电流、速度、光强、热辐射等参数的测量。

(5)电荷传感器。利用压电效应原理制成的,主要用于力及加速度的测量。

(6)半导体传感器。利用半导体的压阻效应、内光电效应、磁电效应、半导体与气体接触产生物质变化等原理制成的,主要用于温度、湿度、压力、加速度、磁场和有害气体的测量。

（7）谐振式传感器。利用改变电或机械的固有参数来改变谐振频率的原理制成的，主要用来测量压力。

（8）电化学式传感器。以离子导电为基础制成的。根据其电特性的形成不同，电化学式传感器可分为电位式传感器、电导式传感器、电量式传感器、极谱式传感器和电解式传感器等。电化学式传感器主要用于分析气体、液体或溶于液体的固体成分，液体的酸碱度、电导率及氧化还原电位等参数的测量。

上述分类方法是以传感器的工作原理为基础的，将物理和化学等学科的原理、规律和效应作为分类依据，如电压式、热电式、电阻式、光电式、电感式等。这种分类方法的优点是对于传感器的工作原理比较清楚，类别少，利于对传感器进行深入的分析和研究。

3. 按照输出信号分类

按照输出信号的性质，可以将传感器分为模拟式传感器和数字式传感器。模拟式传感器输出模拟信号，数字式传感器输出数字信号。

模拟式传感器发出的是连续信号，用电压、电流、电阻等表示被测参数的大小。例如温度传感器、压力传感器等都是常见的模拟式传感器。

数字式传感器是指将传统的模拟式传感器经过加装 A/D 转换模块，使其输出信号为数字量（或数字编码）的传感器，主要包括放大器、A/D 转换器、微处理器（CPU）、存储器、通信接口电路等。

与早期传统的模拟式传感器比较，数字式传感器具有以下优点。

（1）先进的 A/D 转换技术和智能滤波算法，在满量程的情况下仍可保证输出的稳定。

（2）可靠的数据存储技术和良好的电磁兼容性能。

（3）采用高度集成的电子元件和数字误差补偿技术，用软件实现传感器的线性、零点、额定输出温漂、蠕变等性能参数的综合补偿，消除了人为因素对补偿的影响，大大提高了传感器综合精度和可靠性。

（4）传感器的输出一致性误差可以达到 0.02% 以内甚至更小；传感器的特性参数可基本相同，因而具有良好的互换性。

（5）采用 A/D 转换电路、数字化信号传输和数字滤波技术，增加了传感器的抗干扰能力和信号的传输距离，提高了传感器的稳定性。

（6）数字传感器能自动采集数据并可预处理、存储和记忆，具有唯一的标记，便于故障诊断。

（7）采用标准的数字通信接口，可直接连入计算机，也可与标准工业控制总线连接，方便灵活。

4. 按照能量分类

按照工作时的能量转换原理，可以将传感器分为有源传感器和无源传感器。有源传感器将非电量转换为电能量，如电动势、电荷式传感器等；无源程序传感器不起能量转换作用，只是将被测非电量转换为电参数的量，如电阻式、电感式及电容式传感器等，如表 3-1所示。

表 3-1 传感器分类表

传感器分类		转 换 原 理	传感器名称	典 型 应 用
转换形式	中间参量			
电参数	电阻	移动电位器角点改变电阻	电位器传感器	位移
		改变电阻丝或片尺寸	电阻丝应变传感器、半导体应变传感器	微应变、力、负荷
		利用电阻的温度效应	热丝传感器	气流速度、液体流量
			电阻温度传感器	温度、辐射热
			热敏电阻传感器	温度
	电容	改变电容的几何尺寸	电容传感器	力、压力、负荷、位移
		改变电容的介电常数		液位、厚度、含水量
	电感	改变磁路几何尺寸、导磁体位置	电感传感器	位移
		涡流去磁效应	涡流传感器	位移、厚度、含水量
		利用压磁效应	压磁传感器	力、压力
		改变互感	差动变压器	位移
			自整角机	
			旋转变压器	
	频率	改变谐振回路中的固有参数	振弦式传感器	压力、力
			振筒式传感器	气压
			石英谐振传感器	力、温度等
	计数	利用莫尔条纹	光栅	大角位移、大直线位移
		改变互感	感应同步器	
		利用拾磁信号	磁栅	
	数字	利用数字编号	角度编码器	大角位移
电能量	电动势	温差电动势	热电偶	温度、电流
		霍尔效应	霍尔传感器	磁通、电流
		电磁感应	磁电传感器	速度、加速度
		光电效应	光电池	光照度
	电荷	辐射电离	电离室	离子计数、放射性强度
		压电效应	压电传感器	动态力、加速度

5．其他分类方法

除了上述常见的分类方法外，传感器还可以按照其材料进行分类。在外界因素的作用下，所有材料都会做出相应的、具有特征性的反应，其中对外界作用最敏感的材料，即那些具有功能特性的材料，被用来制作传感器的敏感元件。从所应用的材料的观点出发可将传感器分成下列几类。

（1）按照所用材料的类别，可分为金属、聚合物、陶瓷、混合物。

（2）按照材料的物理性质，可分为导体、绝缘体、半导体、磁性材料。

（3）按照材料的晶体结构，可分为单晶、多晶、非晶材料。

按照其制造工艺，可以将传感器分为以下几种。

（1）集成传感器。用生产硅基半导体集成电路的标准工艺技术制造的，通常还将用于初步处理被测信号的部分电路也集成在同一芯片上。

（2）薄膜传感器。通过沉积在介质衬底（基板）上的相应敏感材料的薄膜制成。使用混合工艺时，同样可将部分电路制造在此基板上。

（3）厚膜传感器。利用相应材料的浆料涂覆在陶瓷基片上制成。基片通常是由 Al_2O_3 制成的，然后进行热处理，使厚膜成形。

（4）陶瓷传感器。采用标准的陶瓷工艺或其某种变种工艺（溶胶-凝胶等）来生产。

此外，根据测量目的不同，传感器可分为以下几种。

（1）物理型传感器。利用被测量物质的某些物理性质发生明显变化的特性制成。

（2）化学型传感器。利用能把化学物质的成分、浓度等化学量转换成电学量的敏感元件制成。

（3）生物型传感器。利用各种生物或生物物质的特性制成，用以检测与识别生物体内的化学成分。

3.2.3 传感器的发展趋势与应用

传感器技术是当今世界迅猛发展的高新技术之一，它与计算机技术、通信技术共同构成21世纪产业的三大支柱技术，受到世界各发达国家的高度重视。

1. 传感器的发展趋势

当前传感器技术的发展趋势主要是微型化、智能化、多样化等，主要形式有微型传感器、光纤传感器、纳米传感器和智能传感器等。

图 3-6　微型传感器

（1）微型化。随着微电子工艺、微机械加工和超精密加工等先进制造技术在各类传感器的开发和生产中的不断普及，使传感器向以微机械加工技术为基础、仿真程序为工具的微结构技术方向发展。如采用微机械加工技术制作的微型机电系统（MEMS）、微型光电系统（MEOMS）、片上系统（SoC）等，具有划时代的微小体积、低成本、高可靠性等独特的优点。图 3-6 给出了各种集成度较高的微型传感器。

（2）智能化。智能传感器的概念是在 1980 年提出的。智能传感器具有一定的智能，可以将纯粹的原始传感器信号转换成一种更便于人们理解和使用的方式。它还具有数值优化功能，从而可以优化信号的质量而不再是简单地将信号传出。智能化传感器的发展开始与人工智能相结合，创造出各种基于模糊推理、人工神经网络、专家系统等人工智能技术的高智能传感器，并且已经在家用电器方面得到利用。图 3-7 列出了含有智能传感器的主要家用电器，如空调、洗衣机、电饭煲、微波炉和血压测试仪等。

图 3-7　包含智能传感器的家用电器

（3）多样化。多样化体现在传感器能测量不同性质的参数，实现综合检测。例如，集成有压力、温度、湿度、流量、加速度、化学等不同功能敏感元件的传感器，能同时检测外界环境的物理特性或化学特性，进而实现对环境的多参数综合监测。未来的传感器将突破零维、瞬间的单一量检测方式，在时间上实现广延，空间上实现扩张，检测量实现多元，检测方式实现模糊识别。图 3-8 给出了包含光线、距离、温度、压力、方向和加速度等智能传感器的智能手机。

图 3-8　具有多功能感知能力的智能手机

（4）网络化。传感器的网络化是传感器领域近些年发展起来的一项新兴技术，它利用 TCP/IP 协议，使现场测量数据就近通过网络与网络上有通信能力的节点直接进行通信，实现了数据的实时发布和共享。传感器网络化的目标就是采用标准的网络协议，同时采用模块化结构将传感器和网络技术有机地结合起来，实现信息交流和技术维护。

（5）集成化。指将信息提取、放大、变换、传输以及信息处理和存储等功能都制作在同一基片上，实现一体化。与一般传感器相比，它具有体积小、反应快、抗干扰、稳定性好及成本低等优点。目前随着半导体集成技术与厚、薄膜技术的不断发展，传感器的集成化已成为传感器技术发展的一种趋势。

（6）开发新型材料。陶瓷、高分子、生物、纳米等新型材料的开发与应用，不仅扩充了传感器种类，而且改善了传感器的性能，拓宽了传感器的应用领域。例如新一代光纤传感器、超导传感器、焦平面阵列红外探测器、生物传感器、诊断传感器、智能传感器、基因传感器及模糊传感器等。图 3-9 所示为一种诊断型传感器。

图 3-9　诊断型传感器

（7）高精度、高可靠性。随着自动化生产程度的不断提高，要求研制出具有灵敏度高、精确度高、响应速度快、互换性好的新型传感器以确保生产自动化的可靠性。同时，需要进一步开发高可靠性、宽温范围的传感器。大部分传感器的工作范围都在 $-20 \sim 70$℃，在军用系统中要求工作温度在 $-40 \sim 85$℃，汽车、锅炉等场合对传感器的温度要求更高，而航天飞机和空间机器人甚至要求工作温度在 -80℃以下，200℃以上。

2. 传感器的应用

随着电子计算机、生产自动化、现代信息技术的不断发展，传感器在军事、交通、化学、环保、能源、海洋开发、遥感、宇航等不同领域的需求与日俱增，其应用的领域已渗入国民经济的各个部门以及人们的日常文化生活之中。可以说，从太空到海洋，从各种复杂的工程系统到人们日常生活的衣食住行，都离不开各种各样的传感器,它是实现物理世界与数字世界融合的桥梁。传感技术对物联网发展的成败起到关键性作用。下面就传感器在一些主要领域中的应用进行简要介绍。

(1)工业检测和自动化控制系统。传感器在工业自动化生产中占有极其重要的地位。在石油、化工、电力、钢铁、机械等工业中,传感器在各自的工作岗位上担负着相当于人们感觉器官的作用,它们每时每刻按需要完成对各种信息的检测,再把大量测得的信息通过自动控制、计算机等处理后进行反馈,用以进行生产过程、质量、工艺管理与安全方面的控制。在自动控制系统中,电子计算机与传感器的有机结合在实现控制的高度自动化方面起到了关键的作用。

(2)智能家居。现代智能家居中普遍应用着传感器。传感器在电子炉灶、自动电饭锅、吸尘器、空调、电子热水器、热风取暖器、风干器、报警器、电熨斗、电风扇、游戏机、电子驱蚊器、洗衣机、洗碗机、照相机、电冰箱、彩色电视机、录像机、录音机、收音机、电唱机及家庭影院等方面得到了广泛的应用。

随着人们生活水平的不断提高,对提高家用电器产品的功能及自动化程度的要求极为强烈。为满足这些要求,首先要使用能检测模拟量的高精度传感器,以获取正确的控制信息,再由微型计算机进行控制,使家用电器的使用更加方便、安全、可靠,并减少能源消耗,为更多的家庭创造一个舒适、智能化的生活环境。

(3)环境保护及遥感技术。目前,大气污染、水质污浊及噪声已严重地破坏了地球的生态平衡和人们赖以生存的环境,这一现状已引起了世界各国的重视。为保护环境,利用传感器制成的各种环境监测仪器正在发挥着积极的作用。

此外,传感器在遥感技术上也有着广泛的应用。所谓遥感技术,简单地说就是从飞机、人造卫星、宇宙飞船及船舶上对远距离的广大区域的被测物体及其状态进行大规模探测的一种技术。在飞机及航天飞行器上装载的是近紫外线、可见光、远红外线及微波等传感器,在船舶上向水下观测时多采用超声波传感器。例如,要探测一些矿产资源埋藏在什么地区,就可以利用人造卫星上的红外接收传感器测量地面发出的红外线的量,然后由人造卫星通过微波再发送到地面站,经地面站计算机处理后,便可根据红外线分布的差异判断出埋有矿藏的地区。

(4)医疗及人体医学。随着医用电子学的发展,仅凭医生的经验和感觉进行诊断的时代将会结束。现在,应用医用传感器可以对人体的表面和内部温度、血压及腔内压力、血液及呼吸流量、肿瘤、血液的分析、脉波及心音、心脑电波等进行高准确度的诊断。显然,传感器对促进医疗技术的高度发展起着非常重要的作用。

为提高人民的健康水平,我国医疗制度的改革将把医疗服务对象扩大到全民。以往的医疗工作仅局限于以治疗疾病为中心,今后,医疗工作将在疾病的早期诊断、早期治疗、远距离诊断及人工器官的研制等广泛的范围内发挥作用,而传感器在这些方面将会得到越来越多的应用。

(5)航空航天。在航空及航天的飞行器上也广泛地应用着各种各样的传感器。要了解飞机或火箭的飞行轨迹,并把它们控制在预定的轨道上,就要使用传感器进行速度、加速度和飞行距离的测量;要了解飞行器飞行的方向,就必须掌握它的飞行姿态,飞行姿态可以使用陀螺仪传感器、阳光传感器、星光传感器及地磁传感器等进行测量;此外,对飞行器周围的环境、飞行器本身的状态及内部设备的监控也都要通过传感器进行检测。

（6）智能机器人。目前，在劳动强度大或作业危险的场所，已逐步使用机器人取代人的工作。一些高速度、高精度的工作，由机器人来承担也是非常合适的。这些机器人多数是用来进行加工、组装、检验等工作，属于生产用的自动机械式的单能机器人。在这些机器人身上便采用了检测臂的位置和角度的传感器。

要使机器人和人的功能更为接近，以便从事更高级的工作，要求机器人具有判断能力，这就要给机器人安装物体检测传感器，特别是视觉传感器和触觉传感器，使机器人通过视觉对物体进行识别和检测，通过触觉产生压觉、力觉、滑动和重量的感觉。这类机器人被称为智能机器人，它不仅可以从事特殊的作业，而且一般的生产、事务和家务，全部可由智能机器人处理。

3.3 传感器技术原理

传感器技术是一门知识密集型技术，涉及多种学科，其技术原理各种各样。本节将根据传感器的技术原理来介绍各种类型的传感器，即从工作原理出发，了解各种传感器。

3.3.1 电阻应变式传感器

电阻应变式传感器是目前应用最广泛的传感器之一。它的原理是将电阻应变片粘贴到各种弹性材料上，通过电阻应变片将应变转换为电阻变化。当被测物理量作用在弹性材料上时，弹性材料的变形会引起由金属丝、箔、薄膜制成的电阻应变片的电阻值相应变化，通过转换电路转变成电量输出，电量值的大小反映了被测物理量的大小，如图 3-10 所示。电阻应变传感器可用来测量位移、加速度、力、力矩、压力等物理量。

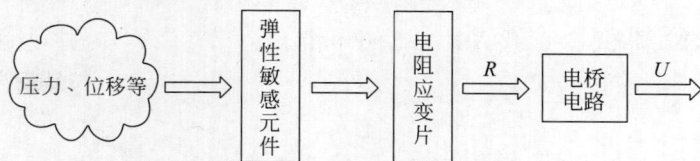

图 3-10 电阻应变式传感器的原理

电阻应变式传感器具有结构简单、使用方便、可多点同步及远距离测量、灵敏度高、测量速度快等优点，且易于实现自动化，目前已经应用于机械、航空、电力、化学等许多领域，如图 3-11 所示。

电阻应变式传感器的工作原理是基于电阻应变效应，金属丝的电阻随着它所受的机械变形的大小而发生相应的变化的现象称为金属丝的电阻应变效应，如图 3-12 所示。金属丝在未受力情况下，其原始电阻为

$$R = \rho \frac{L}{S} \tag{3-7}$$

式中：ρ 为金属丝的电阻率；L 为金属丝的长度；S 为金属丝的截面积。

当金属丝受到外力 F 的作用时，将伸长 ΔL（用 dl 表示），横截面积减少 ΔS（用 ds 表示），电阻率将改变 $\Delta \rho$（用 $d\rho$ 表示），因此电阻值 R 的变化量为

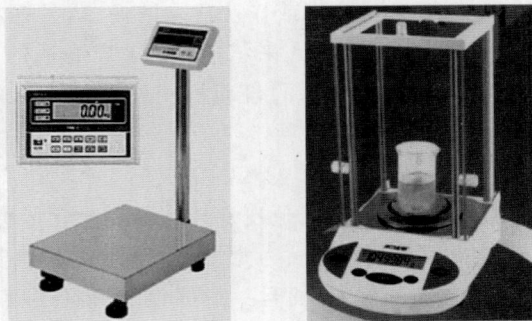

图 3-11 电阻应变式传感器的应用

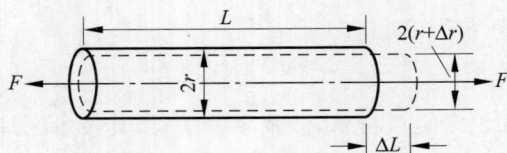

图 3-12 金属丝的电阻应变效应

$$\frac{\mathrm{d}R}{R} = \frac{\mathrm{d}l}{l} - \frac{\mathrm{d}s}{s} + \frac{\mathrm{d}\rho}{\rho} \tag{3-8}$$

令 $\varepsilon = \dfrac{\mathrm{d}l}{l}$, $\varepsilon_s = \dfrac{\mathrm{d}s}{s}$。其中 ε 为金属丝的轴向应变,ε_s 为金属丝的径向应变,由材料力学可知,当金属丝受力时,沿轴向 L 将伸长,沿径向 r 将缩短,那么轴向和径向的关系可表示为

$$\varepsilon_s = -\mu\varepsilon \tag{3-9}$$

其中 μ 为泊松分布。将式(3-9)代入式(3-8)中可得出:

$$\frac{\mathrm{d}R}{R} = (1+\mu)\varepsilon + \frac{\mathrm{d}\rho}{\rho} \tag{3-10}$$

$$K_S = \left(\frac{\mathrm{d}R}{R}\right)\Big/\varepsilon = (1+\mu) + \left(\frac{\mathrm{d}\rho}{\rho}\right)\Big/\varepsilon \tag{3-11}$$

称 K_S 为金属丝的灵敏系数。灵敏系数受两方面影响:一方面是受力后材料几何尺寸的变化,即 $(1+\mu)$;另一方面是受力后材料电阻率发生的改变,即 $\left(\dfrac{\mathrm{d}\rho}{\rho}\right)\Big/\varepsilon$。

大量实验表明,将直的金属丝绕成敏感栅后,虽然长度相同,但应变状态不同,应变片敏感栅的电阻变化较直的金属丝小,因此灵敏系数有所降低,这种现象称为应变片的横向效应。应变片的横向效应表明,当实际使用应变片的条件与标定灵敏度系数 K_S 时的条件不同时,由于横向效应的影响,实际 K_S 值会改变,由此可能产生较大测量误差。为了减小横向效应的影响,一般多采用箔式应变片。

应变片将应变的变化量转换成电阻相对变化量 $\Delta R/R$,还要把电阻的变化转换成电压或电流的变化,才能用电路测量仪表进行测量。电阻应变片的测量线路多采用交流电桥(配交流放大器)。图 3-13 为交流电桥的工作原理图,它利用电桥平衡原理,调节电路使其达到平衡,即电桥输出电压 $U=0$(图中伏特表 V 的示数为"0")。当其中某一个电阻($R_1 \sim R_4$)

发生变化时,电桥平衡被破坏,此时输出电压 U 不为零。利用电压变化可反映电阻阻值的变化。

电阻应变式传感器根据其应用领域和测量对象的不同可以分为应变式力传感器、应变式压力传感器、应变式容器内液体质量传感器以及应变式加速度传感器四类。下面分别介绍这几类应变式传感器。

(1) 应变式力传感器。被测物理量为荷重或力的应变传感器,统称为应变式力传感器,主要用于制作各种电子秤及用作材料试验机的测力元件,以及发动机的推力测试、水坝承载测试等。它要求具有较高的灵敏度和稳定性。常见的应变式力传感器有柱式力传感器、梁式力传感器等,如图 3-14 所示。

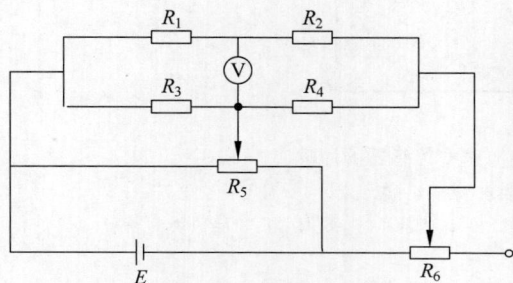

图 3-13　交流电桥的工作原理

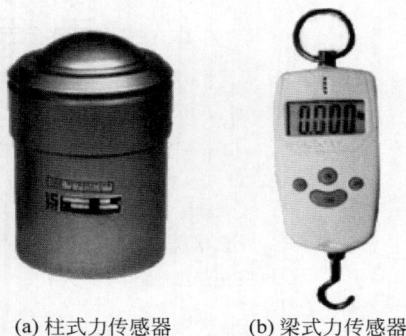

(a) 柱式力传感器　(b) 梁式力传感器

图 3-14　应变式力传感器的种类

(2) 应变式压力传感器。应变式压力传感器主要用来测量流动介质的动态或静态压力,如动力管道设备的进出口气体或液体压力、发动机内部的压力变化、枪管及炮管内的压力、内燃机的管道压力等。应变式压力传感器大多采用膜片式或筒式弹性元件。

(3) 应变式容器内液体质量传感器。如图 3-15 所示,应变式容器内液体质量传感器的原理是利用感压膜感受液体的压力,当容器中溶液增多时,感压膜感受的压力就增大。通过将其上两个传感器 R_L 的电桥接成正向串接的双电桥电路,此时电桥输出电压与柱式容器内感压膜上面溶液的重量呈线性关系,由此可以测量容器内存储的溶液质量。

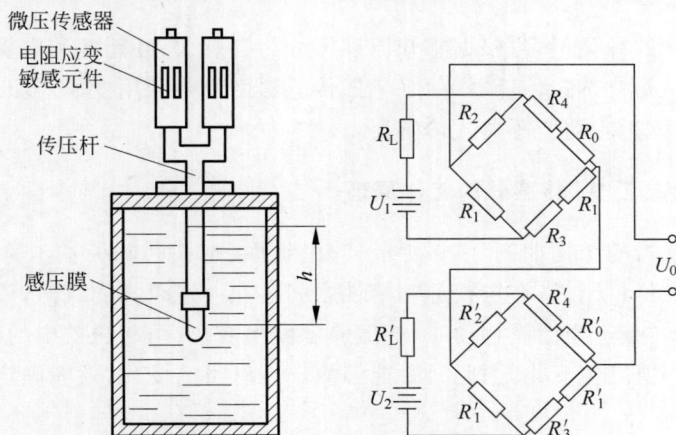

图 3-15　应变式容器内液体质量传感器的原理

（4）应变式加速度传感器。应变式加速度传感器用于物体加速度的测量。如图 3-16 所示,其测量原理是将传感器壳体与被测对象(图中的质量块)刚性连接,当被测物体沿某一方向以加速度 a 运动时,质量块受到一个与加速度方向相反的惯性力作用,使应变梁变形,该变形被粘贴在应变梁上的应变计感受到并随之产生应变,从而使应变计的电阻发生变化。电阻的变化引起应变计组成的桥路出现不平衡,从而输出电压,即可得出加速度 a 值的大小。

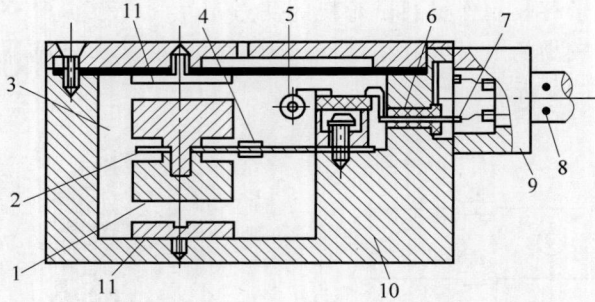

图 3-16　应变式加速度传感器的原理

1—质量块；2—应变梁；3—硅油(阻尼液)；4—应变计；5—温度补偿电阻；
6—绝缘套管；7—接线柱；8—电缆；9—压线柱；10—壳体；11—保护块

3.3.2　电感式传感器

电感式传感器是利用线圈自感或互感系数的变化来实现非电量测量的一种装置。利用电感式传感器,能对位移、压力、振动、应变、流量等参数进行测量,它具有结构简单、灵敏度高、输出功率大、输出阻抗小、抗干扰能力强及测量精度高等一系列优点,因此在机电控制系统中得到了广泛的应用。它的主要缺点是响应较慢,不宜于快速动态测量,而且传感器的分辨率与测量范围有关,测量范围大,分辨率低;反之则高。

电感式传感器的核心部分是可变的自感或互感,在将被测量转换成线圈自感或互感的变化时,一般要利用磁场作为媒介或利用铁磁体的某些现象。这类传感器的主要特征是具有电感绕组。

电感式传感器的种类很多,根据感知原理可分为自感式、互感式和电涡流式等。通常讲的电感式传感器是指自感式传感器,而互感式传感器由于是利用变压器原理,又往往做成差动形式,所以常被称为差动变压器式传感器。

1. 自感式(变磁阻式)传感器的工作原理

变磁阻式传感器的结构如图 3-17 所示,它由线圈、定铁芯和衔铁三部分组成。定铁芯和衔铁通常由导磁材料制成,在定铁芯和衔铁之间存在一定距离的气隙,厚度为 δ。传感器的运动部分与衔铁相连,当衔铁移动时,气隙厚度发生变化,引起磁铁中的磁阻变化,从而导致电感线圈的电感值发生变化,因此只要能够测出电感量的变化,就能确定衔铁位移量的大小和方向。

根据电感定义,线圈中电感量可由下式得出：

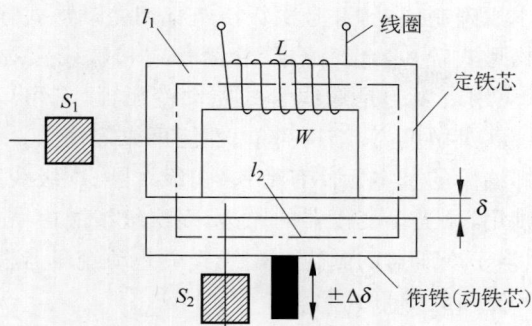

图 3-17 变磁阻式传感器的结构

$$L = \frac{N^2}{R_M} \tag{3-12}$$

式中：N 为线圈的匝数，R_M 为总磁阻。对于变隙式传感器，因为气隙很小，所以可以认为气隙中的磁场是均匀的。若忽略磁场的磁路磁损，则磁路总磁阻为

$$R_M = \frac{l_1}{\mu_1 S_1} + \frac{l_2}{\mu_2 S_2} + \frac{2\delta}{\mu_0 S} \tag{3-13}$$

式中：μ_0、δ、S 分别为气隙的磁导率、气隙的厚度和截面积；μ_1、l_1、S_1 为铁芯的磁导率、长度和截面积；μ_2、l_2、S_2 分别为衔铁的磁导率、长度和截面积。

因为铁芯磁导率远大于空气的磁导率，因此铁芯磁阻远较气隙磁阻小，所以式（3-13）进一步可变换为

$$R_M = \sum_{i=1}^{n} \frac{l_i}{\mu_i S_i} + \frac{2\delta}{\mu_0 S} \approx \frac{2\delta}{\mu_0 S} \tag{3-14}$$

由式（3-12）和式（3-14），可得出线圈自感 L 为

$$L = \frac{N^2}{R_M} \approx \frac{N^2}{\dfrac{2\delta}{\mu_0 S}} = \frac{\mu_0 N^2 S}{2\delta} \tag{3-15}$$

自感式传感器是把被测量的变化转换成自感 L 的变化，通过一定的转换电路转换成电压或电流输出。按磁路几何参数变化形式的不同，目前常用的自感式传感器有变气隙式、变截面积式和螺线管式三种，如图 3-18 所示。

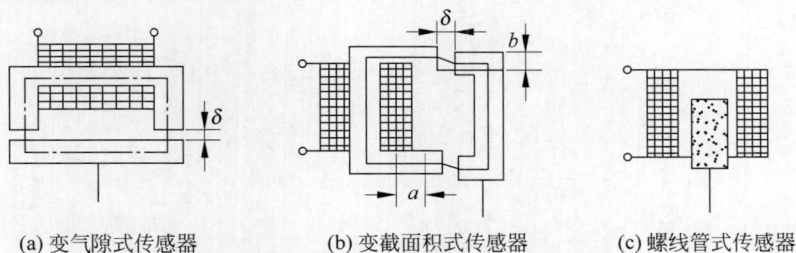

(a) 变气隙式传感器　　(b) 变截面积式传感器　　(c) 螺线管式传感器

图 3-18 自感式传感器的常见种类

2．差动变压器式传感器的工作原理

通常把被测的非电量变化转换为线圈互感量变化的传感器称为互感式传感器。这种传

感器是根据变压器的基本原理制成的,并且次级绕组都用差动形式连接,故称差动变压器式传感器。差动变压器结构形式较多,有变隙式、变面积式和螺线管式等,但其工作原理基本一样。在非电量测量中,应用最多的是螺线管式差动变压器,它可以测量 $1\sim100$mm 的机械位移,并具有测量精度高、灵敏度高、结构简单、性能可靠等优点。

如图 3-19(a)所示,螺线管的基本元件有衔铁、初级线圈、次级线圈和线圈框架等。初级线圈作为差动变压器激励用,相当于变压器的原边,而次级线圈由结构尺寸和参数相同的两个线圈反相串接而成,相当于变压器的副边。螺线管式差动变压器根据初、次级排列不同有二节式、三节式、四节式和五节式等形式。

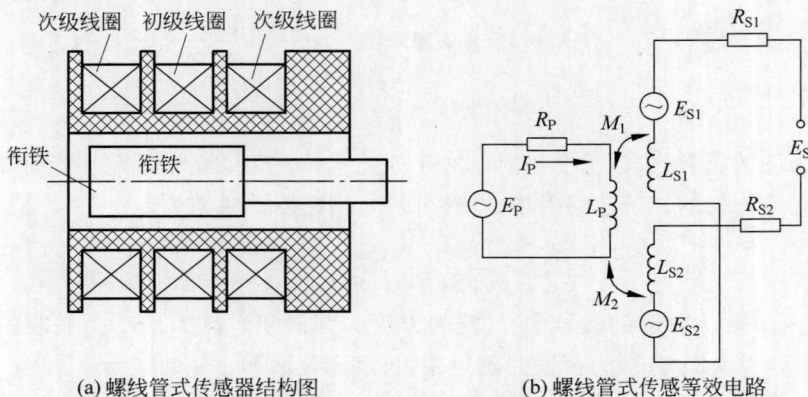

(a) 螺线管式传感器结构图　　(b) 螺线管式传感等效电路

图 3-19　螺线管式传感器

螺线管式传感器的工作原理是,当传感器工作时,被测量的变化将使衔铁产生位移,引起磁链和互感系数的变化,最终使输出电压变化。差动变压器等效电路如图 3-19(b)所示,初级线圈的复数电流值为

$$\dot{I}_P = \frac{\dot{E}_P}{R_P + j\omega L_P} \tag{3-16}$$

输出电压为

$$\dot{E}_S = \dot{E}_{S1} - \dot{E}_{S2} = M_1 \frac{d\dot{I}_P}{dt} - M_2 \frac{d\dot{I}_P}{dt} \tag{3-17}$$

将电流 $\dot{I}_P$ 写成复指数形式为

$$\dot{I}_P = I_{PM} e^{-j\omega t} \tag{3-18}$$

则

$$\frac{d\dot{I}_P}{dt} = -j\omega I_{PM} e^{-j\omega t} = -j\omega \dot{I}_P \tag{3-19}$$

所以输出电压为

$$\dot{E}_S = -j\omega(M_1 - M_2)\dot{I}_P = \frac{-j\omega(M_1 - M_2)\dot{E}_P}{R_P + j\omega L_P} \tag{3-20}$$

通过以上公式可得出结论(相对螺旋管):

(1) 若衔铁处于中间平衡位置,互感 $M_1 = M_2 = M$,则 $E_S = 0$。

（2）若磁芯上升，$M_1 = M + \Delta M, M_2 = M - \Delta M$，则

$$E_S = 2\omega \Delta M E_P / \sqrt{R_P^2 + (\omega L_P)^2} \tag{3-21}$$

（3）若磁芯下降，$M_1 = M - \Delta M, M_2 = M + \Delta M$，则

$$E_S = -2\omega \Delta M E_P / \sqrt{R_P^2 + (\omega L_P)^2} \tag{3-22}$$

差动变压式传感器应用广泛，它可以直接用于位移测量，也可测量与位移有关的任何机械量，如振动、加速度、应变、比重、张力和厚度等。

3. 电涡流式传感器的工作原理

根据法拉第电磁感应定律，金属导体置于变化的磁场中或在磁场中进行切割磁力线运动时，导体内将产生呈旋涡状流动的感应电流，称为电涡流，这种现象称为电涡流效应。涡流的大小 Z 与金属的电阻率 ρ、磁导率 μ、几何尺寸 d、产生磁场的线圈与金属的距离 b、线圈的激磁电流 I 及其角频率 ω 等参数有关。当已知其中的若干参数时，就能按涡流的大小测量出另外某一参数。

电涡流式传感器是建立在涡流效应原理上的，它能实现非接触测量，如测量位移、振动、厚度、转速、应力、硬度等参数。这种传感器还可用于无损探伤，其原理如图 3-20 所示。

传感器线圈和被测导体组成线圈-导体系统，工作时线圈的电感和电阻均发生变化，进而使有效阻抗发生变化。线圈的阻抗变化与涡流效应的强弱有关，即与金属导体的电阻率、磁导率、线圈与金属导体之间的距离、激磁电流和电流角频率以及线圈的尺寸参数有关。即存在函数 F，满足：

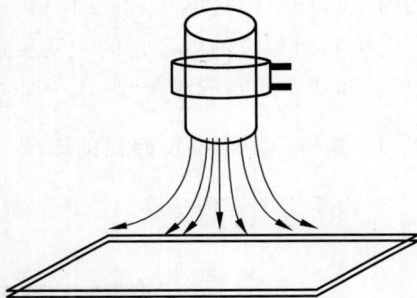

图 3-20 电涡流式传感器示意图

$$Z = F(\rho, \mu, d, I, \omega, b) \tag{3-23}$$

3.3.3 电容式传感器

电容式传感器以各种类型的电容器作为敏感元件，将被测物理量的变化转换为电容量的变化，再由转换电路（测量电路）转换为电压、电流或频率，以达到检测的目的，如图 3-21 所示。因此，凡是能引起电容量变化的有关非电量，均可用电容式传感器进行电测变换。

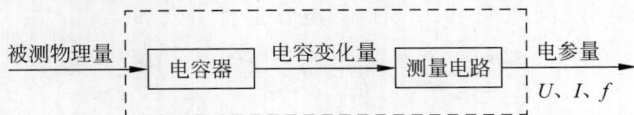

图 3-21 电容式传感器原理图

电容式传感器不仅能测量荷重、位移、振动、角度、加速度等机械量，还能测量压力、液面、料面、成分含量等热工量。这种传感器具有结构简单、灵敏度高、动态特性好等一系列优点，在机电控制系统中占有十分重要的地位。

由物理学可知，当忽略电容器边缘效应时，由绝缘介质分开的两个平行金属板组成的平行板电容器（见图 3-22）其电容量为

$$C = \frac{\varepsilon S}{d} = \frac{\varepsilon_r \varepsilon_0 S}{d} \tag{3-24}$$

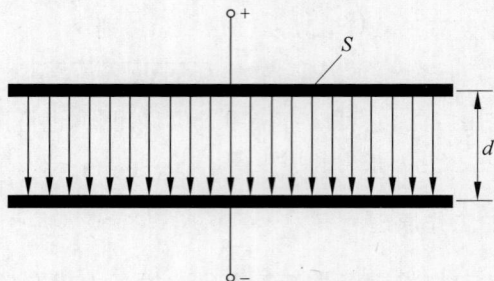

图 3-22 平行板电容器

式中：ε 为电容极板间介质的介电常数（$\varepsilon = \varepsilon_0 \times \varepsilon_r$，其中 ε_0 为真空介电常数，ε_r 为极板间介质相对介电常数），S 是两平行板所覆盖的面积，d 为两平行板之间的距离。

由式(3-24)可知，在 S、d、ε 三个参量中，改变其中任意一个量，均可使电容量 C 改变。也就是说，如果被检测参数（如位移、压力、液位等）的变化引起 S、d、ε 三个参量之一发生变化，就可利用相应的电容量的改变实现参数测量。据此，电容式传感器可分为变极距型、变面积型和变介质型三种类型。

1. 变极距型电容传感器的原理

变极距型电容传感器的原理如图 3-23 所示。

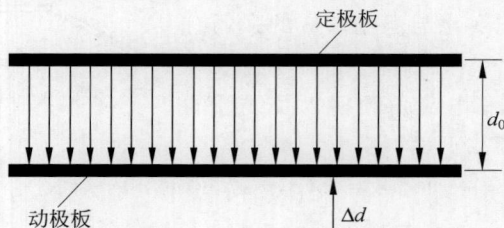

图 3-23 变极距型电容传感器

由式(3-24)可知，电容传感器的初始电容为

$$C_0 = \frac{\varepsilon_0 \varepsilon_r S}{d_0} \approx \frac{\varepsilon_0 S}{d_0} \tag{3-25}$$

当平行电容板之间的间隙减小 Δd 时，则电容量将增大 ΔC：

$$\Delta C = C - C_0 = \frac{\varepsilon_0 \varepsilon_r S}{d_0 - \Delta d} - \frac{\varepsilon_0 \varepsilon_r S}{d_0} = \frac{\varepsilon_0 \varepsilon_r S}{d_0} \cdot \frac{\Delta d}{d_0 - \Delta d} = C_0 \frac{\Delta d}{d_0 - \Delta d} \tag{3-26}$$

所以电容的变化为

$$\frac{\Delta C}{C_0} = \frac{\Delta d}{d_0} \frac{1}{1 - \frac{\Delta d}{d_0}} \approx \frac{\Delta d}{d_0} \tag{3-27}$$

可见，在误差允许范围内，电容 C 的相对变化与位移之间呈现的是一种近似线性的关系。一般情况下，变极距型电容传感器的初始电容 $C_0 = 20 \sim 100 \text{pF}$；最大位移应小于间距的 $1/10$，通常 $\Delta d = (0.01 \sim 0.1) d_0$；极板间距离为 $25 \sim 200 \mu\text{m}$。

变极距型电容式传感器的优点是灵敏度高,可以进行非接触式测量,并且对被测量影响较小,所以适宜于微位移的测量。它的缺点是近似线性特性,所以测量范围受到一定的限制,另外传感器的寄生电容效应对测量精度也有一定的影响。

2. 变面积型电容传感器的原理

变面积型电容传感器的测量是通过改变电容器极板的面积来实现的。通常采用线位移动和角位移动两种形式,如图 3-24 所示。

当采用线位移动时,电容的相对变化量为

$$\Delta C = C - C_0 = \frac{\varepsilon_0 \varepsilon_r b(a - \Delta x)}{d} - \frac{\varepsilon_0 \varepsilon_r ab}{d} = -\frac{\varepsilon_0 \varepsilon_r b}{d} \Delta x = -C_0 \frac{\Delta x}{a}$$

$$\frac{\Delta C}{C_0} = -\frac{\Delta x}{a} \tag{3-28}$$

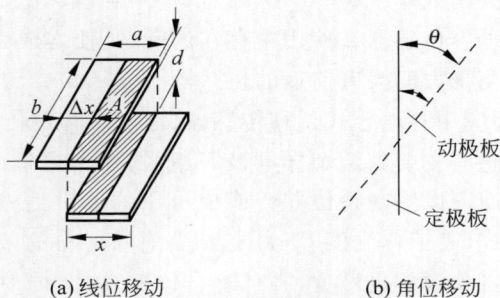

(a) 线位移动   (b) 角位移动

图 3-24 变面积型电容传感器

当采用角位移动时,电容的相对变化量为

$$\Delta C = \frac{\varepsilon_0 \varepsilon_r A_0 \left(1 - \dfrac{\theta}{\pi}\right)}{d_0} = C_0 - C_0 \frac{\theta}{\pi}$$

$$\frac{\Delta C}{C_0} = 1 - \frac{\theta}{\pi} \tag{3-29}$$

变面积型电容传感器的优点是输入与输出之间呈线性关系,但灵敏度较低,所以适用于测量较大的直线位移和角位移。

3. 变介质型电容传感器的原理

变介质型电容传感器的结构形式较多。变介质型电容式传感器常用于对容器中液面的高度、溶液的浓度以及某些材料的厚度、湿度、温度等的检测。如用来测量纸张、绝缘薄膜等的厚度;测量粮食、纺织品、木材或煤等非导电固体介质的湿度等。

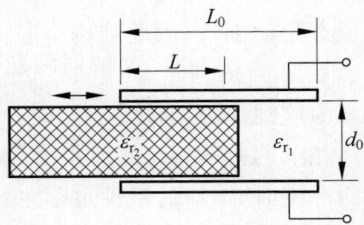

图 3-25 变介质型电容传感器

如图 3-25 所示,当无介质插入时,初始电容为

$$C_0 = \frac{\varepsilon_0 \varepsilon_{r_1} L_0 b_0}{d_0} \tag{3-30}$$

当有介质插入时,两个极板间由于包括不同介质 ε_{r_1} 和 ε_{r_2},因此实际上构成两个并联式电容传感器,其电容变化量为

$$C = C_1 + C_2 = \varepsilon_0 b_0 \frac{\varepsilon_{r_1}(L_0 - L) + \varepsilon_{r_2}L}{d_0}$$

$$\frac{\Delta C}{C_0} = \frac{C - C_0}{C_0} = \frac{(\varepsilon_{r_2} - 1)L}{d_0} \tag{3-31}$$

可见,电容的变化与电介质 ε_{r_2} 的移动量 L 呈线性关系。

4. 电容式传感器的优缺点及其应用

电容式传感器也存在很多不足,例如寄生电容影响大,不仅降低传感器的灵敏度和精度,而且会使仪器工作不稳定;变极距型电容传感器输出呈非线性,其他类型的电容传感器由于边缘效应的存在,也会出现非线性等。但随着材料、工艺、电子技术,尤其是集成技术的高速发展,成功地解决了电容传感器在使用中存在的问题,使之成为一种高灵敏度、高精度,在动态、低压及一些特殊测量方面大有前途的传感器。

常见的电容传感器的应用有电容式位移传感器、电容式物位传感器、电容式指纹传感器等。例如,电容式物位传感器主要由两个导电极板组成,由于电极间是气体、液体或固体而导致静电容发生变化,因而可以感受物位并转换成可用的输出信号。它的敏感元件通常有棒状、板状和线状三种形式,其工作温度、压力主要受绝缘材料的限制。电容式物位传感器可以采取微机控制,实现自动调整灵敏度,并具有自诊断功能,同时能够检测敏感元件的破损、绝缘性的降低、电缆和电路的故障等,并可以自动报警,实现高可靠性的信息传递。由于电容式传感器无可动的机械部件,且敏感元件简单,操作方便,是目前应用最广的一种物位传感器。

3.3.4　压电式传感器

压电式传感器是一种自发电式传感器,它以某些电介质的压电效应为基础,在外力作用下,在电介质表面产生电荷,从而实现非电量电测的目的。压电传感元件是力敏感元件,它可以测量最终能变换为力的那些非电物理量,例如动态力、动态压力、振动、加速度等,但不能用于静态参数的测量。压电式传感器具有体积/质量小、频响高、信噪比大等特点。由于它没有运动部件,因此结构牢固,可靠性和稳定性高。

如图 3-26 所示,压电效应分为正向压电效应和逆向压电效应。某些电介质,当沿着一定方向施加外力而使它变形时,它的内部就产生极化现象,相应地会在它的两个表面上产生符号相反的电荷;当外力去掉后,又重新恢复到不带电状态,这种现象称压电效应。当外力方向改变时,电荷的极性也随之改变。这种将机械能转换为电能的现象,称为正压电效应。相反,当在电介质极化方向施加电场时,这些电介质也会产生一定的机械变形或机械应力,这种现象称为逆向压电效应,也称为电致伸缩效应。

压电材料在外力作用下产生的表面电荷常用压电方程描述,具体为

$$Q_i = d_{ij}F_j \tag{3-32}$$

式中:Q_i 为 i 面上的总电荷量;F_j 为 j 方向的作用力;d_{ij} 为压电常数(其中,$i = 1,2,3$;

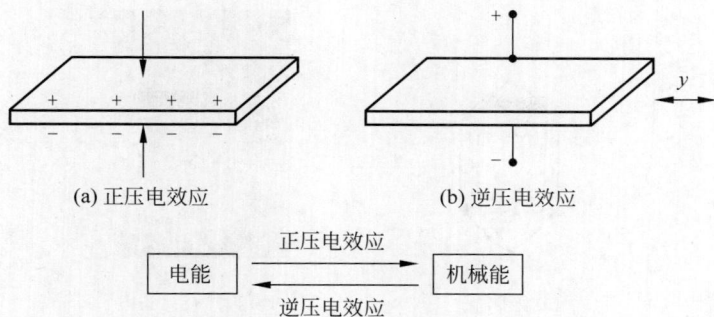

(a) 正压电效应　　　(b) 逆压电效应

图 3-26　压电效应

$j=1,2,3,4,5,6$)。压电方程中两个下标的含义为：下标 i 表示晶体的极化方向，当产生电荷的表面垂直于 x 轴(y 轴或 z 轴)时，记 $i=1$ 或 $2,3$。下标 $j=1$ 或 $2,3,4,5,6$，分别表示沿 x 轴、y 轴、z 轴方向的单向应力，和在垂直于 x 轴、y 轴、z 轴的平面(即 yz 平面、zx 平面、xy 平面)内作用的剪应力。

具有压电效应的材料称为压电材料，如图 3-26 所示。压电材料能实现机-电能量的相互转换，具有一定的可逆性。压电材料常用晶体材料，但自然界中的多数晶体压电效应非常微弱，很难满足实际检测的需要，因而没有实用价值。目前能够广泛使用的压电材料只有石英晶体和人工制造的压电陶瓷、钛酸钡、锆钛酸铅等材料，这些材料都具有良好的压电效应。压电材料是压电式传感器的敏感材料，主要特性参数有以下几种。

(1) 压电系数：衡量材料压电效应强弱的参数，一般应具有较大的压电常数。

(2) 机械性能：作为力敏元件，通常希望其具有较高的机械强度和较大的刚度，以获得较宽的线性范围和较大的固有频率。

(3) 电性能：良好的压电材料应该具有大的介电常数和较高的电阻率，以减小电荷的泄漏，从而获得良好的低频特性。对于一定形状、尺寸的压电元件，其固有电容与介电常数有关，而固有电容又影响着压电传感器的频率下限。

(4) 机械耦合系数：指在压电效应中，转换输出能量(如电能)与输入能量(如机械能)之比的平方根，这是衡量压电材料机-电能量转换效率的一个重要参数。

(5) 居里点温度：指压电材料开始丧失压电特性的温度。

(6) 时间稳定性：压电特性不应随时间改变。

常见的压电材料可以分为三类：石英晶体、压电陶瓷和高分子压电材料。下面分别介绍这三种材料及其特性。

1. 石英晶体

如图 3-27 所示，天然结构石英晶体的理想外形是一个横截面为正六边形的棱柱，在晶体学中它可用三根互相垂直的轴来表示，其中纵向轴 z-z 称为光轴；经过正六面体棱线并垂直于光轴的 x-x 轴称为电轴；与 x-x 轴和 z-z 轴同时垂直的 y-y 轴(垂直于正六面体的棱面)称为机械轴。通常把沿电轴 x-x 方向的作用力下产生电荷的压电效应称为"纵向压电效应"，而把沿机械轴 y-y 方向的作用力下产生电荷的压电效应称为"横向压电效应"，沿光轴 z-z 方向受力则不产生压电效应。

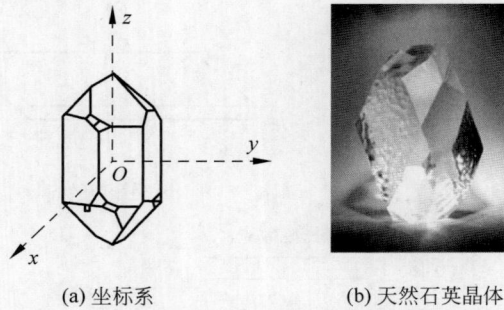

(a) 坐标系   (b) 天然石英晶体

图 3-27   石英晶体及其坐标系

当晶片受到沿 x 轴方向的压缩应力 σ_x 作用时，晶片将产生厚度变形，即纵向压电效应，并发生极化现象。在晶体线性弹性范围内，极化强度 P_x 与应力 σ_x 成正比，即

$$P_x = d_{11}\sigma_x = d_{11}\frac{F_x}{lb} \tag{3-33}$$

式中：F_x 为 x 轴方向的作用力；l、b 为石英晶片的长度和宽度；d_{11} 为压电常数，当受力方向和变形不同时，压电常数也不同；在 0℃ x 切型的纵向石英晶体的压电常数 $d_{11}=2.3\times10^{-12}$ C/N。极化强度 P_x 在数值上等于晶面上的电荷密度，若 q_x 为垂直于 x 轴平面上的电荷，则有

$$P_x = \frac{q_x}{lb} \tag{3-34}$$

将式(3-33)与式(3-34)联立可得，当沿电轴方向施加作用力 F_x 时，在与电轴 x 垂直的平面上将产生电荷，其大小为

$$q_x = d_{11}F_x \tag{3-35}$$

若在同一切片上沿机械轴 y 方向施加作用力 F_y，则仍在与 x 轴垂直的平面上产生电荷，其大小为

$$q_y = d_{12}\frac{a}{b}F_y \tag{3-36}$$

式中，d_{12} 为 y 轴方向受力的压电常数。根据石英晶体的对称性，有 $d_{12}=-d_{11}$，a、b 则为晶体切片的长度和厚度。

纵向压电效应产生的电荷与几何尺寸无关；横向压电效应产生的电荷与几何尺寸有关。

石英晶体最明显的优点是它的介电常数和压电常数的温度稳定性好，适于作工作温度范围很宽的传感器，同时，石英晶体的机械强度很高，可用来测量大量程的力和加速度。但是，由于石英晶体资源稀少且大多存在一些缺陷，故一般只用在校准用的标准传感器或精度很高的传感器中。

2. 压电陶瓷

压电陶瓷是人工制造的多晶体压电材料，材料内部的晶粒有许多自发极化的电畴，电畴在晶体中是杂乱分布的，各电畴的极化效应相互抵消，压电陶瓷内极化强度为零。因此原始的压电陶瓷呈中性，不具有压电性质。

当在陶瓷上施加一定的外电场时，电畴的极化方向发生转动，趋向于按外电场方向的排列,从而使材料得到极化。极化后的压电陶瓷才具有压电效应,如图 3-28 所示。

极化处理后陶瓷材料内部存在很强的剩余极化,当陶瓷材料受到外力作用时,电畴的界限发生移动,电畴发生偏转,从而引起剩余极化强度的变化,因而在垂直于极化方向的平面上将出现极化电荷的变化。所以通常将压电陶瓷的极化方向定义为 z 轴,在垂直于 z 轴的平面上的任何直线都可以取作 x 轴或 y 轴。

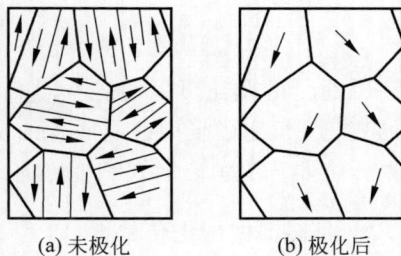

(a) 未极化　　　　(b) 极化后

图 3-28　压电陶瓷极化图

对于 x 轴或 y 轴,其压电效应是等效的,这是压电陶瓷与石英晶体不同的地方。这种因受力而产生的由机械效应转换为电效应,将机械能转换为电能的现象,就是压电陶瓷的正向压电效应。电荷量的大小与外力成如下的正比关系:

$$q = d_{33} F \tag{3-37}$$

式中,d_{33} 为压电陶瓷的压电系数。

压电陶瓷的压电系数比石英晶体大得多,所以采用压电陶瓷制作的压电式传感器的灵敏度较高。极化处理后的压电陶瓷材料的剩余极化强度和特性与温度有关,它的参数也随时间变化,从而使其压电特性减弱。

最早使用的压电陶瓷材料是钛酸钡($BaTiO_3$)。它是由碳酸钡和二氧化钛按 $1:1$ 摩尔分子比例混合后烧结而成的。它的压电系数约为石英的 50 倍,但居里点温度只有 115℃,使用温度不超过 70℃,温度稳定性和机械强度都不如石英。

目前使用较多的压电陶瓷材料是锆钛酸铅系列,它是 20 世纪 60 年代发展起来的压电陶瓷。它由铌镁酸铅、锆酸铅和钛酸铅按不同比例配出不同性能的压电陶瓷,具有极高的压电系数和较高的工作温度,而且能承受较高的压力。

3. 高分子压电材料

高分子压电材料是 20 世纪 80 年代发展起来的,常见的某些高分子材料,如聚二氟乙烯和聚氯乙烯等都可以作为制作压电元件的材料。这些材料不易破碎而且质地柔软,频率响应范围宽,性能稳定。

压电式传感器根据其特性可以应用到不同领域中。常见的压电式传感器主要有压电式测力传感器、压电式加速度传感器、压电式玻璃碎报警器等,这里就不再逐一详述。

3.3.5　磁电感应式传感器

磁电感应式传感器又称电动势式传感器,是利用电磁感应原理将被测量(如振动、位移、转速等)转换成电信号的一种传感器。它是一种机-电能量变换型传感器,利用导体和磁场发生相对运动而在导体两端输出感应电动势,不需要供电电源,电路简单,性能稳定,输出阻抗小,又具有一定的频率响应范围(一般为 $10\sim1000\mathrm{Hz}$),所以有着广泛的应用,例如转速测量、振动测量以及扭矩测量等。

磁电感应式传感器是以电磁感应原理为基础的。由法拉第电磁感应定律可知,N 匝线圈在磁场中运动切割磁力线或线圈所在磁场的磁通变化时,线圈中所产生的感应电动势 $E(\mathrm{V})$ 的大小取决于穿过线圈的磁通 $\Phi(\mathrm{Wb})$ 的变化率,即

$$E = -N \frac{\mathrm{d}\Phi}{\mathrm{d}t} \tag{3-38}$$

磁通量的变化可以通过不同的方法来实现,如磁铁与线圈之间的相对运动;磁路中磁阻的变化;恒定磁场中线圈面积的变化等。根据磁通量变化原理的不同,一般可将磁电感应式传感器分为恒磁通式和变磁通式两类。

1. 恒磁通式磁电传感器

在恒磁通式磁电传感器中,工作气隙中的磁通恒定,感应电动势由永久磁铁与线圈之间的相对运动——线圈切割磁力线而产生。这类结构可以分为动圈式和动铁式两种,如图 3-29 所示。

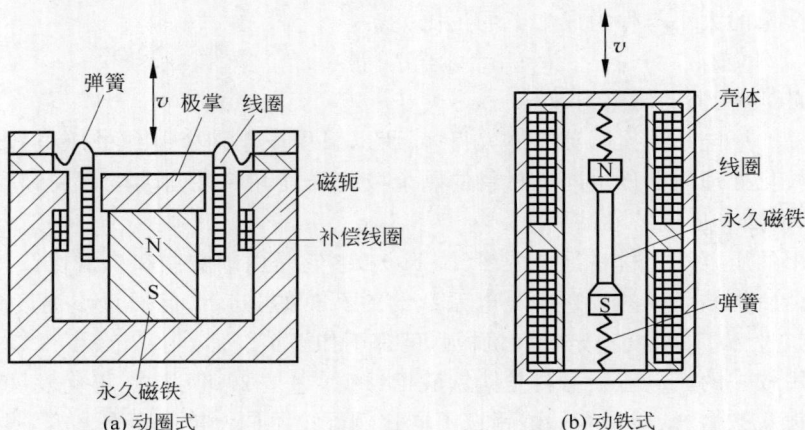

图 3-29　恒磁通式磁电传感器结构图

动圈式和动铁式的工作原理是完全相同的。恒磁通式磁电传感器由永久磁铁、线圈、弹簧、金属骨架等组成。当恒磁通式磁电传感器工作时,传感器与被测物体紧固在一起,当物体振动时,传感器外壳也随之振动。由于弹簧非常软、轻,而运动部件质量相对较大,当物体振动频率足够高时,运动部件惯性很大,来不及随振动体一起振动,近乎静止不动,振动能量几乎全部被弹簧吸收,永久磁铁与线圈之间的相对运动速度就接近于振动体的振动速度。

磁铁与线圈相对运动而切割磁力线,从而产生与运动速度 $\mathrm{d}x/\mathrm{d}t$ 成正比的感应电动势 E,其大小为

$$E = -NBl \frac{\mathrm{d}x}{\mathrm{d}t} \tag{3-39}$$

式中: N 为线圈在工作气隙磁场中的匝数; B 为工作气隙磁感应强度; l 为每匝线圈平均长度。

当传感器结构参数确定后, N、B 和 l 均为恒定值,E 与 $\mathrm{d}x/\mathrm{d}t$ 成正比,根据感应电动势 E 的大小就可以知道被测速度的大小。由理论推导可得,当振动频率低于传感器的固有频率时,这种传感器的灵敏度是随振动频率而变化的;当振动频率远大于固有频率时,传感器的灵敏度基本上不随振动频率而变化,而近似为常数;当振动频率更高时,线圈磁阻增大,传感器灵敏度随振动频率的增加而下降。不同结构的恒磁通磁电感应式传感器的频率响应特性是有差异的,但一般频率响应范围为几十赫兹至几百赫兹。低的可到 10 Hz 左右,高的

可达 2kHz 左右。

2. 变磁通式磁电传感器

变磁通式磁电传感器的线圈和磁铁部分静止不动，与被测物连接而运动的部分是用导磁材料制成的。在运动中，它们改变磁路的磁阻，因而改变穿过线圈的磁通量，于是在线圈中就会产生感应电动势。变磁通式磁电传感器结构简单、牢固、价格便宜，被广泛用于车辆上作为检测车轮转速的轮速传感器。图 3-30 为变磁通式磁电传感器的结构原理，其中感应线圈、永久磁铁和被测转轴均固定不动，齿轮安装在被测的旋转体上。

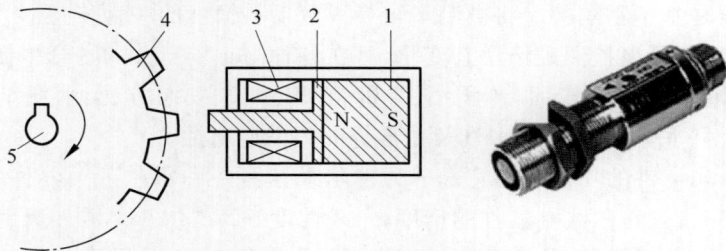

图 3-30 变磁通式磁电传感器的结构原理
1—永久磁铁；2—软铁；3—感应线圈；4—齿轮；5—被测转轴

变磁通式磁电传感器一般做成转速传感器，将产生感应电动势的频率作为输出，而电动势的频率取决于磁通变化的频率。变磁通式转速传感器的结构有开磁路和闭磁路两种。

如图 3-30 所示为开磁路变磁通式转速传感器。测量齿轮（4）安装在被测转轴上与其一起旋转。当齿轮旋转时，齿的凹凸引起磁阻的变化，从而使磁通发生变化，因而在感应线圈（3）中感应出交变的电动势，其频率等于齿轮的齿数 Z 和转速 n 的乘积，即

$$f = Zn/60 \tag{3-40}$$

式中：Z 为齿轮齿数；n 为被测轴转速（r/min）；f 为感应电动势频率（Hz）。这样当已知 Z，测得 f 时就知道 n 了。开磁路式转速传感器结构比较简单，但输出信号小，另外当被测轴振动比较大时，传感器输出波形失真较大。所以在振动强的场合往往采用闭磁路式转速传感器。

闭磁路式转速传感器由装在转轴上的内齿轮、外齿轮、永久磁铁和感应线圈组成，内外齿轮齿数相同。当转轴连接到被测转轴上时，外齿轮不动，内齿轮随被测轴而转动，内、外齿轮的相对转动使气隙磁阻产生周期性变化，从而引起磁路中磁通的变化，使线圈内产生周期性变化的感应电动势。显然，感应电动势的频率也与被测转速呈正比。

变磁通式传感器对环境条件要求不高，能在 $-150\sim$ $+90$℃的温度下工作，不影响测量精度，也能在油、水雾、灰尘等条件下工作。但它的工作频率下限较高，约为 50Hz，上限可达 100kHz。

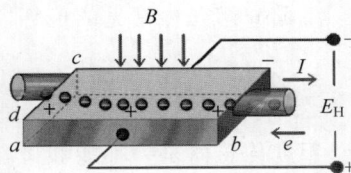

图 3-31 霍尔效应

除上面介绍的磁电传感器外，还有一类基于霍尔效应的霍尔传感器。如图 3-31 所示，半导体薄片置于磁感应强度为 B 的磁场中，磁场方向垂直于薄片。当有电流 I 流过薄片时，在垂直于电流和磁场的方向上将产生电动势 E_H，这种现象称为霍尔效应，该电动势称为霍尔电势，上述半导体

薄片称为霍尔元件。

其工作原理简述如下：激励电流 I 从 a、b 端流入，磁场 B 由正上方作用于薄片，这时电子 e 的运动方向与电流方向相反，将受到洛仑兹力的作用，向内侧偏移，该侧形成电子的堆积，从而在薄片的 c、d 方向产生电场。电子积累得越多，电磁场也越大，在半导体薄片 c、d 方向的端面之间建立的电动势 E_H 就是霍尔电势。

由实验可知，流入激励电流端的电流 I 越大，作用在薄片上的磁场强度 B 越强，霍尔电势也就越高。磁场方向相反，霍尔电势的方向也随之改变，因此霍尔传感器能用于测量静态磁场或交变磁场。

霍尔传感器是基于霍尔效应将被测量转换成电动势输出的一种传感器。霍尔器件是一种磁传感器，用它们可以检测磁场及其变化，可在各种与磁场有关的场合中使用。霍尔器件具有许多优点，它们的结构牢固，体积小、质量轻、寿命长、安装方便、功耗小、频率高(可达1MHz)、耐振动，不怕灰尘、油污、水汽及盐雾等的污染或腐蚀。

通常按照霍尔器件的功能可将它们分为霍尔线性器件和霍尔开关器件，前者输出模拟量，后者输出数字量。霍尔线性器件的精度高、线性度好；霍尔开关器件无触点、无磨损，输出波形清晰、无抖动、无回跳、位置重复精度高(可达微米级)。采用了各种补偿和保护措施的霍尔器件的工作温度范围较宽，可达 $-55\sim+150℃$。

霍尔传感器最普遍的应用是汽车上的转速测量。在待测转速的转轴上安装一个齿盘，也可选取机械系统中的一个齿轮，将线性型霍尔器件及磁路系统靠近齿盘，齿盘的转动使磁路的磁阻随气隙的改变而周期性地变化，霍尔器件输出的微小脉冲信号经隔直、放大、整形后可以确定被测物的转速。

3.3.6　其他类型的传感器

前面介绍的电阻应变式、电感式、电容式等传感器统称为传统传感器。随着科学技术的不断发展以及应用领域的不断扩张，各种新型传感器越来越多地出现在人们的生产和生活当中。与传统传感器技术相比，现代的新型传感器是指近十几年来研发成功的，通过不断发现新的物理、化学等现象，以新材料、新工艺手段研发出来的集成多功能的、智能传感器。

3.4　常见传感器介绍

下面介绍几种常见的传感器。包括温度、湿敏、光电、气敏、压力、加速度和智能传感器。

3.4.1　温度传感器

温度传感器是一种能够将温度变化转换为电信号的装置。它是利用某些材料或元件的性能随温度变化的特性进行测温的，如将温度变化转换为电阻、热电动势、磁导率变化以及热膨胀的变化等，然后再通过测量电路来达到检测温度的目的。温度传感器广泛应用于工农业生产、家用电器、医疗仪器、火灾报警以及海洋气象等诸多领域。温度传感器是温度测量仪表的核心部分，品种繁多，可按测量方式和按照传感器材料及电子元件特性进行分类。

1．按测量方式分类

按测量方式分类，温度传感器可分为接触式和非接触式两大类。

接触式温度传感器的检测部分与被测对象有良好的接触，又称温度计，如图 3-32（a）所示。温度计通过传导或对流达到热平衡，从而使温度计的指示值能直接表示被测对象的温度，一般测量精度较高。在一定的测温范围内，温度计也可测量物体内部的温度分布。但对于运动体、小目标或热容量很小的对象则会产生较大的测量误差。常用的温度计有双金属温度计、玻璃液体温度计、压力式温度计、电阻温度计、热敏电阻和温差电偶等。

非接触式温度传感器的敏感元件与被测对象互不接触，又称非接触式测温仪表，如图 3-32（b）所示。这种仪表可用来测量运动物体、小目标和热容量小或温度变化迅速（瞬变）对象的表面温度，也可用于测量温度场的温度分布。非接触式温度传感器的感温元件没有耐温程度的限制，因而对最高可测温度原则上没有限制。对于 1800℃ 以上的高温，主要采用非接触测温方法。随着红外技术的发展，辐射测温逐渐由可见光向红外线扩展，700℃以下直至常温都已采用，且分辨率很高。

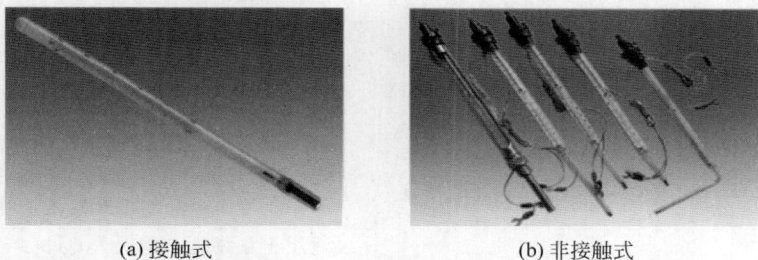

(a) 接触式　　　　　　　　　　(b) 非接触式

图 3-32　各种类型的温度传感器

2．按材料分类

按材料分类，温度传感器可分为热电偶和热电阻两类。

热电偶是工程上应用最广泛的温度传感器，如图 3-33 所示，它构造简单，使用方便，具有较高的准确度、稳定性及复现性，温度测量范围宽，在温度测量中占有重要的地位。热电偶是根据热电效应工作的：将两种不同材料的导体或半导体连成闭合回路，两个接点分别置于温度为 T 和 T_0 的热源中，该回路内会产生热电势，热电势的大小反映两个接点的温度差。保持 T_0 不变，热电势随着温度 T 变化而变化。所以测得热电势的值，即可知道温度 T 的大小。

热电偶传感器产生的热电势是由温差电势和接触电势构成的。由于两种不同导体的自由电子密度不同，因而在接触处形成了电动势。当两种导体接触时，自由电子密度大的向自由电子密度小的导体扩散，在接触处失去电子的一侧带正电，得到电子的一侧带负电，形成稳定的接触电势。接触电势的数值取决于两种不同导体的性质和接触点的温度。

理论上讲，任何两种不同材料的导体都可以组成热电偶，但为了准确、可靠地测量温度，对组成热电偶的材料必须经过严格的选择。工程上用于热电偶的材料应满足以下条件：热电势变化尽量大，热电势与温度关系尽量接近线性关系，物理、化学性能稳定，易加工，复现

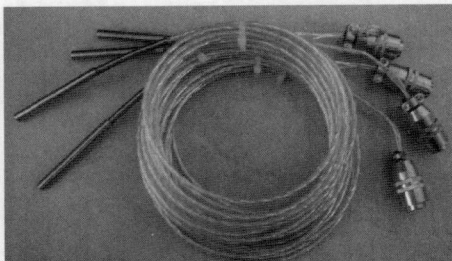

图 3-33 热电偶传感器

性好,便于成批生产,有良好的互换性。实际上并非所有材料都能满足上述要求。目前在国际上被公认比较好的热电材料只有几种。国际电工委员会(IEC)向世界各国推荐了 6 种标准化热电偶。标准化热电偶(见表 3-2)是指它已列入工业标准化文件中,具有统一的分度表。我国从 1988 年开始采用 IEC 标准生产热电偶。

表 3-2 IEC 标准化热电偶

热电偶名称	正热电极	负热电极	分度号	测温范围	特 点
30％铂铑 — 60％铂铑	30％铂铑	60％铂铑	B	0～+1700℃ (超高温)	适用于氧化性气氛中测温,测温上限高,稳定性好,在冶金等高温领域得到了广泛应用
10％铂铑 — 铂	10％铂铑	纯铂	S	0～+1600℃ (超高温)	适用于在氧化性、惰性气氛中测温,热电性能稳定,抗氧化性强,精度高;但价格高,热电动势较小。常用作标准热电偶和用于高温测量
镍铬 — 镍硅	镍铬合金	镍硅合金	K	−200～+1200℃ (高温)	适用于在氧化和中性气氛中测温,测温范围很宽,热电动势与温度关系近似线性,热电动势大,价格低。稳定性不如 B、S 型电偶,但是非贵金属热电偶中性能最稳定的一种
镍铬 — 康铜	镍铬合金	铜镍合金	E	−200～+900℃ (中温)	适用于在还原性或惰性气氛中测温,热电动势较其他热电偶大,稳定性好,灵敏度高,价格低
铁 — 康铜	铁	铜镍合金	J	−200～+750℃ (中温)	适用于在还原性气氛中测温,价格低,热电动势较大,仅次于 E 型热电偶;缺点是铁极易氧化
铜 — 康铜	铜	铜镍合金	T	−200～+350℃ (低温)	适用于在还原性气氛中测温,精度高,价格低,在−200～0℃可制成标准热电偶;缺点是铜极易氧化

热电阻传感器是利用导体或半导体的电阻值随温度变化而变化的原理进行测温的。热电阻传感器具有测量精度高,测量范围大,易于使用等优点,广泛应用在自动测量和远距离测量中。热电阻传感器分为金属热电阻和半导体热电阻两大类,如图 3-34 所示。一般把金属热电阻称为热电阻,常见的有铂热电阻、铜热电阻等;而把半导体热电阻称为热敏电阻,主要由热敏探头、引线和壳体构成。

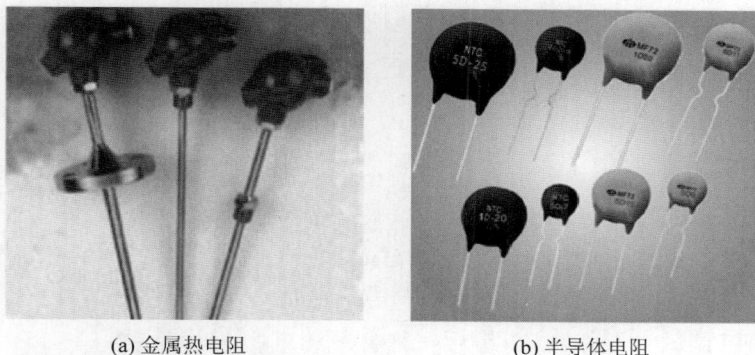

(a) 金属热电阻　　　　　(b) 半导体电阻

图 3-34　热电阻传感器

3.4.2　湿敏传感器

湿度是指大气中的水蒸气含量,通常采用绝对湿度和相对湿度两种方法表示。绝对湿度是指在一定温度和压力条件下,每单位体积的混合气体中所含水蒸气的质量,单位为 g/m^3,一般用符号 AH 表示;相对湿度是指气体的绝对湿度与同一温度下达到饱和状态的绝对湿度之比,一般用符号 %RH 表示。相对湿度给出大气的潮湿程度,它是一个无量纲的量,在实际使用中也多使用相对湿度。

湿敏传感器是能够感受外界湿度变化,并通过器件材料的物理或化学性质变化,将湿度转换成有用信号的器件。湿度检测较其他物理量的检测显得困难,这首先是因为空气中水蒸气的含量要比空气少得多;另外,液态水会使一些高分子材料和电解质材料溶解,一部分水分子电离后与溶入水中的空气中的杂质结合成酸或碱,使湿敏材料不同程度地受到腐蚀并加速老化,从而丧失其原有的性质;再者,湿信息的传递必须靠水对湿敏器件直接接触来完成,因此湿敏器件只能直接暴露于待测环境中,不能密封。通常,对湿敏器件有下列要求:在各种气体环境下稳定性好、响应时间短、寿命长、有互换性、耐污染和受温度影响小等。微型化、集成化及廉价是湿敏器件的发展方向。下面分别介绍一些现已发展得比较成熟的几类湿敏传感器。

1. 氯化锂湿敏电阻

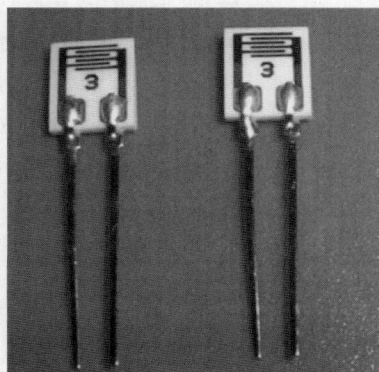

如图 3-35 所示,氯化锂湿敏电阻是利用吸湿性盐类潮解,离子电导率发生变化而制成的测湿元件。它由引线、基片、感湿层与电极组成。氯化锂通常与聚乙烯醇组成混合体,在氯化锂的溶液中,Li 和 Cl 均以正负离子的形式存在,而 Li^+ 对水分子的吸引力强,离子水合程度高,其溶液中的离子导电能力与溶液浓度成正比。当溶液置于一定湿度场中时,若环境相对湿度高,溶液将吸收水分,则溶液浓度降低,因此,其溶液

图 3-35　氯化锂湿敏电阻

阻率增高;反之,若环境相对湿度变低,则溶液浓度升高,其电阻率下降,从而实现对湿度的测量。

氯化锂湿敏元件的优点是滞后小、不受测试环境风速影响、检测精度高,但其耐热性差,不能用于露点以下测量,器件的重复性不理想,使用寿命短。

2. 半导体陶瓷湿敏电阻

通常,湿敏半导体陶瓷是用两种以上的金属氧化物半导体材料混合烧结而成的多孔陶瓷,这些材料有 $ZnO\text{-}LiO_2\text{-}V_2O_5$ 系、$Si\text{-}Na_2O\text{-}V_2O_5$ 系、$TiO_2\text{-}MgO\text{-}Cr_2O_3$ 系和 Fe_3O_4 等,前三种材料的电阻率随湿度增加而下降,故称为负特性湿敏半导体陶瓷,最后一种材料的电阻率随湿度增加而增大,故称为正特性湿敏半导体陶瓷(以下简称半导瓷)。半导体陶瓷湿敏电阻如图 3-36 所示。

图 3-36　半导体陶瓷湿敏电阻

典型的半导体陶瓷湿敏元件有以下几种。

(1) 氧化镁复合氧化物二氧化钛湿敏电阻($MgCr_2O_4\text{-}TiO_2$)。它通常被制成多孔陶瓷型"湿-电"转换器件,它是负特性半导瓷,$MgCr_2O_4$ 为 P 型半导体,它的电阻率低,电阻-湿度特性好。

(2) $ZnO\text{-}Cr_2O_3$ 湿敏元件。$ZnO\text{-}Cr_2O_3$ 湿敏元件的结构是将多孔材料的金电极烧结在多孔陶瓷圆片的两表面上,并焊上铂引线,然后将敏感元件装入有网眼过滤的方形塑料盒中,用树脂固定。$ZnO\text{-}Cr_2O_3$ 传感器能连续稳定地测量湿度,而无须加热除污装置,功耗低于 0.5W,体积小、成本低,是一种常用测湿传感器。

(3) 四氧化三铁(Fe_3O_4)湿敏器件。Fe_3O_4 湿敏器件由基片、电极和感湿膜组成。Fe_3O_4 湿敏器件在常温、常湿下性能比较稳定,有较强的抗结露能力,测湿范围广,有较为一致的湿敏特性和较好的温度-湿度特性,但器件有较明显的湿滞现象,响应时间长,吸湿过程比较缓慢。

3.4.3　光电传感器

光电传感器就是将光信号转换成电信号的一种器件,简称光电器件。要将光信号转换成电信号,必须经过两个步骤:一是先将非电量的变化转换成光量的变化;二是通过光电器件的作用,将光量的变化转换成电量的变化,这样就实现了将非电量的变化转换成电量的变化,如图 3-37 所示。由于光电器件的物理基础是光电效应,且光电器件具有响应速度快、可靠性较高、精度高、非接触式、结构简单等特点,因此光电式传感器在现代测量与控制系统中,应用非常广泛。

```
┌──────┐     ┌──────┐     ┌──────┐  输出
│ 辐射源 │ ──→ │ 光学通路 │ ──→ │ 光电器件 │ ──→
└──────┘     └──────┘     └──────┘
   ↑            ↑
 被测量         被测量
```

图 3-37　光电传感器的工作原理

1. 光电效应

光电效应是指当一束光线照射到物质上时,物质中的电子吸收了光子的能量而发生了相应的电效应的现象。根据光电效应现象的不同特征,可将光电效应分为以下三类。

外光电效应:在光线照射下,使电子从物体表面逸出的现象,如光电管、光电倍增管等。

内光电效应:在光线照射下,使物体的电阻率发生改变的现象,如光敏电阻等。

光生伏特效应:在光线照射下,使物体产生一定方向的电动势的现象,如光敏二极管、光敏三极管、光电池等。

2. 光电器件

根据光电效应制作的器件称为光电器件,也称光敏器件。光电器件的种类很多,但其工作原理都是建立在光电效应这一物理基础上的。如图 3-38 所示,光电器件的种类主要有光电管、光电倍增管、光敏电阻、光敏二极管、光敏三极管、光电耦合器件、光电池等。

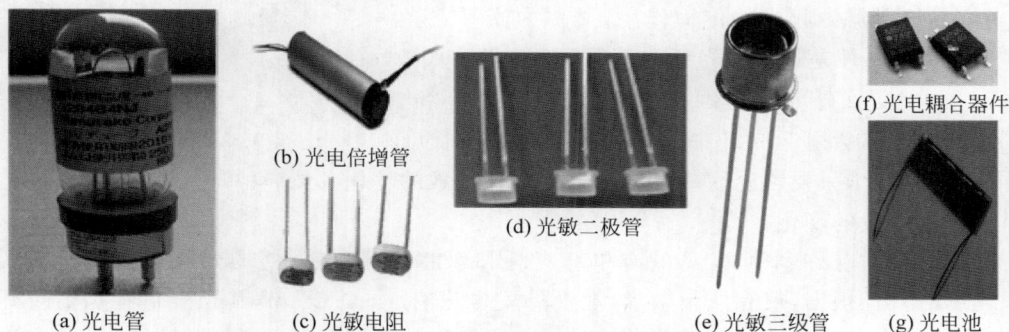

图 3-38 光电器件的种类

光电管:它是由玻璃壳、两个电极(光电阴极 K 和阳极 A)、引出插脚等组成的。将球形玻璃壳抽成真空,在内半球面上涂上一层光电材料作为阴极 K,球心放置小球形或小环形金属作为阳极 A,当阴极 K 受到光线照射时便发射电子,电子被带正电位的阳极 A 吸引,朝阳极 A 方向移动,这样就在光电管内产生了电子流。

光电倍增管:光电倍增管是一种常用的灵敏度很高的光探测器,顾名思义,它是把微弱光信号转换成电信号且进行放大的器件。

光敏电阻:在光敏电阻的两端加上直流或交流工作电压,当无光照射时,光敏电阻的电阻率呈高阻值状态,光敏电阻值很大;当有光照射时,由于光敏材料吸收了光能,光敏电阻率变小,光敏电阻呈低阻状态。光照越强,阻值越小。当光照停止时,光敏电阻又逐渐恢复高电阻值状态。

光敏二极管和光敏三极管:光敏二极管的结构与一般的二极管相似,其 PN 结对光敏感。将其 PN 结装在管的顶部,上面有一个透镜制成的窗口,以便使光线集中在 PN 结上。光敏二极管是基于半导体光生伏特效应的原理制成的光电器件。光敏三极管有 NPN 和 PNP 型两种,是一种相当于在基极和集电极之间接有光电二极管的普通晶体三极管,外形与光电二极管相似。

光电耦合器件:光电耦合器件是将发光元件(如发光二极管)和光电接收元件合并使用,以光作为媒介传递信号的光电器件。光电耦合器件中的发光元件通常是半导体的发光二极管,光电接收元件有光敏电阻、光敏二极管、光敏三极管或光耦合器等。根据其结构和用途不同,又可分为用于实现电隔离的光电耦合器和用于检测有无物体的光电开关。

光电池：光电池是一种直接将光能转换为电能的光电器件，光电池在有光线的情况下其实质就是电源，电路中有了这种器件就不再需要外加电源。

3. 光纤式光电传感器

光纤维作为光纤通信的传输媒介，已得到了广泛的应用。利用光纤维制作的光纤传感器(见图 3-39)发展非常迅速，目前已有光纤压力传感器、光纤磁场传感器、光纤温度传感器、光纤应变传感器、光纤电场传感器等用于非电量的电测上。

光纤传感器有两种类型，一种是传光型光纤传感器，光纤在传感器中起光的传输作用，又称为光纤式光电传感器；另一种是功能性光纤传感器，光在光纤内部传输过程中，受到外界物理因素(如温度、压力、电场、磁场等)的影响，会引起光纤中光的强度、相位、波长或

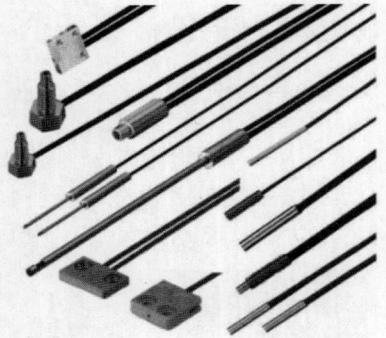

图 3-39　光纤式光电传感器

偏振态等的变化，只要测出这些参量随外界物理因素的变化关系，就可以用它作为传感器来测量一些物理量的变化。

光纤的构造有许多种，常见的有单芯光纤和双芯光纤，在它们的外部都包覆有金属外皮。光纤的直径很细，仅有几十微米，加上外皮也只有 $1\sim2.2$mm，其长度可根据需要任意切割，光纤式光电传感器的光纤长度为 2m。光纤用的材料早期有塑料、玻璃等，随着光纤制造技术的进步，现大多已采用透明度很好的石英玻璃作为光纤的主要原料。

4. CCD/CMOS 图像传感器

图像传感器是采用光电转换原理，用于摄取平面光学图像并使其转换为电子图像信号的器件。图像传感器必须具有两个作用：一是把光信号转换为电信号的作用；二是将平面图像上的像素进行点阵取样，并把这些像素按时间取出的扫描作用。图像传感器用于摄像的目的较多，因此又称它为摄像管。摄像管的发展很迅速，它经历了光电摄像管、超光电摄像管、正析摄像管、光导摄像管、二次电子导电硅靶管以及目前新发展起来的 CCD/CMOS 图像传感器等，如图 3-40 所示。

图 3-40　CCD 图像传感器和 CMOS 图像传感器

光电式传感器在自动化技术中应用十分广泛，如利用光电导元件制成光电探测器，在工业自动化中起着"眼睛"的作用。这种功能使它可以用于大量的自动监视、控制、警戒等场合。光电探测器另外一个重要应用是，它能"看"到目标的热或温度特征，比较它们的冷热，

测量其温度,进行无接触测量。光电探测技术在遥感中的应用也十分广泛,利用光电探测和扫描成像原理制成的行扫描仪在卫星和航空遥感技术中已得到广泛应用。

3.4.4　气敏传感器

气敏传感器是用来检测气体浓度或成分的传感器,它对于环境保护和安全监督方面起着极重要的作用。一般对气敏传感器有下列要求:能够检测报警气体的允许浓度和其他标准数值的气体浓度,能长期稳定工作,重复性好,响应速度快,共存物质所产生的影响小等。

由于被测气体的种类繁多,性质各不相同,不可能用一种传感器来检测所有气体,所以气敏传感器的种类也有很多。实际使用最多的是半导体气敏传感器,这类传感器一般多用于气体的粗略鉴别和定性分析,具有结构简单、使用方便等优点。

如图 3-41 所示,气敏传感器大体上可分为两种:一种是电阻式气敏传感器;另一种是非电阻式气敏传感器。目前使用的大多为电阻式气敏传感器。电阻式气敏传感器是用氧化锡、氧化锌等金属氧化物材料制作,利用其阻值随被测气体浓度改变而变化的特性来检测气体浓度。非电阻气敏传感器是一种半导体器件,它们与气体接触后,如二极管的伏安特性或场效应管的电容-电压特性等将会发生变化,根据这些特性的变化来测定气体的成分或浓度。除此之外,还可以利用原电池对一些气体进行检测。

| (a) 电阻式气敏传感器 | (b) 非电阻式气敏传感器 |

图 3-41　气敏电阻种类

半导体气敏元件通常采用金属氧化物半导体材料,它们也分为 N 型半导体(如 SnO_2、Fe_2O_3、ZnO 等)和 P 型半导体(如 CoO、PbO、Cu_2O、NiO 等)。常见的已实用化的半导体气敏元件是 SnO_2 金属氧化物半导体气敏元件和 Fe_2O_3 系列半导体气体传感器。

半导体气敏元件的敏感部分是金属氧化物半导体微结晶粒子烧结体,当它的表面吸附有被检测气体时,半导体微结晶粒子接触界面的导电电子比例就会发生变化,从而使气敏元件的电阻值随被测气体的浓度改变而变化。这种反应是可逆的,因而是可重复使用的。电阻值的变化是伴随着金属氧化物半导体表面对气体的吸附和释放而发生的。为了加速这种反应,通常要用加热器对气敏元件加热。

气敏传感器主要用于工业上天然气、煤气、石油化工等部门的易燃、易爆、有毒、有害气体的检测,并可进行预报和自动控制;在防治公害方面检测污染气体;在家庭中用于煤气报警和火灾报警等。

3.4.5　压力传感器

压力传感器是工业实践中最为常用的一种传感器。我们通常使用的压力传感器主要是利用压电效应制成的,这样的传感器称为压电传感器。

晶体是各向异性的,非晶体是各向同性的。某些晶体介质,当沿着一定方向受到机械力作用发生变形时,就产生了极化效应;当机械力撤掉之后,又会重新回到不带电的状态,也就是受到压力的时候,某些晶体可能产生出电效应,这就是所谓的极化效应。研究人员就是根据这个效应研制出了压力传感器。

压电传感器主要应用在加速度、压力和力等的测量中。压电式加速度传感器是一种常用的加速度计,它具有结构简单、体积小、重量轻、使用寿命长等优异的特点,在飞机、汽车、船舶、桥梁和建筑的振动和冲击测量中已经得到了广泛的应用,特别是航空和宇航领域中更有它的特殊地位。压电式传感器也可以用来测量发动机内部的燃烧压力与真空度,例如用它来测量枪炮子弹在膛中击发的一瞬间膛压的变化和炮口冲击波的压力。它既可以用来测量比较大的压力,也可以用来测量微小的压力。压电式传感器也广泛应用在生物医学测量中,比如说心室导管式微音器就是由压电传感器制成的。因为测量动态压力是如此普遍,所以压电传感器的应用就非常的广泛。如图 3-42 所示是两种典型的压力传感器应用场景。

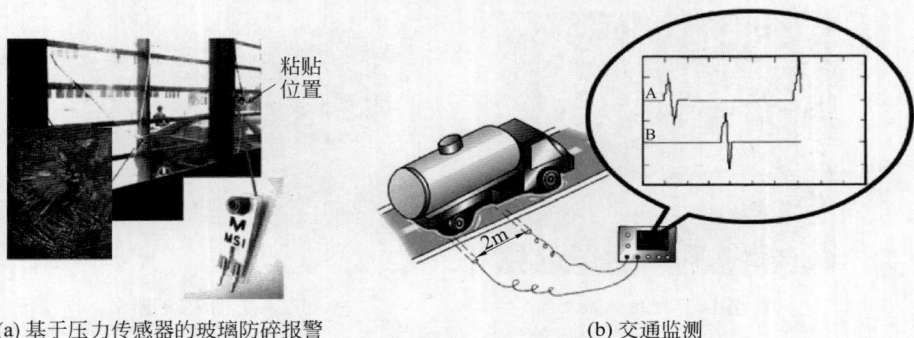

(a) 基于压力传感器的玻璃防碎报警　　　　　　(b) 交通监测

图 3-42　压力传感器的典型应用场景

例如应用在玻璃防碎报警中,是将高分子压电测振薄膜粘贴在玻璃上,以感受玻璃破碎时会发出的振动。当玻璃遭暴力打碎的瞬间,压电薄膜感受到剧烈振动,表面产生电荷 Q,在两个输出引脚之间产生窄脉冲报警信号,并将电压信号传送给集中报警系统。此外,通过将高分子压电电缆埋在公路上,可用来获取车型分类信息(包括轴数、轴距、轮距、单双轮胎)、车速监测、收费站地磅、闯红灯拍照、停车区域监控、交通数据信息采集(道路监控)及机场跑道监测等。

3.4.6　加速度传感器

加速度传感器是一种能够测量加速度的电子设备。加速度可以是常量,如 g,也可以是变量。通过前面分析可知,加速度计主要有两种:一种是角加速度计,是由陀螺仪(角速度传感器)改进的;另一种就是线加速度计。通过加速度的测量,可以了解物体的运动状态。可以应用在控制系统、报警系统、仪器仪表、地震监测、振动分析等领域。

　　加速度传感器是根据牛顿第二定律得到的。当测量时,只需知道外力大小和被测物体质量就可获得物体加速度。其本质是通过作用力造成传感器敏感元件发生变形,通过测量变形量并由相关电路转换成电压输出,最终得到加速度信号。通常加速度传感器的主要技术指标包括量程、灵敏度和带宽。

　　目前,常见加速度传感器都是压电式、压阻式、电容式和谐振式(见图3-43)的,其相关技术原理在3.3节内容中已经进行了介绍,这里不再赘述。

(a) 压电式加速度传感器　(b) 压阻式加速度传感器　(c) 电容式加速度传感器　(d) 谐振式加速度传感器

图 3-43　常见的加速度传感器

3.4.7　智能传感器

　　智能传感器(Intelligent Sensor 或 Smart Sensor)自 20 世纪 70 年代初出现以来,要求传感器准确度高、可靠性高、稳定性好,而且具备一定的数据处理能力,并能够自检、自校、自补偿。近年来,随着微处理器技术、信息技术、检测技术和控制技术的迅速发展,对传感器提出了更高的要求,不仅要具有传统的检测功能,而且要具有存储、判断和信息处理功能,促使传统传感器产生了一个质的飞跃。所谓智能传感器,就是一种带有微处理机,兼有信息检测、信号处理、信息记忆、逻辑思维与判断功能的传感器,即智能传感器就是将传统的传感器和微处理器及相关电路组成的一体化结构。

　　智能传感器系统一般构成的框图如图 3-44 所示。其中作为系统"大脑"的微型计算机,可以是单片机、单板机,也可以是微型计算机系统。智能传感器按其结构分为模块式智能传感器、混合式智能传感器、集成式智能传感器和智能手机中的传感器。

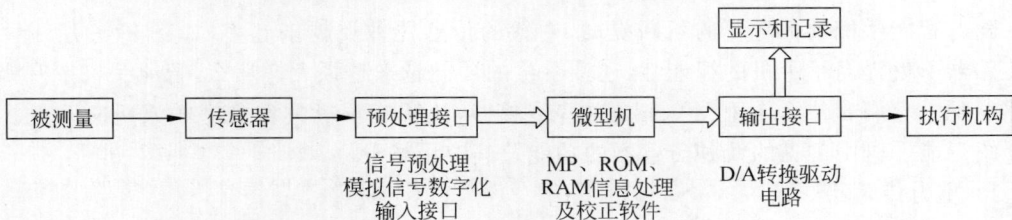

图 3-44　智能传感器构成框图

1. 模块式智能传感器

　　如图 3-45 所示,模块式智能传感器是初级的智能传感器,它由许多互相独立的模块组成。将微处理器、信号处理电路模块、输出电路模块、显示电路模块和传感器装配在同一壳体内,就组成了模块式智能传感器。这种传感器的集成度不高、体积较大,但它是一种比较实用的智能传感器。在模块式传感器中,A/D 转换器负责将模拟信号转换为计算机能够识别的数字信号,然后由微处理器进行处理,处理结果通过 D/A 变换器进行转换,生产模拟量作用于物理世界。

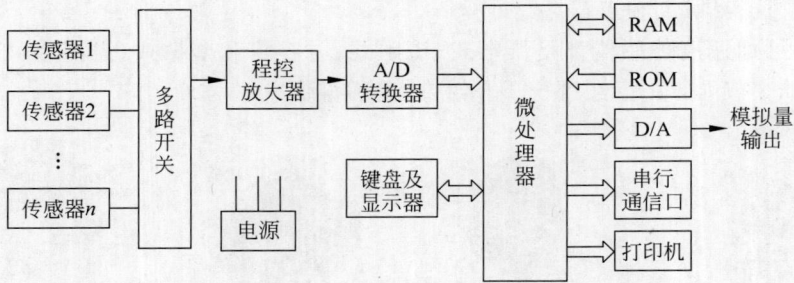

图 3-45　模块式智能传感器

2. 混合式智能传感器

混合式智能传感器是将传感器、微处理器(CPU)和信号处理电路等各个部分以不同的组合方式集成在几个芯片上,然后装配在同一壳体内组成的。目前,混合式智能传感器作为智能传感器的主要类型而被广泛应用。

3. 集成式智能传感器

集成式智能传感器是将一个或多个敏感元件与微处理器、信号处理电路集成在同一芯片上。它的结构一般是三维器件,即立体器件。这种结构是在平面集成电路的基础上,一层一层地制作多层的立体电路。这种传感器具有类似于人的五官与大脑相结合的功能,它的智能化程度是随着集成化程度提高而不断提高的。目前,集成式智能传感器技术正在迅速发展,势必在未来的传感器技术中发挥重要的作用。高端的智能传感器一般内部集成有微处理器,具有数据存储、双向通信、自动校准、错误判断甚至自主学习能力。

4. 智能手机中的传感器

随着智能手机硬件配置的不断提高,内置的传感器种类越来越多,如图 3-46 所示。这些传感器不仅提高了手机的智能性,还让手机的功能越来越强大。那么,智能手机中有哪些传感器呢? 它们有什么作用呢? 正是这些传感器,让智能手机具备良好的人机交互性。下面介绍智能手机中常见的几种传感器的功能及其应用场景。

1) 重力传感器

重力传感器是一种运用压电效应实现的可测量加速度的电子设备,所以又称为加速度传感器。重力传感器内部的重力感应模块由一片“重力块”和压电晶体组成,当智能手机发生动作时,重力块会和智能手机受到同一个加速度,这样重力块作用于不同方向的压电晶体上的力也会改变,这样输出的电压信号也就发生改变,根据输出电压信号就可以判断手机的方向了。这种重力感应装置常用于自动旋转屏幕以及一些游戏。例如,晃动智能手机就可以完成赛车类游戏的转弯动作,主要就是靠重力感应装置。

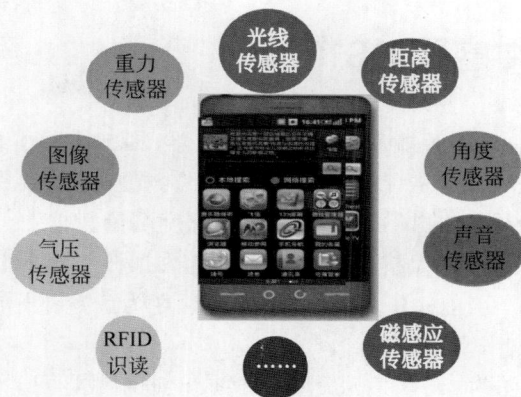

图 3-46　智能手机中的传感器

2）光线传感器

光线传感器可能是我们最为熟悉的了，它是用于控制屏幕亮度的传感器。在阳光下，光线传感器就会让手机变亮，从而让我们能在任何环境下都可以清晰地看见智能手机屏幕上面的字。光线感应器由投光器和受光器组成，投光器将光线聚焦，再传输至受光器，最后通过感应器接收并将其转换为电器信号。

3）距离传感器

距离传感器就是用来测量距离的，距离传感器会向外发射红外光，物体能反射红外线，所以当物体靠近时，物体反射的红外光就会被元件监测到，这时就可以判断物体靠近的距离。当拿起智能手机接电话时，手机会黑屏，从而防止我们误操作，这种功能的实现就是靠的距离传感器。

4）磁感应传感器

磁感应传感器就是可以测量地磁场的传感器，由各向异性磁致电阻材料构成，这些材料在感受到微弱的磁场变化时会导致自身电阻产生变化，接着输出的电压就会改变，于是可以以此判断出地磁场的朝向。磁感应传感器主要用于手机指南针、辅助导航系统，而且使用前需要智能手机旋转或者摇晃几下才能准确指示磁场方向。

5）角度传感器

角度传感器主要通过陀螺仪实现。陀螺仪是一种用于测量角度以及维持方向的设备，原理是基于角动量守恒原理。陀螺仪主要应用于手机摇一摇，或者在某些游戏中可以通过移动手机改变视角，如 VR。另外，当人们进入隧道之后，卫星定位系统很可能没有信号，而这时的导航仍能继续工作，其功能也是靠陀螺仪实现的。

6）气压传感器

气压传感器主要用于检测大气压，通过对大气的检测，据此判断海拔和高程。其主要用于辅助导航定位系统和显示楼层高度。尽管之前的手机上面并没有这个传感器，但是现在上市的手机大部分配备了这个传感器。

7）声音和图像传感器

声音传感器用来支持智能手机语言录制和语音通话，视频传感器用来拍照和录制视频。这两种传感器是智能手机中使用最早、也是应用最广泛的传感器。

3.5 智能温度传感器 DS18B20

DS18B20 是一款单总线的智能型数字温度传感器,具有体积小、硬件开销低、抗干扰能力强、精度高的特点。DS18B20 数字温度传感器接线方便,只需要一条数据线和一条地线即可与处理器进行数据传输,并提供 9~12 位摄氏温度测量数据。

DS18B20 在出厂时已配置为按 12 位测量温度数据。在实际读取温度时,共读取 16 位,其中前 5 位为符号位。当前 5 位为 1 时,读取的温度为负数;当前 5 位为 0 时,读取的温度为正数。

温度为正时的读取方法为:将十六进制数转换成十进制数即可。温度为负时的读取方法为:将十六进制数取反后加 1,再转换成十进制数即可。例如,0550H＝+85(℃),FC90H＝−55(℃)。

3.5.1 DS18B20 概述

DS18B20 的封装形式多样,如图 3-47 所示,可适用于各种狭小空间设备的数字测温和控制领域。DS18B20 的硬件接口非常简单,供电方式可为寄生电源供电或外部供电。

在图 3-47 左侧的 TQ-92 封装中,1 号引脚为 GND,接地;2 号引脚为 DQ,作为数字信号输入/输出端;3 号引脚为 V_{DD},外接供电电源(供电电压为 3.0~5.5V,但在寄生电源接线方式时,该引脚接地)。在图 3-47 右侧的 SOIC 封装中,5 号引脚为 GND,接地;4 号引脚为 VQ,作为数字信号输入/输出端;3 号引脚为 V_{DD},外接供电电源(供电电压为 3.0~5.5V,但在寄生电源接线方式时,该引脚接地)。当 DS18B20 采用外部供电时,只需将其数据线与单片机的一位双向端口相连就可以实现数据的传递。

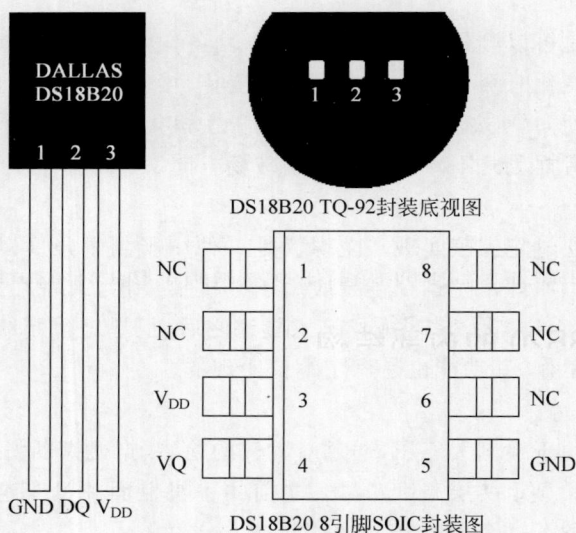

图 3-47　DS18B20 的封装图

采用寄生电源供电时,在远程温度测量和测量空间受限的情况下特别有实用价值。寄生电源供电的原理是在数据线为高电平时"窃取"数据线的电源,电荷被存储在寄生供电电容上,用于在数据线为低电平时为设备提供电源。需要注意的是,DS18B20 在进行温度转换或者将高速缓存中的数据复制到 EEPROM 时,所需的电流会达到 1.5mA,超出了电容所能提供的电流,此时可采用一个 MOSFET 三极管来供电,如图 3-48 所示。值得注意的是,当温度高于 100℃时,不能使用寄生电源,因为此时器件中较大的漏电流会使总线不能可靠地检测高低电平,从而导致数据传输误码率的增大。

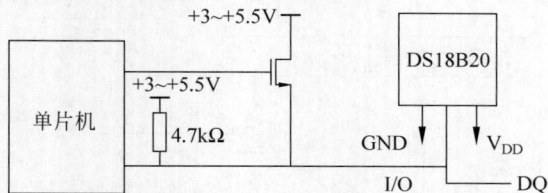

图 3-48 寄生电源的供电原理

DS18B20 主要技术性能描述如下。

(1) DS18B20 在与微处理器连接时,除了电源线外,仅需要一根线即可实现微处理器与 DS18B20 的双向通信。

(2) DS18B20 的测温范围是 $-55\sim+125$℃,测温误差为 1℃。

(3) 多个 DS18B20 可以通过 GND、DQ、V_{DD} 三个引脚进行并联,最多能并联 8 个,实现多点测温。如果数量过多,会使供电电源电压过低,从而造成信号传输的不稳定。

(4) DS18B20 的工作电源为 DC3~5.5V,也可以使用寄生电源,从而实现两线连接。

(5) 在使用中不需要任何外围元件,测量结果以 9~12 位数字量方式串行传送。

3.5.2 DS18B20 的测温原理

DS18B20 测温原理如图 3-49 所示。其中,低温度系数晶振的振荡频率受温度影响很小,用于产生固定频率的脉冲信号送给计数器 1。高温度系数晶振的振荡频率随温度变化改变明显,所产生的信号作为计数器 2 的脉冲输入。计数器 1 和温度寄存器被预置在 -55℃所对应的一个基数值。计数器 1 对低温度系数晶振产生的脉冲信号进行减法计数,当计数器 1 的预置值减到 0 时,温度寄存器的值将加 1,计数器 1 将重新被装入预置,并重新开始对低温度系数晶振产生的脉冲信号进行计数……如此循环,直到计数器 2 计数到 0 时停止温度寄存器值的累加。此时,温度寄存器中的数值即为所测温度。图 3-49 中的斜率累加器用于补偿和修正测温过程中的非线性,其输出用于修正计数器 1 的预置值。

3.5.3 DS18B20 的内部结构

每个 DS18B20 具有唯一的 64 位序列号,可以方便地通过一个微处理器控制分布在较大区域内的多个 DS18B20 温度传感器。该功能非常适合大规模环境控制、楼宇自动化、大型设备和机器的过程监测系统的温度测量等应用。

DS18B20 内部结构如图 3-50 所示,主要由以下部件组成:64 位 ROM 和单总线接口、温度传感器、高温触发器 TH 和低温触发器 TL、配置寄存器、8 位 CRC 发生器。

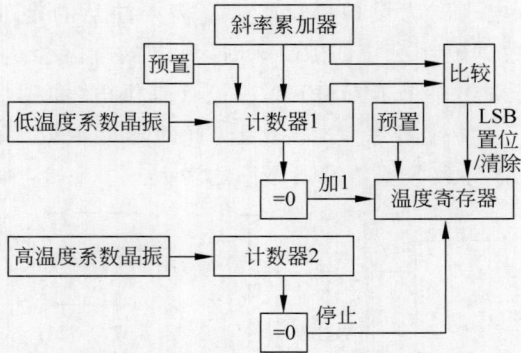

图 3-49　DS18B20 的内部测温电路框图

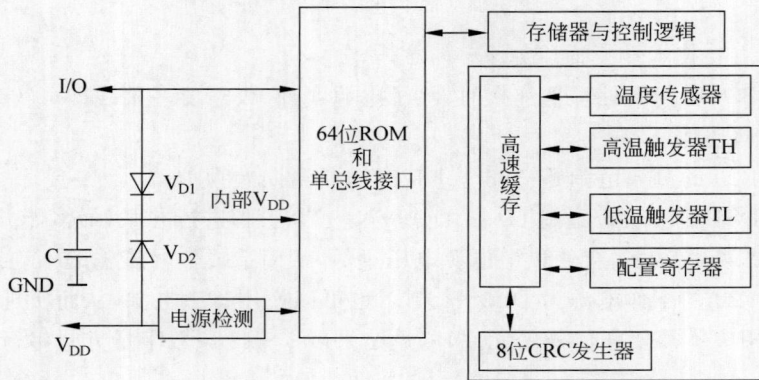

图 3-50　DS18B20 的内部结构

1.64 位 ROM 和单总线接口

64 位 ROM 又称为光刻 ROM,其中的 64 位序列号是出厂前被光刻好的,它可以看作该 DS18B20 的地址序列码,其结构如图 3-51 所示。

8bit检验CRC	48bit序列号	8bit工厂代码(10H)
MSB	LSB MSB	LSB MSB	LSB

图 3-51　64 位 ROM 的结构

64 位光刻 ROM 的排列是:低字节的 8 位是产品类型标号(DS18B20 的代号为 28H),接着的 48 位是该 DS18B20 自身的序列号,并且每个 DS18B20 的序列号都不相同,因此它可以看作该 DS18B20 的地址序列码;最后 8 位则是前面 56 位的循环冗余校验码。由于每一个 DS18B20 的 ROM 数据各不相同,因此,微控制器就可以通过单总线接口对多个 DS18B20 进行寻址,从而实现一根总线上挂接多个 DS18B20 的目的。

2. 高速缓存

高速缓存由 9 字节组成。其中,前两字节是测得的温度信息,第 1 字节的内容是温度的低 8 位(低温触发器 TL),第 2 字节是温度的高 8 位(高温触发器 TH)。第 3 和第 4 字节是 TH、TL 的易失性拷贝,第 5 字节是结构寄存器的易失性拷贝,这 3 字节的内容在每一次上电复位时均被刷新。第 6、7、8 字节用于内部计算。第 9 字节是冗余检验字节,可用来确保通信正确。

DS18B20 中的温度传感器用于完成对温度的测量,它的测量精度可以配置成 9 位、10 位、11 位或 12 位四种状态。温度传感器在测量完成后将测量的结果存储在 DS18B20 的两个 8 位的 RAM 中,单片机可通过单总线接口读到该数据。读取时低位在前,高位在后,数据的存储格式如图 3-52 所示(以 12 位转换为例)。

图 3-52 是 12 位转换后得到的 12 位数据,存储在 DS18B20 的两个 8 位的 RAM 中,二进制中的前面 5 位是符号位,如果测得的温度大于 0℃,这 5 位为 0,只要将测到的数值乘以 0.0625 即可得到实际温度;如果温度小于 0℃,这 5 位为 1,测到的数值需要取反加 1 再乘以 0.0625 即可得到实际温度。

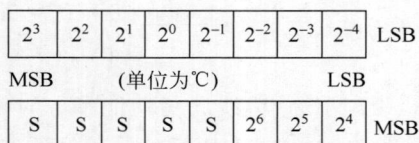

2^3	2^2	2^1	2^0	2^{-1}	2^{-2}	2^{-3}	2^{-4}	LSB
MSB		(单位为℃)					LSB	
S	S	S	S	S	2^6	2^5	2^4	MSB

图 3-52 温度信号寄存器格式

例如:+125℃的数字输出为 07D0H,+25.0625℃的数字输出为 0191H,−25.0625℃的数字输出为 FF6FH,−55℃的数字输出为 FC90H。

DS18B20 完成温度转换后,就把测得的温度值与 TH 和 TL 作比较,若 T>TH 或 T<TL,则将该器件内的告警标志置位,并对主机发出的告警搜索命令作出响应。因此,可用多只 DS18B20 同时测量温度并进行告警搜索。

3. 配置寄存器

如表 3-3 所示,配置寄存器的低 5 位始终为 1;TM 是测试模式位,用于设置 DS18B20 在工作模式(为 0)还是在测试模式(为 1),在 DS18B20 出厂时该位被设置为 0,用户不要改动;R1 和 R0 用来设置分辨率(注意:DS18B20 在出厂时被设置为 12 位),如表 3-4 所示。

表 3-3 配置寄存器各位的意义

BIT7	BIT6	BIT5	BIT4	BIT3	BIT2	BIT1	BIT0
TM	R1	R0	1	1	1	1	1

表 3-4 R1 和 R0 的分辨率设置及最大转换时间

R1	R0	分辨率/位	温度最大转换时间/ms
0	0	9	93.75
0	1	10	187.5
1	0	11	375
1	1	12	750

由表 3-4 可知,设定的分辨率越高,所需要的温度数据转换时间就越长。因此,在实际应用中要在分辨率和转换时间之间权衡考虑。

3.5.4 DS18B20 的编程结构

图 3-53 给出了多个 DS18B20 采用一线连接的应用结构。该结构在主机端将数据线接一个上拉电阻。为了保证为设备提供足够的电源,需要一个 MOSFET 管将数据线上拉至 +5V 电源。

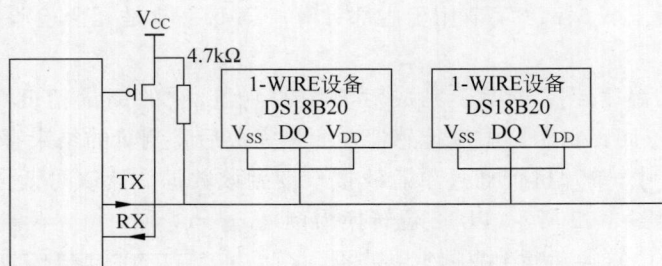

图 3-53　多个 DS18B20 组成的一线连接结构

DS18B20 单线通信功能是分时完成的,它必须遵循严格的时隙概念,如果出现序列混乱,图 3-53 中的 1-WIRE 设备将不响应主机,因此读写时序很重要。系统对 DS18B20 的各种操作必须按协议进行。DS18B20 的协议规定,微控制器控制 DS18B20 完成温度的转换必须经过以下 4 个步骤。

(1) 对 DS18B20 进行复位初始化。复位要求主 CPU 将数据线下拉 $500\mu s$,然后释放。DS18B20 收到信号后约等待 $16\sim60\mu s$,然后发出 $60\sim240\mu s$ 的存在低脉冲,主 CPU 收到此信号后表示复位成功。

(2) 发送一条 ROM 指令。DS18B20 的 ROM 指令包括:读指令(33H)、选择定位指令(55H)、跳过 ROM 检测指令(CCH)、查询指令(F0H)和报警查询指令(ECH)。各个指令的功能描述如下。

➤ 读指令(33H):通过该指令可以读出 ROM 中 8 位系列产品代码、48 位产品序列号和 8 位 CRC 码。

➤ 选择定位指令(55H):多片 DS18B20 在线时,主机发出该指令和一个 64 位数列,DS18B20 内部 ROM 与主机序列一致者,才能响应主机发送的寄存器操作指令,其他的 DS18B20 则等待复位。该指令也可用于单片 DS18B20 的情况。

➤ 跳过 ROM 检测指令(CCH):若系统只用了一片 DS18B20,该指令允许主机跳过 ROM 序列号检测而直接对寄存器操作,从而节省了时间。对于多片 DS18B20 测温系统,该指令将引起数据冲突。

➤ 查询指令(F0H):该指令可以使主机查询到总线上有多少片 DS18B20,以及各自的 64 位序列号。

➤ 报警查询指令(ECH):该指令的操作过程同查询指令,但是仅当上次温度测量值已置为报警标志时,DS18B20 才响应该指令。

(3) 发送存储器指令。DS18B20 的发送存储器指令包括:写入指令(4EH)、写出指令(BEH)、复制指令(48H)、开始转换指令(44H)、回调指令(B8H)和读电源标志指令(B4H)。各个指令的功能描述如下。

➤ 写入指令(4EH):该指令把数据依次写入高温报警触发器 TH、低温报警触发器 TL 和配置寄存器。命令复位信号发出之前必须把这 3 字节写完。

➤ 写出指令(BEH):该指令可以读出寄存器中的内容,从第 1 字节开始,直到读完第 9 字节。如果仅需要读取寄存器中的部分内容,主机可以在合适时发出复位指令以结束该过程。

➤ 复制指令(48H):该指令把高速缓存器中第 2～4 字节转存到 DS18B20 的 EEPROM

中。指令发出后,主机发出读指令来读总线。如果转存正在进行时主机读总线结果为 0,而转存结束则为 1。

➢ 开始转换指令(44H):DS18B20 收到该指令后立即开始温度转换,不需要其他数据。此时 DS18B20 处于空闲状态。当温度转换正在进行时主机读总线结果为 0,转换结束则为 1。

➢ 回调指令(B8H):该指令把 EEPROM 中的内容回调至寄存器 TH、TL 和配置寄存器单元中。指令发出后如果主机接着读总线,则读结果为 0 表示忙,为 1 表示回调结束。

➢ 读电源标志指令(B4H):主机发出该指令后读总线,DS18B20 将发送电源标志。0表示数据线供电,1 表示外接电源。

(4)进行数据通信。DS18B20 的数据通信过程包括读操作和写操作两部分。根据不同应用,启动不同的读、写顺序。

DS18B20 的写操作包括如下步骤:首先,数据线先置低电平 0,延时 $15\mu s$;按从低位到高位的顺序发送字节(一次只发送一位),每次延时时间为 $45\mu s$;将数据线拉到高电平;然后重复上述操作直到所有的字节全部发送完为止;最后,将数据线拉高。

DS18B20 的读操作包括如下步骤:首先,将数据线拉高至"1",延时 $2\mu s$;将数据线拉低至"0",延时 $15\mu s$,再将数据线拉高至"1",延时 $15\mu s$;读数据线的状态得到 1 个状态位,并进行数据处理,延时 $30\mu s$。重复以上操作,读取全部结果。

3.6 本章小结

本章首先详细介绍了传感器的基本概念、相关特性和发展趋势;然后根据传感器的工作原理将传感器分为应变式传感器、电感式传感器、电容式传感器、压电式传感器和磁电式传感器等,并对这些传统传感器的工作原理、技术特点等进行了介绍;最后,介绍了一些常用的温度、湿度、光照传感器和智能传感器,并对智能温度传感器的原理进行了详细介绍。

习题

一、选择题

1. 在传感检测模型中,负责将敏感元件输出转换成适于传输的电信号的元件是( )。

　　A. 转换元件 　　　　　　　　　　　　B. 信号调理转换电路
　　C. 辅助电源 　　　　　　　　　　　　D. 信号变换电路

2. 在传感检测模型中,负责将微弱(毫伏级)进行放大或调制的电路是( )。

　　A. 转换元件 　　　　　　　　　　　　B. 信号调理转换电路
　　C. 辅助电源 　　　　　　　　　　　　D. 信号变换电路

3. 在传感检测模型中,负责将电信号转换为数字信号的电路是( )。

　　A. 转换元件 　　　　　　　　　　　　B. 信号调理转换电路
　　C. 辅助电源 　　　　　　　　　　　　D. 信号变换电路

4. 下列不属于按传感器的工作原理进行分类的传感器是( )。

    A. 应变式传感器   B. 化学型传感器

    C. 压电式传感器   D. 热电式传感器

5. 传感器的静态特性指标包括( )。

    A. 线性度、灵敏度、重复性

    B. 幅频特性、相频特性、稳态误差

    C. 迟滞、重复、漂移

    D. 精度、时间常数、重复性

6. 能够检测 1500℃ 以上高温的传感器是( )。

    A. 铜-康铜   B. 铁-康铜   C. 10%铂铑-铂   D. 镍铬-镍硅

7. 能够检测 −200℃ 低温的传感器是( )。

    A. 镍铬-镍硅   B. 30%铂铑-60%铂铑

    C. 10%铂铑-铂   D. 以上都不是

8. 用遥控器控制电视机就是传感器把光信号转换为电信号的过程。下列采用同类传感器的应用是( )。

    A. 红外报警装置   B. 走廊照明灯的声控开关

    C. 自动洗衣机中的压力传感装置   D. 电饭煲中控制加热和保温的温控器

9. 下列关于 CCD 和 CMOS 的优缺点的描述中错误的是( )。

    A. 同尺寸下,CCD 传感器的灵敏度高于 CMOS 传感器

    B. CMOS 传感器的工作速度优于 CCD 传感器

    C. CMOS 传感器的噪点高于 CCD 传感器

    D. 现在的 CMOS 传感器响应均匀性要好于 CCD 传感器

10. 目前流行的智能手机的计步功能主要通过( )传感器实现。

    A. 加速度   B. 温度   C. 光   D. 声音

二、问答题

1. 什么叫传感器? 它由哪几部分组成? 它们的相互关系如何?

2. 什么是传感器的静态特性? 它有哪些性能指标? 如何用公式表征这些性能指标?

3. 根据工作原理,可以将传感器分为哪几类?

4. 什么是应变效应? 利用应变效应解释金属电阻应变片的工作原理。

5. 电感式传感器有几种结构形式? 各有什么特点?

6. 石英晶体的 x、y、z 轴的名称及特点是什么?

7. 简述变磁通式和恒磁通式磁电传感器的工作原理。

8. 测量位移的传感器有哪些? 简述其工作原理。

9. 智能传感器可分为哪几类? 其特点是什么?

10. 简述智能集成温度传感器 DS18B20 的原理和功能。

三、计算题

1. 已知变面积型电容传感器的两极板间距为 10mm,$\varepsilon = 50\mu F/m$,两极板的几何尺寸

一样,为 $30\text{mm} \times 20\text{mm} \times 5\text{mm}$,在外力作用下,其中动极板在原位置上向外移动了 10mm,试求 $\Delta C = ?$

2. 有一只压电晶体,其面积 $S = 3\text{cm}^2$,厚度 $t = 0.3\text{mm}$,在 $0℃$ x 切型的纵向石英晶体压电系数 $d_{11} = 2.31 \times 10^{-12}\text{C/N}$。求压电晶体受到 $p = 10\text{MPa}$ 的压力作用时产生的电荷量 q 及输出电压 U_o。

第4章 标识与定位技术

随着商品经济的快速发展,物品标识与管理逐渐形成一门科学。在物联网系统中,如何标识物体的身份是一项重要工作。本章重点阐述物联网的标识和定位技术,包括条形码技术、RFID 技术和空间定位技术等。

4.1 条形码技术

条形码(Bar Code,简称条码)技术是集条形码理论、光电技术、计算机技术、通信技术、条形码印制技术于一体的一种自动识别技术。诞生于 20 世纪 50 年代的美国,并于 20 世纪 70 年代在国际上得到推广和应用。

1949 年,美国工程师乔·伍德兰德(Joe Wood Land)和伯尼·西尔沃(Berny Silver)在一个食品项目中开始研发并设计了一种同心圆的特殊编码,被称为"公牛眼",并设计出能够解码的自动识别设备,并因此获得了美国专利。

1959 年,布宁克发明了一项专利,将条形码标签应用在当时的轨道电车上;几年后,另一位工程师西尔沃尼亚(Sylvania)制作了一个条形码识别系统,并成功应用在美国的铁路系统上,从此开启了条形码技术在行业中应用的先河。

1970 年,美国率先对条形码实施标准化,选定了当初 IBM 公司的条形码方案,最终成为美国通用商品代码,即 UPC 码,并在商品零售业中进行推广。

1976 年,欧洲的 12 个工业国创立了欧洲物品编码协会(EAN),制定了欧洲物品编码标准,即 EAN-8 码和 EAN-13 码,推动了商品编码国际化的发展。

1994 年,日本电装公司发明了世界上首个二维条形码——QR 码,并应用于汽车零部件追溯系统。因为 QR 码拥有信息容量大、标签尺寸小、防错能力强和解码速度快的优点,可以存储更加丰富的信息,包括文字和网址等,如今已被广泛应用于电子票务、网络营销和交通运输等领域。随着移动社交和手机 App 的发展,QR 码的应用达到前所未有的热度。

1980 年左右,我国开始引入条形码的自动识读技术。首先在一些关键部门建立条形码识读和管理系统,包括邮局、图书馆、国家银行以及运输行业等,并于 1988 年成立中国物品编码中心,专门负责国内商品的编码分配和日常管理工作。1991 年 4 月,中国物品编码中心正式成为国际物品编码协会的会员,负责向国内的企业和组织推广通用的国际编码标识系统和供应链管理标准,并提供标准化解决方案和公共服务平台。

目前,条形码主要包括一维条形码和二维条形码两种。条形码技术具有速度快、准确率高、可靠、寿命长、成本低廉等特点,因而广泛应用于商品流通、工业生产、图书管理、仓储管理、信息服务等领域。

4.1.1 一维条形码的概念

一维条形码是由宽度不同、反射率不同的条(黑色)和空(白色),按照一定的编码规则编制而成的,用以表达一组数字或字母符号信息的图形标识符。

1. 一维条形码的组成

通常,对于每一种物品,它的编码是唯一的。对于普通的一维条形码来说,还要通过数据库建立条形码与商品信息的对应关系。当条形码的数据传到计算机上时,由计算机上的应用程序对数据进行操作和处理。因此,普通的一维条形码在使用过程中仅作为识别信息,它的意义是通过在计算机系统的数据库中提取相应的信息而实现的。

条形码是由一组规则排列的条、空以及对应的字符组成的标记。"条"指对光线反射率较低的部分;"空"指对光线反射率较高的部分。这些条和空组成的数据表达一定的信息,并能够用特定的设备识读,以转换成与计算机兼容的二进制和十进制信息。

任何一种条形码都是按照预先规定的条形码编码规则和有关技术标准。一个完整的条形码符号是由两侧空白区(静区)、起始字符、数据字符、校验字符(可选)和终止字符组成的,如图 4-1 所示。条形码符号都是由表示数据信息的图像模块构成的。不同类别的条形码采用的图像模块可能不同,如长方形、正方形、圆形和正多边形等。相同类型的条形码采用的图像看似相同,但图像模块的尺寸却可能不同。

静区	起始字符	数据字符	校验字符	终止字符	静区

图 4-1 条形码符号的组成

➢ 空白区:也称静区,指条形码左右两端外侧与空的反射率相同的限定区域,它能使阅读器进入准备阅读的状态。当两个条形码相距较近时,静区则有助于对它们加以区分。静区的宽度通常应不小于 6mm(或 10 倍模块宽度)。

➢ 起始字符:条形码符号的第一个字符是起始字符,用于识别一个条形码符号的开始。阅读器确认此字符的存在,进而去处理扫描器的一系列脉冲。

➢ 数据字符:是位于起始字符的后面由条形码字符表示的数据,也是这个条形码符号表示的真正信息。

➢ 校验字符:在条形码编码中定义了校验字符。有些码制的校验字符是必需的,有的则是可选的。校验字符是通过对数据字符进行一种算术运算而确定的。当符号中的各字符被解码时,译码器对其进行同一种算术运算,并将结果与校验字符比较,当两者一致时说明读入信息有效。这样,就进一步保证了数据的准确性。

➢ 终止字符:条形码符号的最后一位字符是终止字符,用于识别一个条形码符号的结束。阅读器识别终止字符,以便知道条形码符号已扫描完毕,而且若条形码符号有效,阅读器则向计算机传送数据信息并向操作者提供"有效读入"的反馈。终止符号的使用,避免了不完整信息的输入。当采用校验字符时,终止字符还指示阅读器对数据字符实施校验计算。

2. 一维条形码的字符集

常用的一维条形码包括 EAN 码、39 码、交叉 25 码、UPC 码、128 码、93 码,以及 Codabar(库德巴码)。条形码字符集是指某种码制所表示的全部字符的集合。有些码制仅能表示 10 个数字字符,即 0 到 9;有些码制除了能表示 10 个数字字符外,还可以表示几个特殊字符,如 39 条形码可表示数字字符 0～9、26 个英文字母 A～Z,以及一些特殊符号。

3. 一维条形码的编码方式

条形码技术涉及两种类型的编码方式:一种是代码的编码方式,另一种是条形码符号的编码方式。代码的编码方式规定了字符集中字符组成的代码序列结构;而条形码符号的编码方式则规定了不同码制中条、空的编制规则及其二进制的逻辑表示设置。条形码利用"条""空"表示二进制的 1 和 0,以它们的组合来表示某个数字或字符,从而反映某种信息。但不同码制的条形码在编码方式上有所不同,一般有以下两种方式。

(1) 宽度调节编码法:即条形码符号中的条和空由宽、窄两种单元组成,以窄单元(条或空)表示逻辑 0,宽单元(条或空)表示逻辑 1。宽、窄单元之比为 2 或 3。

(2) 模块组配编码法:即条形码符号的字符由等宽度的条(逻辑 1)和空(逻辑 0)组合而成。一般用 7 个模块表示 1 个字符(对应 7 位二进制)。如某字符的二进制序列为 0100111,则其条形码为"空条空空条条条"。

4.1.2　一维条形码的实例

下面介绍几种常见的一维条形码,包括 UPC、EAN、ISBN 与 ISSN,不同的码制有它们各自的应用领域。

1. 一维条形码:UPC

UPC(Universal Product Code,商品码)又名通用产品码,是美国统一编码协会最早研制的一种商品条形码,目前主要应用在加拿大和美国。

早在 20 世纪 40 年代后期,美国乔·伍德兰德和贝尼·西尔佛两位工程师就开始研究用条形码表示食品项目以及相应的识别系统设备,并于 1949 年获得了美国的专利。1970 年,美国超级市场 AdHoc 委员会制定了通用商品代码 UPC 标准,并于 1976 年在美国和加拿大的一些超市成功应用。

UPC 的主要特性包括:编码范围包含 0～9 的 10 数字,字符编码长度最多为 12 个(前置字符默认为 0);支持一个校验字符以判断条形码内容是否被正确解出;根据数据结构的不同可划分为 5 个不同子类,如表 4-1 所示(表中的 S 表示前置码,X 表示数字码,C 表示检验符),其中应用最为广泛的是 UPC-A 码和 UPC-E 码。

表 4-1　UPC 的 5 个子类的应用场景和编码格式

子 类 名 称	应 用 场 景	编 码 格 式
UPC-A	通用商品	SXXXXX XXXXXC
UPC-B	医疗卫生	SXXXXX XXXXXC

子 类 名 称	应 用 场 景	编 码 格 式
UPC-C	产业部门	XSXXXXX XXXXXCX
UPC-D	仓库批发	SXXXXX XXXXXCXX
UPC-E	商品短码	XXXXX

1）UPC-A

（1）UPC-A 的编码结构。

UPC-A 的编码结构如图 4-2 所示。

图 4-2　UPC-A 的编码结构

前置符：又称系统码，永远为“0”，包含“0000000”7 个空白模块。

左侧空白区：由“000000000”9 个空白模块组成。

起始符和终止符：均由“101”3 个模块组成，对应“条空条”。

左侧数据符和右侧数据符：均由 5 个数字字符组成，每个字符由 7 个模块组成。左右合计 70 个模块。每个字符的编码规则如表 4-2 所示。例如，如果数字“1”位于左侧，则 7 个模块的编码是“0011001”，对应“空空条条空空条”；如果数字“1”位于右侧，则 7 个模块的编码是“1100110”，对应“条条空空条条空”。

中间分隔符：由“01010”5 个模块组成，对应“空条空条空”。

校验符：通过前置码、左侧数据符和右侧数据符计算得到，放在 UPC-A 的最后一位。

由此可见，PC-A 码共有 113 个模块，每个模块规定长度为 0.33mm。但目前，前置码一般只供人识别使用，没有进行编码。

表 4-2　UPC-A 数字字符的编码规则

数 字 字 符	左侧数据符	右侧数据符
0	0001101	1110010
1	0011001	1100110
2	0010011	1101100
3	0111101	1000010
4	0100011	1011100
5	0110001	1001110
6	0101111	1010000
7	0111011	1000100
8	0110111	1001000
9	0001011	1110100

（2）UPC-A 的校验符计算方法。

校验符为全部 12 位数据码的最后一位。如果从左至右依次将数据码前 11 位命名为 N1～N11,校验码命名为 C。则校验码 C 的计算方式如下：

$$Sum=(N1+N3+N5+N7+N9+N11)\times3+(N2+N4+N6+N8+N10)$$

$$M=Sum\%10$$

$$C=10-M(若 C 值为 10,则 C 取值为 0)$$

例如,设 UPC-A 条形码为 03600029145C,请计算最后一位校验符 C 的值。

解：$Sum=(0+6+0+2+1+5)\times3+(3+0+0+9+4)=58$；

$M=58\%10=8$；$C=10-8=2$

图 4-3　UPC-E 条形码的编码结构

2) UPC-E

UPC-E 不同于 UPC-A 条形码,如图 4-3 所示,它不含中间分隔符,由左侧空白区、起始符、数据符、校验符、终止符、右侧空白区及供人识别字符(如固定位和校验位)组成。UPC-E 码支持的字符集为 0～9,每个字符由 7 个模块组成。其中,参与编码的 6 位数据符的奇、偶位采用不同的编码规则,如表 4-3 所示。校验符是根据前几位数据计算出来的。

表 4-3　UPC-E 数字字符的编码规则

数 字 字 符	奇数位置字符	偶数位置字符
0	0001101	0100111
1	0011001	0110011
2	0010011	0011011
3	0111101	0100001
4	0100011	0011101
5	0110001	0111001
6	0101111	0000101
7	0111011	0010001
8	0110111	0001001
9	0001011	0010111

在用条形码软件制作 UPC-E 商品条形码时,如果输入的数据中没有特定的校验码(即只输入 7 位数据),则软件自动计算校验位。所以在批量生成 UPC-E 商品条形码时可以通过数据库导入 7 位 UPC-E 码数据即可。

2. 一维条形码：EAN

EAN(European Article Number Bar Code,欧洲物品条形码)是目前广泛使用的一种国际统一商品代码。只要用条形码阅读器扫描该条码,便可以了解该商品的名称、型号、规格、生产厂商、所属国家或地区等丰富信息。

EAN 商品码具有与 UPC-A 类似的特性,如仅支持数字 0～9,每个字符采用 7 个模块方式编码,每个模块的宽度为 0.33mm,具有一个校验符,数据符根据位置不同使用不同的编码机制。

　　EAN 根据数据结构和编码长度的不同分为 EAN-13 码（13 个编码字符）和 EAN-8 码（8 个编码字符），如图 4-4 所示。

图 4-4　EAN-13 码与 EAN-8 码

　　下面简要介绍 EAN-13 标准码的编码规则。

　　EAN-13 标准码共 13 位数，其中，国家代码占 3 位，厂商代码占 4 位，产品代码占 5 位，检查码占 1 位。EAN-13 码的编码结构如图 4-5 所示。

图 4-5　EAN-13 码的编码结构

　　国家代码由国际商品条码总会授权。我国的国家代码为 690～691，凡由我国核发的号码，均须冠以 690～691 的字头，以区别于其他国家；厂商代码由中国物品编码中心核发给申请厂商，占 4 个码，代表申请厂商的号码；产品代码占 5 个码，系代表单项产品的号码，由厂商自由编定。校验符占一个码，用于防止条形码扫描器误读的自我检查。

　　EAN-13 的具体编码方法如下。

　　(1) 前置码：又称导入值（如图 4-5 中最左侧的数字 6），为 EAN-13 的最左边第一个数字，即国家代码的第一码，是不用条码符号表示的，其功能仅作为数据符编码集选择之用。

　　(2) 左侧空白区域：位置在条形码图形的最左边，它的最小宽度等于模块单元宽度的 11 倍。

　　(3) 起始符：由"条空条"3 个模块单元组成，表示条形码符号的开始。

　　(4) 左侧数据符：包含 6 个数字字符，其中每一个字符包含 7 个模块单元，共有 42 个模块单元。EAN-13 的数据字符包括 3 套编码字符集，称作字符集 A、字符集 B 和字符集 C，其编码规则如表 4-4 所示，共包含 30 种编码。左侧数据符的数字编码规则如表 4-5 所示。当前置码为 0、1、2、3、4 时，每个字符的 7 个模块编码使用的字符集依次为 AAAAAA、AABABB、AABBAB、AABBBA、ABAABB；当前置码为 5、6、7、8、9 时，每个字符的 7 个模块编码使用的字符集依次为 ABBAAB、ABBBAA、ABABAB、ABABBA、ABBABA。

表 4-4　EAN-13 数字字符的编码规则

数字字符	字符集 A	字符集 B	字符集 C
0	0001101	0100111	1110010
1	0011001	0110011	1100110
2	0010011	0011011	1101100
3	0111101	0100001	1000010
4	0100011	0011101	1011100
5	0110001	0111001	1001110
6	0101111	0000101	1010000
7	0111011	0010001	1000100
8	0110111	0001001	1001000
9	0001011	0010111	1110100

表 4-5　EAN-13 左侧数据符的数字编码规则

前置码	编码方式	前置码	编码方式
0	AAAAAA	5	ABBAAB
1	AABABB	6	ABBBAA
2	AABBAB	7	ABABAB
3	AABBBA	8	ABABBA
4	ABAABB	9	ABBABA

（5）中间分隔符：是平分整个条形码的特殊符号，位置在左右两侧数据符的中间，由"空""条""空""条""空"5 个模块单元组成。

（6）右侧数据符：共包含 5 个编码数字字符，其中每一个编码字符包含 7 个模块单元，共有 35 个模块单元。数据字符的编码规则为：不管前置码为多少，每个字符的 7 个模块编码使用的字符集均为 C。

（7）校验符：其构成数量为 7 个模块单元，用来校验条形码字符被正确识读。

（8）终止符：和起始符一样，由"条""空""条"3 个模块单元组成，表示条形码符号的结束。

（9）右侧空白区域：位置在条形码图形的最右边，最小宽度是模块单元宽度的 7 倍。为避免在打印条形码符号时本区域被忽略，可以在本区域的右下角增加字符">"（不参与条形码的字符编码）。

另外，在条形码的正下方通常还包括"供人识别字符"，当条形码扫描器无法对条形码进行正确识读时，可以对条形码内容进行人工输入。

例如，请给出 EAN-13 码 0903244981003 的二进制编码系列。

解：该 EAN-13 码的第 1 位"0"为前置码，"903244"为 6 位左侧数据符；"98100"为 5 位右侧数据符；最后一位"3"为校验码。根据 EAN-13 编码规则，0903244981003 的二进制编码系列如表 4-6 所示。

写成二进制数就是：000000000010100010110001101011110100100110100011010001101010111010010010001100110111100101110010100001010100000000000。

表 4-6　EAN-13 码 0903244981003 的二进制编码

空白符、起始符编码	000000000	101				
左边字符	9	0	3	2	4	4
左边字符编码	0001011	0001101	0111101	0010011	0100011	0100011
中间分隔符编码	01010					
右边字符	9	8	1	0	0	校验码3
左边字符编码	1110100	1001000	1100110	1110010	1110010	1000010
终止符、空白符编码	101	000000000				

在实际应用领域,条形码数据的正确性非常重要,误码的产生往往会导致直接的经济损失,以及影响条形码技术在各行业的推广和使用。为了提升 EAN-13 商品码的安全性和可靠性,编码规则提供一个检验码对条形码数据进行验证,以判断条形码识读设备是否正确地识别条形码内容。在进行条形码编码时,校验码是对待编码数字按照一定的数学公式计算得出的。在解码过程中,首先对条形码符号进行识读,提取校验符对应的数值,然后对已识别出的 12 个数据字符按照校验数学公式进行计算,得出校验码的值,比较两个结果是否一致,判断条形码识读结果是否正确。

在 EAN-13 中,有 1 位校验码用来验证编码的可靠性。该校验码的计算方法如下。

(1) 设置校验码所在位置为序号 1,按从右至左的逆序分配位置序号 2~13(对应正序的 12~1);按照序号将条形码符号中的任一个数字码表示为 X_i,其中 i 为位置序号 1,2,3,…,13。

(2) 从位置序号 2 开始,计算全部序号为偶数的数字之和,结果乘以 3,得到乘积 N_1:

$$N_1 = 3 \times \sum_{i=1}^{n} X_{2i} \quad 其中,i = 1,2,3,4,5,6$$

(3) 从位置序号 3 开始,计算全部序号为奇数的数字之和,得到乘积 N_2:

$$N_2 = \sum_{i=1}^{n} X_{2i-1} \quad 其中,i = 1,2,3,4,5,6$$

(4) 对 N_1 和 N_2 求和,得到 N_3,即 $N_3 = N_1 + N_2$。

(5) 将 N_3 除以 10,求得余数 M,计算 $10-M$,并将差值进行模 10 运算,其结果即为校验码的值。

例如,请计算 EAN 条形码 696609011820C 的校验码 C。

解:首先,求偶数位的和,然后乘以 3:$N_1 = (9+6+9+1+8+0) \times 3 = 33 \times 3 = 99$。

其次,求奇数位的和:$N_2 = 6+6+0+0+1+2 = 15$。

然后,计算 N_1 与 N_2 之和,然后除以 10,得余数 M:$M = (99+15) \% 10 = 4$。

最后,计算 $10-M$ 的校验码:$10-4=6$。

读者可以通过设计一段简单的 Python 程序来计算 EAN-13 的校验码。

3. ISBN 码

国际标准书号(International Standard Book Number,ISBN)是应图书出版、管理的需要,并便于国际出版物的交流与统计所发展出的一套国际统一的编号制度。它由一组冠有"ISBN"代号(978)的十位数码所组成,用以识别出版物所属国别、地区或语言、出版机构、书名、版本及装订方式。这组号码也可以说是图书的代表号码。世界各地的出版机构、书商及图书馆都可以利用国际标准书号迅速而有效地识别某一本书及其版本、装订形式。不论原书是以何种文字书写,都可用电报或电话、传真订购,并用计算机加以处理。ISBN 码被四条短横线分为五段,每一段都有不同的含义,如图 4-6 所示。

ISBN代号 地区号 出版社 书序号 校验码
ISBN　978-7-302-46928-5

图 4-6　ISBN 码

除 978 作为 ISBN 代号外,后续第一段号码是地区号,又叫组号(Group Identifier),最短的为一位数字,最长的达五位数字,大体上兼顾文种、国别和地区。全世界自愿申请参加国际标准书号体系的国家和地区被划分成若干地区,各有固定的编码。0、1 代表英语,使用这两个编码的国家和地区有澳大利亚、加拿大、爱尔兰、新西兰、波多黎各、南非、英国、美国、津巴布韦等;2 代表法语,法国、卢森堡、比利时、瑞士等使用该编码;3 代表德语,德国、奥地利和瑞士的德语区使用该编码;4 是日本出版物的编码;5 是俄罗斯出版物的编码;7 是中国出版物使用的编码。

第二段号码是出版社代码(Publisher Identifier),由其隶属的国家或地区 ISBN 中心分配,允许取值范围为 2～5 位数字。出版社的规模越大,出书越多,其号码就越短。

第三段号码是书序号(Title Identifier),由出版社自己给出,而且每个出版社的书序号是定长的。最短的 1 位,最长的 6 位。出版社的规模越大,出书越多,序号越长。

第四段号码是 ISBN 的校验码(Check Digit),固定为一位,起止号为 0～10,10 由 X 代替。

4. ISSN 码

ISSN 码又称为 39 码,它是 1974 年发展出来的条码系统,是一种可供使用者双向扫描的分散式条码,也就是说相邻两资料码之间必须包含一个不具任何意义的空白(或细白,其逻辑值为 0)。目前主要用于工业产品、商业资料及医院用的保健资料。它的最大优点是码数没有强制的限定,可用大写英文字母码,且检查码可忽略不计。标准的 39 码是由起始安全空间、起始码、资料码、可忽略不计的检查码、终止安全空间及终止码所构成,如图 4-7 所示。

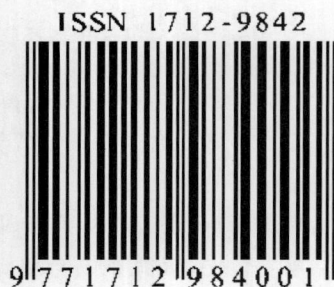
图 4-7　ISSN 码

4.1.3　二维条形码技术

目前,一维条形码技术在商业、交通运输、医疗卫生、快递仓储等行业得到了广泛应用。但是,一维条形码存在非常多的缺陷。其一,其表征的信息量有限,一般每英寸(1 英寸 ≈ 2.54 厘米)只能存储十几个字符信息。因此一维条形码常依赖于有效外部数据库的支持,而其本身只起到指针的作用,离开外部数据库,条形码本身就没有任何的实际意义,这严重限制了条形码的使用范围和工作效率。其二,一维条形码只能表达字母和数字,而不能表达汉字和图像,在一些需要应用汉字和图像的场合,一维条形码便不能很好地满足要求。其三,一维条形码不具备纠错功能,比较容易受外界污染的干扰。二维条形码的诞生解决了一维条形码不能解决的问题。

1. 二维条形码的产生和发展

国外对二维条形码(或称二维码)技术的研究始于 20 世纪 80 年代末。在二维码符号表示技术方面已研制出多种码制,常见的有 PDF417、QR Code、Code 49、Code 16K、Code One 等。这些二维码的信息密度都比传统的一维条形码有了较大提高,一般都在 20 倍以上。其中,PDF417 码是由留美华人王寅敬(音)博士发明的。PDF 是取英文 Portable Data File 三个单词的首字母的缩写,意为"便携数据文件"。因为组成条形码的每一个符号字符都由 4 个条和 4 个空构成,如果将组成条形码的最窄条或空称为一个模块,则上述的 4 个条和 4 个空的总模块数一定为 17,所以称其为 417 码或 PDF417 码。PDF417 码除可以表示字母、数字、ASCII 字符外,还能表达二进制数。为了使得编码更加紧凑,提高信息密度,PDF417 在编码时有三种格式:扩展的字母数字压缩格式可容纳 1850 个字符;二进制/ASCII 格式可容纳 1108 字节;数字压缩格式可容纳 2710 个数字。

我国对二维码技术的研究开始于 1993 年。中国物品编码中心对几种常用的二维码,如 PDF417、QR Code、Data Matrix、Maxi Code、Code 49、Code 16K、Code One 的技术规范进行了翻译和跟踪研究。在消化吸收国外相关技术资料的基础上,制定了两个二维码的行业标准,分别为二维码网格矩阵码(SJ/T 11349—2006)和二维码紧密矩阵码(SJ/T 11350—2006),从而大大促进了我国具有自主知识产权技术的二维码的研发。标准规定了层排式和矩阵式二维码符号的检测、分级以及符号整体质量评价的方法,给出了造成偏离最佳等级的可能原因及相应的纠正措施。针对上述两项二维码行业标准的修订版已统一为国家标准 GB/T 23704—2009。

2007 年 8 月 23 日,国家标准化管理委员会批准发布了 GB/T 21049—2007《汉信码》国家标准。该标准是我国第一个具有自主知识产权的二维条形码码制标准。《汉信码》的研制成功是我国二维条形码技术发展史上的里程碑,它将对提高二维条形码技术的应用水平,拓宽二维条形码技术的应用领域起到重要作用。汉信码作为一种矩阵式二维条形码,具有汉字编码能力强、抗污损、抗畸变、信息容量大等特点,适合我国政府办公、电子政务、国防军队、医疗卫生、出入境管理、贵重物品防伪、海关管理、食品安全、产品追踪、金融保险、质检监察、交通运输、人口管理、出版发行、票证/卡、移动通信、广告、互联网、手机条码、电子票务/电子票证、电子商务、装备制造、物流业、零售业、供应链管理等广泛领域的应用,具有广阔的市场前景。汉信码技术的成功应用,极大地推动了我国上述领域的信息化水平,提高了管理效率,社会经济效益显著。

2. 二维条形码的构成

二维条形码是指在一维条形码的基础上扩展出另一维具有可读性的条码,使用黑白矩形图案表示二进制数据,被设备扫描后可获取其中所包含的信息。一维条形码的宽度记载着数据,而其长度没有记载数据。二维条形码的长度、宽度均记载着数据。二维条形码有一维条形码没有的"定位点"和"容错机制"。在即使没有辨识到全部的条码,或是说条码有污损时,容错机制也可以正确地还原条码上的信息。二维条形码的种类很多,不同的机构开发出的二维条形码具有不同的结构以及编写、读取方法。

二维条形码(2-dimensional Bar Code)是用某种特定的几何图形按一定规律在平面(二维方向上)分布的黑白相间的图形记录数据符号信息的;在代码编制上巧妙地利用构成计算机内部逻辑基础的"0""1"比特流的概念,使用若干与二进制相对应的几何图形来表示文字数值信息,通过图像输入设备或光电扫描设备自动识读以实现信息自动处理。它具有条码技术的一些共性:每种码制有其特定的字符集,每个字符占有一定的宽度,具有一定的校验功能等,同时还具有对不同行的信息自动识别及处理旋转图形的功能。

目前国际上使用的二维条形码有两种:一种是堆积码,如 Code49、Code 16K、PDF417等;另一种是矩阵码,如 Code One、Maxi Code 等。二维条形码属于高密度条码,可以将大量数据在小区域内编码,它本身就是一个完整的数据文件,在国外有便携式数据文件(Portable Data File)、自备式数据库(Self-contained Database)、纸上网络(Paper Net)等美称。

堆叠式二维条形码又称行排式二维条形码,如图 4-8(a)所示,其编码原理是建立在一维条形码基础之上的,按需要堆叠成两行或多行。它在编码设计、校验原理、识读方式等方面继承了一维条形码的一些特点,识读设备和条码印刷与一维条形码技术兼容,但由于行数的增加需要对行进行判断,故其译码算法与软件不同于一维条形码。

矩阵式二维条形码又称棋盘式二维条形码,如图 4-8(b)所示,其在一个矩形空间里通过黑、白像素在矩阵中的不同分布进行编码。在矩阵相应元素位置上,用点(方点、圆点或其他形状)的出现表示二进制"1",点的不出现表示二进制的"0",点的排列组合确定了矩阵式二维条形码所代表的意义。矩阵式二维条形码是建立在计算机图像处理技术、组合编码原理等基础上的一种新型图形符号自动识读处理码制。矩阵式二维条形码中最流行的莫过于QR CODE。二维条形码的名称是相对于一维条形码来说的,比如以前的条形码就是一个"一维条形码"。二维条形码的优点有:存储的数据量更大;可以包含数字、字符及中文文本等混合内容;有一定的容错性(在部分损坏以后可以正常读取);空间利用率高等。

二维条形码可以存储各种信息,主要包括网址、名片、文本信息、特定代码。图 4-8(c)给出的是网址 http://gr.xjtu.edu.cn/web/xlgui/9 的二维码表示,其中的三个回字形方框是定位图案。

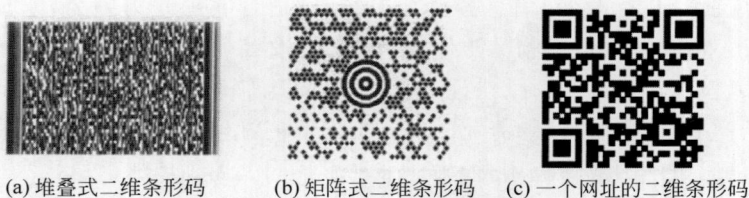

(a) 堆叠式二维条形码　　(b) 矩阵式二维条形码　　(c) 一个网址的二维条形码

图 4-8　典型二维条形码的示例

同早期一维条形码相比,二维条形码具有很多一维条形码所不具备的优点,因而有着更加广泛的应用。

(1)信息容量大。以 PDF417 条码为例,除可以表示字母、数字、各种符号外,还能表示二进制数。在扩展的字母数字压缩模式下可容纳 1850 个字符;在字节压缩模式下可容纳 1108 字节,约 500 个汉字;在数字压缩模式下可容纳 2710 个数字。当窄条为 0.17mm 时,包含空白区最大占用面积为 76mm×25mm。表示相同信息时,二维条形码比一维条形码大大节省空间,如 17 个字母数字符号串,Code39 码需要长度大约为 80mm,Code128 码需要长度为 60mm,而 PDF417 码只占用 25mm×25mm。

（2）编码范围广。它可以将照片、声音、文字等可数字化的信息进行编码,而且可通过密码、软件加密方法将条码所包含的信息用于防伪。

（3）纠错能力强。PDF417 码采用目前最先进的错误修正技术——RS 码,不仅可以有效地防止译码错误,提高译码的速度及可靠性,使误码率不超过千万分之一,而且在最高纠错等级时可以将因破损、玷污等原因导致条码丢失信息达到 50% 的条码正确读出,译码可靠性极高。

（4）可引入加密机制。加密机制的引入是二维条形码的又一优点。如当用二维条形码表示照片时,可以先用一定的加密算法将图像信息加密,然后再用二维条形码表示。在识别二维条形码时,再以一定的解密算法,就可以恢复所表示的照片。这样便可以防止各种证件、卡片等的伪造。

（5）易打印,寿命长,成本低。PDF417 码可以印制在纸、卡片等各种常用条码载体上,可以使用激光、热敏或热转印、喷墨等打印技术,读条码时不需要直接接触,所以不受读卡次数限制,使用寿命长。PDF417 码的寿命一般为 9～10 年,是磁卡和 IC 卡寿命的 3.5 倍,而单价只有 IC 卡的四分之一,批量生产价格更低。

（6）识读方便。PDF417 码可用带光栅的激光阅读器、线性及面扫描的图像式阅读器阅读,而且其尺寸可以根据不同的打印空间在一定范围内进行调整。

进入 20 世纪 80 年代以来,人们围绕如何提高条形码符号的信息密度进行了研究工作,多维条形码成为研究、发展与未来应用的方向。

4.1.4 条形码生成器

每一种条形码都有其编码规则。按照这些条码的编码规则,通过编程即可实现条形码生成器。二维码是用某种特定的几何图形按一定规律在平面（二维方向上）分布的黑白相间的图形记录数据符号信息的。现在所看到的二维码绝大多数是 QR 码（QR Code）,QR 码是 Quick Response 的缩写。QR 码共有 40 种尺寸,包括 21×21 点阵、25×25 点阵,最高是 177×177 点阵。下面介绍 QR 码的结构和生成方法。

1. QR 码的基本结构

QR 码的基本结构如图 4-9 所示,各部分的功能介绍如下。

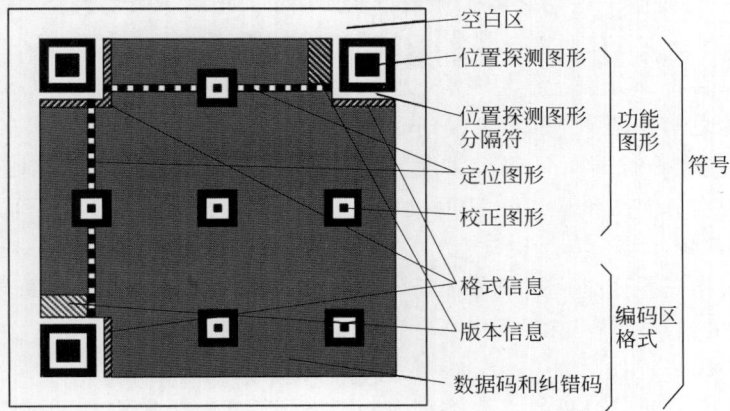

图 4-9　QR 码的基本结构

➤ 位置探测图形(Position Detection Pattern)：用于标记二维码的矩形大小，个数为3，因为3个即可标识一个矩形，同时可以用于确认二维码的方向。

➤ 位置探测图形分隔符(Separators for Position Detection Patterns)：留白是为了更好地识别图形。

➤ 定位图形(Timing Patterns)：二维码有40种尺寸，尺寸过大的需要有根标准线，以免扫描时扫歪了。

➤ 校正图形(Alignment Patterns)：只有25×25点阵及以上的二维码才需要。点阵规格确定后，校正图形的数量和位置也就确定了。

➤ 格式信息(Format Information)：用于存放一些格式化数据，表示二维码的纠错级别。纠错级别分为L、M、Q、H四个级别。

➤ 版本信息(Version Information)：即二维码的规格信息。

➤ 数据码和纠错码：存放实际保存的二维码信息(数据码)和纠错信息(纠错码)，其中纠错码用于修正二维码损坏带来的错误。

2. QR二维码的生成

既然已经知道了二维码的组成，接下来就来学习如何生成二维码。

数据编码就是将数据字符转换为位流，每8位一个码字，整体构成一个数据的码字序列。目前二维码支持的数据集有以下几种。

➤ 扩展频道解释(Extended Channel Interpretation，ECI)：用于特殊的字符集，是对通信协议的扩展，用于在扫描条形码符号时将数据从条形码阅读器传输到主机。

➤ 数字(Numeric)：数字编码，从0到9。

➤ 字母数字(Alphanumeric)：字符编码。包括0～9，大写的A～Z(没有小写)，以及符号 $、%、*、+、-、.、/、:，包括空格。

➤ 8位字节(Byte)：可以是0～255的ISO-8859-1字符。有些二维码的扫描器可以自动检测是否是UTF-8的编码。

➤ 汉字：包括日文假名编码和中文双字节编码。

➤ 结构添加(Structured Append)：用于混合编码，也就是说，这个二维码中包含了多种编码格式。

➤ FNC1：主要是给一些特殊的工业或行业使用的，如GS1条形码。

QR码缺一部分或者被遮盖一部分也能被正确扫描，要归功于QR码在发明时的"容错度"设计，生成器会将部分信息重复表示(也就是冗余)来提高其容错度。QR码在生成时可以选择四种程度的容错度，分别是L、M、Q、H，对应7%、15%、25%、30%的容错度。也就是说，如果生成二维码时选择H级容错度，即使30%的图案被遮挡，也可以被正确扫描。这也就是为什么现在许多二维码中央都可以加上个性化信息(如LOGO)后而不影响正确扫描的原因。

二维码的纠错码主要是通过里德·所罗门纠错算法来实现的。大致的流程为对数据码进行分组，然后根据纠错等级和分块的码字，产生纠错码字。

二维码的编码过程如下。

(1) 数据分析。确定编码的字符类型，按相应的字符集转换成符号字符；选择纠错等级,在规格一定的条件下,纠错等级越高其真实数据的容量越小。

(2) 数据编码。将数据字符转换为位流,每 8 位一个码字,整体构成一个数据的码字序列。其实知道这个数据码字序列就知道了二维码的数据内容。下面以一个 8 位数据 01234567 的编码为例,讲述 QR 的编码过程。

首先,将数据 01234567 进行分组:每 3 位一组,得到 012 345 67,共三组,前两组各 3 位,最后 1 组只有两位。

其次,将各个分组进行二进制转换:依次将 3 位的分组转换成 10 位二进制,如 012→ 0000001100,345→0101011001;将 2 位的分组转换为 8 位二进制,即 67→01000011;如果最后的分组只有 1 位,则转换为 4 位二进制。

再次,将上述二进制串接成一个序列:0000001100 0101011001 01000011。

然后,加入字符个数 8 的二进制:因为 01234567 是一个 8 位数,故将 8 转换为 10 位二进制(即 0000001000)加到序列前部,得到 0000001000 0000001100 0101011001 01000011。

最后,加入模式指示符(数字模式为 1)的二进制 0001:在序列前部加入 0001,得到 0001 0000001000 0000001100 0101011 001 01000011。

对于字母、中文、日文等只是分组的方式、模式等内容有所区别,基本方法是一致的。二维码虽然比起一维条形码具有更强大的信息记载能力,但也是有容量限制的。

(3) 纠错编码。按需要将上面的码字序列分块,并根据纠错等级和分块的码字产生纠错码字,并把纠错码字加入到数据码字序列后面,成为一个新的序列。在二维码规格和纠错等级确定的情况下,其实它所能容纳的码字总数和纠错码字数也就确定了。例如当版本为 10,纠错等级为 H 时,共能容纳 346 个码字,其中 224 个纠错码字。就是说二维码区域中大约 1/3 的码字是冗余的。对于这 224 个纠错码字,它能够纠正 112 个替代错误(如黑白颠倒)或者 224 个数据读错误(无法读到或者无法译码),这样纠错容量为 112/346=32.4%。

(4) 构造最终数据信息。在容错等级确定的条件下,将上面产生的序列按次序放入分块中,然后对每一块进行计算,得出相应的纠错码字区块,把纠错码字区块按顺序构成一个序列,添加到原先的数据码字序列后面。如 D1,D12,D23,D35,D2,D13,D24,D36… D11,D22,D33,D45,D34,D46,E1,E23,E45,E67,E2,E24,E46,E68…

(5) 构造矩阵。在构造矩阵之前,我们先来了解一个普通二维码的基本结构。

其中,位置探测图形、位置探测图形分隔符、定位图形用于对二维码进行定位。对每个 QR 码来说,位置都是固定存在的,只是大小规格会有差异;规格确定,校正图形的数量和位置也就确定了;格式信息表示该二维码的纠错级别,分为 L、M、Q、H;版本信息是二维码的规格,QR 码符号共有 4 种规格的矩阵(一般为黑、白色),从 21×21(版本 1)到 177×177(版本 40),每一版本符号比前一版本的每边增加 4 个模块。数据和纠错码字实际保存的是二维码信息和纠错码字(用于修正因二维码损坏带来的错误)。了解了二维码的基本结构后,将探测图形、分隔符、定位图形、校正图形和码字模块放入矩阵中,并把上面的完整序列填充到相应规格的二维码矩阵的区域中,就完成了矩阵构造。

(6) 掩模。将掩模图形用于符号的编码区域,使得二维码图形中的深色和浅色(黑色和白色)区域能够以最优比例分布。

(7) 格式和版本信息:生成格式和版本信息放入相应区域内。版本 7~40 都包含了版本信息,没有版本信息的全为 0。二维码有两个位置包含了版本信息,它们是冗余的。版本信息共 18 位,使用 6×3 的矩阵,其中 6 位是数据位,如版本号 8,数据位的信息是 001000,后面的 12 位是纠错位。

至此,按照上面大致的流程就可以生成二维码图片了。由于讲得比较简单,具体的细节可查看 QR 码标准文档,或者也可以采用比较简单的方式,如利用"百度应用"在线生成二维码,如图 4-10 所示。在该生成器的文本框中输入文本"陕西省西安市 西安交通大学电子与信息工程学院"信息,单击"生成"按钮,即可在右边生成与该字串对应的二维条形码。

图 4-10　利用"百度应用"在线生成二维码

除了百度二维码在线生成器外,现在互联网上提供了很多支持条形码生成的 Web 服务,包括一维条形码生成器和二维条形码生成器,读者可以在互联网上进行检索并使用。

4.2　RFID 技术

条码技术出现于 20 世纪 40 年代,20 世纪 70~80 年代开始应用于工业领域。由于其成本低廉、采集信息准确率高等特点,得到了广泛应用。条码被引入制造业之后,企业可以通过条码采集装置扫描贴附于在制品、零部件和产品上的条码,得到较为详细的现场生产状态,如在制品的生产状态、零部件的需求和消耗情况以及产品的库存量等。

然而,由于条码自身及其信息采集方式的缺陷,使得条码技术难以实现自动识别和准确采集生产现场信息。在恶劣的工业环境中,条码容易受到油渍的污染或是在碰撞中受损,而条码一旦受到污损后,读取的成功率和准确率就会大打折扣;某些在高温下作业的制造车间会使得贴附于物品上的条码纸变黄、变形甚至脱落,导致条码信息无法采集;条码的信息存储量小,且在制作完成后不能添加任何信息,因此无法记录生产过程中的实时数据;条码的读取需要在可视范围内进行短距离读取,增加了制造工人的工作量,而且由于有人为的因素,影响信息采集的可靠性,难以确保信息实时、准确地采集。

RFID(Radio Frequency Identification,射频识别)技术是一种非接触式全自动识别技术,早在 20 世纪 30 年代,美军就将该技术应用于飞机的敌我识别。到了 20 世纪 90 年代,RFID 技术才开始渐渐应用于社会的各个领域。其基本原理是利用电磁信号和空间耦合(电感或电磁耦合)的传输特性实现对象信息的无接触传递,从而实现对静止或移动的物体或人员的非接触自动识别。与传统的条码技术相比,RFID 技术具有以下优点。

(1) 扫描快速。条码一次只能有一个条码受到扫描,而 RFID 阅读器可同时辨识读取数个 RFID 标签。

（2）体积小型化、形状多样化。RFID 在读取上并不受尺寸大小与形状的限制，不需要为了读取精确度而要求纸张的固定尺寸和印刷品质。此外，RFID 标签更可往小型化与多样化形态发展，以应用于不同产品。

（3）抗污染能力和耐久性好。传统条码的载体是纸张，因此容易受到污染，但 RFID 对水、油和化学药品等物质具有很强的耐受能力。此外，由于条码是附于塑料袋或外包装纸箱上，所以特别容易受到折损。RFID 卷标是将数据存在芯片中，因此可以免受污损。

（4）可重复使用。现今的条码印刷上去之后就无法更改，RFID 标签则可以重复地新增、修改、删除 RFID 卷标内存储的数据，方便信息的更新。

（5）可穿透性阅读。在被覆盖的情况下，RFID 能够穿透纸张、木材和塑料等非金属或非透明的材质，并能够进行穿透性通信。而条码扫描机必须在近距离而且没有物体遮挡的情况下，才可以辨读条码。

（6）数据的记忆容量大。一维条形码的容量通常是 50B，二维条形码最大的容量可存储 2～3000B，RFID 最大的容量则可达数 MB。随着记忆载体的发展，数据容量也有不断扩大的趋势。未来物品所需携带的资料量会越来越大，对卷标所能扩充容量的需求也相应增加。

（7）安全性。由于 RFID 承载的是电子式信息，其数据内容可由密码保护，使其内容不易被伪造及篡改。

近年来，RFID 因其所具备的远距离读取、高存储量等特性而备受瞩目。它不仅可以帮助一个企业大幅提高货物、信息管理的效率，还可以让销售企业和制造企业互联，从而更加准确地接收反馈信息，控制需求信息，优化整个供应链。

4.2.1　RFID 的概念及分类

1. RFID 的起源

RFID 技术是无线电广播技术和雷达技术的结合。无线电广播技术是一种使用无线电波发射、传播和接收语音、图像、数字、符号的技术，而雷达技术是一种应用无线电波的反射理论的技术。

在第二次世界大战期间，英国为了识别返航的飞机，在盟军的飞机上装备了一个无线电收发器，当控制塔上的探询器向返航的飞机发射一个询问信号，飞机上的收发器接收到这个信号后，回传一个信号给探询器，探询器根据接收到的回传信号来识别敌我。这是有记录的第一个 RFID 敌我识别系统，也是 RFID 的第一次实际应用。1948 年，Harry Stockman 发表了《利用反射功率进行通信》一文，奠定了 RFID 系统的理论基础。在过去的半个多世纪里，RFID 技术的发展经历了以下几个阶段：20 世纪 50 年代是 RFID 技术和应用的探索阶段；20 世纪 60～80 年代期间，RFID 变成现实，方向散射理论以及其他电子技术的发展为 RFID 技术的商业应用奠定了基础，同时第一个 RFID 商业应用系统——商业电子防盗系统出现；20 世纪 90 年代末，随着 RFID 应用的扩大，为了保证 RFID 设备和系统之间的相互兼容，RFID 技术的标准化不断得到发展，同时人们也意识到统一 RFID 技术标准化的必然性，EPC global（全球电子产品码协会）应运而生；到了 21 世纪初，RFID 标准已经初步形成，有源电子标签、无源电子标签及半无源电子标签均得到发展。随着电子标签成本的不断降低,应用规模和行业的不断扩大,无源电子标签的远距离、高速移动物体的识别需求不断增加并且不断成为现实。2003 年 11 月 4 日,世界零售业巨头沃尔玛公司宣布,它将采用 RFID 技术追踪其供应链系统中的商品,并要求其前 100 大供应商从 2005 年 1 月起将所有发运到沃尔玛的货盘和外包装箱贴上射频标签。沃尔玛这一受世人关注的举动揭开了 RFID 在开放系统中运用的序幕。

2. RFID 系统的组成及工作原理

RFID 是一种非接触式的自动识别技术,如图 4-11 所示,通过射频信号自动识别目标对象并获取相关数据,无须人工干预,可工作于各种恶劣环境。RFID 标签具有体积小、容量大、寿命长、可重复使用等特点,支持快速读写、非可视识别、移动识别、多目标识别、定位及长期跟踪管理。RFID 技术与互联网、通信等技术相结合,可实现全球范围内物品的跟踪与信息共享。

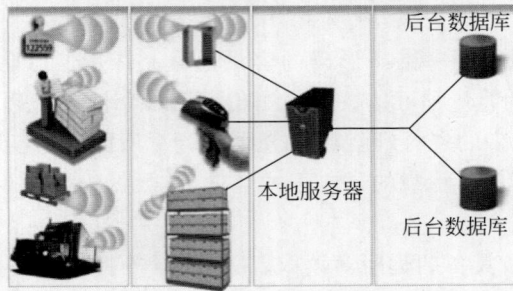

图 4-11　RFID 系统

通常,RFID 系统由电子标签(Tag)、读写器(Reader,有时也称阅读器)和数据管理系统组成,其组成结构如图 4-12 所示。其中,电子标签由天线和芯片组成,每个芯片都含有唯一的识别码,一般包含约定的电子数据,在实际的应用中,电子标签粘贴在待识别物体的表面;读写器是根据需要并使用相应协议进行读取和写入标签信息的设备,它通过网络系统进行通信,从而完成对电子标签信息的获取、解码、识别和数据管理,有手持的和固定的两种;数据管理系统主要完成对数据信息的存储和管理,并可对标签进行读写的控制。电子标签与读写器之间通过耦合元件实现射频信号的空间(非接触)耦合。在耦合通道内,根据时序关系,实现能量的传递和数据的交换。

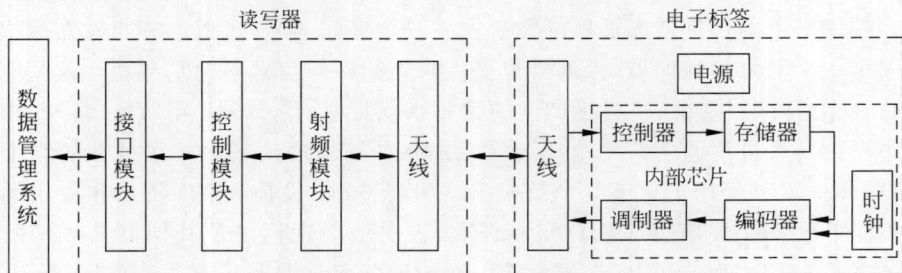

图 4-12　RFID 系统的构成

3. RFID 系统的相关标准

RFID 系统的相关标准主要集中在 RFID 标签的数据内容和编码标准这一领域。目前全球有五大 RFID 技术标准化组织,即 ISO/IEC、EPC global、Ubiquitous ID Center、AIM global 和 IP-X。这五大 RFID 技术标准化组织纷纷制定 RFID 技术相关标准,并在全球积极推广。这些标准分别代表了不同团体的利益。EPC global 主要以美国为首;AIM global、ISO/IEC、Ubiquitous ID Center 则代表了欧洲国家和日本;IP-X 成员主要以非洲、大洋洲等国家为主。

各国际标准化组织在 RFID 的空中接口方面形成了多个标准。现有的 RFID 技术工作在多个无线频率范围内。在相同的频率下也有多种 RFID 技术标准共存,例如在 13.56MHz 就有 ISO 14443 Type A、Type B 和 ISO 15693、ISO 18000-3 等标准存在。不同的标准采用的无线调制方式、基带编码格式、传输协议和传输距离各有差异,不同标准的 RFID 电子标签和读写器无法互通。

4. RFID 系统的分类

RFID 系统根据其工作频率、能源方式、耦合原理等的不同可以有多种分类方式。

(1) 根据系统的工作频率划分。根据读写器发送无线信号的工作频率可划分为低频(30～300kHz)、高频(3～30MHz)、超高频(300MHz～3GHz)与微波频段(2.45～5.8GHz)。低频系统一般工作在 100～500kHz,常见的工作频率有 125kHz、134.2kHz;高频系统工作在 10～15MHz,常见的高频工作频率为 13.56MHz;超高频工作频率为 850～960MHz,常见的工作频率为 915MHz;微波工作在 2.4～5GHz 的微波频段。低频系统用于短距离、低成本的应用,如多数的门禁控制、动物监管、货物跟踪;高频系统用于门禁控制和需传送大量数据的应用;超高频系统应用于需要较长的读写距离和较高的读写速度的场合,如火车监控、高速公路收费系统等。

(2) 根据标签的能源方式划分。根据 RFID 标签能源的来源方式,分为被动标签(Passive Tag)、半主动标签(Semi-passive Tag)和主动标签(Active Tag),不同标签对应不同的 RFID 系统。

主动式的射频系统用自身的射频能量主动发送数据给读写器(读头),调制方式可为调幅、调频或调相。被动式的射频系统,使用调制散射方式发射数据,它必须利用读写器的载波来调制自己的信号。主动式标签内部自带电池进行供电,它的电能充足,工作可靠性高,信号传送的距离远。另外,主动式标签可以通过设计电池的不同寿命,对标签的使用时间或使用次数进行限制,可以用在需要限制数据传输量或者数据使用有限制的地方。被动式标签内部不带电池,要靠外界提供能量才能正常工作。被动式标签能够产生电能的典型装置是天线与线圈。当标签进入系统的工作区域时,天线接收到特定的电磁波,线圈中就会产生感应电流,在经过整流电路时,激活电路上的微型开关给标签供电。被动式标签具有永久的使用期,常常用在标签信息需要每天读写或频繁读写的地方。半主动标签系统也称为电池支持式反向散射调制系统。半主动标签本身也带有电池,但是只起到对标签内部数字电路供电的作用,标签并不通过自身能量主动发送数据,只有被阅读器的能量场"激活"时,才通过反向调制方式传送自身的数据。

(3) 根据标签的可读性划分。根据标签的读写性可分为只读、一次写入多次读与多次读写标签。只读标签内部只有只读存储器(ROM)和随机存储器(RAM)。ROM 用于存储发射器操作系统程序和安全性要求较高的数据,它与内部的处理器或逻辑处理单元完成内部的操作控制功能,如响应延迟时间控制、数据流控制、电源开关控制等。RAM 用于存储标签反应和数据传输过程中临时产生的数据。只读标签中除了 ROM 和 RAM 外,一般还有缓冲存储器,用于临时存储调制后等待天线发送的信息。可多次读写标签内部的存储器除了 ROM、RAM 和缓冲存储器之外,还有非活动可编程记忆存储器。非活动可编程记忆存储器有许多种,其中 EEPROM(电可擦除可编程只读存储器)是比较常见的一种,这种存储器在加电的情况下,可以实现原有数据的擦除以及重新写入。

(4) 根据耦合原理划分。RFID 阅读器和标签在通信前必须先完成耦合。耦合的方式一般分为电容耦合、电感耦合、磁耦合、后向散射耦合。耦合的方式将决定 RFID 系统的频率与通信距离范围。

电容耦合一般用于非常近的距离(小于 1cm)。标签与阅读器中均有大导通平面,当两者靠得很近时,便形成了一个电容,交流信号就可以通过此电容从阅读器传送到标签或从标签传送到阅读器。该耦合方式能够传递的能量很大,因此能够驱动标签中较复杂的电路。电感耦合利用标签与阅读器中的线圈构成一个暂时的变压器,阅读器产生的电流对其线圈充电,同时产生磁场。该磁场使标签的线圈中产生电流,对标签的电路供电且传递信息。电感耦合工作距离比电容耦合远,为 10cm 左右。磁耦合与电感耦合很相似,主要区别在于其工作距离与电容耦合一样,在 1cm 以内,因此多用于插入式读取。后向散射耦合方式是目前 RFID 系统中采用得较多的一种。阅读器发送 RF 信号到标签,标签通过接收到的 RF 信号提供自身供电及解调信号,然后反射回阅读器,其工作距离可达 10m 以上。

5. RFID 关键问题

当前 RFID 应用和发展面临的几个关键问题是标准、成本、技术和安全。

(1) 标准:目前行业标准以及相关产品标准还不统一,电子标签迄今为止全球也还没有正式形成一个统一的(包括各个频段)国际标准。标准(特别是关于数据格式定义的标准)的不统一是制约 RFID 发展的重要因素,而数据格式的标准问题又涉及各个国家自身的利益和安全。标准的不统一也使当前各个厂家推出的 RFID 产品互不兼容,这势必阻碍未来 RFID 产品的互通和发展,因此,如何使这些标准相互兼容,让一个 RFID 产品能顺利地在世界范围中流通是当前重要而紧迫的问题。目前,很多国家都正在抓紧制定各自的标准,我国电子标签技术已处于日益成熟阶段。

(2) 成本:目前电子标签最低的价格是 10 美分左右,这样的价格是无法应用于某些价值较低的单件商品的,只有电子标签的单价降到 5 美分以下,才可能大规模应用于整箱整包的商品。随着技术的不断提升和在各大行业应用的日益广泛,RFID 的各个组成部分,包括电子标签、阅读器和天线等,制造成本都有望大幅度降低。

(3) 技术:虽然在 RFID 电子标签的单项技术上已经趋于成熟,但总体上产品技术还不够成熟,还存在较高的差错率(RFID 被误读的概率有时高达 20%),在集成应用中也还需要攻克大量的技术难题。

(4) 安全:当前广泛使用的无源 RFID 系统还没有非常可靠的安全机制,无法对数据进行很好的保密,RFID 数据还容易受到攻击,其主要原因是因为 RFID 芯片本身以及芯片在读或者写数据的过程中都很容易被黑客所利用。此外,还有识别率的问题,由于液体和金属制品等对无线电信号的干扰很大,RFID 标签的准确识别率目前还只有 80% 左右,离大规模实际应用所要求的成熟程度也还有一定差距。

4.2.2 RFID 的核心技术

RFID 技术利用感应、无线电波或微波能量进行非接触双向通信，以达到识别及数据交换的目的，其关键设备和核心技术包括电子标签、RFID 读写器、天线、RFID 中间件、RFID 的安全识读协议五部分。

1. 电子标签

电子标签由耦合元件及芯片组成，每个标签都具有全球唯一的电子编码，将它附着在物体目标对象可上实现对物体的唯一标识。标签内编写的程序可根据应用需求的不同进行实时读取和改写。通常，标签的芯片体积很小，厚度一般不超过 0.35mm，可以印制在塑料、纸张、玻璃等外包装上，也可以直接嵌入商品内。RFID 的电子标签具有以下特点。

➢ 具有一定的存储量，可以存储物品的相关信息，例如，产地、日期、种类等。
➢ 标签芯片根据工作环境的要求，其内部数据可被设置为能够读出或写入。
➢ 数据信息可以进行编码，实现对数据的加密保护。
➢ 标签种类繁多，可以根据不同的应用场景选取不同技术规格的标签。

标签与读写器间通过电磁耦合进行通信，与其他通信系统一样，标签可以看成一个特殊的收发信机，标签通过天线收集读写器发射到空间的电磁波，芯片对标签接收到的信号进行编码、调制等各种处理，实现对信息的读取和发送。标签的工作频率是其重要特点之一，标签的工作频率决定着 RFID 系统的工作原理、识别距离。典型的工作频率有 125kHz、134kHz、13.56MHz、27.12MHz、433MHz、900MHz、2.45GHz、5.8GHz 等。

低频电子标签（见图 4-13）的典型工作频率有 125kHz、134kHz，一般为无源标签。其工作原理主要是通过电感耦合方式与读写器进行通信，读写距离一般小于 10cm。低频标签的典型应用有动物识别、容器识别、工具识别和电子防盗锁等。与低频标签相关的国际标准有 ISO 11784/11785、ISO 18000-2。低频标签的芯片一般采用 CMOS 工艺，具有省电、廉价的特点，工作频段不受无线电频率管制约束，可以穿透水、有机物和木材等，适合近距离、低速、数据量较少的应用场景。

中高频电子标签（见图 4-14）的典型工作频率是 13.56MHz，其工作方式同低频标签一样，也通过电感耦合方式进行。高频标签一般做成卡状，用于电子车票、电子身份证等。相关的国际标准有 ISO 14443、ISO 15693、ISO 18000-3 等，适用于较高的数据传输速率。

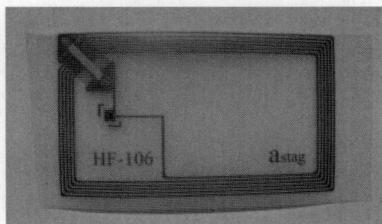

图 4-13　低频电子标签

图 4-14　中高频电子标签

超高频与微波频段的电子标签，简称为微波电子标签，其工作频率为 433.92MHz、

862～928MHz、2.45GHz、5.8GHz。微波电子标签可分为有源与无源标签两类。当工作时,电子标签位于读写器天线辐射场内,读写器为无源标签提供射频能量,或将有源标签唤醒。超高频电子标签的读写距离可以达到几百米以上,其典型特点主要体现在是否无源、是否支持多标签读写、是否适合高速识别等应用上。对于无线可写标签而言,通常写入距离会小于识读距离,原因在于写入要求更大的能量。微波电子标签的数据存储量在 2kbit 以内,应用于移动车辆、电子身份证、仓储物流等领域。

根据以上叙述,将工作在不同频段的电子标签的特点进行总结,如表 4-7 所示。

表 4-7　电子标签的特点

工作频率	协议标准	读写距离	受方向影响	芯片价格	数据传输速率	普及率
125kHz	ISO 11784/11785 ISO 18000-2	10cm	无	一般	慢	大量使用
13.56MHz	ISO/IEC 14443	10cm	无	一般	较慢	大量使用
	ISO/IEC 15693	单向 180cm 全向 100cm	无	低	较快	大量使用
860～930MHz	ISO/IEC 18000-6	10cm	一般	一般	读快写慢	大量使用
2.45GHz	ISO/IEC 18001-3	10cm	一般	较高	较快	使用较少
5.8GHz	ISO/IEC 18001-5	10m 以上	一般	较高	较快	使用一般

2. RFID 读写器

如图 4-15 所示,读写器是 RFID 系统的重要组成部分,也是标签与后台系统的接口。读写器的接收范围受很多因素的影响,例如电波频率、标签的尺寸和形状、读写器的功率、金属干扰等。读写器可通过多种方式与标签相互传送信息。读写器利用天线在周围形成电磁场,被动标签从电磁场中接收能量然后将信号发送给读写器,读写器获得标签的产品代码。目前不是所有的读写器都能支持不同种类的标签,通常只支持某些特定频段的标签。

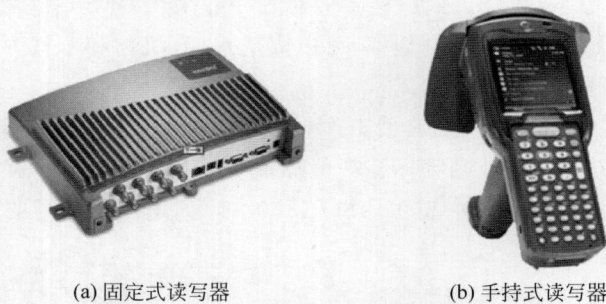

(a) 固定式读写器　　　　　　　(b) 手持式读写器

图 4-15　读写器种类

读写器完成的主要功能如下。

➢ 读写器与电子标签之间的通信。

➢ 读写器与后台程序之间的通信。

➢ 对读写器与电子标签之间传送的数据进行编码、解码。

➢ 对读写器与电子标签之间传送的数据进行加密、解密。

➢ 能够在读写作用范围内实现多标签的同时识读,具备防碰撞功能。

由图 4-12 可以看出,要完整地实现 RFID 读写器的功能,一个读写器系统至少需要包含 4 个模块,即天线、射频模块、控制模块和接口模块。按照信号类型划分,通常将天线和射频模块统一起来划分到模拟部分,而控制和处理的模块划分到数字部分。同时,如果读写器本身要求实现一些应用上的功能,它还应该集成一定的应用模块在其中。

从功能上讲,模拟部分负责和标签之间的通信,而数字部分需要控制整个通信过程及处理来往的数据。根据读写器和标签之间能量和数据传输方式的不同,读写器主要经过模拟部分的发送和接收过程。对于发送部分,首先由频率稳定的石英晶体振荡器产生所需的工作频率,振荡信号被馈送到由信号编码的基带信号控制调制器;对输入数据进行 ASK 或 FSK 调制,变为 Manchester、Miller 或者 NRZ 码,同时发送部分将此基带信号送到频率合成器,经功率放大输出使调制后的信号达到所需电平,耦合到振荡线圈输出。接收端则采用隔开的信号信道接收振荡线圈上收到的微弱信号,将此微弱信号放大、滤除杂波,经过混频提取出基带信号,然后经过 ASK 或 FSK 的解调后以得到来自标签的数据信息。可以看出,模拟部分的硬件构成其实是一个发送、接收机系统,如图 4-16 所示。不同于其他发送、接收机的一点是,它需要向其通信对象提供工作所需的能量。

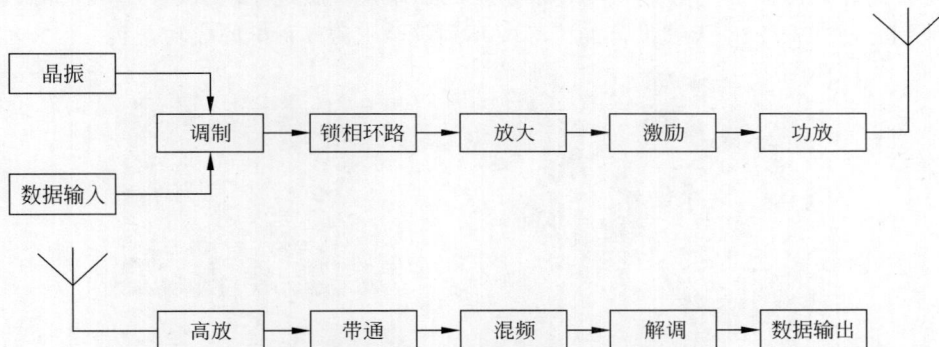

图 4-16　RFID 读写器模拟部分的发送与接收

RFID 读写器的数字部分应该是一个完整的数据处理和控制系统,必然包括处理器、存储器、控制端口和数据端口这几个组成部分。图 4-17 是一个典型 RFID 读写器数字部分的示意图,任何一个 RFID 读写器,其数字部分都应至少包含图中所示的这些模块。

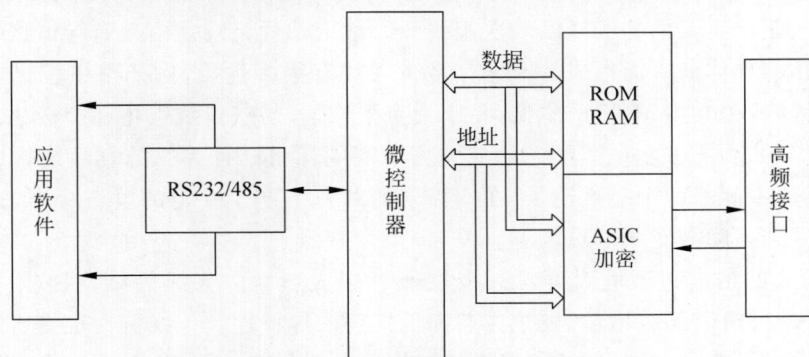

图 4-17　RFID 读写器的数字组成部分

数字部分主要完成的任务有:与系统软件通信,执行系统软件命令;控制与应答器的通信;信号的编码与解码;执行反碰撞算法;数据的加密与解密;进行应答器与读写器的身份验证。

通过上述分析可以得出,数字部分可以是一个 PC 系统,也可以是一个嵌入式系统,甚至可以简化成一个单片机系统。这主要取决于与模拟部分的接口匹配、处理和控制能力以及系统特征和功能上的要求。同理,对于一个 RFID 读写器来说,无论是 PC 系统、嵌入式系统或是单片机系统,都必然需要相应的软件来与硬件系统配合,才能实现读写器所需的功能。而软件的复杂程度取决于使用者对控制和应用功能的需求。

3. 天线

天线是一种以电磁波形式把前端射频信号功率接收或辐射出去的装置,是电路与空间的界面器件,用来实现导行波与自由空间波能量的转换。在 RFID 系统中,天线分为电子标签天线和读写器天线两大类(见图 4-18),分别承担接收能量和发射能量的作用。当前的 RFID 系统主要集中在 LF、HF(13.56MHz)、UHF(860～960MHz)和微波频段,不同工作频段的 RFID 系统天线的原理和设计有着根本的不同。RFID 天线的增益和阻抗特性会对 RFID 系统的作用距离等产生影响,RFID 系统的工作频段反过来对天线尺寸以及辐射损耗有一定要求。所以 RFID 天线设计的好坏关系到整个 RFID 系统的成功与否。

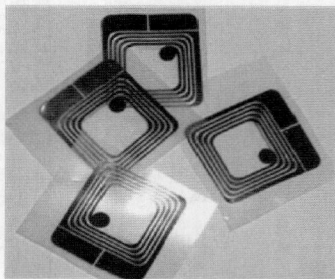

(a) RFID标签天线　　　　　(b) RFID读写器天线

图 4-18　RFID 天线种类

RFID 主要有线圈型、微带贴片型、偶极子型三种基本形式的天线。当 RFID 线圈天线进入阅读器产生的交变磁场时,RFID 天线与阅读器天线之间的相互作用类似于变压器,两者的线圈相当于变压器的初级线圈和次级线圈。微带贴片天线是由带有导体接地板的介质基片和其上贴有导体薄片而形成的天线。微带天线有很多优点,例如重量轻、体积小、低剖面的平面结构,容易共型,制造成本低,易于大量生产,容易获得线极化和圆极化。在远距离 RFID 系统中,最常用的是偶极子天线,它是由两端同样粗细且等长的直导线排成一条直线构成的,信号从中间的两个端点馈入,在偶极子的两臂上产生一定的电流分布,这种电流分布就在天线周围空间激发起电磁场。

RFID 天线的结构和环境因素对天线性能有很大影响。天线的结构决定了天线方向图、阻抗特性、驻波比、天线增益、极化方向和工作频段等特性。天线特性也受所贴附物体形状及物理特性的影响。例如,磁场不能穿透金属等导磁材料,金属物附近磁力线形状会发生改变,而且,由于磁场能会在金属表面引起涡流,由楞次定律可知,涡流会产生抵抗激励的磁通量,导致金属表面磁通量大大衰减,读写器天线发出的能量被金属吸收,读写距离就会大大减小。另外,液体对电磁信号有吸收作用,弹性基层会造成标签及天线变形,宽频带信号源(如发动机、水泵、发电机)会产生电磁干扰等,这些都是设计天线时必须细致考虑的地方。目前,研究人员根据天线的以上特性提出了多种解决方案,如采用曲折型天线解决尺寸限制,采用倒 F 型天线解决金属表面的反射问题等。

天线的目标是为电路传输最大的能量,这就需要仔细设计天线和自由空间以及其电路的匹配,天线匹配程度越高,天线的辐射性能越好。当工作频率增加到超高频区域时,天线与标签芯片之间的匹配问题变得更加严峻。对于近距离 RFID 应用,天线一般和读写器集成在一起;对于远距离 RFID 系统,读写器天线和读写器一般采取分离式结构,通过阻抗匹配的同轴电缆连接。一般来说,定向性天线由于较少的回波损耗,比较适合标签应用。由于标签放置方向不可控,读写器天线一般采用圆极化方式。读写器天线要求低剖面、小型化以及多频段覆盖。对于分离式读写器,还将涉及天线阵的设计问题。国外已经开始研究在读写器上应用智能波束扫描天线阵,读写器可以按照一定的处理顺序,"智能"地打开和关闭不同的天线,使系统能够感知不同天线覆盖区域的标签,增大系统覆盖范围。

4. RFID 中间件

RFID 中间件(RFID Middleware)是一种介于 RFID 读写器硬件设备与企业后端软件系统之间的软件。RFID 中间件的主要功能包括:管理 RFID 硬件及其配套设备,屏蔽 RFID 设备的多样性和复杂性;过滤和处理 RFID 标签数据流,完成与企业后端软件系统的信息交换;作为一个软硬件集成的桥梁,降低系统升级维护的开销。

RFID 中间件是 RFID 应用系统中的一个重要组成部分,被视为 RFID 应用的运作中枢。各种 RFID 的系统集成商和软件商都提出了相关的解决方案,RFID 中间件的概念和范畴还在演进之中。与 RFID 其他标准(如空气接口、标签等)相比,RFID 中间件的标准化工作进展较为缓慢。目前主要是 EPC global 组织推出了与 RFID 中间件相关的系列标准建议,其他国际标准化组织尚没有相关的 RFID 中间件标准。

RFID 中间件是一种面向消息的中间件(MOM),信息以消息的形式,从一个程序传送到另一个或多个程序。信息可以以异步的方式传送,传送者不必等待回应。MOM 包含的功能不仅是传递信息,还必须包括解译数据、安全性、数据广播、错误恢复、定位网络资源、找出符合成本的路径、消息与要求的优先次序以及延伸的除错工具等服务。

RFID 中间件技术拓展了基础中间件的核心设施和特性,将企业级中间件技术延伸到了 RFID 领域,是 RFID 产业链的关键性技术。RFID 中间件屏蔽了 RFID 设备的多样性和复杂性,能够为后台业务系统提供强大的支撑,从而驱动更广泛、更丰富的 RFID 应用。目前,RFID 中间件技术重点研究的内容包括并发访问技术、目录服务及定位技术、数据及设备监控技术、远程数据访问、安全和集成技术、进程及会话管理技术等。

如图 4-19 所示,RFID 中间件系统结构包括读写器接口、处理模块、应用软件接口三部分。读写器接口负责前端和相关硬件的沟通接口;处理模块包括用户定义的处理模块和标准处理模块;应用软件接口负责后端与其他应用软件的沟通接口及使用者自定义的功能模块。

读写器接口的功能:提供读写器硬件与中间件的接口;负责读写器和适配器与后端软件之间的通信接口,并能支持多种读写器和适配器;能够接受远程命令,控制读写器和适配器。

处理模块容器的功能:在系统管辖下,能够觉察所有读写器的状态;提供处理模块向

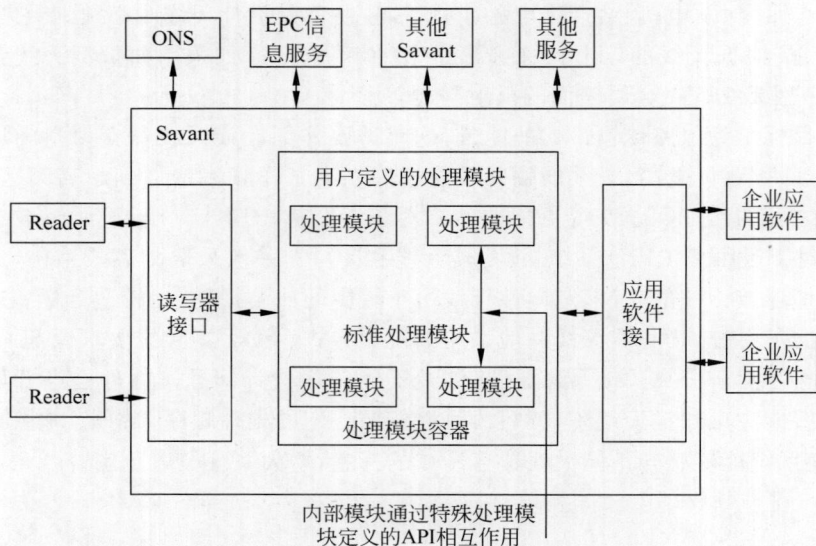

图 4-19　RFID 系统结构框架

系统注册的机制；提供 EPC 编码和非 EPC 转换的功能；提供管理读写器的功能，如新增、删除、停用、群组等；提供过滤不同读写器接收内容的功能，进行数据处理。

应用软件接口功能：连接企业内部现有的数据库或 EPC 相关数据库，使外部应用系统可通过此中间件取得相关 EPC 或非 EPC 信息。

5. RFID 的安全识读协议

随着物联网的广泛应用，RFID 识读时的安全问题日益突出。为了阻止非授权的 RFID 读写器访问非授权的电子标签，多种基于 RFID 安全认证的识读协议相继提出。在这些安全认证协议中，比较流行的是基于 Hash 运算的安全认证协议，它对消息的加密通过 Hash 算法实现。

Hash-Lock 协议是一种经典的隐私增强的 RFID 识读协议。该协议是 MIT 的 Sarma 等提出的，不直接使用真正的节点 ID，取而代之的是一种短暂性节点，即临时节点 ID。这样做的好处是，保护了真实的节点 ID。

该协议在 RFID 系统中存储了两个电子标签 ID：MetaID 与真实电子标签 ID。其中，MetaID 通过一个给定的密钥 key，利用 Hash 函数计算得到，即 MetaID＝hash(Key)。MetaID 与真实 ID 的对应关系通过后台应用系统中的数据库获取。即数据库中存储了三个参数：MetaID、真实 ID 和 Key。

当读写器向电子标签发送认证请求时，电子标签先用 MetaID 代替真实 ID 发送给读写器，然后电子标签进入锁定状态，当读写器收到 MetaID 后发送给后台应用系统，后台应用系统查找相应的 key 和真实 ID 最后返还给电子标签，电子标签将接收到的 key 值进行 hash 函数取值，然后判断其与自身存储的 MetaID 值是否一致。如果一致，电子标签就将真实 ID 发送给读写器开始认证，如果不一致则认证失败。Hash-Lock 协议的流程如图 4-20 所示。图中，Reader 是读写器，Tag 是电子标签。

Hash-Lock 协议的执行过程如下。

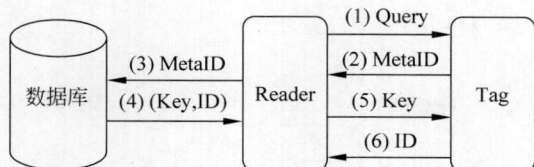

图 4-20 RFID 的 Hash-Lock 协议

（1）读写器向电子标签发送 Query 认证请求。

（2）电子标签将内部的 MetaID 发送给读写器 Reader。

（3）读写器将收到的 MetaID 转发给后台数据库。

（4）后台数据库管理系统查询其数据库中是否有与 MetaID 匹配的项，如果找到，则将该 MetaID 对应的（Key，ID）发送给读写器。其中，ID 为待认证电子标签的标识，MetaID＝Hash(Key)；否则，返回给读写器认证失败信息。

（5）读写器将接收到的（Key，ID）中的 Key 发送给电子标签。

（6）电子标签验证内部的 MetaID 是否等于 Hash(Key)，如果等于，则将其 ID 发送给读写器。

（7）读写器比较从电子标签接收到的 ID 是否与后台数据库发送过来的 ID 一致，如一致，则认证通过；否则，认证失败。

由上述过程可以看出，Hash-Lock 协议中没有 ID 动态刷新机制，并且 MetaID 也保持不变，因此，研究者又提出了很多改进的 RFID 安全识读协议。这里不再一一论述。

4.2.3 RFID 的防碰撞技术

在 RFID 射频识别系统数据通信的过程中，数据传输的完整性和正确性是保证系统识别性能的关键。系统数据传输的完整性和正确性的降低主要是由两个方面的原因导致的：一是周围环境的各种干扰，二是多个标签和多个读写器同时占用信道发送数据而产生的碰撞。这里不讨论由周围环境各种干扰而引起的问题，本节将分析 RFID 系统的标签碰撞和读写器碰撞产生的原因，并重点介绍现有的防碰撞算法。

在 RFID 系统应用中，经常会遇到多读写器、多标签的情景，这就会造成标签之间或读写器之间在工作时的相互干扰，这种干扰被称为碰撞或者冲突（collision）。为了保证 RFID 系统能够正常地工作，这种碰撞应予以避免。避免碰撞的方法或者操作过程就被称为防碰撞算法（Anti-Collision Algorithm）。该类碰撞分为两种，分别为标签碰撞和读写器碰撞，下面分别予以介绍。

1. 标签碰撞

标签中含有可被识别的信息，RFID 系统的目的就是通过读写器读出标签中包含的这些信息。在只有一个标签处于读写器工作范围的情况下，标签内信息会被正常读取。但是，当多个标签同时处于同一个读写器的工作范围内时，则多个标签之间的应答信号就会相互干扰，导致标签内的信息无法被读写器正常读取，形成碰撞。图 4-21 所示为标签碰撞的过程。当读写器发出识别指令后，各标签都在某一时间作出应答。当出现两个以上标签同时应答，或者在一个标签应答未完成时，另一个标签开始应答，这样标签之间的应答信号就会相互干扰,这就是标签碰撞的过程。

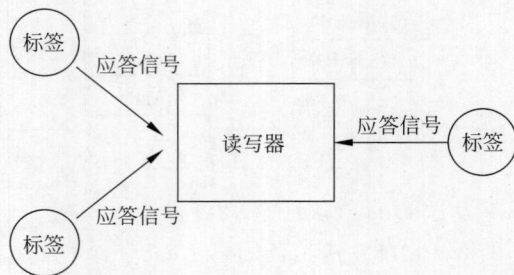

图 4-21　标签碰撞过程

在无线通信技术中,通信碰撞是一个长久以来一直存在的问题,人们也研究出了许多相应的解决方法。目前基本上分为 4 种,即空分多址(SDMA)、频分多址(FDMA)、码分多址(CDMA)和时分多址(TDMA)。

(1) SDMA 是在分离的空间内重新使用确定的通信资源。SDMA 在 RFID 系统中有两种实现方法:一是使得单个读写器的作用距离明显减少,把大量的读写器的阅读覆盖面积并排地安置在一个阵列中,当标签经过这个阵列时,标签与离它最近的读写器通信。因为每个读写器的阅读范围很小,所以相邻的读写器区域内有其他标签时仍然可以正常读取,而不受干扰。这样多个标签在这个阵列中,由于空间分布可以同时被识别而不会相互干扰。二是读写器采用定向天线,将天线的方向直接对准某个标签。当需要阅读其他标签时,读写器天线自适应地调整方向。RFID 系统采用的 SDMA 由于天线的结构尺寸的关系,只有频率大于 850MHz(一般多为 2.45GHz)时采用。而且,因为天线结构非常复杂,实施成本非常高,因此这种方法只应用在一些特殊场合中。

(2) FDMA 是将多个使用不同的载波频率的传输通路提供给用户同时使用的技术。具体到 RFID 系统中的应用来说,可以使用具有可调整的、非发送频率谐振的标签。对标签的能量供应和控制信号的传输使用最佳频率 f,而标签应答则使用若干个可供选择的频率。标签使用不同的频率应答,因而避免了碰撞的发生。FDMA 的缺点在于实现成本过于昂贵,所以这种方法只在极少数特殊的场合使用。

(3) CDMA 是从数字技术的分支——扩频通信技术发展起来的一种崭新的无线通信技术。CDMA 是基于扩频技术的,即将要传送的具有一定信号带宽信息数据,用一个带宽远大于信号带宽的高速伪随机码进行调制,使原数据信号的带宽被扩展,再经载波调制并发送出去。接收端使用完全相同的伪随机码,与接收的带宽信号进行相关处理,把宽带信号换成原信息数据的窄带信号,即解扩,以实现信息通信。CDMA 的缺点是频带利用率低,信道容量较小,地址码选择较难,其通信频带及技术复杂性等使它很难在 RFID 系统中推广。

(4) TDMA 是把整个可供使用的信道容量按时间分配给多用户的技术。对于 RFID 系统,TDMA 是被最广泛采用的多路方法。目前,在 RFID 系统中常用的基于 TDMA 的防碰撞算法主要是 ALOHA 类算法和二叉树类算法。ALOHA 算法是一种最基本、最简单的标签防碰撞算法,它是基于概率的算法。该算法是使读写器在不同的时间分别与处于读写器读取范围内的标签通信,从而减少冲突发生的概率。

纯 ALOHA 算法的基本思想是某标签在发送数据的过程中,如果有其他标签也在发送数据,则发生信号重叠导致完全或者部分碰撞。读写器检测接收信号是否发生碰撞,如果发生碰撞,则读写器发送指令给标签,标签停止发送,随机等待一段时间后再重新发送,以减少发生碰撞的概率。纯 ALOHA 算法的模型如图 4-22 所示。

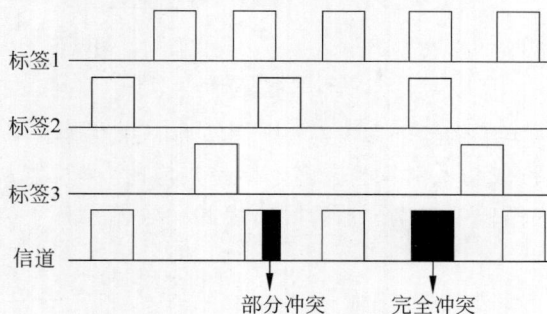

图 4-22 纯 ALOHA 算法的模型

纯 ALOHA 算法虽然简单,易于实现,但是存在一个严重的问题,即读写器对同一个标签如果连续多次发生冲突,这将导致读写器出现错误判断,即认为这个标签不在自己的作用范围内,从而导致标签阅读丢失。针对 ALOHA 算法,专家学者又提出许多改进型算法。时隙 ALOHA 是在 ALOHA 算法的基础上,将时间分成多个时隙(slot),而且时隙的长度大于标签和读写器的通信时长,标签只在时隙内发送数据;帧时隙 ALOHA(Framed Slotted ALOHA-FSA)算法也是 ALOHA 算法的一种改进算法。它是在时隙 ALOHA 算法的基础上,将 N 个时隙组成一帧,标签在每帧内随机选择一个时隙发送信息;动态帧时隙 ALOHA 算法(Dynamic Framed Slotted ALOHA-DFSA)针对帧时隙 ALOHA 算法当标签数目与帧长度相差越多,系统性能越差的这个缺点,提出了一种弥补和改善的方法。具体的做法就是使用动态的帧时隙数,使得每帧内的时隙数接近系统中标签的数目,是一种改进的 FSA 算法。该算法中,读写器能动态调整下一次阅读循环中每帧的时隙数目。

二进制树算法属于时分多路算法的一种,其基本思想是不断地将碰撞的标签进行二分,缩小下一步搜索的标签数量,直到最后只有一个电子标签响应完成识别。

实现该算法系统的首先是要能够辨认出在读取过程中数据冲突位的具体位置。为此必须有合适的位编码法,通常选用曼彻斯特编码,它可实现精确定位。在曼彻斯特编码中,逻辑"0"编码为上升沿,逻辑"1"编码为下降沿。如果两个或多个电子标签同时发送的数位有不同值,则接收的上升沿和下降沿互相抵消,"没有变化"的状态在曼彻斯特编码中是不允许的,即会被作为错误标识出,可以用来按位追溯跟踪到冲突,即碰撞位的出现。

二进制树搜索算法按照递归的方式,当遇到有冲突发生时就进行分支,生成两个子集。这些分支越来越细,直到最后的分支下面只有一个信息包或无剩余信息包。若在某时隙发生了冲突,则所有的包都不再占用信道,直到冲突问题解决。如同抛一枚硬币一样,这些信息包随机地分为两个分支,在第一个分支里,是抛"0"面的信息包。在接下来的时隙内,主要解决这些信息包发生的冲突,如果再次发生冲突,则继续按前述分为两个分支的过程不断重复,直到某个时隙为空或是成功完成一次数据传输,然后返回上一个分支,这个过程遵循先进后出(First-In Last-Out,FIFO)原则,先处理完成第一个分支,再来处理第二个分支,也就是抛"1"面的信息包,如图 4-23 所示。

在二进制树搜索算法中,读写器发送一个查询的参考 ID,标签将自身序列号与参考 ID

第一次操作

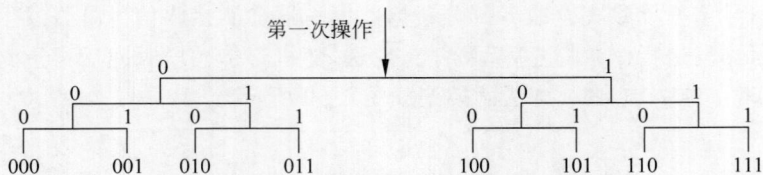

图 4-23   二进制树搜索算法的二分操作过程

相比较,假如自身序列号小于或等于参考 ID,则标签响应并发送其序列号给读写器,每轮中有且仅有一个标签可以被成功识别。当有多个标签响应时,读写器从最高位开始判断是哪一位发生了碰撞,下一次循环中碰撞位被置"0",由此一轮轮循环下来读写器便可一一识别所有标签。

具体算法步骤如下。

第 1 步:读写器发送请求指令(11111111),工作区域内所有的标签都会响应并返回其序列号。

第 2 步:读写器检测是否发生碰撞,若发生碰撞则找出碰撞的最高位。

第 3 步:计算新一轮的请求指令的括号()内的参数,即将碰撞最高位置"0",高于此位的保持不变,低于此位的则置"1"。

第 4 步:重复执行第 2、3 步,直至无碰撞地识别出第一个标签。

第 5 步:从第 1 步开始,重复整个读取过程,直到执行请求指令(11111111)时没有发生碰撞,则整个过程结束,从而完成了对所有标签的识别。

显然,二进制树搜索算法的每轮只能识别出一个标签,然后又从指令(11111111)开始。如果标签数量较大,则采用这种算法时需要大量的重复操作。

例如,假设某个读写器的工作范围内有 4 个电子标签,标签 ID 分别为 A:11110001、B:11110010、C:11110011、D:11110100,则具体步骤说明如下。

第 1 步:读写器发送请求指令(11111111),工作区域内所有 4 个标签 A、B、C、D 都会同步响应,因而发生碰撞。根据曼彻斯特编码规则,4 个标签高 5 位(11110)相同(未发生碰撞),低 3 位不同(发生了碰撞)。这些不同的位可记为 D2、D1、D0,于是,将碰撞最高位 D2 置"0",高于 D2 位的不变,低于 D2 位的全部置"1",由此可以得到下一次请求指令的参数为(11110011)。

第 2 步:读写器发送请求指令(11110011),标签 A、B、C 此轮响应。根据曼彻斯特编码规则,3 个标签高 6 位(111100)相同(未发生碰撞),低 2 位不同(发生了碰撞)。这些不同的位可记为 D1、D0,于是,将碰撞最高位 D1 置"0",D0 位置"1",由此可以得到下一次请求指令的参数为(11110001)。

第 3 步:读写器发送请求指令(11110001),此轮只有标签 A 响应,所以没有碰撞,读写器可以对标签 A 进行"读"操作,读操作结束后,标签 A 进入休眠状态,不再参与读写过程。

第 4 步:读写器发送请求指令(11111111),工作区域内 3 个标签 B、C、D 都会同步响应,因而发生碰撞。根据曼彻斯特编码规则,3 个标签的高 5 位(11110)相同(未发生碰撞),低 3 位不同(发生了碰撞)。这些不同的位可记为 D2、D1、D0,于是,将碰撞最高位 D2 置"0",高于 D2 位的不变,低于 D2 位的全部置"1",由此可以得到下一次请求指令的参数为(11110011)。

第 5 步：读写器发送请求指令(11110011)，标签 B、C 此轮响应。根据曼彻斯特编码规则，3 个标签高 7 位(1111001)相同(未发生碰撞)，低 1 位不同(发生了碰撞)。这个不同的位记为 D0，于是，将碰撞最高位 D0 置"0"，由此可以得到下一次请求指令的参数为(11110010)。

第 6 步：读写器发送请求指令(11110010)，此轮只有标签 B 响应，所以没有碰撞，读写器可以对标签 B 进行"读"操作，读操作结束后，标签 B 进入休眠状态，不再参与读写过程。

第 7 步：读写器发送请求指令(11111111)，工作区域内的两个标签 C、D 都会同步响应，因而发生碰撞。根据曼彻斯特编码规则，3 个标签的高 5 位(11110)相同(未发生碰撞)，低 3 位不同(发生了碰撞)。这些不同的位可记为 D2、D1、D0，于是，将碰撞最高位 D2 置"0"，高于 D2 位的不变，低于 D2 位的全部置"1"，由此可以得到下一次请求指令的参数为(11110011)。

第 8 步：读写器发送请求指令(11110011)，标签 C 此轮响应，所以没有发生碰撞，读写器可以对标签 C 进行"读"操作，读操作结束后，标签 C 进入休眠状态，不再参与读写过程。

第 9 步：读写器发送请求指令(11111111)，此轮只有标签 D 响应，所以没有碰撞，读写器可以对标签 D 进行"读"操作，读操作结束后，标签 D 进入休眠状态，不再参与读写过程。

基于位仲裁的二进制树(Bit Binary Tree)算法中，所有处于读写器读写范围内的未被读写器识别的标签在开始时都处于激活状态(并不是指这些标签都是主动式标签，而是由读写器发送命令激活)。所有的这些标签都将参与仲裁过程，但是在一个仲裁过程的进行当中，如果有新的标签进来，则不参加本次仲裁的过程。当此次仲裁过程结束后，这些新进来的标签可以参加下一个仲裁过程。一次完整的仲裁过程的定义是：从一次仲裁开始，到一个标签被读写器所识别的整个过程。

修正的基于位仲裁的二进制树(Modified Bit Binary Tree)算法的算法原理基本上和基于位仲裁的二进制树算法的原理一样，但有一点不同，那就是当两个标签只有最后一位不同，其他位的值都相同时，不需要再进行一次仲裁的过程，而可以直接同时识别出来两个标签。通过研究二进制树搜索算法可以发现，读写器每次传输的命令长度都和标签的识别码一样，而且标签的回复信号也需要把自己的识别码完整地传输给读写器，不管是已经被识别出来的位，还是未被识别出来的位。如前所述，在实际应用中，标签的识别码通常很长，所以按照二进制树搜索算法要传输大量的数据。通过研究二进制树搜索方法，研究者提出了动态二进制树搜索算法(Dynamic Binary Tree Search)。在该算法中，读写器在请求命令中只发送需要识别的识别码的已知部分作为搜索条件，而应答器只需要传输未被识别的部分。

近年来，随着相关研究的深入和相关技术的发展，出现了一系列基于 ALOHA 的标签防碰撞算法和二进制树改进算法，这些算法都有着各自的优缺点，在实际应用中，使用者可根据具体的应用情况来选择。

2. 读写器碰撞

传统上，很多 RFID 系统都被设计成只有一个读写器，但是，随着 RFID 相关技术的发展和应用规模的扩大，大多数情形下一个读写器满足不了实际应用中的需求，有些应用场景需要在一个很大的范围内的任何地方都可以阅读标签。由于读写器和标签通信有范围限制，必须在这个范围内高密度地布置读写器才能满足系统应用的要求。高密度的读写器必然会导致读写器的询问区域出现交叉,那么询问交叉区域的读写器之间就可能会发生相互干扰,甚至在读写器询问区域没有重叠的情况下,也有可能会发生相互干扰。这些由读写器引发的干扰都称为读写器碰撞。读写器碰撞一般有三种类型。

(1) 频率干扰。读写器在工作时发射的无线信号的功率较大,为 30~36dBm,辐射范围比较广,而标签反向散射调制的工作方式决定了它返回给读写器的信号的能量很弱。这就导致当一个读写器处于发射状态,而另一个读写器处于接收状态,并且两者之间的距离不足够远,两读写器工作频率相同或者接近时,发射读写器发射的电磁信号会干扰接收读写器接收标签返回的应答信号,造成无法正常读取标签信息。这种干扰被称为频率干扰。

图 4-24 所示为频率干扰的示意图。这里通常认为读写器的天线都为全向天线,因此读写器的读取范围和干扰范围都为球形。其中 R_1 为读写器的干扰范围半径,而 R_r 为读写器读取范围的半径。由图可以看出,读写器 R_1 处于读写器 R_2 的干扰范围内,从标签 Tag 发射到 R_1 的信号很容易被从 R_2 发出的信号干扰。这种读写器频率干扰甚至在两读写器阅读范围不重叠的情况下也有可能发生。

(2) 标签干扰。标签干扰是指当一个标签同时位于两个或者多于两个读写器的询问区域时,多个读写器同时给这个标签发送指令,这时发生位于标签的干扰。

如图 4-25 所示,两个读写器 R_1 和 R_2 的阅读区域是重叠的,所以从 R_1 和 R_2 发出的信号会在标签 Tag_1 上发生干扰。因此标签 Tag_1 不能正确地接收读写器的命令,也就不能做出相应的应答,使读写器 R_1 和 R_2 不能阅读 Tag_1。

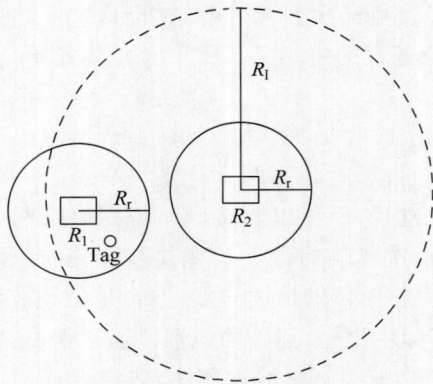

图 4-24 频率干扰

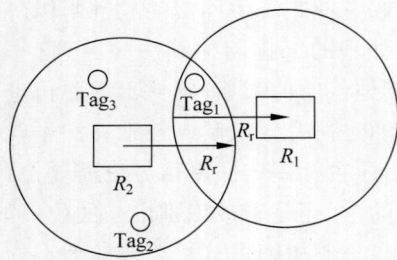

图 4-25 标签干扰

(3) 隐藏终端干扰。这种读写器碰撞的情形如图 4-26 所示。从图可知, R_1 和 R_2 的阅读区域没有重叠。但是,在标签 Tag 上,从 R_2 发出的信号会干扰读写器 R_1 发出的信号。这种情形也会发生在两读写器不在彼此的感应范围内时。

目前,对 RFID 系统防碰撞算法的研究主要是标签之间的防碰撞算法,对读写器防碰撞算法的研究不多。目前读写器防碰撞算法主要有以下几种。

(1) Colorwave 算法:该算法是一种分布式的 TDMA 算法,通过给读写器分配不同的时隙来避

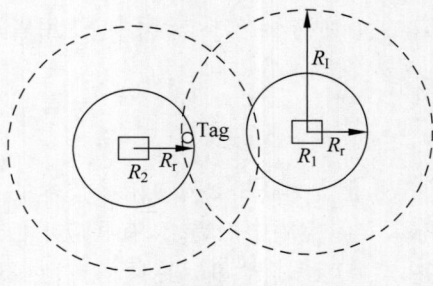

图 4-26 隐藏终端干扰

免读写器之间的碰撞。该算法需要所有读写器之间的时间同步,同时,还要求所有的读写器都可以检测 RFID 系统中的碰撞。

(2) Q-Learning 算法:该算法是一个分等级、在线学习的算法,通过学习读写器碰撞模型,解决动态 RFID 系统中读写器冲突问题。其思想类似于无线传感网中的分簇思想。读写器将发生碰撞的信息给上层等级阅读服务器,然后由一个独立的服务器给读写器分配资源,这个方式使得读写器之间的通信不发生碰撞。

(3) Pulse 算法:该算法将通信信道分为控制信道和数据信道两部分。控制信道用于发送忙音信号和读写器之间的通信;数据信道则用于读写器和标签之间的通信。Pulse 算法实现起来比较简单,适合动态拓扑变化较快的情况。

除上面介绍的算法外,还有控制读写器阅读范围来减少读写器之间的碰撞以及减小读写器的发送功率等方法。

4.3 空间定位技术

随着物联网应用研究的不断深入,快速准确地为用户提供空间位置信息的需求变得日益迫切。利用 RFID 以及各类传感器节点的定位、感知功能,人们可以获取物理世界中各种各样的信息。通常情况下,这些信息都需要与传感器的位置信息联系起来综合分析,最终为用户提供个性化的信息服务。因此,能够快速、准确地提供位置信息的定位技术是物联网应用所要解决的关键问题之一。

定位通过特定的位置标识与测距技术来确定物体的空间物理位置信息(经纬度坐标)。常用的定位方法一般分为两种:一种是基于卫星导航的定位;另一种是基于参考点的基站定位。基于卫星导航的定位方式主要是利用设备或终端上的卫星定位模块将自己的位置信号发送到定位后台来实现定位;基站定位则是利用基站与通信设备之间的无线通信和测量技术,计算两者间的距离,并最终确定通信设备的位置信息。后者不需要设备或终端具有卫星定位功能,但是其定位精度很大程度依赖于基站的分布及覆盖范围的大小,误差较大。目前,蜂窝定位方法中的大部分都是采用基站定位实现的。

空间定位技术在物联网应用中起着十分重要的作用,应用前景广泛。通过在物品中安装接收导航卫星芯片,不仅可以实现对物品的实时定位,更能给物联网中的用户提供个性化的智能服务。

(1) 扩展导航功能。目前,定位技术较常用的应用是为用户提供导航,协助驾驶人员快速、准确地确定目的地的位置,并结合当前位置提供最佳行驶路线。如果将物联网的概念与空间定位技术相结合,可极大地扩展空间定位技术的应用范围。例如,通过对道路行车数量与行车状态的监视与分析,可以获取道路的使用率。当使用率过高而影响行车质量时,就需要扩展以缓解交通压力。又如,对比车辆的行车路线,可以方便、实时地获取道路的运行状况,并且通过对数据的分析处理,可以测出道路的宽度、等级等相关数据信息。

(2) 基于位置的服务。基于位置的服务(Location Based Services,LBS)是近年来研究的热点问题之一,它是一种融合了无线定位、GIS、Internet、无线通信、数据库等相关技术的移动信息服务。具体来说,就是利用定位技术获取移动用户的位置信息,通过后台信息服务平台的处理,可以主动为用户提供包括交通引导、位置查询、车辆跟踪、商务网点查询、儿童看护、紧急呼叫等众多个性化的服务。例如,当用户进入商场时,可以向他提供该商场的热卖产品;通过对用户所停留的柜台进行分析,就能够预测他所感兴趣的商品种类,有针对性地为用户提供商品信息。不仅如此,通过对用户日常活动轨迹的分析挖掘,还能分析用户的活动规律、爱好等,进一步为用户提供有相同爱好的好友以及用户经常到访区域的相关信息的预报等,更好地为用户提供全方位的信息服务。

4.3.1 卫星定位技术

卫星定位系统是利用卫星来测量物体位置的系统。由于对科技水平要求较高且耗资巨大,所以世界上只有少数的几个国家能够自主研制卫星定位导航系统。

目前已投入运行的主要包括:美国的全球定位系统(GPS)、俄罗斯的格洛纳斯系统(GLONASS)、中国的北斗导航系统(BDS)和欧洲的伽利略系统(GALILEO)。此外,还有日本的准天顶卫星系统(QZSS)和印度区域导航卫星系统(IRNSS)等。

1. 卫星定位系统的发展

20 世纪 70 年代,由于人们对连续实时三维导航的需求日渐增强,美国国防部开始研究和建立新一代空间卫星导航定位系统,主要目的是提供实时、全天候和全球性的导航服务。经过二十余年的研究实验,耗资近三百亿美元,到 1994 年 3 月,一个由 24 颗卫星组成、全球覆盖率达 98% 的卫星导航系统终于布设完成,该系统被称为 GPS,是继阿波罗登月、航天飞机之后的第三大空间工程。

以卫星的无线电导航技术为基础,可为全球用户提供连续、实时、高精度的三维位置、三维速度和时间等相关信息。

GPS 的初期主要用于情报收集、核爆监测和应急通信等一些军事目的,随后转为民用并被广泛应用于商业和科学研究。相应地,GPS 信号也分为民用的标准定位服务(Standard Positioning Service,SPS)和军用的精确定位服务(Precise Positioning Service,PPS)两类。出于安全考虑,美国在民用信号中人为添加了选择性误差以降低其定位精度,精度大概在100m 左右,而军用信号的精确度在 10m 以内。2000 年以后,美国政府逐渐取消对民用信号的干扰,使其定位精度也可以达到 10m。

2. 卫星定位系统的组成

卫星定位系统主要由空间部分、地面控制部分和用户部分构成,如图 4-27 所示。

(1)空间部分。卫星定位系统的空间部分由 24 颗距地球表面约 20 200km 的卫星组成,其中包括 3 颗备用卫星。这些卫星以 60°等角均匀地分布在 6 个轨道面上,每条轨道上均匀分布 4 颗卫星,并以 11 小时 58 分钟(12 恒星时)为周期环绕地球运转。在每一颗卫星上都载有位置及时间信号,只要客户端装设 GPS 设备,就能保证在全球的任何地方、任何时间都可以同时接收到至少 4 颗卫星的信号,并能保证良好的定位计算精度。每颗卫星都对地表发射涵盖自身所在轨道面的坐标、运行时间等数据信号,地面的接收站通过对这些数据处理分析,实现定位、导航、地标等精密测量,提供全球性、全天候和高精度的定位和导航的服务,图 4-28 所示是一颗空间定位卫星。

(2)地面控制部分。卫星定位系统的地面控制部分主要对整个系统进行集中控制管

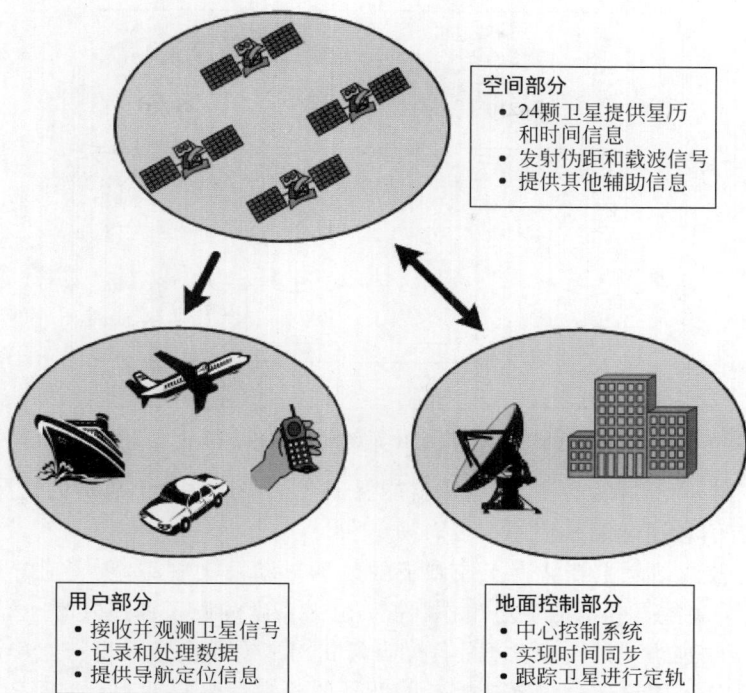

图 4-27　卫星定位系统的组成

图 4-28　空间定位卫星

理,实现卫星时间同步,同时对卫星的轨道进行监测和预报等。卫星定位系统的地面控制系统如图 4-29 所示,主要包括地面支持系统和用户导航设备。其中,地面支持系统包括以下三大部分。

➢ 主控站:主控站的主要任务是根据监测站提供的观测数据推算编制各卫星的星历、卫星钟差和大气层的修正参数等,并把这些数据传送到注入站;提供全球定位系统的时间基准;调整偏离轨道的卫星,使之沿预定的轨道运行;启用备用卫星代替失效的卫星。

➢ 注入站:注入站的主要任务是在每颗卫星运行至目标上空时,将主控站推算和编制的卫星星历、钟差、导航电文和其他控制指令等注入相应卫星的存储系统,并监测注入信息的正确性。这种注入对每颗导航卫星每天一次,并且是在卫星离开注入站作

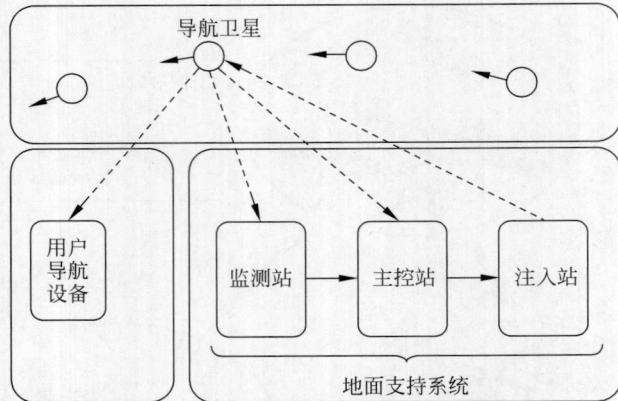

图 4-29 卫星定位系统的地面控制系统

用范围之前进行最后的注入，这样就能保证在某注入站发生故障的情况下，卫星中预存的导航信息还能继续使用一段时间。

➤ 监测站：监测站是主控站直接控制下的数据自动采集中心，负责对导航卫星进行连续观测、采集数据和监测卫星工作状况；由高精度的原子钟提供时间标准；由环境数据传感器收集当地的气象数据；使用计算机对所有观测资料进行初步处理。

（3）用户部分。用户部分主要是指各种型号的卫星信号接收机（包括 PDA、手机、iPad等），由卫星信号接收机天线、卫星信号接收机主机组成。其主要任务是捕获按一定卫星截止角所选择的待测卫星，并跟踪这些卫星的运行。接收导航卫星发射的无线电信号，即可获取接收天线至卫星的伪距离和距离的变化率，解调出必要的定位信息及观测量，通过定位解算方法进行定位计算，计算出用户所在地的地理位置信息，从而实现定位和导航功能。根据接收机的功能和定位精度的不同，接收机可分为导航型和测地型两类，测地型精度较高。图 4-30 给出了几种常用的卫星导航接收设备。

图 4-30 常用的卫星导航接收设备

如今，随着电子技术和集成电路技术的不断发展，卫星导航客户端接收器体积不断缩小，接收器的接收精准度也越来越高，而且，绝大部分手机、PDA、笔记本电脑等电子产品已经集成了卫星导航接收模块，可实现定位及导航的功能，已经成为这些电子设备的标准配备之一。

3. 卫星定位系统的原理

卫星定位系统是在已知卫星每一时刻的位置和速度的基础上,以卫星为空间基准点,通过测站接收设备测定至卫星的距离或通过多普勒频移等观测量来确定测站的位置、速度。利用基本的三角定位原理,根据观测时刻卫星的所在位置、速度和每颗卫星到接收机间的距离,通过计算就能获得接收机所在位置的三维空间坐标值和速度。一般情况下,接收机只需要接收到 3 颗卫星信号,就可以获得使用者与每个卫星之间的距离。在实际运行中,由于大气中电离层的干扰,这一距离并不是用户与卫星间的真实距离,而是伪距。为保证信号的可靠性,消除和减少误差,卫星导航终端都是利用接收装置接收到 4 颗以上的卫星信号,利用钟差来消除时间不同步带来的计算误差,获取使用者精确的位置和速度等信息。

如图 4-31 所示,测定用户坐标为 (x,y,z) ,它与 4 颗卫星 $S_i(i=1,2,3,4)$ 之间的距离为 $d_i=c\Delta t_i(i=1,2,3,4)$, c 为 GPS 信号的传播速度(即光速), $\Delta t_i(i=1,2,3,4)$ 为卫星信号到达测定位置所需要的时间差。根据 4 颗卫星的位置 (x_s,y_s,z_s) ,利用空间中任意两点间的距离公式,可得

$$\begin{cases} \sqrt{(x_1-x)^2+(y_1-y)^2+(z_1-z)^2}+c(\tau_1-\tau)=d_1 \\ \sqrt{(x_2-x)^2+(y_2-y)^2+(z_2-z)^2}+c(\tau_2-\tau)=d_2 \\ \sqrt{(x_3-x)^2+(y_3-y)^2+(z_3-z)^2}+c(\tau_3-\tau)=d_3 \\ \sqrt{(x_4-x)^2+(y_4-y)^2+(z_4-z)^2}+c(\tau_4-\tau)=d_4 \end{cases}$$

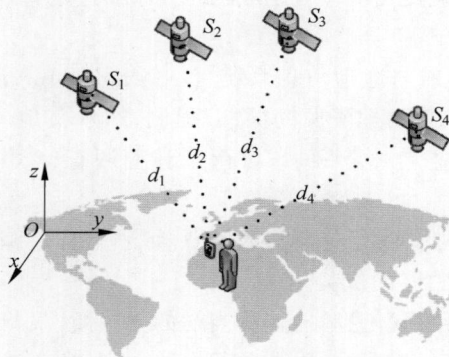

图 4-31　卫星导航定位原理示意图

通过上列等式可计算出测定用户的位置坐标 (x,y,z) ,其中, $\tau_i(i=1,2,3,4)$ 表示每一颗卫星 $S_i(i=1,2,3,4)$ 的钟差, τ 为接收设备与标准卫星时钟的钟差。

导航卫星发射的信号由两个分量 L_1 载波和 L_2 载波组成, L_1 的中心频率为 1575.42MHz, L_2 的中心频率为 1227.6MHz,采用双频是为了测定电离层延迟,以提高定位精度。在 L_1 和 L_2 上分别载有多种信号,这些信号包括以下两种。

➤ 测距码:测距码包括 C/A 码和 P(Y)码,其中 C/A 码为 1MHz 的伪随机噪声码。由于每颗卫星的 C/A 码互不相同,因此,常被用来区分不同的卫星,是用户测定测站到卫星间距离的一种主要信号;P(Y)码为 10MHz 的伪随机噪声码,用于精密定位。

➤ 导航电文:导航电文又称为广播星历。导航电文被调制在 L_1 载波上,主要包含卫星

的轨道参数、卫星钟和其他的一些系统参数信息。当用户接收到导航电文时,提取出卫星时间并与自己的时钟对比,可计算出卫星与用户之间的距离,再利用导航电文中的卫星星历数据推算卫星发射电文时所处的位置,经计算可得用户在大地坐标系中的位置、速度等信息。

在卫星定位系统中,按用户接收机在作业中所处的状态不同,可分为静态定位和动态定位;按定位模式不同,可分为绝对定位和相对定位。

静态定位就是在卫星定位过程中,接收机的天线位置保持不变,即在进行数据处理时,接收机天线的位置是一个不变的常量。静态定位一般用于高精度的测量定位。动态定位与之相反,在整个卫星定位过程中,接收机天线是一个随时间变化而变化的量。动态定位多以车辆、船舶和航天器为载体,实时测定卫星接收机的瞬间位置。

绝对定位又称为单点定位,是以一种用一台接收机进行定位的模式,确定的是接收机的绝对坐标。相对定位又称差分定位,这种定位模式采用两台或两台以上的接收机,同步跟踪相同的卫星信号,以确定接收机间的相对位置。相对定位精度较高,精度为±5m,多用在大地测量、精密工程测量等领域。

4. 卫星导航的应用

卫星导航的应用范围十分广泛,涵盖各行各业。根据应用的功能和领域的不同,可简单概括为如下几个方面。

(1) 定位导航。实现车辆、船舶、飞机等的定位导航,例如汽车的自主导航定位、车辆最佳行驶路线测定、船舶实时调度与导航、飞机航路引导和进场降落、车辆及物体的追踪和城市交通的智能管理等。

(2) 勘察测绘。卫星导航与地理信息系统(Geographic Information System,GIS)相结合,可实现大气物理观测、地球物理资源勘探、工程测量、水文地质测量、地壳运动监测和市政规划控制等。同时,在农业和林业领域,可用于林业调查、农作物信息采集、耕地面积核实等。

(3) 应急救援。对于消防、医疗等部门的紧急救援、目标追踪和个人旅游及野外探险的导引,卫星导航都具有得天独厚的优势。

(4) 精确制导。在军事领域,卫星导航从当初的为军舰、飞机、战车、地面作战人员等提供全天候、连续实时、高精度的定位导航,扩展到目前成为精确制导武器复合制导的重要技术手段之一。利用导弹上安装的卫星导航接收机接收导航卫星播发的信号来修正导弹的飞行路线,大大提高了制导精度。

5. 北斗卫星导航系统

北斗卫星导航系统是我国自主研发、独立运行的卫星导航系统。该系统的运行对于打破美国在卫星定位领域的垄断地位、保护国家安全等都具有重要意义。该系统的研发与建设,经历了北斗一号、北斗二号和北斗三号三个阶段。北斗一号、二号系统已经完成,并投入运行,开始向全球部分用户提供定位导航服务。2017年11月5日,中国第三代导航卫星顺利升空,它标志着中国正式开始建设面向全球用户的"北斗"全球卫星导航系统。2018年7月10日4时58分,我国成功发射了第32颗北斗导航卫星,卫星入轨并完成在轨测试后,将接入北斗卫星导航系统,为用户提供更可靠服务。

2014年11月,联合国负责制定国际海运标准的国际海事组织海上安全委员会,正式将中国的北斗系统纳入全球无线电导航系统。这意味着继美国的GPS和俄罗斯的GLONASS后,中国的导航系统已成为第三个被联合国认可的海上卫星导航系统。

2020年7月31日,北斗三号系统正式开通。该系统由35颗卫星组成,包括5颗静止轨道卫星、27颗中地球轨道卫星、3颗倾斜同步轨道卫星。5颗静止轨道卫星定点位置为东经58.75°、80°、110.5°、140°、160°,中地球轨道卫星运行在3个轨道面上,轨道面之间相隔120°均匀分布。由于北斗卫星分布在离地面2万多千米的高空上,以固定的周期环绕地球运行,使得在任意时刻,在地面上的任意一点都可以同时观测到4颗以上的卫星。

由于卫星的位置精确可知,在接收机对卫星的观测中,可得到卫星到接收机的距离,利用三维坐标中的距离公式,利用3颗卫星,就可以组成3个方程式,解出观测点的位置(x, y, z)。考虑到卫星的时钟与接收机时钟之间的误差,实际上有4个未知数,x、y、z和钟差,因而需要引入第4颗卫星,形成4个方程式进行求解,从而得到观测点的经纬度和高程。

事实上,接收机往往可以锁住4颗以上的卫星,这时,接收机可按卫星的空间位置分成若干组,每组4颗,然后通过算法挑选出误差最小的一组用作定位,从而提高精度。

卫星定位实施的是“到达时间差”(时延)的概念,即利用每一颗卫星的精确位置和连续发送的星上原子钟生成的导航信息获得从卫星至接收机的到达时间差。

卫星在空中连续发送带有时间和位置信息的无线电信号,供接收机接收。由于传输的距离因素,接收机接收到信号的时刻要比卫星发送信号的时刻延迟,通常称为时延,因此,也可以通过时延来确定距离。卫星和接收机同时产生同样的伪随机码,一旦两个码实现时间同步,接收机便能测定时延;将时延乘上光速,便能得到距离。

4.3.2　蜂窝定位技术

随着移动通信技术的迅速发展,手机作为人们日常必备的工具得到了广泛的推广和普及,手机的功能也从单一的语音通话逐渐向多元化方向发展。移动定位就是手机诸多的附加功能之一。1996年,美国联邦通信委员会通过了E-911法案,该法案要求无线运营商能够提供在50~100m之内定位一个手机的功能,当手机用户拨打美国全国紧急服务电话时,能对用户进行快速定位。

蜂窝定位一般采用基于参考点的基站定位技术,利用移动运营商的移动通信网络,通过手机与多个固定位置的收发信机之间传播信号的特征参数来计算出目标手机的几何位置,同时,结合地理信息系统为移动用户提供位置查询等服务。本节介绍蜂窝定位的几种常用方法。

1. COO定位

COO(Cell of Origin,蜂窝小区)定位是一种单基站定位,是通过手机当前连接的蜂窝基站的位置进行定位的。该技术根据手机所处的小区ID号来确定用户的位置。手机所处的小区ID号是网络中已有的信息,手机在当前小区注册后,系统的数据库中就会将该手机与该小区ID号对应起来,根据小区基站的覆盖范围,确定手机的大致位置(见图4-32)。所以,该方法的定位精度与小区基站的分布密度密切相关。在基站密度较高的区域,这种定位

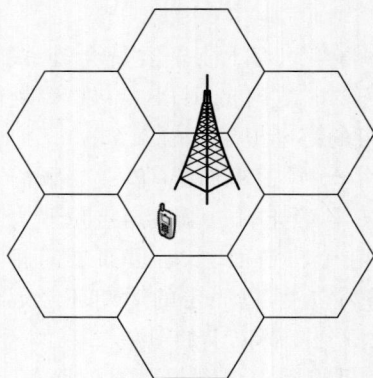

图 4-32　COO 定位原理

方式精度可以达到 $100\sim150\mathrm{m}$，在基站密度较低的区域（如农村、山区），精度降到 $1\sim2\mathrm{km}$。该方法的优点是定位时间短，对现有网络或手机无须改动就能够实现定位，缺点是定位精度取决于小区基站的分布密度。

2. TOA 定位

TOA（Time of Arrival，基于电波传播时间）的定位是一种三基站定位方法。该定位方法以电波的传播时间为基础，利用手机与三个基站之间的电波传播时延，通过计算得出手机的位置信息。如图 4-33 所示，手机与三个基站间的距离 d_i 为

$$d_i = c\Delta t_i$$

其中，c 为光速；Δt_i 为手机到基站 BS_i 的无线电波传播时延。利用量测技术确定手机到三个基站的传播时延，就可计算得出手机的位置。这种定位方法需要手机与基站之间处于可视范围内，否则会影响定位精度，产生较大误差。如果在手机的可视范围内存在三个以上的基站，则定位精度可以提高。

3. TDOA 定位

TDOA（Time Difference of Arrival，基于电波到达时差）定位与 TOA 定位类似，也是一种三基站定位方法。该方法是利用手机收到不同基站的信号时差来计算手机的位置信息的。如图 4-34 所示，如果手机收到相邻基站 BS_2 和 BS_3 的信号的时间差为 Δt，此时手机的位置在一条双曲线上。

$$d_2 - d_3 = c\Delta t$$

其中，d_2 为手机到基站 BS_2 的距离；d_3 为手机到基站 BS_3 的距离；c 为光速。三个不同的基站可以测得两个 TDOA（到达时差），手机位于两个 TDOA 决定的双曲线的交点上。与 TOA 法相似，TDOA 定位方法可以采用手机到双曲线距离均方误差最小的算法，前提是有两个以上的 TDOA 值可以用来计算。

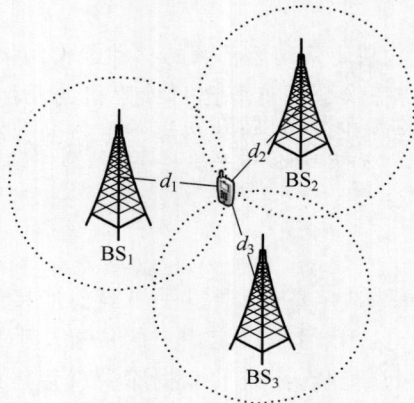

图 4-33　TOA 定位原理

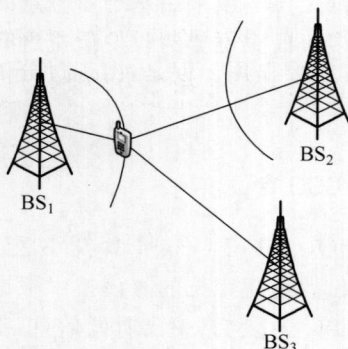

图 4-34　TDOA 定位原理

　　TDOA 法与 TOA 法相比较的优点之一是：当计算 TDOA 值时，求时差的过程可抵消时间误差和多径效应带来的误差，因而可以大大提高定位的精确度。

4. AOA 定位

　　AOA(Angle of Arrival，到达角度)定位是一种两基站定位方法，它根据信号的入射角度进行定位。该方法是假定基站可以测量出手机发射信号到达基站的角度，如果手机和基站处于可视范围内，则利用手机分别与两个基站的夹角 α_1 和 α_2，计算两条射线的交点就是手机的位置(见图 4-35)。实际上，由于多径传播的影响，采用 AOA 方法会产生一定误差，在市区采用 AOA 法定位，误差会非常大。同时，这种定位方法需要基站配备能够测量到达角大小的天线。

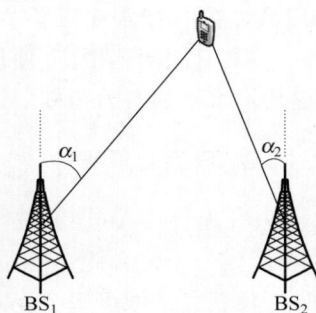

图 4-35　AOA 定位原理

　　另外，还可采用到达角与到达时间相结合的定位法，即基站可以同时测量到用户的 AOA 和 TOA，由 AOA 的角度数值所指的直线与到达时间确定的圆周，两者交点的位置来确定用户的位置。此法的主要优点是基站与移动用户间只进行一次测量，缺点与 AOA 法相同。

5. A-GPS 定位

　　A-GPS(Assisted GPS)网络辅助 GPS 定位是一种结合网络基站信息和 GPS 信息对手机进行定位的技术。该技术需要在手机内增加 GPS 接收机模块，并改造手机天线，同时要在移动网络上加建位置服务器、差分 GPS 基准站等设备。这种定位方法一方面通过 GPS 信号的获取，提高了定位的精度，误差可到 10m 左右；另一方面，通过基站网络可以获取到室内定位信号。不足之处就是手机需要增加相应的模块，成本较高。

　　A-GPS 定位的基本原理是建立 GPS 参考网络，参考网络中的接收机可以连续地接收 GPS 卫星信号，实时监视各种卫星信息。同时，该参考网络和蜂窝移动通信系统相连，定位时，可将监测到的各种卫星信息传送给终端 GPS 接收机，以加快首次定位时间，减少搜索时间，提高接收灵敏度。

　　上述几种方法是蜂窝无线定位较常用的方法，其他还包括基于场强的定位、七号信令定位等。与卫星定位技术不同，蜂窝定位技术是以地面基站为参照物，定位方法灵活多样，特别是能方便地实现室内定位，使其能在紧急救援、汽车导航、智能交通、蜂窝系统优化设计等方面发挥重要作用。但是，由于过分依赖地面基站的分布和密度，在定位精确度、稳定性方面无法与卫星定位技术相比。在实际的定位应用中，主要是将两者结合起来，实现混合定位，在扩大定位覆盖范围的同时，又能提高定位的精度，为定位应用提供更高质量的技术支撑。

4.3.3　WiFi 定位技术

　　近年来，室内移动对象管理的研究逐渐成为研究的热点。研究人员期望通过逐步提高室内移动对象定位的精确度，进一步提高室内移动对象管理应用的可用性，为人们的现代生活提供便利。室内定位与室外定位有很大的不同，GPS 卫星定位技术适合室外定位，在室外大范围定位中得到了广泛应用,而对于室内定位,由于密集建筑物对定位信号的遮挡作用,导致卫星定位技术在室内定位中无法发挥作用,造成定位精度低、能耗高的现象。而WiFi无线定位技术在现有WiFi网络的基础上,在不需要安装定位设备的情况下直接进行定位,并具有应用范围广、使用成本低、定位精度高等优势,是提高室内定位精度,提高室内定位技术水平的有力措施,具有良好的发展前景。

1. WiFi 定位原理

WiFi无线接入点(Access Point,AP)(也称为WiFi热点)只要通电,就一定会向周围发射信号,信号中包含此WiFi的唯一全球ID。在定位过程中,首先采集802.11无线信号,并搜集定位服务区域里每个WiFi无线接入点的位置,并把相关数据导入数据库中。对每个无线路由器进行唯一标识,在数据库中注明这些接入AP的具体位置。在定位实施阶段,通过无线路由器或者移动终端发射出来的802.11无线信号来确定任何一个具备WiFi功能设备的精确位置,而不论这一设备是PC、笔记本电脑、平板电脑、PDA、智能手机还是RFID标签。其定位原理如图4-36所示。

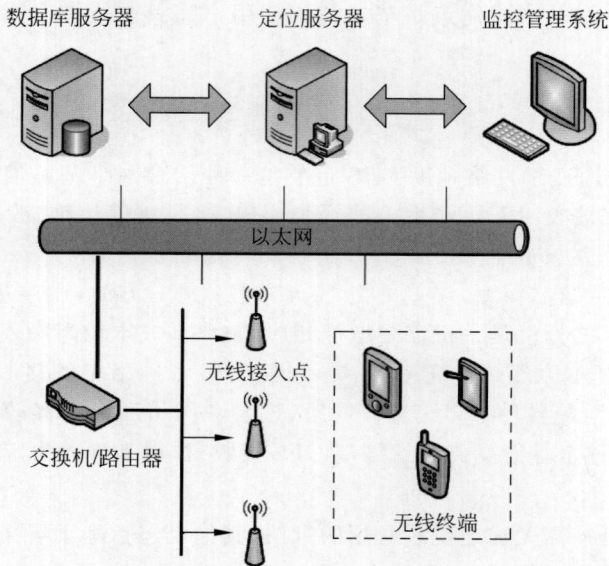

图 4-36　WiFi 无线定位系统

WiFi无线定位是通过收集监测区域的AP信号实现的。AP一般都很少变换位置,比较固定。这样,定位端只要侦听一下附近都有哪些AP,检测一下每个AP的信号强弱,然后把这些信息发送给服务器。服务器根据这些信息,查询每个AP在数据库里记录的坐标,通过运算,就能知道客户端的具体位置了,再把坐标告诉客户端。定位的精度与电子设备收集到的AP信号的数量与强度有关,如果电子设备收集到的AP信号数量多,信号强度大,则定位精度也就越高。

WiFi无线定位技术主要包括三边定位计算法和位置指纹识别计算法。其中,三边定位计算法又分为普通的三边定位算法和质心定位计算法,与卫星定位原理相似,三边定位计算法是利用三个参考点与定位目标的距离来确定定位目标的具体位置;位置指纹识别计算法则是通过对定位目标设备收集到的 AP 信号的特征指纹信息进行对比和区分达到目标定位的目的。相比于位置指纹识别计算法来说,三边定位计算法定位精度较差,这是由于位置指纹识别计算法的对目标进行定位的过程中不需要对 AP 信号的种类、模型和位置进行分析,在定位效率、操作以及定位精度方面都具有很大的优势。

2. 质心定位算法

质心定位算法的定位过程是:首先,在定位区域内部署一定数量的、定位准确的参考点;其次,收集这些参考点发出的信号并传输至服务器;然后,计算这些信号以确定目标设备是否处于该定位区域;最后,如果目标设备处于该定位区域,则根据参考点组成的多边形质心位置来计算目标设备的具体位置。

如图 4-37 所示,未知节点 $M(x,y)$ 接收并记录来自 n 个信标节点 $P_1(x_1,y_1)$、$P_2(x_2,y_2)\cdots P_n(x_n,y_n)$ 发送的 ID 信息,通过如下质心计算公式求解未知节点的坐标:

$$x=(x_1+x_2+\cdots\cdots+x_n)/n, \quad y=(y_1+y_2+\cdots+y_n)/n$$

$$(x,y)=\left(\frac{x_1+x_2+\cdots+x_n}{n},\frac{y_1+y_2+\cdots+y_n}{n}\right)$$

其中,n 为与 WiFi 关联热点集合中包括的 WiFi 热点标识总数。

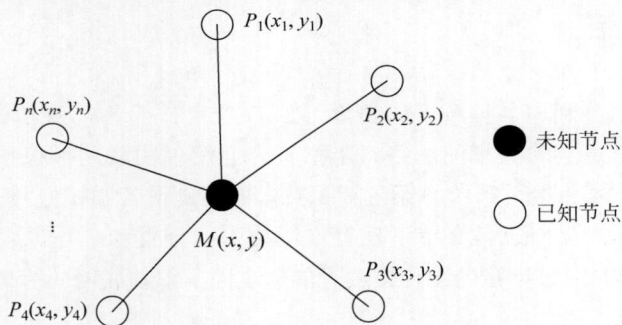

图 4-37 质心定位原理图

质心定位算法作为一种非测距的定位算法主要是依靠参考节点的位置信息发送给未知节点,未知节点通过邻居节点组成的多边形的质心来确定自身的估计位置。与其他定位算法相比,质心定位算法比较简单,完全基于网络的连通性,不需要增加额外的硬件设施,容易实现,但是这种算法的精确度与参考节点的密度有着很大的关系。

3. 位置指纹识别计算法

位置指纹识别计算法首先需要确定定位区域内的特征点位置,使特征点位置具有一定的规则性,并收集特征点发出的 AP 信号强度,也就是 RSSI 值,建立 AP 位置信号 RSSI 值数据库。在实际定位过程中,通过对定位目标设备收集到的 AP 信号强度进行分析,并与数据库中现有的 AP 信号进行对比,选择与目标设备 AP 信号特征相似度最高的信号位置作为目标设备的最终定位位置。按照其实施过程的不同,又可分为基于 RSSI 测距的理论模型和基于 RSSI 特征的经验模型。

在基于 RSSI 测距技术的定位系统中,已知发射节点的发射信号强度,接收节点根据接收到信号的强度,计算出信号的传播损耗,利用理论模型将传输损耗转换为距离,再利用已有的算法计算出节点的位置。RSSI 与距离的关系为

$$RSSI = -(10n\lg d + A)$$

式中,A 表示距发射节点 1m 处的信号强度指示值的绝对值;d 表示发射节点与接收节点之间的距离;n 为与环境相关的路径损耗系数。

在定位区域布设好的 WiFi 网络范围中,按照一定的间隔选取若干参考点,测试并记录在这些参考点上收集到的各个 AP 发射出的信号强度,并按照数据格式$(x, y, ss_1, ss_2, \cdots, ss_n)$建立各个参考点的坐标值和 RSSI 特征值的离线数据库。实际定位过程中,根据定位点实际测量得到的信号强度$(ss_1, ss_2, \cdots, ss_n)$和数据库中记录的信号强度进行比对,此步骤称为数据匹配。将具有最佳匹配对应的一个参考点坐标或者多个参考点坐标的平均值作为待测节点的坐标位置。常用的匹配算法有最近邻法(NN)、KNN、神经网络等。

RSSI 特征值是在参考点处经过多次采样计算得到的平均值,该平均值与定位环境中的位置密切相关。不同位置处具有不同的 RSSI 特征值,来自不同 AP 的 RSSI 特征值共同构成该位置的指纹特征信息。由于指纹信息受环境干扰而产生的不稳定性,以及定位区域大、参考点多、采样工作繁重,这些因素都会加大指纹数据库的建立、维护与更新的难度。

4.4 本章小结

物联网标识技术是利用各种条形码技术、RFID 技术作为物品身份识别的唯一标识,建立起一个全球物品信息实时共享的网络。本章首先介绍了物联网标识技术的基本概念和典型应用系统及实施方案;然后系统介绍了标识技术的关键设备和核心技术,内容包括硬件设备、中间件、防碰撞算法等;最后,介绍了现有定位技术的分类和工作原理。在内容阐述过程中,列举了大量实例,并通过丰富的图片使读者能够全面了解物联网的标识和定位技术。

习题

一、选择题

1. 1977 年,欧洲共同体在 12 位 UPC-A 码的基础上,开发出与 UPC 码兼容的(　　)。
   A. 39 码　　　　　B. EAN 码　　　　　C. PDF417　　　　　D. CODE 49

2. 建立全球统一标识系统,促进国际贸易的机构是协调全球统一标识系统在各国的应用,确保成员组织规划与步调的充分一致的机构是(　　)。
   A. 国际物品编码协会　　　　　　　B. 中国条码技术与应用协会
   C. 国际自动识别协会　　　　　　　D. 中国物品编码中心

3. 在中国大陆,EAN-13 厂商识别代码由(　　)位数字组成,由中国物品编码中心负责分配和管理。
   A. 4～6　　　　　B. 7～9　　　　　C. 8～10　　　　　D. 9～11

4. 编码方式属于模块组配编码法的码制是(　　)。
   A. 39 条码　　　　　B. 25 条码　　　　　C. 二维条形码　　　　　D. ISBN

5. 关于二维条形码,以下说法正确的是(　　　)。
    A. 二维条形码能够在横向和纵向两个方位同时表达信息
    B. 二维条形码不存在病毒
    C. 二维条形码局部损坏后不能阅读
    D. 二维条形码只能表示字母和数字

6. 使用微信对商家提供的二维条形码进行扫码付款,该扫描过程属于(　　　)。
    A. 信息发布　　　　　B. 信息采集　　　　　C. 信息存储　　　　　D. 信息可视化

7. 使用手机扫描 QR 二维条形码的原理是基于(　　　)。
    A. 红外感应器　　　　B. 激光扫描器　　　　C. 手机摄像头　　　　D. 以上都不是

8. RFID 系统中,无源标签的能耗从(　　　)而来。
    A. 光照　　　　　　　B. 磁场　　　　　　　C. 电池　　　　　　　D. 振动

9. 在 RFID 系统中,一般采用(　　　)法来解决碰撞。
    A. 空分多址(SDMA)　　　　　　　　　B. 频分多址(FMDA)
    C. 码分多址(CDMA)　　　　　　　　　D. 时分多址(TDMA)

10. 在铁路机车车号识别系统中,安装在铁轨中间的是(　　　)。
    A. 读写器天线　　　　　　　　　　　B. 读写器
    C. 读写器和读写器天线　　　　　　　D. 电子标签

11. 在基本二进制算法中,为了从 N 个标签中找出唯一一个标签,需要进行多次请求,其平均次数 L 为(　　　)。
    A. $\log_2 N$　　　　　B. $\log_2 N + 1$　　　　　C. 2^N　　　　　D. $2^N + 1$

12. 在纯 ALOHA 算法中,假设电子标签在 t 时刻向阅读器发送数据,与阅读器的通信时间为 T0,则碰撞时间为(　　　)。
    A. 2T0　　　　　　　B. T0　　　　　　　C. t+T0　　　　　　D. 0.5T0

13. (　　　)是电子标签的一个重要组成部分,它主要负责存储标签的内部信息,还负责对标签接收到的信号以及发送出去的信号进行一些必要的处理。
    A. 天线　　　　　　　B. 电子标签芯片　　　C. 射频接口　　　　　D. 读写模块

14. 空间定位系统的设计方案中通常包括(　　　)部分、地面监控部分和用户接收部分。
    A. 移动基站　　　　　B. 空间卫星　　　　　C. 手机　　　　　　　D. 汽车导航系统

15. 移动终端实施空间定位最少需要接收(　　　)导航卫星的信号。
    A. 二颗　　　　　　　B. 三颗　　　　　　　C. 四颗　　　　　　　D. 五颗

二、问答题

1. 简述一维条形码的分类及编码方式。

2. 简述 UPC 与 EAN 码的应用。

3. UPC 和 EAN 码的共同符号特征有哪些?

4. 假设编码系统字符为 0,厂商识别代码为 012320,商品项目代码为 0007,试将其表示成 UPC-E 形式。

5. 行排式二维条形码与矩阵式二维条形码的编码原理有何不同?

6. 试对数字 0123456789012345(16 个数字字符)进行编码,生成 QR 码。

7. 什么是 RFID 技术? RFID 系统的基本组成部分有哪些? RFID 的工作原理是什么?

8. 什么是电子产品代码标签？

9. RFID 系统的工作频率有哪些？

10. 什么叫标签碰撞和读写器碰撞？常见的标签碰撞和读写器碰撞有哪些？

11. 未来 RFID 标签能否取代条形码技术？

12. 全球卫星定位系统由哪几部分组成？每一部分的功能是什么？

13. 蜂窝定位技术与卫星定位技术的异同点有哪些？

14. 蜂窝定位技术的常用方法有几种？试简述每种方法的基本原理。

15. 简述 WiFi 定位的两种常用方法及其工作原理。

第5章

物联网通信技术

可靠传递是物联网的主要特征,其核心技术就是通信。因物联网感知节点的多样性,导致了物联网通信方式的多样性。本章讲述物联网的主要通信技术,包括近距离无线通信技术、移动通信技术、卫星通信技术和以太网技术等。

5.1 近距离无线通信技术

近距离无线通信技术是实现无线局域网和无线个人局域网中节点、设备组网的常用通信技术,用于将传感器、RFID及手机等移动感知设备的感知数据进行数据汇聚,并通过网关传输到上层网络中。近距离无线通信技术通常有 WiFi、蓝牙和 ZigBee 技术。

5.1.1 WiFi 技术

WiFi(Wireless Fidelity,无线保真)技术是一种将 PC、笔记本电脑、移动手持设备(如PDA、手机)等终端以无线方式互相连接的短距离无线电通信技术,由 WiFi 联盟于 1999 年发布。WiFi 联盟最初为无线以太网相容联盟(Wireless Ethernet Compatibility Alliance,WECA),因此,WiFi 技术又称无线相容性认证技术。

1. WiFi 采用的协议标准

WiFi 联盟主要针对移动设备,规范了基于 IEEE 802.11 协议的数据连接技术,用以支持包括本地无线局域网(Wireless Local Area Network,WLAN)、个人局域网(Personal Area Network,PAN)在内的网络。因此,WiFi 常用的协议标准如下。

(1) 工作于 2.4GHz 频段,数据传输速率最高可达 11Mb/s 的 IEEE 802.11b 标准。

(2) 工作于 5GHz 频段,数据传输速率最高可达 54Mb/s 的 IEEE 802.11a 标准。

(3) 工作于 2.4GHz 频段,数据传输速率最高可达 54Mb/s 的 IEEE 802.11g 标准。

(4) 工作于 2.4GHz/5GHz 频段,数据传输速率最高可达 450Mb/s 的 IEEE 802.11n标准。

2. WiFi 的特点

与其他短距离通信技术相比,WiFi 技术具有以下特点。

(1) 覆盖范围广。开放性区域的通信距离通常可达 305m,封闭性区域的通信距离通常在

76~122m。特别是基于智能天线技术的 IEEE 802.11n 标准,可将覆盖范围扩大到 10km^2。

(2)传输速率快。基于不同的 IEEE 802.11 标准,传输速率可从 11Mb/s 到 450Mb/s。

(3)建网成本低,使用便捷。通过在机场、车站、咖啡店、图书馆等人员较密集的地方设置"热点"(HotSpot),即无线接入点(Access Point,AP),任意具备无线接入网卡的设备均可利用 WiFi 技术实现网络访问。

(4)更健康、更安全。WiFi 技术采用 IEEE 802.11 标准,实际发射功率为 60~70mW,与 200mW~1W 的手机发射功率相比,辐射更小,更加安全。

3. WiFi 组网技术

利用 WiFi 技术组建的网络称为无线 LAN。无线 LAN 有两种模式。一种是没有接入点的 Ad Hoc 模式:它利用 WiFi 技术实现设备间的连接,通常用在掌上游戏机、数字相机和其他电子设备上以实现数据的相互传输;另一种是接入点模式:它利用无线路由器作为访问接入点,具有无线网卡的台式机、笔记本电脑以及具有 WiFi 接口的手机均可作为无线终端接入,形成一个由无线终端与接入点组成的无线局域网络,如图 5-1 所示。后一种模式较常用,通常和 ADSL、小区宽带等技术相结合,实现无线终端的互联网访问。

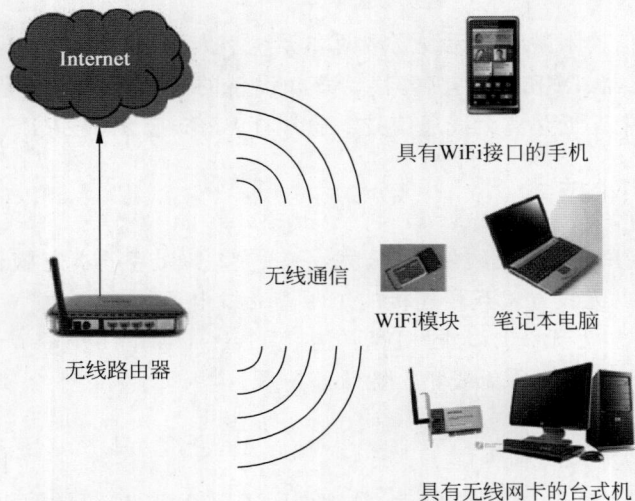

图 5-1 基于接入点模式的 WiFi 组网示意图

在接入点模式中,WiFi 的设置至少需要一个接入点和一个或一个以上的终端。接入点每 100ms 将服务集标识(Service Set Identifier,SSID)经由信号台(beacons)分组广播一次,beacons 分组的传输速率是 1Mb/s,并且长度很短,所以这个广播动作对网络性能的影响不大。因为 WiFi 规定的最低传输速率是 1Mb/s,所以可确保所有的 WiFi 终端都能收到这个 SSID 广播分组。基于收到的 SSID 分组,终端可以自主决定连接对应的访问点。同样,用户也可以预先设置要连接访问点的 SSID。

4. WiFi 的安全技术

任何终端在接入到 WiFi 所组成的无线局域网之前需要进行身份认证。IEEE 802.11b 标准定义了开放式和共享密钥式两种身份认证方法。身份认证必须在每个终端上进行设置,并且这些设置应该与通信的所有访问点相匹配。认证过程包括两个通信步骤。

(1) 请求认证的站点 STA 向 AP 发送一个含有本站身份的认证请求帧。

(2) AP 接收到请求后,向 STA 返回一个认证结果,如果认证成功,则返回该 AP 的 SSID。

下面介绍 IEEE 802.11 共享密钥认证方式。共享密钥认证方式以有线等价保密 (Wired Equivalent Privacy,WEP)为基础,认证过程基于请求-应答模式,具体步骤如下。

(1) 请求认证的站点 STA 向 AP 发送认证请求。

(2) AP 接收到该认证请求后,向 STA 返回 128 字节的认证消息作为请求的验证。此验证消息由 WEP 的伪随机数生成器产生,包括认证算法标识、认证事务序列号、认证状态码和认证算法依赖信息四部分。如果认证不成功,则表明认证失败,整个认证结束。

(3) 请求认证的 STA 收到认证消息后,使用共享密钥 k 对认证消息中的认证算法依赖信息进行加密,并将所得的密文以及认证算法标识、认证事物序列号组成认证消息发送给 AP。

(4) AP 接收到 STA 返回的认证消息后,使用共享密钥 k 解密认证算法依赖信息,并将解密结果与早先发送的验证帧数据比对。如果比对成功,AP 向 STA 发送一个包含"成功"状态码的认证结果,则认证成功;如果比对失败,AP 向 STA 发送一个包含"失败"状态码的认证结果,则认证失败。

在这里,WEP 协议是 IEEE 802.11 协议 1999 年的版本中所规定的,用于在 IEEE 802.11 的认证和加密中保护无线通信信息。在 IEEE 802.11 系列标准中,802.11b 和 802.11g 也采用 WEP 加密协议。WEP 的核心加密算法是 RC4 序列密码算法。WEP 采用对称加密机制,数据的加密和解密使用相同的密钥和算法。WEP 支持 64 位和 128 位加密。对于 64 位加密,加密密钥为 10 个十六进制字符或 5 个 ASCII 字符。对于 128 位加密,加密密钥为 26 个十六进制字符或 13 个 ASCII 字符。WEP 依赖通信双方共享的密钥来保护所传的加密数据帧。

采用 RC4 算法的 WEP 加密过程如下。

(1) 计算明文消息 M 的完整性校验值,由原始明文消息和完整性校验值组成新的明文消息 P。

(2) 使用私密密钥 k 和随机选择的一个 24 位的初始向量 **IV** 作为随机密钥生成种子,通过 RC4 随机密钥生成算法,生成一个 64 位密钥,作为通信密钥,将密钥和明文消息 P 进行异或运算生成密文。

(3) 将生成的密文和初始向量 **IV** 一起发送给接收方。

在实际应用中,RC4 算法目前广泛采用 104 位密钥以代替 40 位密钥,以提高安全性。与加密过程对应,WEP 解密过程如下。

(1) 从接收到的数据包中提取出初始向量 **IV** 和密文。

(2) 将初始向量 **IV** 和私密密钥 k 送入采用 RC4 算法的伪随机数发生器得到解密密钥。

(3) 将解密密钥与密文进行异或运算得到明文和它的 CRC 校验和 ICV。

(4) 对得到的明文采用相同的 CRC 表达式计算校验和 ICV,比较两个 CRC 结果,如果相等,说明接收的协议数据正确,否则丢弃数据。

由于 WEP 加密方案存在容易破解的缺点,目前 WiFi 网络中普遍使用无线保护访问 (Wireless Protected Access,WPA)协议。WPA 是由 WiFi 联盟提出的一个无线安全访问保护协议。WPA 使用更强大的加密算法和用户身份验证方法来增强 WiFi 的安全性,提供更高级别的保障,始终严格地保护用户的数据安全,确保只有授权用户才可以访问网络。

5. WiFi 的应用

近年来,随着电子商务和移动办公的进一步普及,WiFi 正成为无线接入的主流标准。基于 WiFi 技术的无线网络使用方便、快捷高效,使得无线接入点数量迅猛增长。其中,家庭和小型办公网络用户对移动连接的需求是无线局域网市场增长的主要动力。许多国家在公共场所集中建立热点的基础上,积极着手建设城域网。目前,WiFi 技术的商用化进程碰到了许多困难。一方面是受制于 WiFi 技术自身的限制,如其漫游性、安全性和如何计费等都还没有得到妥善的解决;另一方面,WiFi 的赢利模式不明确,如果将 WiFi 作为单一网络来经营,商业用户的不足会导致网络建设的投资收益比较低,因此也影响了电信运营商的积极性。但是,作为一种方便、高效的接入手段,WiFi 技术正逐渐和 4G/5G 等其他通信技术相结合,成为现代短距离通信技术的主流。

5.1.2　蓝牙技术

蓝牙(bluetooth)是一种支持设备短距离通信(10cm～10m)的无线电技术,能在包括移动电话、PDA、无线耳机、笔记本电脑、相关外设等众多设备之间进行无线信息交换。利用蓝牙技术能够有效地简化移动通信终端设备之间的通信,也能够简化设备与 Internet 之间的通信,从而使数据传输变得更加迅速、高效。蓝牙技术最初由爱立信公司提出,后与索尼爱立信、IBM、英特尔、诺基亚及东芝等公司联合组成蓝牙技术联盟(Bluetooth Special Interest Group,SIG),并于 1999 年公布 1.0 版本。

蓝牙技术是一种无线数据与语音通信的开放性全球规范,最初以去掉设备之间的线缆为目标,为固定与移动设备通信环境建立一个低成本的近距离无线连接。采用蓝牙技术的适配器和蓝牙耳机如图 5-2 所示。随着应用的扩展,蓝牙技术可为已存在的数字网络和外设提供通用接口,组建一个远离固定网络的个人特别连接设备群,即无线个人局域网(Wireless Personal Area Network,WPAN)。

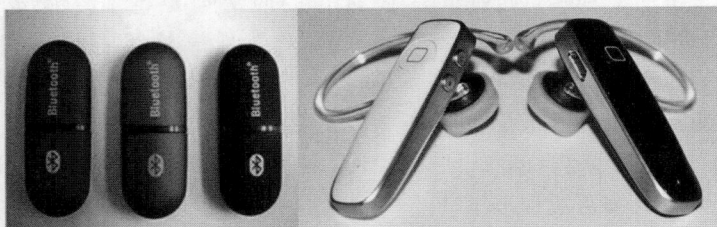

图 5-2　蓝牙技术的适配器和蓝牙耳机

1. 蓝牙协议栈

蓝牙联盟针对蓝牙技术制定了相应的协议结构,IEEE 802.15 委员会对物理层和数据链路层进行了标准化,于 2002 年批准了第一个 PAN 标准 IEEE 802.15.1。基于 IEEE 802.15 版本的蓝牙协议栈结构如图 5-3 所示,协议栈描述如下。

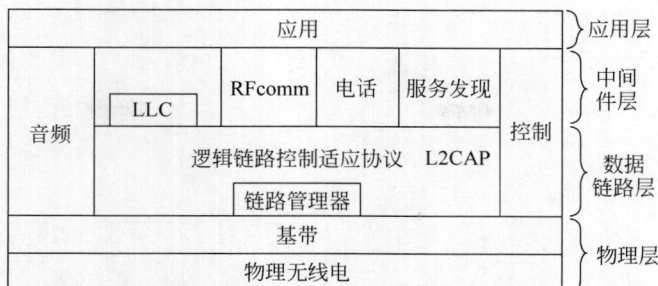

图 5-3　基于 IEEE 802.15 版本的蓝牙协议栈结构示意图

（1）协议栈最底层是物理无线电层，处理与无线电传送和调制有关的问题。蓝牙是一个低功率系统，通信范围在 10m 以内，运行在 2.4GHz ISM 频段上。该频段分为 79 个信道，每个信道 1MHz，总数据率为 1Mb/s，采用时分双工传输方案实现全双工传输。

（2）蓝牙基带层将原始位流转变成帧，每一帧都是在一个逻辑信道上进行传输的，该逻辑信道位于主节点与某一个从节点之间，称为链路。蓝牙标准中共有两种链路。一种是 ACL 链路（Asynchronous Connection Less，异步无连接链路），用于无时间规律的分组交换数据。在发送方，这些数据来自数据链路层的逻辑链路控制适应协议（Logical Link Control Adaptation Protocol，L2CAP）；在接收方，这些数据被递交给 L2CAP。ACL 链路尽量采用投递机制发送信包，帧存在丢失的可能性。另一种是 SCO 链路（Synchronous Connection Oriented，面向连接的同步链路），用于实时数据传输，如电话。

（3）链路管理器负责在设备之间建立逻辑信道，包括电源管理、认证和服务质量。逻辑链路控制适应协议为上面各层屏蔽传输细节，主要包含三个功能：第一，在发送方，接收来自上面各层的分组，分组最大为 64KB，将其拆散到帧中；在接收方，重组为对应分组。第二，处理多个分组源的多路复用。当一个分组被重组时，决定由哪一个上层协议来处理它。例如，由 RFcomm 或者电话协议来处理。第三，处理与服务质量有关的需求。此外，音频协议和控制协议分别处理音频和控制相关的事宜，上层应用可略过 L2CAP 直接调用这两个协议。

（4）中间件层由许多不同的协议混合组成。无线电频率通信/射频通信（Radio Frequency Communication，RFcomm）是指模拟连接键盘、鼠标、MODEM 等设备的串口通信；电话协议是一个用于语音通信的实时协议；服务发现协议用来查找网络内的服务。

（5）应用层包含特定应用的协议子集。

2．蓝牙组网技术

蓝牙系统的基本单元是微微网（piconet），包含一个主节点以及 10m 距离内的至多 7 个处于活动状态的从节点。多个微微网可同时存在，并通过桥节点连接，如图 5-4 所示。

在一个微微网中，除了允许最多 7 个活动从节点外，还可有多达 255 个静态节点。静态节点是处于低功耗状态的节点，可节省电源能耗。静态节点除了响应主节点的激活或者指示信号外，不再处理任何其他事情。微微网中主、从节点构成一个中心化的 TDM 系统，由主节点控制时钟，决定每个时槽相应的通信设备（从节点）。通信仅发生在主、从节点间，从节点间无法直接通信。

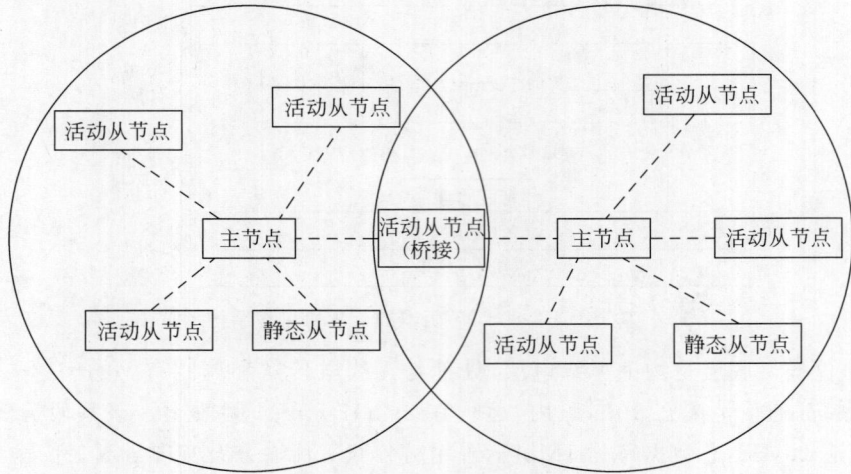

图 5-4　蓝牙组网示意图

3. 蓝牙应用服务

蓝牙在其 1.1 版本中规范了 13 种应用服务，如表 5-1 所示。

表 5-1　蓝牙应用服务

应　用　名	说　　明
一般访问（Generic Access）	针对链路管理的应用
服务发现（Service Discovery）	用于发现所提供的服务
串行端口（Serial Port）	用于代替串行端口电缆
一般的对象交换（Generic Object Exchange）	为对象移动过程定义客户-服务器关系
LAN 访问（LAN Access）	移动计算机和固定 LAN 之间的协议
拨号联网（Dial-up Networking）	计算机通过移动电话呼叫
传真（Fax）	传真机与移动电话建立连接
无绳电话（Cordless Telephony）	无绳电话与基站间建立连接
内部通信联络系统（Intercom）	数字步话机
头戴电话（Headset）	允许免提的语音通信
对象推送（Object Push）	提供交换简单对象的方法
文件传输（File Transfer）	提供文件传输
同步（Synchronization）	PDA 与计算机间进行数据同步

其中，一般访问和服务发现是蓝牙设备必须实现的应用，其他应用则为可选。

4. 蓝牙技术的安全措施

蓝牙规范定义了三种不同的安全模式，即非安全模式、业务层安全模式和链路层安全模式。

（1）非安全模式。此模式不采用信息安全管理也不执行安全保护以及处理，当设备上运行一般应用时使用此种模式。该模式中，设备避开链路层的安全功能，可以访问不敏感信息。

（2）业务层安全模式。蓝牙设备在逻辑链路层建立信道之后采用信息安全管理机制，并执行安全保护功能。这种安全机制建立在 L2CAP 和它之上的协议中,该模式可为多种应用提供不同的访问策略,并且可以同时运行安全需求不同的应用。

(3) 链路层安全模式。链路层安全模式是指蓝牙设备在连接管理协议层建立链路的同时,采用信息安全管理模式来执行安全保护的方式,它建立在连接管理协议基础之上。在该模式中,链路管理器在同一层面上对所有的应用强制执行安全措施。

业务层安全模式和链路层安全模式的本质区别在于在业务层安全模式下的蓝牙设备是在信道建立以前启动的安全性过程,也就是说,它的安全性过程在较高层协议中进行,链路层安全模式下的蓝牙设备在信道建立后启动安全性过程,它的安全性过程在较低层协议实施。

链路层安全模式包括验证和加密两个功能。两个不同的蓝牙设备第一次连接时,需要验证两个设备是否具有互相连接的权限,用户必须在两个设备上输入 PIN(Personal Identification Number,个人识别码)作为验证的密码,称为配对(pairing)过程。配对过程中的两个设备分别称为 Verifier 与 Claimant。在配对过程中并不是 Verifier 与 Claimant 直接比较两者的 PIN,因为 Verifier 与 Claimant 还没有建立共同的秘密通信方式,若是 Claimant 直接传送未加密的 PIN 给 Verifier,机密性非常高的 PIN 容易被在线侦听而遭泄露。所以当 Verifier 对 Claimant 验证时,中间传送的并不是 PIN。链路层的通信流程包括以下四个步骤。

(1) 产生初始密钥。当两个不同的蓝牙设备第一次连接时,用户在两个设备中输入相同的 PIN,接着 Verifier 与 Claimant 都产生一个相同的初始化密钥,称为 KINIT,长度为 128 位;KINIT 是由设备地址 BD_ADDR、PIN、PIN 的长度及一个随机数 IN_RAND 经过计算得到的。这样 Verifier 与 Claimant 可以通过双方都拥有的相同初始密钥 KINIT 进行连接,并对传递的参数进行加密,以保证不被他人侦听。

(2) 产生设备密钥。每个蓝牙设备在第一次开机操作完成初始化的参数设置后,设备将产生一个设备密钥(Unit Key,KA)。KA 保存在设备的内存中,KA 是由 128 位的随机数 RAND 与 48 位的 BD_ADDR 经过 E21 算法计算而来的。一旦设备产生 KA 后,便一直保持不变,因为有多个 Claimant 共享同一个 Verifier,若是 Verifier 内的 KA 改变,则以前所有与其相连接过的 Claimant 都必须重新进行初始化的程序以得到新的链路密钥。

(3) 产生链路密钥。链路密钥由设备密钥和初始化密钥产生。Verifier 与 Claimant 间以设备内的链路密钥作为验证和比较的根据,双方必须拥有相同的链路密钥,Claimant 才能通过 Verifier 的验证。每当 Verifier 与 Claimant 间进行验证时,链路密钥作为加密过程中产生加密密钥的输入参数,链路密钥的功能和 KINIT 的功能相同,只是 KINIT 是初始化时的临时性密钥,存储在设备的内存中,当链路密钥产生时,设备就将 KINIT 丢弃。

依据设备存储能力的不同,链路密钥有两种产生方式。当设备的存储容量较小时,可以直接把 Claimant 的 KA 作为链路密钥,经过 KINIT 的编码后传递到 Verifier 上;当设备的存储容量足够时,则结合 Verifier 与 Claimant 两个设备内的 KA 产生 KAB,Verifier 与 Claimant 分别产生随机数 LK_RANDA 和 LK_RANDB,这两个随机数经过 KINIT 的编码后,互相传给对方,Verifier 与 Claimant 即根据随机数 LK_RANDA 和 LK_RANDB 与 BD_ADDR 运用算法计算出相同的 KAB。

链路密钥究竟是采用 KA 还是 KAB 取决于具体的应用。对于存储容量较小的蓝牙设备或者对于处于大用户群中的设备，适合采用 KA，此时只需存储单一密钥；对于安全等级请求较高的应用，适合采用 KAB，但此时设备必须拥有较大的存储空间。

（4）验证。在 Verifier 和 Claimant 都拥有一个相同的链路密钥 KAB 后，Verifier 利用链路密钥 KAB 验证 Claimant 是否能够与其相连，如果双方根据 KAB 生成的验证码相同，则 Verifier 接受 Claimant 的连接请求，否则 Verifier 将拒绝 Claimant 的连接请求。

为了防止非法的入侵者不断地尝试以不同的 PIN 连接 Verifier，当某次 Claimant 请求验证而被 Verifier 拒绝时，Claimant 必须等待一定的时间间隔才能再次请求 Verifier 的验证，Verifier 将记录验证失败的 Claimant 的 BD_ADDR。当同一个验证失败的 Claimant 一直不断地重复验证，则每次验证间的等待时间将以指数的速率一直增加。在 Verifier 内记录了每一个 Claimant 的验证时间间隔表以控制 Claimant 的验证时间间隔，这将更有效地阻止不当或非法的入侵者。

5．蓝牙技术的应用环境

（1）居家。在现代家庭，通过使用蓝牙技术的产品，可以免除设备电缆缠绕的苦恼。鼠标、键盘、打印机、耳机和扬声器等均可以在 PC 环境中无线使用。通过在移动设备和家用 PC 之间同步联系人和日历信息，用户可以随时随地存取最新的信息。此外，蓝牙技术还可以用在适配器中，允许人们从相机、手机、笔记本电脑向电视发送照片。

（2）工作。除实现设备的无线连接之外，启用蓝牙的设备能够创建自己的即时网络，让用户能够共享演示文稿或其他文件，不受兼容性或电子邮件访问的限制。蓝牙设备还能方便地召开小组会议，通过无线网络与其他办公室进行对话，并将白板上的构思传送到计算机。现在有越来越多的移动设备支持蓝牙功能，销售人员可使用手机进行连接并通过 GPRS 移动网络传输信息。

（3）通信及娱乐。目前，蓝牙技术在日常生活中应用最广的就是支持蓝牙的设备与手机相连，如蓝牙耳机、车载免提蓝牙。蓝牙耳机使驾驶更安全，同时能够有效减少电磁波对人体的影响。此外，内置了蓝牙技术的游戏设备，能够在蓝牙覆盖范围内与朋友展开游戏竞技。

5.1.3　ZigBee 技术

ZigBee 技术作为短距离无线传感器网络的通信标准，由于复杂程度低、能耗低、成本低，广泛应用于家庭居住控制、商业建筑自动化、工厂车间管理和野外监控等领域。ZigBee 技术标准由 ZigBee 联盟于 2004 年推出，该联盟是一个由半导体厂商、技术供应商和原始设备制造商加盟的组织。

1．ZigBee 技术的主要特征

ZigBee 技术相对于其他的无线通信技术具有以下特点。

（1）功耗低。由于 ZigBee 的传输速率低，传输数据量小，并且采用了休眠模式，因此 ZigBee 设备非常省电。据估算，ZigBee 设备仅靠两节 5 号电池就可以维持长达六个月到两年时间。

（2）成本低。ZigBee 技术协议简单，内存空间小，专利免费，芯片价格低，使得 ZigBee 设备成本相对低廉。

（3）传输范围小。ZigBee 技术的室内传输距离在几十米以内，室外在几百米内。

（4）时延短。ZigBee 从休眠状态转入工作状态只需要 15ms，搜索设备时延为 30ms，活动设备信道接入时延为 15ms。相对而言，蓝牙需要 3～10s，WiFi 则需要 3s。

（5）网络容量大。ZigBee 的节点编址为 2 字节，其网络节点容量理论上达 65 536 个。

（6）可靠性较高。ZigBee 技术中避免碰撞的机制可以通过为宽带等预留时隙而避免传送数据时发生竞争或是冲突；通过 ZigBee 技术发送的每个数据包无论是否被对方接收都必须得到完全的确认。

（7）安全性好。ZigBee 提供鉴权和认证，采用 AES-128 高级加密算法来保护数据载荷和防止攻击者冒充合法设备。

2. ZigBee 协议标准

ZigBee 针对低速率无线个人局域网，基于 IEEE 802.15.4 介质访问控制层和物理层标准，开发了一组包含组网、安全和应用软件方面的技术标准。ZigBee 是建立在 IEEE 802.15.4 标准之上的，它确定了可在不同制造商之间共享的应用纲要。ZigBee 协议栈的体系结构模型如图 5-5 所示。IEEE 802.15.4 标准定义了物理（PHY）层和媒体访问控制（MAC）层，ZigBee 联盟定义了网络（NWK）层和应用（APL）层框架的设计。

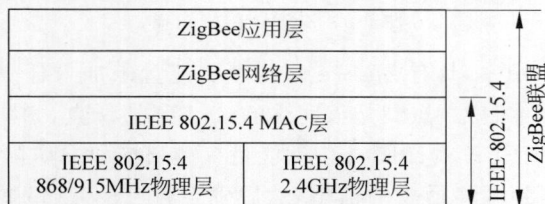

ZigBee应用层	
ZigBee网络层	
IEEE 802.15.4 MAC层	
IEEE 802.15.4 868/915MHz物理层	IEEE 802.15.4 2.4GHz物理层

图 5-5　ZigBee 协议栈体系结构模型

（1）物理层。ZigBee 产品工作在 IEEE 802.15.4 的物理层上，可工作在 2.4GHz（全球通用标准）、868MHz（欧洲标准）和 915MHz（美国标准）三个频段上，并且在这三个频段上分别具有 250kb/s（16 个信道）、20kb/s（1 个信道）和 40kb/s（10 个信道）的最高数据传输速率。在使用 2.4GHz 频段时，ZigBee 技术室内传输距离为 10m，室外传输距离则能达到 200m；在使用其他频段时，室内传输距离为 30m，室外传输距离则能达到 1000m。在实际传输中，其传输距离根据发射功率确定，可变化调整。

ZigBee 为避免设备互相干扰，各个频段均采用直接序列扩频技术。物理层的直接序列扩频技术允许设备无须闭环同步，在这三个不同频段都采用相位调制技术。在 2.4GHz 频段采用较高阶的 QPSK 调制技术，以达到 250kb/s 的速率。在 915MHz 和 868MHz 频段则采用 BPSK 的调制技术。

（2）MAC 层。IEEE 802.15.4 的 MAC 层能支持多种标准，其协议包括以下功能：①设备间无线链路的建立、维护和结束；②确认模式的帧传送与接收；③信道接入控制；④帧校验；⑤预留时隙管理；⑥广播信息管理。同时，使用 CSMA/CA（Carrier Sense Multiple Access with Collision Avoidance）机制和应答重传机制，实现了信道的共享及数据帧的可靠传输。

（3）网络层。ZigBee 网络层（NWK）主要功能是负责拓扑结构的建立和网络连接的维护,包括设计连接和断开网络时所采用的机制,帧信息传输过程中所采用的安全性机制,设备的路由发现,路由维护和转交机制等。

(4) 应用层。应用层主要为用户提供 API 函数和一些网络管理方面的函数。ZigBee 应用层主要负责把不同的应用映射到 ZigBee 网络,包括与网络层连接的应用支持(APS)层、ZigBee 设备对象(ZDO)以及 ZigBee 的应用层架构(AF)。

3. ZigBee 组网技术

ZigBee 可以采用星形、网状、树状拓扑,如图 5-6 所示,也允许采用三者的组合。

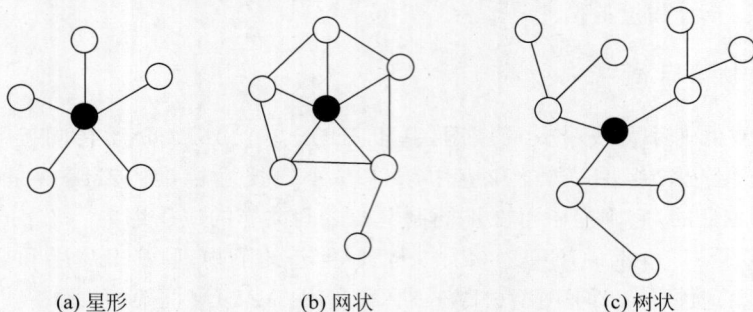

(a) 星形   (b) 网状   (c) 树状

图 5-6　ZigBee 网络拓扑

在 ZigBee 技术的应用中,具有 ZigBee 协调点功能且未加入任一网络的节点可以发起建立一个新的 ZigBee 网络,该节点就是该网络的 ZigBee 协调点,如图 5-6 中的实心点所示。ZigBee 协调点首先进行 IEEE 802.15.4 中的能量探测扫描和主动扫描,选择一个未探测到网络的空闲信道或探测到网络最少的信道,然后确定自己的 16bit 网络地址、网络的 PAN 标识符(PAN ID)、网络的拓扑参数等,其中 PAN ID 是网络在此信道中的唯一标识,因此 PAN ID 不应与此信道中探测到的网络的 PAN ID 冲突。各项参数选定后,ZigBee 协调点便可以接收其他节点加入该网络。

当一个未加入网络的节点要加入当前网络时,要向网络中的节点发送关联请求,收到关联请求的节点如果有能力接收其他节点为其子节点,就为该节点分配一个网络中唯一的 16bit 网络地址,并发出关联应答。收到关联应答后,此节点成功加入网络,并可接收其他节点的关联。节点加入网络后,将自己的 PAN ID 标识设为与 ZigBee 协调点相同的标识。一个节点是否具有接收其他节点并与其关联的能力,主要取决于此节点可利用的资源,如存储空间、能量等。

如果网络中的节点想要离开网络,同样可以向其父节点发送解除关联的请求,收到父节点的解除关联应答后,便可以成功地离开网络。但如果此节点有一个或多个子节点,在其离开网络之前,需要解除所有子节点与自己的关联。

5.1.4　6LoWPAN 技术

6LoWPAN 是一种基于 IPv6 的低速无线个域网标准,即 IPv6 over IEEE 802.15.4。6LoWPAN 技术得到学术界和产业界的广泛关注,包括美国加州大学伯克利分校、瑞典计算机科学院以及思科(Cisco)、霍尼韦尔(Honeywell)等知名企业,并推出了相应的产品。

6LoWPAN 协议已经在许多开源软件上实现,比较著名的是 Contiki、Tinyos。

早期,将 IP 协议引入无线通信网络一直被认为是不现实的(不是完全不可能)。迄今为止,无线网只采用专用协议,因为 IP 协议对内存和带宽要求较高,要降低它的运行环境要求以适应微控制器及低功率无线连接很困难。基于 IEEE 802.15.4 实现 IPv6 通信的 IETF 6LoWPAN 草案标准的发布,改变了这一局面。6LoWPAN 所具有的低功率运行的潜力使它适合应用在手持设备中,而其对 AES-128 加密的内置支持为 6LoWPAN 认证和安全性打下了坚实基础。

IETF 组织于 2004 年 11 月正式成立了 IPv6 over LR-WPAN(简称 6LoWPAN)工作组,着手制定基于 IPv6 的低速无线个域网标准,即 IPv6 over IEEE 802.15.4,旨在将 IPv6 引入以 IEEE 802.15.4 为底层标准的无线个域网。其出现推动了短距离、低速率、低功耗的无线个人区域网络的发展。

由于 IEEE 802 15.4 只规定了物理层和媒体访问控制层标准,没有涉及网络层以上规范。为了满足不同设备制造商的设备间的互联和互操作性,需要制定统一的网络层和应用层标准。

随着 6LoWPAN 技术的快速发展,使得人们通过互联网实现了对大规模传感器网络的控制,并将其广泛应用于智能家居、环境监测等多个领域成为可能。例如,在智能家居中,可将 6LoWPAN 节点嵌入家具和家电中,通过无线网络与 Internet 互联,实现智能家居环境的管理。

作为短距离、低速率、低功耗的无线个域网领域的新兴技术,6LoWPAN 以其廉价、便捷、实用等特点,向人们展示了广阔的市场前景。凡是要求设备具有价格低、体积小、省电、可密集分布特征,而不要求设备具有很高传输速率的应用,都可以应用 6LoWPAN 技术来实现。例如,用于建筑物状态监控、空间探索等方面。因此,6LoWPAN 技术的普及,必将给人们的工作、生活带来极大的便利。

5.2　远距离无线通信技术

远距离无线通信技术常被用在偏远山区、岛屿等有线通信设施(如光缆等)因地域、条件、费用等因素可能无法铺设的区域,以及船、人等需要数据通信却又在实时移动的物体上。远距离无线通信技术与 Internet 技术相结合,成为网络骨干通信技术的补充。常规远距离无线通信技术有卫星通信技术、移动通信技术和微波通信技术。

5.2.1　卫星通信技术

卫星通信是指利用人造地球卫星作为中继站转发无线电信号,在两个或多个地面站之间进行的通信过程或方式。卫星通信属于宇宙无线电通信的一种形式,工作在微波频段。卫星通信是在地面微波中继通信和空间技术的基础上发展起来的。微波中继通信是一种"视距"通信,即只有在"看得见"的范围内才能通信。而通信卫星相当于离地面很高的微波中继站,因此经过一次中继转接之后即可进行长距离的通信。

1．卫星通信技术原理

图5-7是一种简单的卫星通信系统示意图，它是由一颗通信卫星和多个地面通信站组成的。地面通信站通过卫星接收或发送数据，实现数据的传递。

如图5-8所示，在离地面高度为 h_e 的卫星中继站，看到地面的两个极端点是 A 点和 B 点，即地面上最大通信距离 S 将是以卫星为中继站所能达到的最大通信距离。其计算公式如下：

$$S = R_0 \theta = R_0 \left(2\arccos \frac{R_0}{R_0 + h_e} \right) \tag{5-1}$$

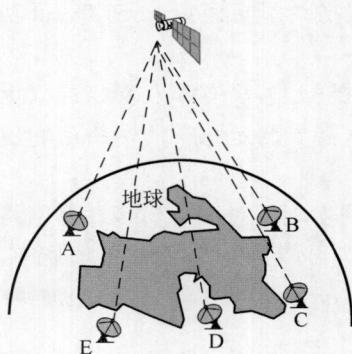

图5-7　卫星通信系统示意图

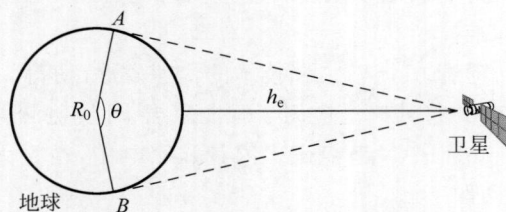

图5-8　卫星通信原理示意图

式(5-1)中，R_0 为地球半径，$R_0 = 6378\text{km}$；θ 为 AB 所对应的圆心角(弧度)；h_e 为通信卫星到地面的高度，单位为 km。式(5-1)说明，h_e 越高，地面上最大通信距离越大。

由于卫星处于外层空间，即在电离层之外，地面上发射的电磁波必须能穿透电离层才能到达卫星；同样，从卫星到地面上的电磁波也必须穿透电离层。而在无线电频段中只有微波频段恰好具备这一条件，因此卫星通信使用微波频段。

卫星通信系统选择的主要工作频段如表5-2所示。其中，C频段被最早用于商业卫星，较低的频率范围用于下行流量(从卫星发出)，较高的频率用于上行流量(发向卫星)。为了能够同时在两个方向上传输流量，要求使用两个信道，每个方向一个信道。

表5-2　卫星通信频段

频段	下行链路/GHz	上行链路/GHz	带宽/MHz	问　　题
L	1.5	1.6	15.0	低带宽、拥挤
S	1.9	2.2	70.0	低带宽、拥挤
C	4.0	6.0	500.0	地面干扰
K_u	11.0	14.0	500.0	雨水
K_a	20.0	30.0	3500.0	雨水、设备成本

2．通信卫星的种类

目前，通信卫星的种类繁多，按不同的标准有不同的分类。下面给出几种常用的卫星种类。

（1）按卫星的供电方式划分。按卫星是否具有供电系统，可将其分为无源卫星和有源卫星两类。无源卫星是运行在特定轨道上的球形或其他形状的反射体，没有任何电子设备，它是靠其金属表面对无线电波进行反射来完成信号中继任务的。在20世纪五六十年代进行卫星通信试验时，曾利用过这种卫星。目前，几乎所有的通信卫星都是有源卫星，一般多采用太阳能电池和化学能电池作为能源。这种卫星装有收、发信机等电子设备，能将地面站发来的信号进行接收、放大、频率变换等其他处理，然后再发回地球。这种卫星可以部分地补偿信号在空间传输时造成的损耗。

（2）按通信卫星的运行轨道角度划分。按卫星的运行轨道角度可将其划分为三类。①赤道轨道卫星：指轨道平面与赤道平面夹角 φ 为 0° 的卫星；②极轨道卫星：指轨道平面与赤道平面夹角 φ 为 90° 的卫星；③倾斜轨道卫星：指轨道平面与赤道平面夹角为 $\varphi(0°<\varphi<90°)$ 的卫星。所谓轨道就是卫星在空间运行的路线，见图5-9。

（3）按卫星距离地面的最大高度划分。按卫星距离地面最大高度的不同可分为①低轨道卫星，是指距离地表在 5000km 以内的卫星；②中间轨道卫星，是指距离地表 5000km～20 000km 的卫星；③高轨道卫星，是指距离地表在 20 000km 以上的卫星。

（4）按卫星与地球上任一点的相对位置的不同划分。按卫星与地球上任一点的相对位置的不同可划分为同步卫星和非同步卫星。①同步卫星是指在赤道上空约 35 800km 高的圆形轨道上与地球自转同向运行的卫星。由于其运行方向和周期与地球自转方向和周期均相同，因此从地面上任何一点看上去，卫星都是"静止"不动的，所以把这种

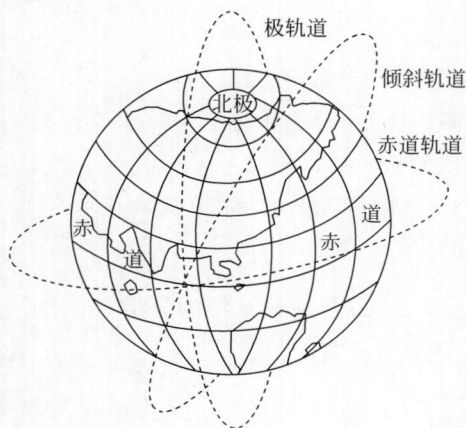

图5-9　卫星运行轨道示意图

相对地球静止的卫星简称为同步（静止）卫星，其运行轨道称为同步轨道。②非同步卫星的运行周期不等于（通常小于）地球自转周期，其轨道倾角、高度和轨道形状（圆形或椭圆形）可因需要而不同。从地球上看，这种卫星以一定的速度在运动，故又称为移动卫星或运动卫星。

不同类型的卫星有不同的特点和用途。在卫星通信中，同步卫星使用得最为广泛，其主要原因如下。

第一，同步卫星距地面高达 35 800km，一颗卫星的覆盖区（从卫星上能"看到"的地球区域）可达地球总面积的 40% 左右，地面最大跨距可达 18 000km。因此只需三颗卫星适当配置，就可建立除两极地区（南极和北极）以外的全球性通信，如图5-10所示。

第二，由于同步卫星相对于地球是静止的，因此，地面站天线易于保持对准卫星，不需要复杂的跟踪系统；通信连续，不像相对于地球以一定速度运动的卫星那样，在变更转发信号卫星时会出现信号中断；信号频率稳定，不会因卫星相对于地球运动而产生多普勒频移。

当然，同步卫星也有一些缺点，主要表现在：两极地区为通信盲区；卫星离地球较远，故传输损耗和传输时延都较大；同步轨道只有一条，能容纳卫星的数量有限；同步卫星的发射和在轨测控技术比较复杂。此外，在春分和秋分前后，还存在着星蚀（卫星进入地球的

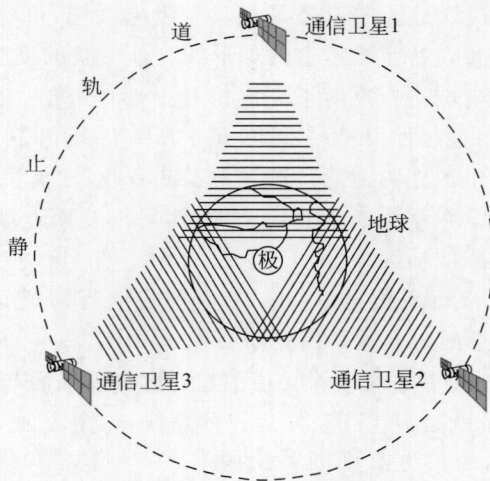

图 5-10　同步卫星通信系统示意图

阴影区)和日凌中断(卫星处于太阳和地球之间,受强大的太阳噪声影响而使通信中断)现象。

　　非同步卫星的主要优缺点基本上与同步卫星相反。由于非同步卫星的抗毁性较高,因此也有一定的应用。

3. 卫星通信系统的分类

　　目前世界上建成了数以百计的卫星通信系统,归结起来可进行如下分类。

　　(1) 按卫星制式可分为静止卫星通信系统、随机轨道卫星通信系统和低轨道卫星(移动)通信系统。

　　(2) 按通信覆盖区域的范围可划分为国际卫星通信系统、国内卫星通信系统和区域卫星通信系统。

　　(3) 按用户性质可分为公用(商用)卫星通信系统、专用卫星通信系统和军用卫星通信系统。

　　(4) 按业务范围可分为固定业务卫星通信系统、移动业务卫星通信系统、广播业务卫星通信系统和科学实验卫星通信系统。

　　(5) 按基带信号体制可分为模拟制卫星通信系统和数字制卫星通信系统。

　　(6) 按多址方式可分为频分多址(FDMA)、时分多址(TDMA)、空分多址(SDMA)和码分多址(CDMA)卫星通信系统。

　　(7) 按运行方式可分为同步卫星通信系统和非同步卫星通信系统。目前国际和国内的卫星通信大都是同步卫星通信系统。

4. 卫星通信的特点

　　卫星通信系统以通信卫星为中继站,与其他通信系统相比较,卫星通信有如下特点。

　　(1) 覆盖区域大,通信距离远。一颗同步通信卫星可以覆盖地球表面的三分之一区域,因而利用三颗同步卫星即可实现全球通信。它是远距离越洋通信和电视转播的主要手段。

（2）具有多址连接能力。地面微波中继的通信区域基本上是一条线路，而卫星通信可在通信卫星所覆盖的区域内，所有四面八方的地面站都能利用这一卫星进行相互间的通信。我们称卫星通信的这种能同时实现多方向、多个地面站之间相互联系的特性为多址连接。

（3）频带宽，通信容量大。卫星通信采用微波频段，传输容量主要由终端站决定。卫星通信系统的传输容量取决于卫星转发器的带宽和发射功率，而且一颗卫星可设置多个（如 IS-Ⅶ有 46 个）转发器，故通信容量很大。例如，利用频率再用技术的某些卫星通信系统可传输 30 000 路电话和 4 路彩色电视信号。

（4）通信质量好，可靠性高。卫星通信的电波主要在自由（宇宙）空间传播，传输电波十分稳定，而且通常只经过卫星一次转接，其噪声影响较小，通信质量好，通信可靠性超过 99.8%。

（5）通信机动灵活。卫星通信系统的建立不受地理条件的限制，地面站可以建立在边远山区、海岛、汽车、飞机和舰艇上。

（6）电路使用费用与通信距离无关。地面微波中继或光缆通信系统，其建设投资和维护使用费用都随距离的增加而增加。而卫星通信的地面站至空间转发器这一区间并不需要投资，因此线路使用费用与通信距离无关。

（7）卫星通信系统的一些特殊要求。一是由于通信卫星的一次投资费用较高，在运行中难以进行检修，故要求通信卫星具备高可靠性和较长的使用寿命；二是卫星上能源有限，卫星的发射功率只能达到几十至几百瓦，因此要求地面站要有大功率发射机、低噪声接收机和高增益天线，这使得地面站比较庞大；三是由于卫星通信传输距离很长，使信号传输的时延较大，其单程距离（地面站 A→卫星转发→地面站 B）长达 80 000km，需要时间约 270ms；双向通信往返约 160 000km，延时约 540ms，所以，在通过卫星打电话时，通信双方会感到很不习惯。

5．卫星通信新技术

随着卫星通信技术的发展，出现了多种卫星通信新技术。

（1）VSAT 卫星通信系统。VSAT 是 Very Small Aperture Terminal（小天线地面站）的英文缩写。对于一般的卫星通信系统，用户利用卫星通信必须要通过地面通信网汇接到地面站后才能进行，这对于有些用户，如银行、航空公司、汽车运输公司、饭店等就显得很不方便，这些用户希望能自己组成一个更为灵活的卫星通信网并且各自能够直接利用卫星来进行通信，即把通信终端直接延伸到办公室，甚至面向个人进行通信。这样就产生了VSAT 系统。VSAT 系统代表了当今卫星通信发展的一个重要方向，它的产生和发展奠定了卫星通信设备向多功能化、智能化、小型化的方向发展。

VSAT 是由一个主站和若干 VSAT 终端组成的卫星通信系统。主站也称为中心站或枢纽站，它是一个较大的地球站，具有全网的出/入站信息传输、交换和控制功能。VSAT 系统终端，通常指天线尺寸小于 2.4m，由主站应用管理软件高度监测和控制的小型地面站。

VSAT 系统主要用来进行 2Mb/s 以下低速率数据的双向通信。VSAT 系统中的用户小站对环境条件要求不高，可以直接安装在用户屋顶上，不必汇接中转，可由用户直接控制电路，安装组网方便、灵活，因而 VSAT 系统的发展非常迅速。

VSAT 系统工作在 14/11GHz 的 K_u 频段以及 C 频段。系统中综合了分组信息传输与交换、多址协议、频谱扩展等多种先进技术,可以进行数据、语言、视频图像、传真、计算机信息等多种信息的传输。

(2) 低轨道(Low Earth Orbit,LEO)移动卫星通信系统。低轨道移动卫星通信系统的目的是实现全球个人通信。美国摩托罗拉公司在1991年提出用77颗卫星覆盖全球的移动电话系统,这个方案和铱原子外围包围着77个电子的原子结构很相似,所以被称为"铱系统"。这77颗卫星分成7组,每组11颗,分布围绕在地球上空、经度上距离相等的7个平面内的低轨道上。此后,又改为66颗小型智能卫星在地面上空765km处围绕6条极地轨道运行,卫星与卫星之间可以接力传输,从而使卫星天线的波束覆盖全球表面。这样,在地面的任何地点、任何时间,总有一颗卫星在视线范围内,以此来实现全球个人通信。

这种系统中的卫星离地面高度较低,约为765km,所以称为低轨道卫星。由于卫星离地球表面较近,卫星与移动通信用户之间的最大通信距离不超过2315km,在这样的距离内,可以使用小天线、小功率、重量轻的移动通信电话机,通过卫星直接通话。

低轨道移动卫星通信系统与地面蜂窝式移动电话系统的基本原理相似,都采用划分小区和重复使用频率的方法进行通信。不同的是,低轨道卫星移动通信系统相当于把地面蜂窝式移动电话系统的基站安装在卫星上。低轨道卫星体积小、重量轻,只有500kg左右,利用小型火箭就可以发射,便于及时更换有故障的卫星,有利于提高系统的通信质量和可靠性。

(3) 中轨道(Medium Earth Orbit,MEO)移动卫星通信系统。低轨道(LEO)移动卫星通信系统易于实现手持机个人通信,但由于系统中卫星数量多、寿命短,运行期间要及时补充替代卫星,使系统投资较高。因此,许多中轨道移动卫星通信系统的设计方案便应运而生。具有代表性的MEO卫星系统主有Inmarsat-P(中高度圆形轨道,ICO)、TRW公司提出的Odyssey(奥德赛)和欧洲宇航局开发的MAGSS-14等。

(4) 静止轨道(Geosynchronous Earth Orbit,GEO)移动卫星通信系统。静止轨道移动卫星通信系统与低轨道移动卫星通信系统的区别在于,它是利用静止卫星进行移动通信。用户可以使用便携式的移动终端,通过同步通信卫星和地面站,并经由通信网中转进行全球范围的电话、传真和数据通信。

(5) 海事卫星通信(Maritime Satellite Communication,MSC)系统。海事卫星通信系统是使用通信卫星作为中继站的船舶无线电通信系统。其特点是质量高、容量大,可全球、全天候、全时通信。美国于1976年先后向大西洋、太平洋和印度洋上空发射了三颗海事通信卫星,建立了世界上第一个海事卫星通信站,主要容量服务于海军。国际海事卫星组织(INMARSAT)成立于1979年7月,总部设在英国伦敦,并于1982年建立了国际海事卫星通信系统,成为第一代国际海事卫星通信系统。INMARSAT现拥有美国、英国、日本、挪威等87个成员国,我国在1979年参加该组织。经过近20年的发展,全球使用INMARSAT的国家超过160个,用户已有16万多个。海事卫星通信系统虽然造价昂贵,但因其有许多优点而发展前景广阔。

海事卫星通信系统是由通信卫星、岸站和船站三大部分组成的。

- 通信卫星。它是系统的中继站,用以收、发岸站和船站的信号。卫星布设于太平洋、大西洋和印度洋三个洋区,采用静止轨道卫星。卫星可提供电话、电报、传真和共用呼叫服务。
- 岸站。它是设在海岸上的海事卫星通信地球站,起通信网的控制作用,设有天线等设备。岸站可与陆上其他通信网相联通。

- 船站。它是装在船上的海事卫星通信地球站,是系统的通信终端,装备有抛物面天线等设备。

电话通信采用调频方式,电报通信采用移相键控调制方式。每颗通信卫星的通信容量的分配是由指定岸站的网络协调站负责分配卫星通信信道。电报信道预先分配给各岸站,由其负责分配与船站进行电报通信的时隙。电话信道由网络协调站控制,由船站、岸站进行申请后分配。

INMARSAT 海事卫星系统是世界上能对海、陆、空中的移动体提供静止卫星通信的唯一系统。INMARSAT 系统的地面站有岸站和大量的船站,船站之间通信时经岸站双跳中继。星船之间的工作频率是 1.5～1.6GHz,星岸之间用 6/4GHz。

除上述介绍的卫星通信系统以外,卫星通信在军事、气象、资源探测、侦察、宇宙通信、科学实验、业务广播、全球定位等其他领域的应用也十分广泛。此外,卫星也是未来个人通信的核心基础。

5.2.2 移动通信技术

移动通信是指通信双方或至少一方是在运动中实现信息传输的过程或方式。例如移动体(车辆、船舶、飞机、人)与固定点或移动体之间的通信等。移动通信可以应用在任何条件之下,特别是在有线通信不可及的情况下(如无法架线、埋电缆等),更能显示出其优越性。

1. 移动通信分类

随着移动通信应用范围的不断扩大,移动通信系统的类型越来越多,其分类方法也多种多样。

1) 按设备的使用环境分类

按设备的使用环境分类主要有陆地移动通信、海上移动通信和航空移动通信三种类型。对于特殊的使用环境,还有地下隧道、矿井、水下潜艇和太空、航天等移动通信。

2) 按服务对象分类

按服务对象分类可分为公用移动通信和专用移动通信两种类型。例如,我国的中国移动、中国联通等经营的移动电话业务就属于公用移动通信。由于是面向社会各阶层人士的,因此称为公用网。专用移动通信是为保证某些特殊部门的通信所建立的通信系统。由于各个部门的性质和环境有很大区别,因而各个部门使用的移动通信网的技术要求也有很大差异,例如公安、消防、急救、防汛、交通管理、机场调度等。

3) 按系统组成结构分类

(1) 蜂窝状移动电话系统。蜂窝状移动电话是移动通信的主体,它是用户容量最大的全球移动电话网。

(2) 集群调度移动电话。它可将各个部门所需的调度业务进行统一规划建设,集中管理,每个部门都可建立自己的调度中心台。它的特点是共享频率资源,共享通信设施,共享通信业务,共同分担费用,是一种专用调度系统的高级发展阶段,具有高效、廉价的自动拨号系统,频率利用率高。

(3) 无中心个人无线电话系统。它没有中心控制设备,这是与蜂窝网和集群网的主要区别。它将中心集中控制转换为电台分散控制。由于不设置中心控制,故可以节约建网投资,并且频率利用率最高。系统采用数字选呼方式,采用共用信道传送信令,接续速度快。由于系统没有蜂窝移动通信系统和集群系统那样复杂,故建网简易、投资低、性价比最高,适合个人业务和小企业的单区组网分散小系统。

(4) 公用无绳电话系统。公用无绳电话是公共场所使用的电话系统,例如商场、机场、火车站等。加入无绳电话系统的手机可以呼入市话网,也可以实现双向呼叫。它的特点是不适用于乘车使用,只适用于步行。

(5) 移动卫星通信系统。21世纪通信的最大特点是卫星通信终端手持化,个人通信全球化。所谓个人通信,是移动通信的进一步发展,是面向个人的通信,其实质是任何人在任何时间、任何地点,可与任何人实现任何方式的通信。只有利用卫星通信覆盖全球的特点,通过卫星通信系统与地面移动通信系统的结合,才能实现名副其实的全球个人通信。近年来移动卫星通信系统发展最快的是低轨道的铱系统和全星系统以及中轨道的国际移动通信卫星系统和奥德赛系统。

本书以蜂窝移动电话系统为基础介绍移动通信技术。

2. 移动通信的发展

移动通信目前处于5G时代,未来5年即将进入6G时代。按照移动通信的发展过程,可划分为如下几个阶段。

1) 第一代(1G)模拟移动通信系统

从1946年美国使用150MHz单个汽车无线电话开始到20世纪90年代初,是移动通信发展的第一阶段。因为调制前信号都是模拟的,也称模拟移动通信系统。第一代移动通信的主要特征为模拟技术,可分为蜂窝、无绳、寻呼和集群等多类系统,每类系统又有互不兼容的技术体系。

2) 第二代(2G)数字移动通信系统

这时的移动通信系统的主要特征是采用了数字技术。虽然仍是多种系统,但每种系统的技术体制有所减少。主要包括GSM、CDMA和GPRS等几种模式。

GSM:GSM是全球移动通信系统的简称。自20世纪90年代中期投入商用以来,被全球超过100个国家采用。

CDMA:CDMA是码分多址访问(Code Division Multiple Access)的简称。CDMA允许所有使用者同时使用全部频带(1.2288MHz),且把其他使用者发出的信号视为杂讯,完全不必考虑信号碰撞问题。

GPRS:GPRS是通用分组无线服务技术(General Packet Radio Service)的简称,是GSM移动电话用户可用的一种移动数据业务,传输速率可提升为56kb/s至114kb/s。GPRS通常被描述成"2.5G通信技术",它介于第二代(2G)和第三代(3G)移动通信技术之间。

3) 第三代(3G)移动通信

3G移动通信的标准有WCDMA、CDMA2000与TD-SCDMA三种。WCDMA(Wideband Code Division Multiple Access,宽带码分多址)是由欧洲提出的宽带CDMA技术,是在GSM的基础上发展而来的;CDMA2000由美国主推,是基于IS-95技术发展起来的3G技术规范;TD-SCDMA(Time Division-Synchronous Code Division Multiple Access,

时分同步 CDMA 技术)则是由我国自行制定的 3G 标准。

4) 第四代(4G)移动通信

4G 集 3G 与 WLAN 于一体,具备传输高质量视频图像的能力,其图像质量与高清晰度电视的图像质量不相上下。4G 系统能够以 100Mb/s 的速度下载,比拨号上网快 2000 倍,上传的速度也能达到 20Mb/s,并能够满足大部分用户对于无线服务的要求。

国际电信联盟(ITU)已经将 WiMAX、HSPA＋、LTE 正式纳入 4G 标准里,加上之前就已经确定的 LTE-Advanced 和 WirelessMAN-Advanced 这两种标准,目前 4G 标准已经达到了 5 种。

5) 第五代(5G)移动通信

2016 年 11 月,举办于乌镇的第三届世界互联网大会上,高通公司带来的可以实现"万物互联"的 5G 技术原型入选 15 项"黑科技"——世界互联网领先成果。目前,5G 向千兆移动网络和人工智能迈进,中国华为、韩国三星电子、日本、欧盟都在投入相当的资源研发 5G 网络。2017 年 2 月 9 日,国际通信标准组织 3GPP 宣布了 5G 的官方 Logo。

我国 5G 技术研发分为 5G 关键技术试验、5G 技术方案验证和 5G 系统验证三个阶段实施。2018 年 6 月 28 日,中国联通公布了 5G 部署,5G 网络正式商用。

3. 移动通信系统的组成

移动通信系统一般由移动终端(Mobile Set,MS)、基站(Base Station,BS)、控制交换中心(Control Switch Center,CSC)和有线电话网等组成,其中,移动终端包括车载终端和手持终端;不同基站覆盖不同区域,如无线小区 1、2、3 等,如图 5-11 所示。

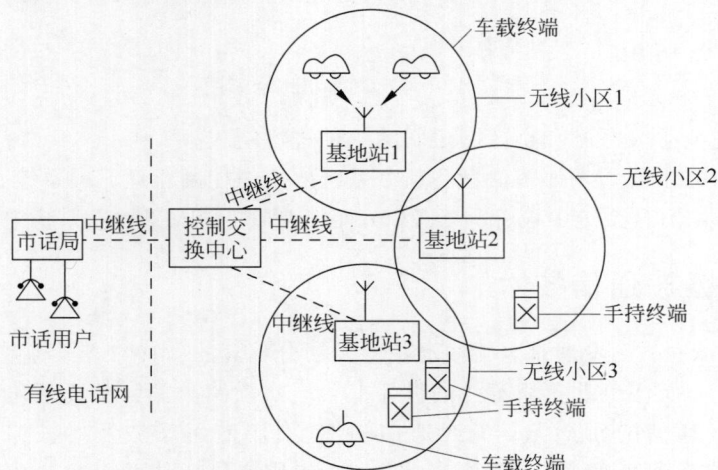

图 5-11　移动通信系统示意图

基站和移动终端设有收、发信机和天线等设备。每个基站都有一个可靠通信的服务范围,称为无线小区(通信服务区)。无线小区的大小主要由发射功率和基站天线的高度决定。根据服务面积的大小可将移动通信网分为大区制、中区制和小区制(Cellular System)三种。

大区制是指一个通信服务区(如一个城市)由一个无线区覆盖,此时基站发射功率很大(50W 或 100W 以上,对手机的要求一般为 5W 以下),无线覆盖半径可达 25km 以上。其基本特点是,只有一个基站,覆盖面积大,信道数有限,一般只能容纳数百到数千个用户。大区制的主要缺点是系统容量不大。为了克服这一限制,适合更大范围(大城市)、更多用户的服务,就必须采用小区制。

小区制一般是指覆盖半径为 2~10km 的多个无线区链合而形成的整个服务区的制式,此时的基站发射功率很小(8~20W)。由于通常将小区绘制成六角形(实际小区覆盖地域并非六角形),多个小区结合后看起来很像蜂窝,因此称这种组网形式为蜂窝网。用这种组网方式可以构成大区域、大容量的移动通信系统,进而形成全省、全国或更大的系统。小区制有以下四个特点:①基站只提供信道,其交换、控制都集中在一个移动电话交换局(Mobile Telephone Switching Office,MTSO),或称为移动交换中心,其作用相当于一个市话交换局。而大区制的信道交换、控制等功能都集中在基站完成。②具有"过区切换功能"(handoff),简称"过区"功能,即一个移动终端从一个小区进入另一个小区时,要从原基站的信道切换到新基站的信道上来,而且不能影响正在进行的通话。③具有漫游(roaming)功能,即一个移动终端从本管理区进入另一个管理区时,其电话号码不能变,仍然像在原管理区一样能够被呼叫到。④具有频率再用的特点。所谓频率再用是指一个频率可以在不同的小区重复使用。由于同频信道可以重复使用,再用的信道越多,用户数也就越多。因此,小区制可以提供比大区制更大的通信容量。小区制几种频率的组网方式见图 5-12。目前发展方向是将小区划小,成为微区、宏区和毫区,其覆盖半径降至 100m 左右。

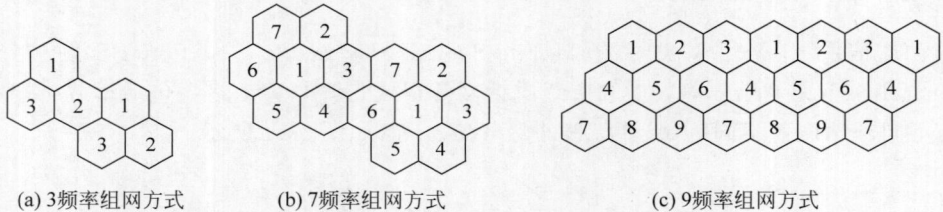

(a) 3频率组网方式　　　(b) 7频率组网方式　　　(c) 9频率组网方式

图 5-12　小区频率再用示意图

中区制则是介于大区制和小区制之间的一种过渡制式。

移动交换中心主要用来处理信息和整个系统的集中控制管理。因系统不同而有几种名称,如在美国的 AMPS 系统中被称为 MTSO,而在北欧的 NMT-900 系统中被称为 MTX。

5.2.3　微波通信技术

微波(microwave)的发展是与无线通信的发展分不开的。1901 年,马克尼使用 800kHz 中波信号进行了从英国到北美纽芬兰的世界上第一次横跨大西洋的无线电波的通信试验,开创了人类无线通信的新纪元。无线通信初期,人们使用长波及中波来通信。20 世纪 20 年代初人们发现了短波通信,直到 20 世纪 60 年代卫星通信的兴起,它一直是国际远距离通信的主要手段,并且对目前的应急和军事通信仍然很重要。

用于空间传输的电波是一种电磁波,其传播的速度等于光速。无线电波可以按照频率或波长来分类和命名。把频率高于 300MHz 的电磁波称为微波。由于各波段的传播特性各异,因此,可以用于不同的通信系统。例如,中波主要沿地面传播,绕射能力强,适用于广播和海上通信;而短波具有较强的电离层反射能力,适用于环球通信;超短波和微波的绕射能力较差,可作为视距或超视距中继通信。

1931 年,在英国多佛与法国加莱之间建起了世界上第一条微波通信电路。第二次世界大战后,微波接力通信得到迅速发展。1955年,对流层散射通信在北美试验成功。20世纪50年代开始进行卫星通信试验,20世纪60年代中期投入使用。由于微波波段频率资源极为丰富,而微波波段以下的频谱十分拥挤,为此移动通信等也向微波波段发展。

微波是波长在1mm～1m(不含1m)的电磁波,是分米波、厘米波、毫米波和亚毫米波的统称,其频谱示意图如图5-13所示。微波频率比一般的无线电波频率高,通常也称为"超高频电磁波"。微波作为一种电磁波也具有波粒二象性。微波的基本性质通常呈现为穿透、反射、吸收三个特性。对于玻璃、塑料和瓷器,微波几乎是穿越而不被吸收;对于水和食物等就会吸收微波而使自身发热;而对金属类的物质,微波则会被反射。

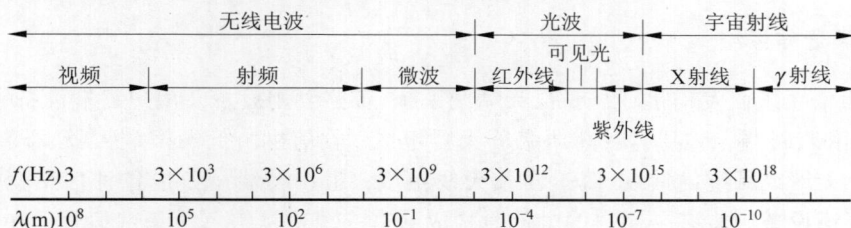

图 5-13 频谱示意图

微波通信(Microwave Communication)是使用微波进行的通信。微波通信不需要固体介质,当两点间无障碍时就可以使用微波传送。利用微波进行通信,具有容量大、质量好、传输距离远的特点。微波通信是在第二次世界大战后期开始使用的无线电通信技术,经过几十年的发展已经获得广泛的应用。微波通信分为模拟微波通信和数字微波通信两类。模拟微波通信早已发展成熟,并逐渐被数字微波通信取代。数字微波通信已成为一种重要的传输手段,并与卫星通信、光纤通信一起作为当今的三大传输手段。

1. 微波类型

根据微波的波长,可以将微波分为分米波、厘米波、毫米波等类型,如表5-3所示。

表 5-3 微波类型

波　段	波　长	频率/GHz	频段名称
分米波	1m～10cm	0.3～3	特高频(UHF)
厘米波	10cm～1cm	3～30	超高频(SHF)
毫米波	1cm～1mm	30～300	极高频(EHF)

2. 微波通信的方式及其特点

中国微波通信广泛使用L、S、C、X和K等几种频段进行通信,每个频段适合的应用场景各有差异。由于微波的频率极高,波长又很短,其在空中的传播特性与光波相近,也就是直线前进,遇到阻挡就被反射或被阻断,因此微波通信的主要方式是视距通信,超过视距以后需要中继转发。微波通信的主要特点如下。

(1)微波频带宽,通信容量大。

(2)微波中继通信抗干扰性能好,工作较稳定、可靠。

(3)微波中继通信灵活性较高。

（4）天线增益高、方向性强。

（5）投资少、建设快。

一般说来，由于地球曲面的影响以及空间传输的损耗，每隔 50km 左右，就需要设置中继站，将电波放大转发来延伸。这种通信方式也称为微波中继通信或称微波接力通信。长距离微波通信干线可以经过几十次中继传至数千千米仍可保持很高的通信质量。其接力通信示意图如图 5-14 所示。

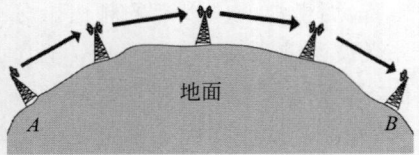

图 5-14　微波通信示意图

3. 微波通信系统

微波通信系统由发信机、收信机、天馈线系统、多路复用设备及用户终端设备等组成，其中，发信机由调制器、上变频器、高功率放大器组成；收信机由低噪声放大器、下变频器、解调器组成；天馈线系统由馈线、双工器及天线组成；用户终端设备把各种信息变换成电信号；多路复用设备则将多个用户的电信号构成共享一个传输信道的基带信号。在发信机中调制器把基带信号调制到中频再经上变频变至射频，也可直接调制到射频。在模拟微波通信系统中，常用的调制方式是调频；在数字微波通信系统中，常用多相数字调相方式，大容量数字微波则采用有效利用频谱的多进制数字调制及组合调制等调制方式。发信机中的高功率放大器用于把发送的射频信号提高到足够的电平，以满足经信道传输后的接收场强。收信机中的低噪声放大器用于提高收信机的灵敏度；下变频器用于中频信号与微波信号之间的变换以实现固定中频的高增益稳定放大；解调器的功能是进行调制的逆变换。微波通信天线一般为强方向性、高效率、高增益的反射面天线，常用的有抛物面天线、卡塞格伦天线等，馈线主要采用波导或同轴电缆。在地面接力和卫星通信系统中，还需以中继站或卫星转发器等作为中继转发装置。

4. 微波通信的传播方式

微波通信中电波所涉及的媒质有地球表面、地球大气(对流层、电离层和地磁场等)及星际空间等。按媒质分布对传播的作用可分为连续的(均匀的或不均匀的)介质体，如对流层、电离层等；离散的散射体，如雨滴、冰雹、闪电、雷鸣、飞机及其他飞行物等。微波通信中的电波传播可分为视距传播及超视距传播两大类。

视距传播时，发射点和接收点双方都在无线电视范围内，利用视距传播的有地面微波接力通信、卫星通信、空间通信及微波移动通信。其特点是信号沿直线或视线路径传播，信号的传播受自由空间的衰耗和媒质信道参数的影响。如地-地传播的影响包括地面、地物对电波的绕射、反射和折射，特别是近地对流层对电波的折射、吸收和散射；大气层中水气、凝结体和悬浮物对电波的吸收和散射。它们会引起信号幅度的衰落、多径时延、传波角的起伏和去极化(即交叉极化率的降低)等效应。在地-空和空-空视距传播中，主要考虑大气和大气层中沉降物的影响，而地面、地物和近地对流层对地-空、空-空传播的影响则比对地面视距传播的影响小，有时可以忽略不计。

对流层超视距前向散射传播是利用对流层近地折射率梯度及介质的随机不连续性对入射无线电波的再辐射将部分无线电波前向散射到超视距接收点的一种传播方式。前向散射衰耗很大,且衰落深度远大于地面视距微波通信,从而使可用频带受到限制,但站距则远大于地面视距通信。

5.3 有线通信技术

有线通信技术是局域网、城域网、广域网的常用组网技术。在面向物联网的应用中,常被用在局域网组网以及与 Internet 网络的互联。本节介绍典型的双绞线和光纤通信技术,并以此为基础详述以太网的概念。

5.3.1 双绞线

双绞线(Twisted Pair Wire)是综合布线工程中最常用的一种传输介质。双绞线由两根具有绝缘保护层的铜导线组成。把两根绝缘的铜导线按一定密度互相绞合在一起,每一根导线在传输中辐射的电波会被另一根线上发出的电波抵消,可降低信号干扰的程度。双绞线一般由两根 $22\sim26$ 号绝缘铜导线相互缠绕而成。如果把一对或多对双绞线放在一个绝缘套管中便形成了双绞线电缆。在双绞线电缆(也称双扭线电缆)内,不同线对具有不同的扭绞长度。一般来说,扭绞长度在 $38.1cm$ 至 $14cm$,按逆时针方向扭绞,相邻线对的扭绞长度在 $12.7cm$ 以上。双绞线分为屏蔽双绞线(Shielded Twisted Pair,STP)与非屏蔽双绞线(Unshielded Twisted Pair,UTP)。屏蔽双绞线在双绞线与外层绝缘封套之间有一个金属屏蔽层。屏蔽层可减少辐射,防止信息被窃听,也可阻止外部电磁干扰的进入,使屏蔽双绞线比同类的非屏蔽双绞线具有更高的传输速率。非屏蔽双绞线是一种数据传输线,由四对不同颜色的传输线所组成,广泛用于以太网路和电话线。非屏蔽双绞线电缆最早在 1881 年被用于贝尔发明的电话系统中。双绞线示意图如图 5-15 所示。

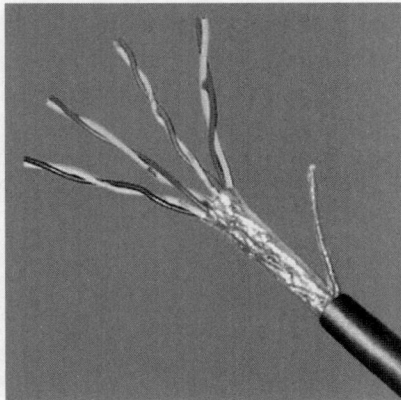

图 5-15 双绞线示意图

双绞线常见的有三类线、五类线和超五类线,以及最新的六类线,前者线径细而后者线径粗,介绍如下。

(1) 一类线(CAT1)。线缆最高频率带宽是 $750kHz$,用于报警系统,或只适用于语音传输(一类线主要用于 20 世纪 80 年代初之前的电话线缆),不用于数据传输。

(2) 二类线(CAT2)。线缆最高频率带宽是 $1MHz$,用于语音传输和最高传输速率 $4Mb/s$ 的数据传输,常见于使用 $4Mb/s$ 规范令牌传递协议的旧令牌网。

(3) 三类线(CAT3)。它是指目前在 ANSI 和 EIA/TIA568 标准中指定的电缆,该电缆的传输频率为 $16MHz$,最高传输速率为 $10Mb/s$,主要应用于语音、$10Mb/s$ 以太网(10BASE-T)和 $4Mb/s$ 令牌环。其最大网段长度为 $100m$,采用 RJ 形式的连接器,目前已淡出市场。

(4) 四类线(CAT4)。该类电缆的传输频率为 $20MHz$,用于语音传输和最高传输速率 $16Mb/s$(指 $16Mb/s$ 令牌环)的数据传输,主要用于基于令牌的局域网和 10BASE-T/

100BASE-T。其最大网段长为100m,采用RJ形式的连接器,未被广泛采用。

（5）五类线（CAT5）。该类电缆增加了绕线密度,外套一种高质量的绝缘材料,线缆最高频率带宽为100MHz,最高传输速率为100Mb/s,用于语音传输和最高传输速率为100Mb/s的数据传输,主要用于100BASE-T和1000BASE-T网络。其最大网段长为100m,采用RJ形式的连接器,是最常用的以太网电缆。在双绞线电缆内,不同线对具有不同的绞距长度。通常,4对双绞线绞距周期在38.1mm内,按逆时针方向扭绞,一对线对的扭绞长度在12.7mm以内。

（6）超五类线（CAT5e）。超五类线衰减小、串扰少,并且具有更高的衰减与串扰的比值（ACR）和信噪比（SNR）、更小的时延误差,性能得到很大提高。超五类线主要用于千兆位以太网（1000Mb/s）。

（7）六类线（CAT6）。该类电缆的传输频率为1~250MHz。六类布线系统在200MHz时综合衰减串扰比（PS-ACR）应该有较大的余量,它提供2倍于超五类的带宽。六类线的传输性能远远高于超五类标准,最适于传输速率高于1Gb/s的应用。六类与超五类的一个重要的不同点在于:改善了在串扰以及回波损耗方面的性能。对于新一代全双工的高速网络应用而言,优良的回波损耗性能是极其重要的。六类标准中取消了基本链路模型,布线标准采用星形的拓扑结构,要求的布线距离为:永久链路的长度不能超过90m,信道长度不能超过100m。

（8）七类线（CAT7）。带宽为600MHz,可能用于今后的万兆位以太网。

通常,计算机网络所使用的是三类线和五类线,其中10BASE-T使用的是三类线,100BASE-T使用的是五类线。

5.3.2 光纤

图 5-16 光纤示意图

光纤（Optical Fiber）是光导纤维的简写,是一种利用光在玻璃或塑料制成的纤维中的全反射原理而制成的光传导工具。微细的光纤封装在塑料护套中,使得它能够弯曲而不至于断裂。光纤示意图如图5-16所示。在多模光纤中,纤芯的直径是 $15\sim50\mu m$,大致与人的头发的粗细相当。多模光纤跳纤用橙色表示,也有的用灰色表示,接头和保护套的颜色用米色或者黑色,传输距离较短。而单模光纤纤芯的直径为 $8\sim10\mu m$,单模光纤跳纤用黄色表示,接头和保护套的颜色为蓝色,传输距离较长。

1. 光纤结构

纤芯外面包围着一层折射率比纤芯低的玻璃封套（包层）,以使光线保持在芯内。玻璃封套外面是一层薄的塑料外套,用来保护封套,如图5-17所示。光纤通常被扎成束,外面有外壳保护。纤芯通常是由石英玻璃制成的横截面积很小的双层同心圆柱体,它质地脆,易断

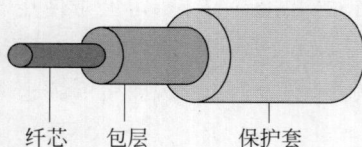

纤芯 包层 保护套

图 5-17 光纤结构示意图

裂,因此需要外加一保护层。光纤外层的保护结构可防止周围环境对光纤的伤害,如水、火、电击等。多数光纤在使用前必须由几层保护结构包覆,包覆后的缆线即被称为光缆。

2. 光纤通信

光纤通信是以光作为信息载体,以光纤作为传输媒介的通信方式。一对金属电话线至多只能同时传送一千多路电话,而根据理论计算,一对细如蛛丝的光导纤维可以同时通一百亿路电话。铺设 1000km 的同轴电缆大约需要 500t 铜,改用光纤则仅需几千克石英。

光纤通信系统主要由三部分组成:光信号发送器、传送光信号的光纤和光信号接收器。发送器的核心是一个光源,其主要功能就是将一个信息信号从电子格式转换为光格式。可采用发光二极管(LED)或激光二极管(LD)作为光源。光纤通信系统中的传输介质是光纤。接收器关键设备是光检测器,其主要功能就是把光信息信号转换回电信号(光电流)。当今光纤通信系统中的光检测器是个半导体光电二极管(PD)。

光纤与包层的折射率决定了光的折射角度,当光纤内光束的入射角大于特定的临界值时,光束就会全部被反射回到光纤中,使得光束被限制在光纤内传输。图 5-18 指出了多模光纤内的光传输方式(图中折线)。单模光纤的直径小于光的波长,因此,单模光纤内光束以直线方式传播。

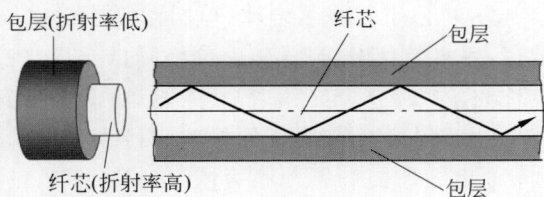

图 5-18 光纤传输示意图

在日常生活中,由于光在光导纤维的传导损耗比电在电线传导的损耗低得多,因此光纤常被用作长距离的信息传递。

3. 光纤通信的特点

(1) 频带宽。频带的宽窄代表传输容量的大小。载波的频率越高,可以传输信号的频带宽度就越大。在 VHF 频段,载波频率为 48.5~300MHz,带宽约 250MHz,只能传输 27套电视和几十套调频广播。可见光的频率达 100 000GHz,比 VHF 频段高出一百多万倍。尽管由于光纤对不同频率的光有不同的损耗,使频带宽度受到影响,但在最低损耗区的频带宽度也可达 30 000GHz。目前单个光源的带宽只占了其中很小的一部分(多模光纤的频带为几百 MHz,好的单模光纤可达 10GHz 以上),采用先进的相干光通信可以在 30 000GHz 范围内安排 2000 个光载波进行波分复用,可以容纳上百万个频道。

(2) 损耗低。在同轴电缆组成的系统中,最好的电缆在传输 800MHz 信号时,每千米的损耗都在 40dB 以上。相比之下,光导纤维的损耗则要小得多。传输 $1.31\mu m$ 的光,每千米损耗在 0.35dB 以下;若传输 $1.55\mu m$ 的光,每千米损耗更小,可降至 0.2dB 以下。此外,光纤传输损耗还有两个特点:一是在全部有线电视频道内具有相同的损耗,不需要像电缆干线那样必须引入均衡器进行均衡;二是其损耗几乎不随温度而变,不用担心因环境温度变化而造成干线电平的波动。

（3）重量轻。因为光纤非常细,单模光纤芯线直径一般为 $8\sim10\mu m$,加上防水层、加强筋、护套等,用 $4\sim48$ 根光纤组成的光缆直径还不到 13mm,比标准同轴电缆的直径 47mm 要小得多,加上光纤是玻璃纤维,密度小,使它具有直径小、重量轻的特点,安装十分方便。

（4）抗干扰能力强。因为光纤的基本成分是石英,只传光,不导电,在其中传输的光信号不受电磁场的影响,故光纤传输对电磁干扰、工业干扰有很强的抵御能力。也正因为如此,在光纤中传输的信号不易被窃听,因而利于保密。

（5）保真度高。因为光纤传输一般不需要中继放大,不会因为放大引入新的非线性失真,所以只要激光器的线性好,就可高保真地传输信号。实际测试表明,好的调幅光纤系统的载波组合三次差拍比 C/CTB 在 70dB 以上,交调指标也在 60dB 以上,远高于一般电缆干线系统的非线性失真指标。

（6）工作性能可靠。一个系统的可靠性与组成该系统的设备数量有关。设备越多,发生故障的机会越大。因为光纤系统包含的设备数量少(不像电缆系统那样需要几十个放大器),可靠性自然也就高,加上光纤设备的寿命都很长,无故障工作时间达 50 万~75 万 h,其中寿命最短的光发射机中的激光器,最低寿命也在 10 万 h 以上。故一个设计良好、正确安装调试的光纤系统是非常可靠的。

（7）成本不断下降。有人提出了新摩尔定律,也叫作光学定律(Optical Law)。该定律指出,光纤传输信息的带宽,每 6 个月增加 1 倍,而价格降低至原来的二分之一。光通信技术的发展为 Internet 宽带技术的发展奠定了非常好的基础,为大型有线电视系统采用光纤传输方式扫清了最后一个障碍。由于制作光纤的材料(石英)来源十分丰富,随着技术的进步,成本还会进一步降低;而电缆所需的铜原料有限,价格会越来越高。显然,光纤传输已经占绝对优势,成为全国有线电视网的最主要的传输手段。

4．光纤局域网

众所周知,局域网的拓扑结构主要有星形拓扑、环形拓扑、总线型拓扑以及混合型拓扑。光纤局域网也是局域网的一种,所以其拓扑结构大致也可分为这几种。利用光纤组建局域网,常见的有两种结构,分别如图 5-19 的总线型光纤局域网和图 5-20 的环形光纤局域网所示。

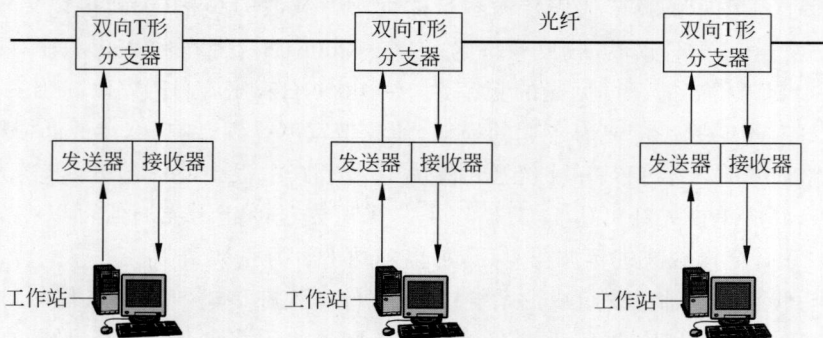

图 5-19　总线型光纤局域网

1）总线型光纤局域网

光纤总线型拓扑有两种不同的结构,它们的区别在于采用的是有源抽头还是无源抽头。

对于有源抽头结构,从总线传来的光信号能量输入抽头,抽头将信号转换成电信号,然后送至站点。从站点输出的信号再调制成光信号,最后将光信号再送至总线上。对于无源抽头结构,抽头将总线上传送来的光能量抽取一部分到接收站点。发送时,站点直接将能量注入总线。这里,抽头的作用类似于电线总缆的中间抽头,即图中的双向 T 形分支器。对于有源总线配置,需两根光缆,每个抽头由两个有源耦合器组成,这是由设备的单方向性决定的;对于无源总线配置,每个抽头需要两次接到总线,其原因也是由无源抽头的单方向性决定的,同样也需要两根光缆。每个抽头由两个发送器和两个接收器组成,因此,信号能从两根单方向的电缆中插入和抽出。

有源光纤总线的缺点是线路复杂,接口的费用开销大,每个抽头要引入延迟;无源光纤总线的主要缺点是抽头的损耗大,这就限制了抽头数目。目前,低损耗的抽头一般可以支持80 个抽头接入光纤线路。

2) 环形光纤局域网

环形光纤局域网的结构采用点到点的链路组成,而点到点的光纤传输技术最为成熟,所以环形光纤局域网的结构最普遍。在这种结构中,光纤的延迟小,易于配置很多站点的环形光纤局域网和高速环形光纤局域网。但是,高速环形光纤局域网的价格很贵,只能应用于有限的场合。IBM 公司开发了一种速度较低,但价格也相当便宜的环形光纤局域网,它采用850nm 波长,以及价格低廉的 LED 发送器和 PIN 检测器,数据传输速率可达到 20Mb/s,最大的链路距离可达 1.5～2km,可以支持 250 个站点。

环形光纤局域网一般都采用双环结构,如图 5-20 所示,目的是提高可靠性,防止因一根光纤损坏造成网络瘫痪的情况出现。各相邻点都是点对点传输,传输损失比广播总线小得多,网的地域直径也比总线型光纤局域网的大。因此,光纤局域网通常采用环形结构。

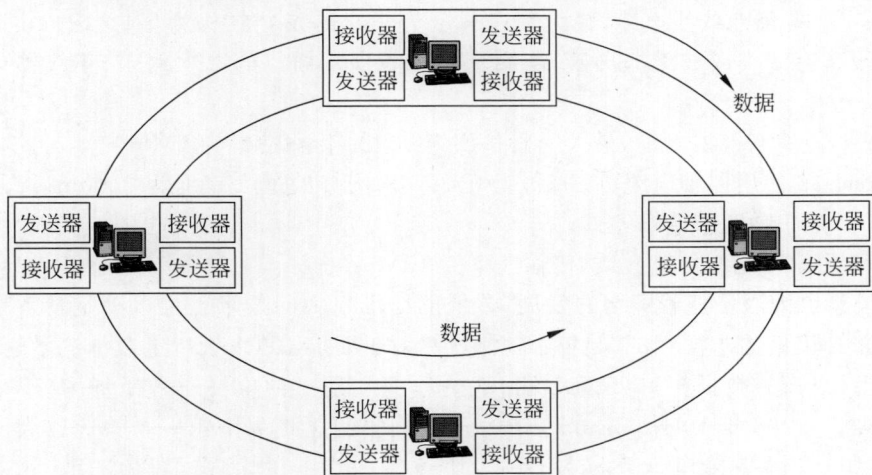

图 5-20　环形光纤局域网

3) 混合型光纤局域网

环形无源光纤总线拓扑结构是一种混合型光纤局域网,它将总线的两端连在一起,信号的传输如同双电缆总线结构,一边是信号输入,另一边是信号输出。这种结构的优点是可以省掉一半数量的发送器和接收器,从而降低成本。

5.3.3　以太网

以太网(Ethernet)是指由施乐公司(Xerox)创建并由 Xerox、Intel 和 DEC 公司联合开发的基带局域网规范,是当今局域网采用的最通用的通信协议标准。以太网络使用 CSMA/CD 技术,包括标准的以太网(10Mb/s)、快速以太网(100Mb/s)和 10G(10Gb/s)以太网,符合 IEEE 802.3 系列标准。

1. 以太网分类

(1) 标准以太网。这种以太网只有 10Mb/s 的吞吐量,使用的是带有冲突检测的载波监听多路访问(Carrier Sense Multiple Access with Collision Detection,CSMA/CD)的访问控制方法,这种早期的 10Mb/s 以太网称为标准以太网,可以使用粗同轴电缆、细同轴电缆、非屏蔽双绞线、屏蔽双绞线和光纤等多种传输介质进行连接。

IEEE 802.3 标准中,为不同的传输介质制定了不同的物理层标准。在这些标准中前面的数字表示传输速率,单位是 Mb/s,最后的一个数字表示单段网线长度(基准单位是 100m),Base 表示"基带"的意思,Broad 代表"宽带"。

10Base-5 使用直径为 0.4 英寸、阻抗为 50Ω 的粗同轴电缆,也称粗缆以太网,最大网段长度为 500m,基带传输方法,拓扑结构为总线型。10Base-5 组网主要硬件设备有粗同轴电缆、带有 AUI 插口的以太网卡、中继器、收发器、收发器电缆、终结器等。

10Base-2 使用直径为 0.2 英寸、阻抗为 50Ω 的细同轴电缆,也称细缆以太网,最大网段长度为 185m,基带传输方法,拓扑结构为总线型。10Base-2 组网主要硬件设备有细同轴电缆、带有 BNC 插口的以太网卡、中继器、T 形连接器、终结器等。

10Base-T 使用双绞线电缆,最大网段长度为 100m,拓扑结构为星形。10Base-T 组网主要硬件设备有 3 类或 5 类非屏蔽双绞线、带有 RJ-45 插口的以太网卡、集线器、交换机、RJ-45 插头等。

1Base-5 使用双绞线电缆,最大网段长度为 500m,传输速率为 1Mb/s。

10Broad-36 使用同轴电缆(RG-59/U CATV),网络的最大跨度为 3600m,网段长度最大为 1800m,是一种宽带传输方式。

10Base-F 使用光纤传输介质,传输速率为 10Mb/s。

(2) 快速以太网。随着网络的发展,传统的标准以太网技术已难以满足日益增长的网络数据流量速度的需求。在 1993 年 10 月以前,对于要求 10Mb/s 以上数据流量的 LAN 应用,只有光纤分布式数据接口(FDDI)可供选择,但它是一种价格非常昂贵、基于 100Mb/s 光缆的 LAN。1993 年 10 月,Grand Junction 公司推出了世界上第一台快速以太网集线器 Fastch10/100 和网络接口卡 FastNIC100,快速以太网技术正式得以应用。随后 Intel、SynOptics、3COM、BayNetworks 等公司亦相继推出自己的快速以太网装置。与此同时,IEEE 802 工程组也对 100Mb/s 以太网的各种标准,如 100BASE-TX、100BASE-T4、MII、中继器、全双工等标准进行了研究。1995 年 3 月 IEEE 宣布了 IEEE 802.3u 100BASE-T 快速以太网标准(Fast Ethernet),从而进入了快速以太网的时代。

快速以太网与原来在 100Mb/s 带宽下工作的 FDDI 相比具有许多的优点,主要体现在快速以太网技术可以有效地保障用户在布线基础设施上的投资,它支持三、四、五类双绞线以及光纤的连接,能有效地利用现有的设施。快速以太网的不足其实也是以太网技术的不足,那就是快速以太网仍是基于 CSMA/CD 技术,当网络负载较重时,会造成效率的降低,当然这可以使用交换技术来弥补。100Mb/s 快速以太网标准又分为 100BASE-TX、100BASE-FX、100BASE-T4 三个子类。

- ➢ 100BASE-TX:是一种使用五类数据级无屏蔽双绞线或屏蔽双绞线的快速以太网技术。它使用两对双绞线,一对用于发送数据,另一对用于接收数据。在传输中使用 4B/5B 编码方式,信号频率为 125MHz。符合 EIA586 的五类布线标准和 IBM 的 SPT 一类布线标准。使用与 10BASE-T 相同的 RJ-45 连接器。它的最大网段长度为 100m,支持全双工的数据传输。

- ➢ 100BASE-FX:是一种使用光缆的快速以太网技术,可使用单模和多模光纤(62.5μm 和 125μm)。多模光纤连接的最大距离为 550m,单模光纤连接的最大距离为 3000m。在传输中使用 4B/5B 编码方式,信号频率为 125MHz。它使用 MIC/FDDI 连接器、ST 连接器或 SC 连接器。它的最大网段长度为 150m、412m、2km 或更长至 10km,这与所使用的光纤类型和工作模式有关。它支持全双工的数据传输。100BASE-FX 特别适合于有电气干扰的环境、较大连接距离或高保密环境等情况下的应用。

- ➢ 100BASE-T4:是一种可使用三、四、五类无屏蔽双绞线或屏蔽双绞线的快速以太网技术。100Base-T4 使用 4 对双绞线,其中的 3 对用于在 33MHz 的频率上传输数据,每一对均工作于半双工模式。第 4 对用于 CSMA/CD 冲突检测。在传输中使用 8B/6T 编码方式,信号频率为 25MHz,符合 EIA586 结构化布线标准。它使用与 10BASE-T 相同的 RJ-45 连接器,最大网段长度为 100m。

（3）千兆以太网。千兆以太网(Gigabit Ethernet)技术作为最新的高速以太网技术,带来了提高核心网络性能的有效解决方案,这种解决方案的最大优点是继承了传统以太技术价格便宜的优点。千兆技术仍然是以太网技术,它采用了与 10M 标准以太网相同的帧格式、帧结构、网络协议、全/半双工工作方式、流控模式以及布线系统。由于该技术不改变传统以太网的桌面应用、操作系统,因此可与 10M 标准或 100M 标准以太网很好地配合工作。升级到千兆以太网不必改变网络应用程序、网管部件和网络操作系统,能够最大限度地保护投资。此外,IEEE 标准将支持最大距离为 550m 的多模光纤、最大距离为 70km 的单模光纤和最大距离为 100m 的同轴电缆。千兆以太网填补了 IEEE 802.3 标准以太网/快速以太网标准的不足。

千兆以太网支持的网络类型有如下几种。

- ➢ 1000Base-CX Copper STP 25m:使用 150Ω 屏蔽双绞线(STP),传输距离为 25m,最长有效距离为 25m,使用 9 芯 D 型连接器连接电缆。

- ➢ 1000Base-T Copper Cat 5 UTP 100m:是一种使用五类 UTP 作为网络传输介质的千兆以太网技术,最长有效距离与 100BASETX 一样可以达到 100m。用户可以采用这种技术在原有的快速以太网系统中实现从 100Mb/s 到 1000Mb/s 的平滑升级。

- ➢ 1000Base-SX Multi-mode Fiber 500m:是一种使用短波激光作为信号源的网络介质技术,收发器上所配置的波长为 770～860nm(一般为 800nm)的激光传输器不支持单模光纤,只能驱动多模光纤。可以采用直径为 62.5μm 或 50μm 的多模光纤,传输距离为 220～550m。

> 1000Base-LX Single-mode Fiber 3000m：可以支持直径为 $9\mu m$ 或 $10\mu m$ 的单模光纤，工作波长范围为 1270～1355nm，传输距离为 5km 左右。

千兆以太网技术有两个标准：IEEE 802.3z 和 IEEE 802.3ab。IEEE 802.3z 制定了光纤和短程铜线连接方案的标准。IEEE 802.3ab 制定了五类双绞线上较长距离连接方案的标准。

IEEE 802.3z。IEEE 802.3z 工作组负责制定光纤(单模或多模)和同轴电缆的全双工链路标准。IEEE 802.3z 定义了基于光纤和短距离铜缆的 1000Base-X，采用 8B/10B 编码技术，信道传输速率为 1.25Gb/s，去耦后可实现 1000Mb/s 传输速率。

IEEE 802.3ab。IEEE 802.3ab 工作组负责制定基于 UTP 的半双工链路的千兆以太网标准，产生 IEEE 802.3ab 标准及协议。IEEE 802.3ab 定义基于五类 UTP 的 1000Base-T 标准，其目的是在五类 UTP 上以 1000Mb/s 速率传输 100m。IEEE 802.3ab 标准的意义主要有两点：①保护用户在五类 UTP 布线系统上的投资；②1000Base-T 是 100Base-T 自然扩展，与 10Base-T、100Base-T 完全兼容。不过，在五类 UTP 上达到 1000Mb/s 的传输速率需要解决五类 UTP 的串扰和衰减问题，因此，IEEE 802.3ab 工作组的开发任务要比 IEEE 802.3z 复杂些。

(4) 万兆以太网。万兆以太网规范包含在 IEEE 802.3 标准的补充标准 IEEE 802.3ae 中，它扩展了 IEEE 802.3 协议和 MAC 规范，使其支持 10Gb/s 的传输速率。除此之外，通过 WAN 界面子层(WAN Interface Sublayer，WIS)，万兆太网也能被调整为较低的传输速率，如 9.584 640Gb/s(OC-192)，这就允许万兆以太网设备与同步光纤网络(SONET)STS-192c 传输格式相兼容。

10GBASE-SR 和 10GBASE-SW 主要支持短波(850nm)多模光纤(MMF)，光纤距离为 2m～300m。10GBASE-SR 主要支持暗光纤(Dark Fiber)。暗光纤是指没有光传播并且不与任何设备连接的光纤。10GBASE-SW 主要用于连接 SONET 设备，应用于远程数据通信。

10GBASE-LR 和 10GBASE-LW 主要支持长波(1310nm)单模光纤(SMF)，光纤距离为 2m～10km(约 32 808 英尺)。10GBASE-LW 主要用来连接 SONET 设备，10GBASE-LR 则用来支持暗光纤。

10GBASE-ER 和 10GBASE-EW 主要支持超长波(1550nm)单模光纤(SMF)，光纤距离为 2m～40km(约 131 233 英尺)。10GBASE-EW 主要用来连接 SONET 设备，10GBASE-ER 则用来支持暗光纤。

10GBASE-LX4 采用波分复用技术，在单对光缆上以 4 倍光波长发送信号。系统运行在 1310nm 的多模或单模暗光纤方式下。该系统的设计目标是针对 2～300m 的多模光纤模式或 2m～10km 的单模光纤模式。

2. 以太网拓扑

以太网常见的拓扑结构有总线型拓扑结构和星形拓扑结构两种。

(1) 总线型拓扑结构。总线型拓扑结构如图 5-21 所示，所需的电缆较少，价格便宜，但是管理成本高，不易隔离故障点，同时共享访问机制易造成网络拥塞。早期以太网多使用总线型的拓扑结构,采用同轴缆以及光纤作为传输介质,连接简单,通常在小规模的网络中不需要专用的网络设备。但由于它存在的固有缺陷,已经逐渐被以集线器和交换机为核心的星形网络或者环形光纤网所代替。

(2) 星形拓扑结构。星形拓扑结构管理方便,容易扩展,但需要专用的网络设备作为网络的核心节点和更多的网线,对核心设备的可靠性要求高。采用专用的网络设备(如集线器或交换机)作为核心节点,通过双绞线或光纤将局域网中的各台主机连接到核心节点上,这就形成了星形拓扑结构,如图 5-22 所示。星形网络虽然需要的线缆比总线型的多,但布线和连接器比总线型的要便宜。此外,星形拓扑可以通过级联的方式很方便地将网络扩展到很大的规模,因此得到了广泛的应用,被绝大部分的以太网所采用。

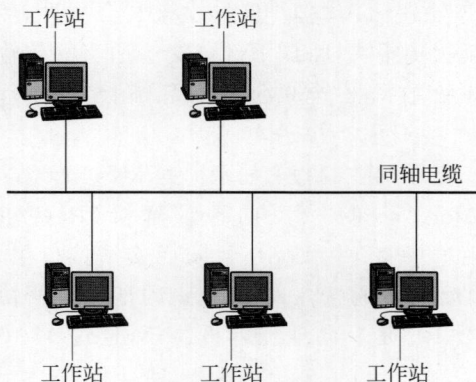

图 5-21　总线型拓扑结构　　　　图 5-22　星形拓扑结构

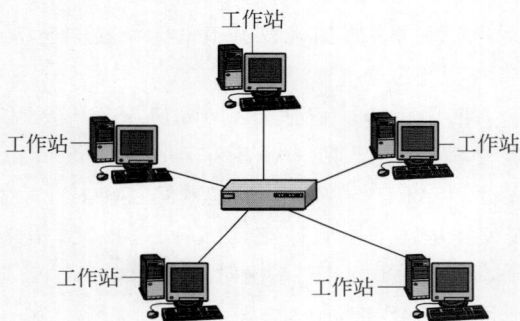

5.4　Internet 技术

　　Internet 原意为网间网,指不同类型、不同大小的网络互联而成的网络。此处,特指 Internet,即国际互联网,是一个全球性计算机网络。通过电话线(同轴电缆)、光纤、卫星、微波等通信技术与媒介,把全世界不同国家的大学、科研部门、军事机构、政府部门、社会团体和企业组织的网络,按照一定的网络协议相互连接起来,就构成了一个巨大的计算机互联网,称为 Internet。Internet 采用 TCP/IP 网络协议栈。传输控制协议 TCP 保证数据传输的正确性,网络互联协议 IP 负责数据按地址传输。

　　Internet 是物联网实施通信、数据共享、决策发布的骨干网络。本节主要介绍互联网的通信协议、网络接入技术以及常用的路由方式。

5.4.1　Internet 通信协议

1. TCP/IP 协议栈

　　TCP/IP(Transmission Control Protocol/Internet Protocol)即传输控制协议/Internet 互联协议,又叫网络通信协议。TCP/IP 是 Internet 最基本的协议,定义了电子设备(如计算机)接入 Internet 以及数据在电子设备间传输的标准。

(1) TCP/IP 协议栈结构。TCP/IP 是一个四层的分层体系结构,如图 5-23 所示。

| 应用层 |
| 传输层 |
| 网络层 |
| 网络接口层 |

图 5-23   TCP/IP 协议栈结构

各层的功能如下。

➢ 网络接口层。通常包括操作系统中的设备驱动程序和计算机中对应的网络接口卡,用来处理与电缆(或其他任何传输媒介)的物理接口细节。常见的接口层协议有 Ethernet 802.3、Token Ring 802.5、X.25、Frame Relay、HDLC、PPP ATM 等。

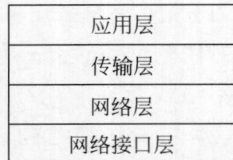

➢ 网络层。也称作互联网层,处理分组在网络中的活动,主要功能为①处理来自传输层的分组发送请求,收到请求后,将分组装入 IP 数据报,填充报头,选择去往目标机的路径,然后将数据报发往适当的网络接口。②处理输入数据报,先检查其合法性,然后进行寻径。假如该数据报已到达目标机,则去掉报头,将剩下部分交给适当的传输协议;假如该数据报尚未到达目标机,则转发该数据报。③处理路径、流控、拥塞等问题。

网络层协议包括 IP(网际协议)、ICMP(Internet 互联网控制报文协议)、IGMP(Internet 组管理协议)、地址解析(Address Resolution Protocol,ARP)、反向地址解析(Reverse ARP,RARP)。其中,IP 是网络层的核心,通过路由选择将下一跳 IP 封装后交给接口层。ICMP 是网络层的补充,可以回送报文,用来检测网络是否通畅。ARP 是正向地址解析协议,通过已知的 IP 寻找对应主机的 MAC 地址。RARP 是反向地址解析协议,通过 MAC 地址确定 IP 地址。

➢ 传输层。主要为两台主机上的应用程序提供端到端的通信。它包含 TCP(传输控制协议)和 UDP(用户数据报协议)。TCP 为两台主机提供高可靠性的数据通信,包括把应用程序交给它的数据分成合适的小块交给下面的网络层,确认接收到的分组,设置发送最后确认分组的超时时钟等。由于传输层提供了高可靠性的端到端的通信,因此应用层可以忽略所有这些细节。UDP 则只是把称作数据报的分组从一台主机发送到另一台主机,但并不保证该数据报能到达另一端。任何必需的可靠性必须由应用层来提供。

➢ 应用层。应用层一般是面向用户的服务,如 FTP、Telnet、DNS、SMTP、POP3 等。FTP(File Transmission Protocol)是文件传输协议。一般上传、下载用 FTP 服务,数据端口是 20,控制端口是 21;Telnet 服务是用户远程登录服务,使用 23 端口,因为使用明码传送,保密性差但简单、方便;DNS(Domain Name Service)是域名解析服务,提供域名到 IP 地址之间的转换;SMTP(Simple Mail Transfer Protocol)是简单邮件传输协议,用来控制信件的发送、中转;POP3(Post Office Protocol 3)是邮局协议第 3 版本,用于接收邮件。

(2) 域名系统(DNS)。互联网上的每个节点都必须有一个唯一的 Internet 地址(也称作 IP 地址),作为其标识。通过 IP 地址可实现对某个节点的通信。IP 地址不易记,因此,通常用字母组合代替,称其为域名。域名系统不能直接作为节点的访问标识,因此,DNS 用来实现域名和 IP 之间的转换。它是一个分布的数据库,提供 IP 地址和主机名之间的映射信息。例如访问某个 Web 服务器时,直接给出服务器对应的域名 www.xjtu.edu.cn,DNS 会自动将该域名转换为对应的 IP 地址 202.117.1.13。

（3）TCP/IP 协议应用展示。假设某个以太网内的主机想访问位于另一个以太网内的 Web 服务器,客户机与服务器上必须要配置有 HTTP 协议、TCP 协议、IP 协议、以太网协议,才能实现两机器间的通信,如图 5-24 所示。

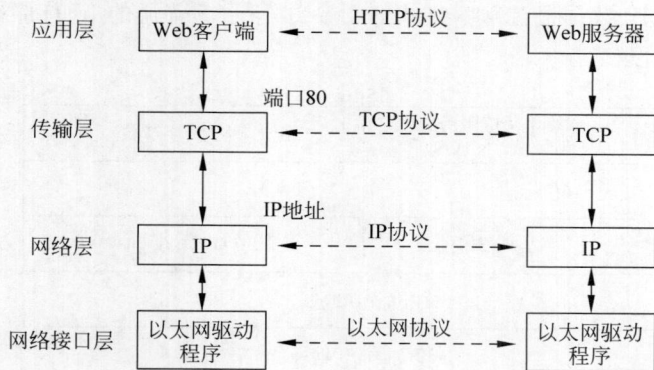

图 5-24　TCP/IP 协议应用展示

（4）数据封装。当应用程序使用 TCP/IP 传送数据时,数据被送入协议栈中,然后逐个通过每一层直到被当作一串比特流送入网络。其中每一层对收到的数据都要增加一些首部信息(有时还要增加尾部信息),该过程如图 5-25 所示。TCP 传给 IP 的数据单元称作 TCP 报文段,IP 传给网络接口层的数据单元称作 IP 数据报(IP Datagram),通过以太网传输的比特流称作帧(Frame)。

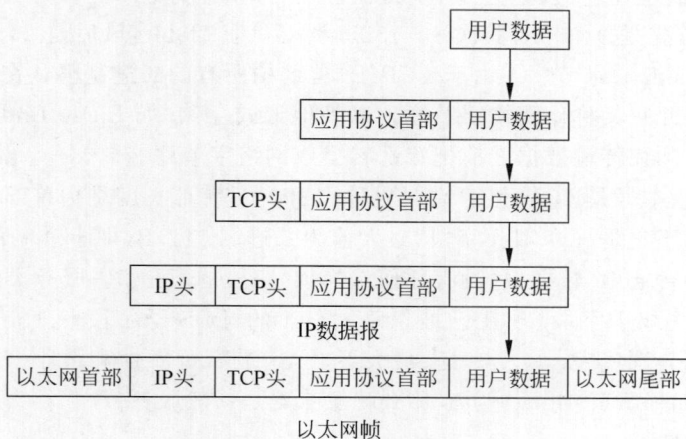

图 5-25　数据封装过程

2. IP 网际协议

IP 协议是 TCP/IP 协议族中最为核心的协议,所有的 TCP、UDP、ICMP 及 IGMP 数据都以 IP 数据报格式传输。IP 协议采用的是无连接、不可靠数据传输。

不可靠指不能保证 IP 数据报能成功地到达目的地。当发生某种错误时,如某个路由器暂时用完了缓冲区,IP 协议丢弃该数据报,然后发送 ICMP 消息报给源机器。可靠性需求必须由上层来提供(如 TCP)。

无连接指 IP 不维护任何关于后续数据报的状态信息,每个数据报的处理是相互独立的。即 IP 数据报可以不按发送顺序接收。如果一源机器向相同的目标机发送两个连续的数据报(先是 A,然后是 B),每个数据报都是独立地进行路由选择,可能选择不同的路线,因此 B 可能在 A 到达之前先到达。

(1) IP 首部。IP 数据报首部的格式如图 5-26 所示。普通的 IP 首部长为 20 字节,除非含有特殊的选项字段。

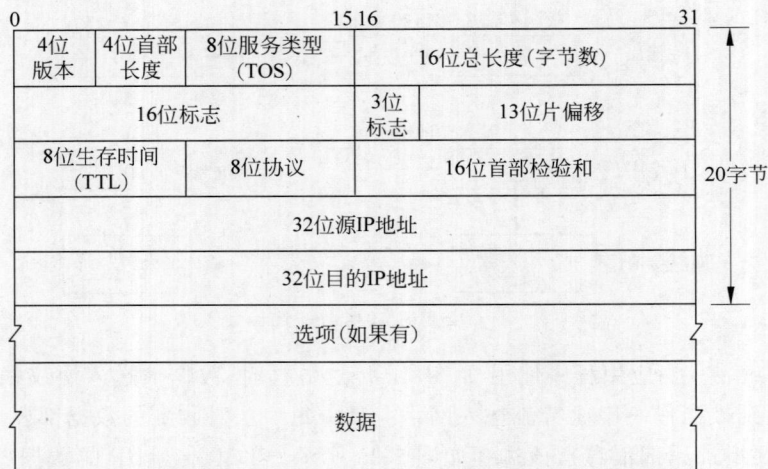

图 5-26　IP 数据报首部的格式

IP 首部中最高位在左边,记为 0bit;最低位在右边,记为 31bit。4 字节的 32bit 值以下面的次序传输:首先是 0~7bit,其次 8~15bit,然后 16~23bit,最后是 24~31bit。这种传输次序称作 Big Endian 字节序。由于 TCP/IP 首部中所有的二进制整数在网络中传输时都要求这种次序,因此它又称作网络字节序。以其他形式存储(如 Little Endian 格式)二进制整数的机器,则必须在传输数据之前把首部转换成网络字节序。

目前的协议版本号是 4,因此 IP 有时也称作 IPv4。首部长度是指首部占 32bit 的数目,包括任何选项,由于它是一个 4bit 字段,最大值为二进制 1111B(即十进制的 15),因此首部最长为 60 字节。普通 IP 数据报(没有任何选择项)字段的值是 5。服务类型(TOS)字段包括一个 3bit 的优先权子字段(现在已被忽略)、4bit 的 TOS 子字段和 1bit 未用位(必须置0)。4bit 的 TOS 分别代表:最小时延、最大吞吐量、最高可靠性和最小费用。4bit 中只能置其中的 1bit。如果所有 4bit 均为 0,那么就意味着是一般服务。

IP 首部定义如下:

```
typedef struct _iphdr          //定义 IP 首部
{
unsigned char h_lenver;        // 4 位首部长度 + 4 位 IP 版本号
unsigned char tos;             // 8 位服务类型 TOS
unsigned short total_len;      // 16 位总长度(字节)
unsigned short ident;          // 16 位标志
unsigned short frag_and_flags; // 3 位标志
unsigned char ttl;             // 8 位生存时间 TTL
unsigned char proto;           // 8 位协议(TCP、UDP 或其他)
unsigned short checksum;       // 16 位 IP 首部校验和
unsigned int sourceIP;         // 32 位源 IP 地址
```

```
unsigned int destIP;                    // 32 位目的 IP 地址
} IP_HEADER, * PIP_HEADER;
```

总长度字段是指整个 IP 数据报的长度,以字节为单位。利用首部长度字段和总长度字段就可以知道 IP 数据报中数据内容的起始位置和长度。由于该字段长 16 bit,所以 IP 数据报最长可达 65 535 字节。当数据报被分片时,该字段的值也随着变化。尽管可以传送一个长达 65 535 字节的 IP 数据报,但是大多数的链路层都会对它进行分片。此外,主机也要求不能接收超过 576 字节的数据报。

标识字段唯一地标识主机发送的每一份数据报。通常每发送一份报文它的值就会加 1,同时设置标识字段和偏移量。

TTL(Time-To-Live)生存时间字段设置了数据报可以经过的最多路由器数,它指定了数据报的生存时间。TTL 的初始值由源主机设置(通常为 32 或 64),一旦经过一个处理它的路由器,它的值就减去 1。当该字段的值为 0 时,数据报就被丢弃,并发送 ICMP 报文通知源主机。

协议字段用来指示调用 IP 的上层协议。首部检验和字段是根据 IP 首部计算的检验和码。它不对首部后面的数据进行计算。每一份 IP 数据报都包含源 IP 地址和目的 IP 地址,都是 32bit 的值。最后一个字段是任选项,是数据报中的一个可变长的可选信息。

(2) IP 地址。IP 地址长为 32bit,具有一定的结构,被分成五类,如图 5-27 所示。

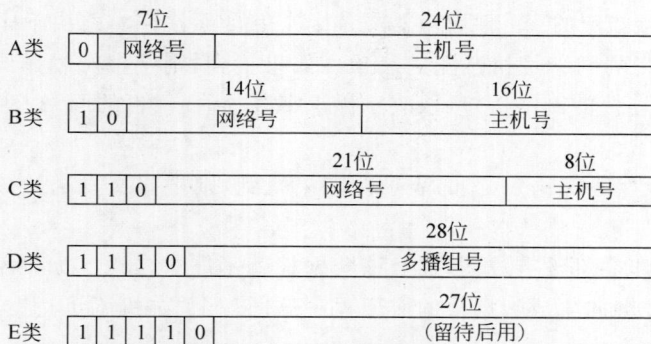

图 5-27　IP 地址格式

32 位的二进制地址通常写成 4 个十进制的数,其中每个整数对应 1 字节。这种表示方法称作点分十进制表示法(Dotted Decimal Notation)。A 类地址为 0.0.0.0～127.255.255.255,B 类地址为 128.0.0.0～191.255.255.255,C 类地址为 192.0.0.0～223.255.255.255,D 类地址为 224.0.0.0～239.255.255.255,E 类地址为 240.0.0.0～247.255.255.255。例如,某大学主机服务器地址是 202.196.96.199,为 C 类地址。区分各类地址的方法是看它的第一个十进制整数。

(3) IP 路由。如果目的主机与源主机直接相连(如点对点链路)或都在一个共享网络上(以太网或令牌环网),那么 IP 数据报就直接送到目的主机上;否则,主机把数据报发往一个默认的路由器上,由路由器来转发该数据报。

主机和路由器的区别是:主机从不把数据报从一个接口转发到另一个接口,而路由器则要转发数据报。

一般情况下,IP 从 TCP、UDP 等上层协议接收数据报,重组为 IP 包并进行发送,或者从一个网络接口接收数据报（待转发的数据报）并进行发送。IP 层在内存中有一个路由表，当收到一份数据报并进行发送时，它都要对该表搜索一次。当数据报来自某个网络接口时，IP 首先检查目的 IP 地址是否为本机的 IP 地址之一或者 IP 广播地址。如果是，则数据报就被送到由 IP 首部协议字段所指定的协议模块进行处理；如果数据报的目的不是这些地址，而且 IP 层被设置为路由器功能，就对数据报进行转发，否则数据报被丢弃。

IP 路由表中的每一项都包含的信息为①目的 IP 地址。它既可以是一个完整的主机地址，也可以是一个网络地址，由该表目中的标识字段来指定。②下一跳路由器的 IP 地址，或者有直接连接的网络 IP 地址。下一跳路由器是指一个在直接相联网络上的路由器，通过它可以转发数据报。下一跳路由器不是最终的目的地，但是它可以把传送给它的数据报转发到最终目的地。③标识。其中一个标识指明目的 IP 地址是网络地址还是主机地址，另一个标识指明下一跳路由器是真正的下一跳路由器，还是一个直接相连的接口。④为数据报的传输指定一个网络接口。

IP 路由选择是逐跳地进行的，IP 并不知道到达任何目的地的完整路径，所有的 IP 路由选择只为数据报传输提供下一跳路由器的 IP 地址。它假定下一站路由器比发送数据报的主机更接近目的，而且下一跳路由器与该主机是直接相连的。

IP 路由选择为搜索路由表，按以下顺序进行。

（1）寻找能与目的 IP 地址完全匹配的表项（网络号和主机号都要匹配）。如果能找到，则把报文发送给该表项指定的下一跳路由器或直接连接的网络接口（取决于标识字段的值）。

（2）寻找能与目的网络号相匹配的表项。如果找到，则把报文发送给该表项指定的下一跳路由器或直接连接的网络接口（取决于标识字段的值）。目的网络上的所有主机都可以通过这个表项来处置。

（3）寻找标为"默认（default）"的表项。如果找到，则把报文发送给该表项指定的下一跳路由器。

如果上面这些步骤都没有成功，那么该数据报就不能被传送。如果不能传送的数据报来自本机，那么一般会向生成数据报的应用程序返回一个"主机不可达"或"网络不可达"的错误。

3. TCP 协议

TCP 提供一种面向连接的、可靠的字节流服务。面向连接意味着两个使用 TCP 的应用（通常是一个客户和一个服务器）在彼此交换数据之前必须先建立一个 TCP 连接。这一过程与打电话很相似：先拨号振铃，等待对方接电话建立连接后，再进行通话。

1）TCP 的连接服务

TCP 的连接服务操作如下。

（1）应用数据在发送端首先被 TCP 分割成适合发送的数据块，称为报文段或段（segment）。

（2）当发送端 TCP 送出一个报文段后，启动一个定时器，等待目的端确认收到这个报文。如果不能及时收到确认，将重发这个报文段。

（3）当接收端 TCP 收到发自 TCP 连接另一端的数据时，将发送一个确认。

（4）接收端 TCP 将进行首部检验和检验。这是一个端到端的检验和，目的是检测数据在传输过程中的任何变化。如果收到段的检验和有差错,TCP 将丢弃这个报文段并且不确认收到此报文段(希望发端超时并重发)。

此外,当 TCP 报文段因 IP 数据报的失序而导致报文段到达失序时,TCP 将对收到的数据进行重新排序,将收到的数据以正确的顺序交给应用层。TCP 还能提供流量控制。

2)TCP 头

如图 5-28 所示,每个 TCP 头都包含源端和目的端的端口号,用于寻找发端和收端应用进程。这两个值加上 IP 首部中的源端 IP 地址和目的端 IP 地址可唯一确定一个 TCP 连接。序号用来标识从 TCP 发端向 TCP 收端发送的数据字节流,它表示在这个报文段中的第一个数据字节。如果将字节流看作在两个应用程序间的单向流动,则 TCP 用序号对每个字节进行计数。序号是 32bit 的无符号数,序号到达 $2^{32}-1$ 后又从 0 开始。

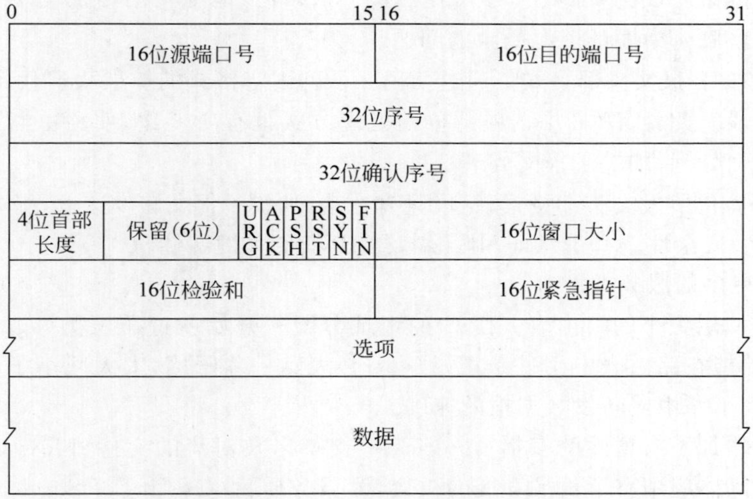

0		15 16		31
16位源端口号			16位目的端口号	
32位序号				
32位确认序号				
4位首部长度	保留(6位)	U R G / A C K / P S H / R S T / S Y N / F I N	16位窗口大小	
16位检验和			16位紧急指针	
选项				
数据				

图 5-28 TCP 头格式

当建立一个新的连接时,SYN 标识设为 1。确认序号包含发送确认的一端所期望收到的下一个序号。因此,确认序号应当是上次已成功收到数据字节序号加 1。只有 ACK 标识为 1 时确认序号字段才有效。

4. UDP

UDP 是一个无连接的传输层协议,进程的每个输出操作都正好产生一个 UDP 数据报,并组装成一份待发送的 IP 数据报。它与面向流字符的 TCP 协议不同,应用程序产生的全体数据与真正发送的单个 IP 数据报可能没有什么联系。UDP 不提供可靠性,它把应用程序传给 IP 层的数据发送出去,但是并不保证它们能到达目的地。

UDP 头格式如图 5-29 所示。

端口号表示发送进程和接收进程。UDP 长度字段是指 UDP 首部和 UDP 数据的字节长度,UDP 的最小长度为 8 字节。

5. IPv6

IPv6 是 Internet 工程任务组(Internet Engineering Task Force,IETF)设计的用于替代

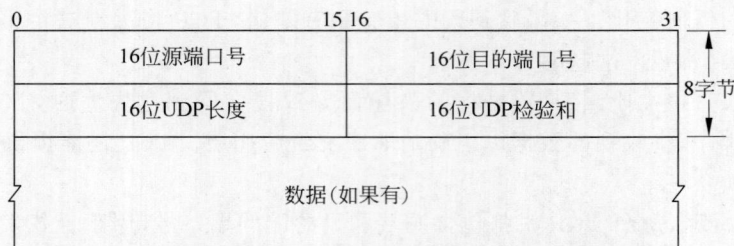

图 5-29　UDP 头格式

现行版本 IP(IPv4)的下一代 IP。

1) IPv6 的特点

(1) IPv6 地址长度为 128 位,与 32 位的 IPv4 相比,地址空间增加为 IPv4 地址的 2^{96} 倍,解决了原有 IPv4 中地址资源受限的问题。

(2) 灵活的 IP 报文头部格式。通过使用一系列固定格式的扩展头取代了 IPv4 中可变长度的选项字段。此外,IPv6 中选项部分的处理方式也有所变化,使路由器可以简单忽略选项而不做任何处理,加快了报文处理速度。

(3) IPv6 简化了报文头部格式,字段只有 8 个,加快了报文转发速度,提高了吞吐量。

(4) 提高了安全性。身份认证和隐私权是 IPv6 的关键特性。

(5) 支持更多的服务类型。

(6) IPv6 使用更小的路由表。IPv6 的地址分配一开始就遵循聚类(aggregation)的原则,使得路由器能在路由表中用一条记录(entry)表示一片子网,大大减小了路由器中路由表的长度,提高了路由器转发数据报的速度。

(7) IPv6 增加了对增强的多播(multicast)支持以及对流的支持(Flow Control),这使得网络上的多媒体应用有了长足发展的机会,为服务质量(Quality of Service,QoS)控制提供了良好的网络平台。

(8) IPv6 加入了对自动配置(Auto Configuration)的支持。这是对 DHCP 协议的改进和扩展,使得网络(尤其是局域网)的管理更加方便和快捷。

IPv6 报由 IPv6 报头(40 字节固定长度)、扩展报头和上层协议数据单元三部分组成。IPv6 报扩展报头中的分段报头指明了 IPv6 报的分段情况。其中不可分段部分包括 IPv6 报头、Hop-by-Hop 选项报头、目的地选项报头(适用于中转路由器)和路由报头;可分段部分包括认证报头、ESP 协议报头、目的地选项报头(适用于最终目的地)和上层协议数据单元。但是需要注意的是,在 IPv6 中,只有源节点才能对负载进行分段,并且 IPv6 超大报不能使用该项服务。

2) IPv6 头格式

IPv6 报头长度固定为 40 字节,去掉了 IPv4 中的一切可选项,只包括 8 个必要的字段,因此尽管 IPv6 地址长度为 IPv4 的 4 倍,IPv6 报头长度仅为 IPv4 报头长度的两倍。IPv6 头格式如图 5-30 所示。

其中的各个字段分别如下。

➤ 版本(Version):4 位,IP 协议版本号,值为 6。

➤ 业务流类别(Traffic Class):8 位,指示 IPv6 数据流通信类别或优先级。功能类似于

版本	业务流类别	流标签	
净荷长度		下一个报头	跳极限
源IP地址			
目的IP地址			
数据报的数据部分			
(净荷)			

图 5-30 IPv6 头格式

IPv4 的服务类型(TOS)字段。

➤ 流标签(Flow Label):20 位,IPv6 的新增字段,标记需要 IPv6 路由器特殊处理的数据流。该字段用于某些对连接的服务质量有特殊要求的通信,诸如音频或视频等实时数据传输。在 IPv6 中,同一信源和信宿之间可以有多种不同的数据流,彼此之间以非"0"流标记区分。如果不要求路由器做特殊处理,则该字段值置为"0"。

➤ 净荷长度(Payload Length):16 位负载长度,包括扩展头和上层 PDU,16 位最多可表示 65 535 字节负载长度。超过这一字节数的负载,该字段值置为"0",使用扩展头逐个跳段(Hop-by-Hop)选项中的巨量负载(Jumbo Payload)选项。

➤ 下一个头(Next Header):8 位,识别紧跟 IPv6 头后的报头类型,如扩展头(有的话)或某个传输层协议头(诸如 TCP、UDP 或者 ICMPv6)。

➤ 跳极限(Hop Limit):8 位,类似于 IPv4 的 TTL(生命期)字段,用包在路由器之间的转发次数来限定包的生命期。包每经过一次转发,该字段减 1,减到 0 时就把这个包丢弃。

➤ 源 IP 地址(Source Address):128 位,发送方主机地址。

➤ 目的 IP 地址(Destination Address):128 位,在大多数情况下,目的地址即信宿地址。但如果存在路由扩展头的话,目的地址可能是发送方路由表中的下一个路由器接口。

3)扩展报头

IPv6 报头设计中对原 IPv4 报头所做的一项重要改进就是将所有可选字段移出 IPv6 报头,置于扩展头中。由于除 Hop-by-Hop 选项扩展头外,其他扩展头不受中转路由器检查或处理,这样就能提高路由器处理 IPv6 分组的性能。

通常,一个典型的 IPv6 报没有扩展头。仅当需要路由器或目的节点进行某些特殊处理时,才由发送方添加一个或多个扩展头。与 IPv4 不同,IPv6 扩展头长度任意,不受 40 字节限制,以便于日后扩充新增选项,这一特征加上选项的处理方式使得 IPv6 选项能得以真正利用。但是为了提高处理选项头和传输层协议的性能,扩展头总是 8 字节长度的整数倍。目前,RFC 2460 中定义了以下 6 个 IPv6 扩展头:Hop-by-Hop(逐个跳段)选项报头、目的地选项报头、IPv6 报头结构路由报头、分段报头、认证报头和 ESP 协议报头。

4)IPv6 地址

IPv6 地址为 128 位长,通常写为 8 组,每组为 4 个十六进制数的形式。例如,2001:0db8:85a3:08d3:1319:8a2e:0370:7344 是一个合法的 IPv6 地址。如果 4 个数字都是零,可以简写为 0 或被省略。

例如：

2001:0db8:85a3:0000:1319:8a2e:0370:7344

等价于

2001:0db8:85a3::1319:8a2e:0370:7344

如果因为省略而出现了两个以上的冒号的话，可以压缩为两个连写的冒号（::），但这种零压缩在地址中只能出现一次。因此，2001:0DB8:0000:0000:0000:0000:1428:57ab、2001:0DB8:0000:0000:0000::1428:57ab、2001:0DB8:0:0:0:0:1428:57ab、2001:0DB8:0::0:0:1428:57ab、2001:0DB8::1428:57ab 都是合法的地址，并且它们是等价的。但2001::25de::cade 是非法的。

5.4.2　Internet 接入技术

本节介绍 Internet 的常规接入方式以及网络互联设备。

1. Internet 接入方式

Internet 接入是通过特定的信息采集与共享的传输通道，完成用户与 Internet 的高带宽、高速度的物理连接。通常采用以下几种方式实现 Internet 接入。

（1）电话线拨号。它是早期使用的窄带接入方式。它通过电话线，利用当地运营商提供的接入号码，拨号接入互联网，传输速率一般不超过 56kb/s。特点是使用方便，只需有效的电话线及自带 MODEM 的 PC 就可完成接入。主要用在一些低传输速率的网络应用（如网页浏览查询、聊天、Email 等），适合临时性接入或无其他宽带接入场所的使用。缺点是速率低，无法实现一些高速率要求的网络服务；其次是费用较高（接入费用由电话通信费和网络使用费组成）。

（2）ISDN。综合业务数字网（Integrated Service Digital Network，ISDN），俗称"一线通"。它采用数字传输和数字交换技术，将电话、传真、数据、图像等多种业务综合在一个统一的数字网络中进行传输和处理。用户利用一条 ISDN 用户线路，可以在上网的同时拨打电话、收发传真，就像两条电话线一样。ISDN 基本速率接口有两条 64kb/s 的信息通路和一条 16kb/s 的信令通路，简称 2B＋D。当有电话拨入时，它会自动释放一个 B 信道来进行电话接听，主要适合于普通家庭用户使用。缺点是速率仍然较低，无法实现一些高速率要求的网络服务；其次是费用同样较高（接入费用由电话通信费和网络使用费组成）。

（3）xDSL 接入。xDSL 是各种类型数字用户线路（Digital Subscribe Line，DSL）的总称，包括 ADSL、RADSL、VDSL、SDSL、IDSL 和 HDSL 等。xDSL 中的 x 代表任意字符或字符串。根据采取调制方式的不同，获得的信号传输速率和距离以及上行信道和下行信道的对称性也不同。它是在现有的铜质电话线路上采用较高的频率及相应调制技术，利用在模拟线路中加入或获取更多的数字数据的信号处理技术来获得高传输速率。

ADSL 可直接利用现有的电话线路，通过 ADSL MODEM 进行数字信息传输，理论传输速率可达到下行 8Mb/s 和上行 1Mb/s，传输距离可达 4～5km。ADSL2＋的传输速率可达下行 24Mb/s 和上行 1Mb/s。另外，最新的 VDSL2 技术可以达到上下行各 100Mb/s 的速率。其特点是速率稳定、带宽独享、语音数据不干扰等。适用于家庭、个人等用户的大多数网络应用，可满足一些宽带业务，包括 IPTV、视频点播（VOD）、远程教学、可视电话、多媒体检索、LAN 互联、Internet 接入等。

（4）HFC。HFC（Hybrid Fiber-Coaxial）是一种基于有线电视网络同轴电缆的接入方式。HFC 通常由光纤干线、同轴电缆支线和用户配线网络三部分组成。从有线电视台出来的节目信号先变成光信号在干线上传输，到用户区域后把光信号转换成电信号，经分配器分配后通过同轴电缆送到用户。它与早期 CATV 同轴电缆网络的不同之处主要在于，在干线上用光纤传输光信号，在前端需完成电-光转换，进入用户区后要完成光-电转换。

HFC 的主要特点是：传输容量大，易实现双向传输，从理论上讲，一对光纤可同时传送150 万路电话或 2000 套电视节目；频率特性好，在有线电视传输带宽内无须均衡；传输损耗小，可延长有线电视的传输距离，25km 内无须中继放大；光纤间不会有串音现象，不怕电磁干扰，能确保信号的传输质量。同传统的 CATV 网络相比，其网络拓扑结构也有些不同：第一，光纤干线采用星形或环状结构；第二，支线和配线网络的同轴电缆部分采用树状或总线结构；第三，整个网络按照光节点划分成一个服务区。这种网络结构可满足为用户提供多种业务服务的要求。随着数字通信技术的发展，特别是高速 HFC 宽带通信时代的到来，HFC 已成为现在和未来一段时期内宽带接入的最佳选择，因而 HFC 又被赋予新的含义，特指利用混合光纤同轴来进行双向宽带通信的 CATV 网络。

HFC 网络能够传输的带宽为 750～860MHz，少数达到 1GHz。根据原邮电部 1996 年的意见，其中 5～42/65MHz 频段为上行信号占用，50～550MHz 频段用来传输传统的模拟电视节目和立体声广播，650～750MHz 频段传送数字电视节目、VOD 等，750MHz 以后的频段留待以后技术发展用。

（5）光纤宽带接入。通过光纤接入到小区节点或楼道，再由网线连接到各个共享点上（一般不超过 100m），提供一定区域的高速互联接入。其特点是传输速率高、抗干扰能力强，适用于家庭、个人或各类企事业团体，可以实现各类高速率的互联网应用（视频服务、高速数据传输、远程交互等），缺点是一次性布线成本较高。

（6）无线网络接入。是一种有线接入的延伸技术，使用无线射频技术收发数据，减少使用电线进行的连接。因此无线网络系统既可达到建设计算机网络系统的目的，又可让设备自由安排和搬动。在公共开放的场所或者企业内部，无线网络一般会作为已存在有线网络的一个补充方式，可使装有无线网卡的计算机通过无线手段方便地接入互联网。

2．网络互联设备

Internet 网络要由不同类型的网络实现互联，关键问题是实现网络的物理连接。网络互联设备负责实现网络间通信、协议转换等。按照不同的分类方式，它们可以包含中继器、集线器、网桥、交换机、路由器、网关等。

1）网络物理层互联设备

（1）中继器。中继器（repeater）是局域网互联最简单的设备，工作在物理层。它接收并识别网络信号，然后再生信号并将其发送到网络的其他分支上。要保证中继器能够正确工作，首先要保证每一个分支中的数据报和逻辑链路协议是相同的。例如，在 IEEE 802.3 以太局域网和 IEEE 802.5 令牌环局域网之间，中继器是无法使它们通信的。但是，中继器可以用来连接不同的物理介质，并在各种物理介质中传输数据报。某些多端口的中继器很像多端口的集线器，它可以连接不同类型的介质。

中继器是扩展网络的最廉价的方法。当扩展网络的目的是要突破距离和节点限制,并且连接的网络分支都不会产生太多的数据流量,成本又不能太高时,就可以考虑选择中继器。采用中继器连接网络分支的数目要受具体的网络体系结构限制。中继器没有隔离和过滤功能,一个分支出现故障可能影响到其他的每一个网络分支。

(2) 集线器。集线器是有多个端口的中继器,简称 Hub,是一种以星形拓扑结构将通信线路集中在一起的设备,相当于总线,工作在物理层,是局域网中应用最广的连接设备。

Hub 分为切换式、共享式和可堆叠共享式三种。①切换式 Hub 负责重新生成每一个信号并在发送前过滤每一个包,而且只将其发送到目的地址。切换式 Hub 可以使 10Mb/s 和 100Mb/s 的站点用于同一网段中。②共享式 Hub 提供了所有连接点站点间共享的一个最大频宽。例如,一个连接着几个工作站或服务器的 100Mb/s 共享式 Hub 所提供的最大频宽为 100Mb/s,与它连接的站点共享这个频宽。共享式 Hub 不过滤或重新生成信号,所有与之相连的站点必须以同一速度工作(10Mb/s 或 100Mb/s)。所以共享式 Hub 比切换式 Hub 价格便宜。③堆叠共享式 Hub 是共享式 Hub 中的一种,当它们级联在一起时,可看作网中的一个大 Hub。

2) 数据链路层互联设备

(1) 网桥。网桥(bridge)是在数据链路层实现网络互联的设备,在两个局域网段之间对链路层帧进行接收、存储与转发。网桥可分为本地网桥和远程网桥。本地网桥是指在传输介质允许长度范围内互联网络的网桥,远程网桥是指连接的距离超过网络的常规范围时使用的远程桥,通过远程桥互联的局域网将成为城域网或广域网。如果使用远程网桥,则远程桥必须成对出现。在网络的本地连接中,网桥可以使用内桥和外桥。内桥是文件服务的一部分,通过文件服务器中的不同网卡连接起来的局域网,由文件服务器上运行的网络操作系统来管理。外桥安装在工作站上,实现两个网络之间的连接。外桥不运行在网络文件服务器上,而是运行在一台独立的工作站上。外桥可以是专用的,也可以是非专用的。作为专用网桥的工作站不能当普通工作站使用,只能用于建立两个网络之间的桥接;而非专用网桥的工作站既可以作为网桥,也可以作为工作站。

(2) 交换机。交换机(switcher)根据以太网帧中的目的地址,将以太帧从源端传送至目的端。可以同时向不同的目的端口传送以太帧,起到提高网络实际吞吐量的效果。交换机可以同时建立多个传输路径,所以在应用连接多台服务器的网段上可以收到明显的效果。按采用的技术,交换机分为直通式和存储转发式。①直通式(cut-through)交换机一旦收到信息包中的目标地址,在收到全帧之前便开始转发,适用于同速率端口和碰撞、误码率低的环境。②存储转发式(store-and-forward)交换机确认收到的帧,过滤处理坏帧,适用于不同速率端口和碰撞、误码率高的环境。

3) 网络层互联设备

路由器(router)工作于网络层,主要用于广域网或广域网与局域网的互联,可以在多个网络上交换和路由数据报。路由器通过在相对独立的网络中交换具体协议的信息来实现这个目标。比起网桥,路由器不但能过滤和分隔网络信息流、连接网络分支,还能访问数据报中更多的信息,以提高数据报的传输效率。

路由器中建立有路由表,包含有网络地址、连接信息、路径信息和发送代价等。通过路由表,执行相应的路由算法,可实现数据在不同网段的转发。

路由器主要用于连接多个逻辑上分开的网络。逻辑网络是指一个单独的网络或一个子网。当数据从一个子网传输到另一个子网时，可通过路由器来完成。因此，路由器具有判断网络地址和选择路径的功能，能在多网络互联环境中建立灵活的连接，可用完全不同的数据分组和介质访问方法连接各种子网。

4) 应用层互联设备

网关（gateway）是应用层互联设备，负责连接不同类型而协议差别又较大的网络。

网关将协议进行转换，实现数据重新分组，以便在两个不同类型的网络系统之间进行通信。通常，网关只进行一对一的协议转换，或是少数几种特定应用协议的转换，很难实现通用的协议转换。用于网关转换的应用协议有电子邮件、文件传输和远程工作站登录等。

5.4.3 Internet 路由算法

路由算法的目标在于实现节点间的数据转发。当源节点无法直接将数据报发送到目标节点时，需要根据转发机制建立一条从源节点到目标节点的转发路径，以便将数据报发送到目标节点。

如图 5-31 所示，节点 1 无法直接将数据报发送到节点 6，因此，根据转发机制，建立一条从 1 到 6 的转发路径，1→2→3→6，路径上的每个节点将数据报转发到下一个节点（下一跳），直到数据报到达目标节点 6 为止。

本节介绍典型的路由算法以及目前流行的 Internet、自组织网络、延迟容忍网络（机会网络）中用到的路由方式。

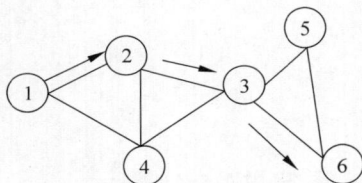

图 5-31 路由转发示意图

1. 典型路由算法

(1) 最短路径路由。将网络节点建立一个子网图，图中每个节点代表路由器或有路由功能的节点，节点间的连线代表通信链路。最短路径路由的基本思想是首先找出源节点和目标节点之间的最短路径，然后在路径上各节点复制一次数据报，并实现数据转发到下一跳，直到目标节点。衡量最短路径的方式可以是跳数、链路间物理距离、链路传播时延、带宽、平均流量、通信开销、平均队列长度等因素的一个函数。

例如图 5-32 中，图的顶点代表节点号，图的边代表两个节点间的通信距离。如果以节点间跳数作为最短路径计算因素的话，从节点 1 到节点 8 的最短路径有 1→2→5→8 和 1→4→7→8 两条，跳数都是 3。如果以节点间物理距离作为最短路径计算因素的话，从节点 1 到节点 8 的最短路径有 1→4→7→8，总距离是 5。

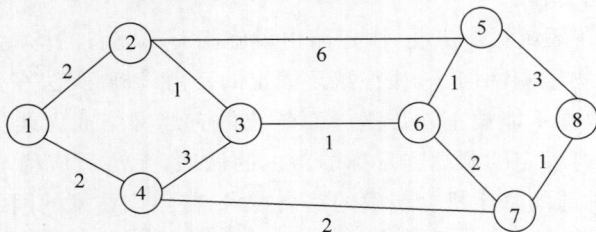

图 5-32 最短路由示意图

（2）扩散法。扩散法，又名洪泛法，路由节点将每个进来的分组复制并转发到除了进来线路之外的每一条线路上。扩散法会产生大量的冗余数据报，造成网络拥塞。

如图 5-33 所示，节点 3 要和节点 8 通信，采用洪泛法时，要对每个邻居节点均复制并转发数据报，这样，总能使数据报到达目标节点 8。

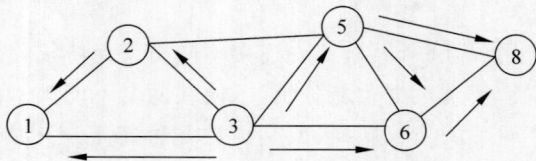

图 5-33　洪泛路由示意图

（3）选择性扩散算法。为了降低洪泛法造成的数据冗余，减少网络拥塞，出现了选择性扩散算法。在该算法中，节点仅有选择地复制并递交给某些预先选好的节点。

如图 5-34 所示，节点 3 仅选择距离节点 8 距离近的节点 5 和 6 实现数据转发。

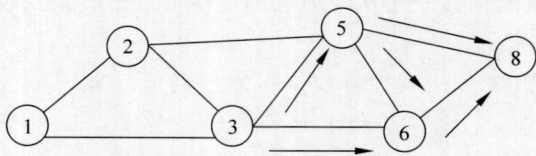

图 5-34　选择性扩散路由示意图

2. 常用路由分类

（1）固定拓扑结构路由。在 Internet 中，路由器专门负责数据转发。路由器通常是固定的，其邻居节点发生变化的频率较小，故拓扑结构固定，也就是说路由表的更新相对较缓。

路由器都有一张路由表，表中可以列出当前已知的到每个目标节点的最佳距离以及所使用的线路，并通过在邻居之间交换信息实现路由表的动态更新，此方法称为距离矢量路由。但是距离矢量路由需要很长的收敛时间，所以，被链路状态路由算法代替。链路状态路由算法的改进之处在于仅发送它的路由表中描述了其自身链路状态发生变化的那一部分路由项。

（2）自组织路由。当路由器是移动节点时，即节点具有移动性和路由转发功能时（例如移动车载网 MANET），或者因考虑到节能需要采用节点休眠机制（例如无线传感器网络）时，网络的拓扑结构会动态改变，传统的固定拓扑结构、已知固定邻居等规则将不再适用。此网络称为自组织网络（Ad Hoc）。

自组织路由算法通常在节点对之间实行一次数据传输前，利用路径发现机制预先建立路由，然后再进行数据传输。

（3）机会路由。在区域更加广泛、固定路由设施相对不完备的稀疏网络中，例如星际网络、乡村网络、野生动物监测网络等，往往缺乏固定的路由设施，无法在数据传送时预先建立路由，因而常常导致数据不能被正常传送。而传统的有线网络或无线 Ad Hoc 网络路由算法都是基于网络中具有稳定的源端到目标端路由的做法，无法适应稀疏网络架构的应用场景。因此，出现了一种新的基于机会转发的路由技术，使用该技术的网络称为机会网络。

机会路由不需要预先建立路由，采用的是路由转发机制，即"存储-携带-转发"（Store-Carry-Forwarding）的模式工作。在此模式中，当目前没有合适的下一跳节点时，消息将会在当前节点上存储；当它与下一跳节点之间出现通信时机时，会将报文传输给下一跳节点，然后由下一跳节点继续携带该报文，依次存储、转发，直到报文转发到目标节点。

5.5 本章小结

本章对物联网的通信技术进行了描述，主要涉及近距离无线通信技术、远距离无线通信技术、有线通信技术和 Internet 技术。近距离无线通信技术和有线通信技术被用在感知设备以及客户机、服务器等计算设备的局域网络互联；在此基础上，利用有线通信技术（光纤）或者远距离无线通信技术与 Internet 实现互联。因此，Internet 可被比喻为物联网的躯干，有线通信技术（光纤）或者远距离无线通信技术被比喻为四肢，近距离无线通信技术和有线通信技术可被看作手脚。通过本章的学习，能够对物联网中典型的通信手段和组网方式有一个系统的了解和常规的认识。

习题

一、选择题

1. WiFi 和 4G 这两种技术的关系本质上是（　　）。
   A. 互补　　　　　B. 竞争　　　　　C. 兼容　　　　　D. 无关
2. IEEE 802.11b 最大的数据传输速率可以达到（　　）。
   A. 108Mb/s　　　B. 54Mb/s　　　C. 24Mb/s　　　D. 11Mb/s
3. IEEE 802.11g 最大的数据传输速率可以达到（　　）。
   A. 108Mb/s　　　B. 54Mb/s　　　C. 24Mb/s　　　D. 11Mb/s
4. IEEE 802.11n 可以加入的标准不包括（　　）。
   A. IEEE 802.11a　B. IEEE 802.11b　C. IEEE 802.11g　D. 前面都不对
5. WiFi 接入点 AP 的主要功能为（　　）。
   A. 提供无线覆盖　B. 鉴权　　　　C. 计费　　　　D. 存储
6. 在 ZigBee 技术中，PHY 层和 MAC 层采用（　　）协议标准。
   A. IEEE 802.15.4　B. IEEE 802.11b　C. IEEE 802.11a　D. IEEE 802.12
7. 在 ZigBee 技术中，PHY 层物理层的数据传输速率为（　　）。
   A. 100kb/s　　　B. 200kb/s　　　C. 250kb/s　　　D. 350kb/s
8. 192.168.1.1 代表的是（　　）地址。
   A. A 类　　　　B. B 类　　　　C. C 类　　　　D. D 类
9. 对于一个没有见过子网划分的传统 C 类网络来说，允许安装的最多主机数为（　　）。
   A. 1024　　　　B. 65025　　　C. 254　　　　D. 16E.48
10. IP 地址 219.55.23.56 的缺省子网掩码有（　　）位。
    A. 8　　　　　B. 16　　　　C. 24　　　　D. 32
11. 保留给用户自测试的 I 类地址是（　　）。
    A. 127.0.0.0　　B. 127.0.0.1　　C. 224.0.0.9　　D. 126.0.0.1

12. 在 TCP/IP 协议栈的数据发送过程中,报文是由( )组装完成的。

    A. 应用层   B. 传输层   C. 网络层   D. 网络接口层

二、问答题

1. 近距离无线通信技术有哪些? 各有什么特点?

2. WiFi 的常用组网方式有哪些?

3. 简述蓝牙的组网特点。

4. 简述 ZigBee 的组网特点。

5. 按照 ISO 的网络体系结构标准,WiFi、蓝牙及 ZigBee 分别工作在哪些层?

6. 远距离无线通信技术有哪些? 各有什么特点?

7. 卫星的工作方式及常用频段是什么?

8. 4G 与 5G 的主要区别是什么?

9. 有线通信技术有哪些?

10. 光纤通信原理是什么?

11. 以太网的特点及组网方式是什么?

12. Internet 的 TCP/IP 协议栈结构是什么?

13. 以 FTP 为例,解释网络各层的工作原理及包结构。

14. IP 地址的类型有哪些? 202.196.96.5 属于哪类 IP?

15. 试述 IPv6 与 IPv4 的区别。

16. 常用网络互联设备及工作方式有哪些?

17. 简述路由选择算法中的洪泛法的原理,并设计一种改进的选择性洪泛法。

18. 描述 IPv4 首部的结构,并说明其大小的计算方法。

第6章 物联网数据处理

随着物联网的蓬勃发展，产生了大量的感知数据，如何存储和处理这些数据面临着巨大的挑战。本章讲述物联网数据的存储、分析和检索方法。

6.1 物联网数据的大数据特征

物联网的出现导致了大量数据的产生。人们通过使用手机等移动设备，不仅成为数据的使用者，更成为数据的生产者。物联网数据正在呈现出大数据的 5V 特征，如海量、多样异构、实时动态等，而且质量参差不齐。

1. 数据的海量性（volume）

物联网数据量大，包括采集、存储和计算的量都非常大。物联网部署了数量庞大的感知设备，这些设备的持续感知以前所未有的速度产生数据，导致数据规模急剧膨胀，形成海量数据。物联网的最主要特征之一是节点的海量性，除了人和服务器之外，物品、设备、传感网等都是物联网的组成节点，其数量规模远大于互联网；同时，物联网节点的数据产生频率远高于互联网，传感节点多数处于全时工作状态，数据流源源不断。物联网数据已从 GB、TB、PB 级别跃升到 EB(100 万个 TB)甚至 ZB(10 亿个 TB)级别。此外，在一些应急处理的实时监控系统中，数据是以流(stream)的形式实时、高速、源源不断地产生的，这也愈发加剧了数据的海量性。

例如，当图片分辨率从 800×600 上升到 3840×2160 时，一张 24 位色彩的图片的存储空间从 $(800 \times 600 \times 24)/(1024 \times 8) = 1406$KB 上升到 24 300KB。而同样情况下 10 分钟的视频(假设每秒 25 帧)的存储空间从 $(800 \times 600 \times 24 \times 25 \times 10 \times 60)/(1024 \times 8) = 2\ 109\ 375$KB $= 2059$MB 上升到 355 957MB $= 347$GB。

2. 数据的异构性和多态性（variety）

物联网数据种类和来源多样，涉及的应用范围非常广泛，从智慧城市、智慧交通、智慧物流、商品溯源，到智能家居、智慧医疗、安防监控等，无一不是物联网的应用范畴。在不同领域、不同行业，需要面对不同类型、不同格式的应用数据，因此物联网中的数据多样性更为突出，例如网络日志、视频、图片、地理位置信息等都是物联网数据。另外，在 RFID 系统中，由于存在不同来源的 RFID 标签和读写器，它们的数据结构也不可能遵循统一模式，这些数据有文本数据,也有图像、音频、视频等多媒体数据,有静态数据也有动态数据(如波形等)。

3．数据的实时性和动态性(velocity)

物联网数据增长迅速,要求能对其快速处理并保持高时效性。物联网与真实物理世界直接关联,很多情况下需要实时访问控制相应的节点和设备,因此需要有更高的数据传输速率来支持的实时性;此外,由于物联网中数据的海量性,必然要求骨干网能够汇聚更多的数据,从各种类型的数据中快速获取高价值的信息。例如在智能交通的应用中,既要保障车辆的畅通行驶,又要通过保持车距来保证车辆的安全,这就需要在局部空间的车辆之间实时通信和及时决策,需要数据的高速传输和处理。

4．数据的关联性及语义性(value)

随着互联网以及物联网的广泛应用,信息感知无处不在,信息海量,但价值密度较低,如何结合业务逻辑并通过强大的机器算法来挖掘数据价值,是大数据时代最需要解决的问题。物联网应用中存在采样频率过高以及不同的感知设备对同一个物体同时感知等情况,这类情况导致了大量的冗余数据,所以相对来说数据的价值密度较低,但是只要合理利用并准确分析,将会带来很高的价值回报。尽管物联网数据种类繁多、内容海量,但物联网数据在时间、空间上存在潜在关联和语义联系,通过挖掘关联性就会产生丰富的语义信息。如何有效地理解并挖掘出物联网数据的真实语义信息,是物联网智能化体现的一个重要标识。

5．数据的准确性和真实性(veracity)

物联网数据具有准确性和真实性,即数据质量是可信赖的。物联网采集的数据要么来源于真实世界,与真实世界发生的事件息息相关,要么来源于庞大的网络。通过对这些数据的提取和分析,能够解释和预测现实事件的真实过程。如通过提取按照时间序列进行采集的视频监控信息,可以还原社会生活中的现实事件。

6.2 物联网数据存储

物联网技术的发展,导致数据呈爆炸式增长。同时,数据的多样化、异构化和地理上的分散化,导致物联网数据的存储面临挑战。本节介绍两种常用的物联网存储技术,即数据库存储技术和云存储技术。

6.2.1 数据库存储

数据库存储是一种以记录的形式实现数据存储的存储技术。完整的数据库系统包括数据库、数据库管理系统以及各类数据库用户三大部分。

数据如何存放在数据库中,主要涉及数据模型与数据模式两个概念。数据模型是现实世界数据特征的抽象,是用来描述数据的一组概念的集合,通常由数据结构、数据操作和完整性约束三部分组成。数据模式是用给定的数据模型对某类具体数据的描述。

在数据库领域中,最常用的数据模型有四种,分别是层次模型(Hierarchical Model)、网状模型(Network Model)、关系模型(Relational Model)和面向对象模型(Object Oriented Model)。其中层次模型和网状模型统称为非关系模型。非关系模型的数据库系统在20世纪七八十年代非常流行,现在已逐渐被关系模型的数据库系统取代。下面主要从关系模型的基本概念和关系数据库语言SQL两方面来介绍数据库存储技术。

1. 关系模型的基本概念

关系数据库是目前应用最广泛的数据库系统,而关系模型则是关系数据库的数学理论基础。关系模型理论是由美国IBM公司研究员E. F. Codd于1970年率先提出的。关系模型由关系数据结构、关系数据操作和关系完整性约束三个要素组成。

关系模型的数据结构非常简单。在关系模型中,现实世界的实体及实体间的各种联系均用关系来表示。从用户的角度看,关系模型中数据的逻辑结构是一张二维表。

关系模型中常用的关系操作包括选择(SELECT)、投影(PROJECT)、连接(JOIN)、除(DIVIDE)、并(UNION)、交(INTERSECTION)、差(DIFFERENCE)等查询操作和增加(INSERT)、删除(DELETE)、修改(UPDATE)等更新操作两大部分。

关系模型允许定义三类完整性约束:实体完整性、参照完整性和用户定义的完整性。其中实体完整性和参照完整性是关系模型必须满足的完整性约束条件,应该由关系系统自动支持。用户定义的完整性是应用领域需要遵循的约束条件,体现了具体领域的语义约束。

关系代数是一种抽象的查询语言,是关系数据操纵语言的一种传统表达方式,它是用对关系的运算来表达查询的。任何一种运算都是将一定的运算符作用于一定的运算对象上,得到预期的运算结果。所以运算对象、运算符、运算结果是运算的三大要素。关系代数的运算对象是关系,运算结果亦为关系。关系代数用到的运算符包括四类:集合运算符、专门的关系运算符、算术比较符和逻辑运算符。

关系演算是以数理逻辑中的谓词演算为基础的。按照谓词变元的不同,关系演算可分为元组关系演算和域关系演算。元组关系演算是以元组变量作为谓词变元的基本对象。一种典型的元组关系演算语言是E. F. Codd提出的ALPHA语言。虽然这一语言没有实际实现,但是关系数据库管理系统INGRES所用的QUEL语言是参照ALPHA语言研制的,与ALPHA十分类似。域关系演算类似于元组关系演算,它们的不同之处在于后者公式中的变量是元组,而前者的变量是域,即每一个元组的分量。

2. 关系数据库语言(SQL)

SQL最初由Boyce和Chamberlin提出并在IBM公司著名的关系数据库关系系统原型System R上得到实现。由于功能丰富、表达简单、易于掌握等特点,SQL很快便被业界接受并得到推广,逐步发展成为关系数据库系统的标准语言。

美国国家标准协会(ANSI)于1986年10月发布了第一个SQL标准文本并将其作为了美国的国家标准(SQL86)。国际标准化组织(ISO)也于1987年采纳了该标准作为国际标准。此后,SQL得到了不断扩充和改进,于1989年和1992年发布了SQL89和SQL92(即SQL2)标准。每次更新,ANSI都给这一语言增加了新的特征,加入了新的命令和功能。这个标准在1999年再次修订,称为SQL99(即SQL3),该标准的特点在于提供了一系列可以处理面向对象数据类型的扩展功能。后来又经历多次修订,包括SQL 2003、SQL 2005、

SQL 2008,目前最新版本是 SQL 2023。

SQL 功能极强,但由于设计巧妙,语言十分简洁,完成核心功能只用了 9 个动词,分别是完成数据查询功能的 SELECT,完成数据定义功能的 CREATE、DROP 和 ALTER,完成数据操纵功能的 INSERT、UPDATE 和 DELETE 以及完成数据控制功能的 GRANT 和 REVOKE。以下将介绍 SQL 的语法及其功能。

1) 基本表的建立

命令格式:

CREATE TALBE <表名> (<列名><数据类型>[完整性约束条件]
[, <列名><数据类型>[完整性约束条件]]……[表级完整性约束条件])

其中,<表名>是所要定义的基本表的名字,它可以由一个或多个属性(列)组成。建表的同时通常还可以定义与该表有关的完整性约束条件,这些完整性约束条件被存入系统的数据字典中,当用户操作表中数据时由数据库管理系统 DBMS 自动检查该操作是否违背这些完整性约束条件。如果完整性约束条件涉及该表的多个属性列,则必须定义在表级上,否则既可以定义在列级也可以定义在表级。

SQL 中常用的数据类型主要包括位串、二进制串、字符型、数值型、时间日期型、布尔型等几种类别,表 6-1 中给出了 SQL2023 所支持的基本数据类型。不同的数据库产品所支持的数据类型及其表达形式会略有不同,具体可以查阅其手册。

表 6-1　SQL2023 标准数据类型

类　型	数据类型	说　明
binary	binary large object(BLOB)	以十六进制格式存储二进制字符串的值
bit string	bit bit varying	可存储二进制和十六进制数据。bit 类型具有可定义的固定长度,而 bit varying 类型具有可定义的可变长度
boolean	boolean	存储真值 TRUE、FALSE 或 UNKNOWN
character	char character varying(VARCHAR) national character(NCHAR) national character varying(NVARCHAR) character large object(CLOB) national character large object(NCLOB)	可存储字符集中的任意字符组合。可变长度的数据类型允许字符长度变化,而其他数据类型字符长度是固定的。可变长度数据类型会自动删除其后继的空格,定长数据类型会自动添加空格以补齐字符定义的长度
numeric	integer(INT) smallint numeric decimal(DEC) float real double precision	存储数字的准确值或近似值。integer 和 smallint 类型在定义的精度和范围内存储数字的精确值;numeric 和 decimal 类型在可定义的精度和范围内存储数字的精确值;float 是可定义精度的近似数据类型;real 和 double precision 是具有定义精度的近似数据类型

续表

类 型	数 据 类 型	说 明
temporal	date time time with time zone timestamp timestamp with time zone interval	这些数据类型用来处理关于时间的值。date 和 time 分别处理日期和时间；有 with time zone 后缀的类型包括一个时区的偏移；timestamp 类型存储按照机器当前运行时间计算出来的值；interval 类型标识时间的间隔

2）基本表的修改和删除

基本表在建立之后的使用过程中，可能会因为某些原因而需要进行一定的改动。SQL 通过 ALTER TABLE <表名>语句加上相应的参数实现这一类功能。

在表中增加新的列，命令格式：

ALTER TABLE <表名> ADD [COLUMN] <列名><数据类型> [完整性约束]

其中，COLUMN 是可选保留字，表示增加的是一个列。

删除表中已有的列，命令格式：

ALTER TABLE <表名> DROP [COLUMN] <列名> [RESTRICT ｜ CASCADE]

其中，RESTRICT 表示如果存在引用该索引的视图、约束等对象，则禁止删除该列；CASCADE 表示系统在删除列的同时会自动将视图、约束等一并删除。

修改已有列的定义，命令格式：

ALTER TABLE <表名> MODIFY <列名><数据类型>

删除表中已有的完整性约束条件，命令格式：

ALTER TABLE <表名> DROP CONSTRAINT <约束名> [RESTRICT ｜ CASCADE]

3）索引的建立和删除

索引的功能类似于图书的目录，是一种可以有效提高数据访问速度的存取路径。基本表的所有者或数据库管理员（DBA）可以根据数据访问的需要在表上建立一个或多个索引，每个索引又可以建立在一个或多个属性之上。

建立索引，命令格式：

CREATE [COLUMN] [CLUSTER] INDEX <索引名> ON <表名> (<列名> [ASC ｜ DESC] [,<列名> [ASC ｜ DESC]])

删除索引，命令格式：

DROP INDEX <索引名>

4）模式的建立和删除

在 SQL 的早期版本中并没有模式的概念，所有的表（关系）都认为属于同一个模式。在 SQL2 标准中引入了 SQL 模式的概念，用于表示一组表、视图以及与其相关联的权限等的集合，这样就能将不同用户或应用所拥有的命名对象及数据相互区分开来。模式大体上可以认为与原有的"数据库"的概念是等效的。

建立模式，命令格式：

CREATE SCHEMA <模式名> AUTHORIZATION <所有者 ID>

[创建基本表语句][创建视图语句][创建授权语句]……

删除模式,命令格式:

DROP SCHEMA <模式名> [RESTRICT｜CASCADE]

5) 查询

命令格式:

SELECT [ALL｜DISTINCT]<目标列表达式> [,<目标列表达式>]……
FROM <表名或视图名>[,<表名或视图名>]……[WHERE <条件表达式>]
[GROUP BY <列名 1> [HAVING <条件表达式>]][ORDER BY <列名 2> [ASC｜DESC]]

整个 SELECT 语句的含义是,根据 WHERE 子句的条件表达式,从 FROM 子句指定的基本表或视图中找出满足条件的元组,再按 SELECT 子句中的"目标列表达式",选出元组中的属性值形成结果表。如果有 GROUP 子句,则将结果按<列名 1>的值进行分组,该属性列值相等的元组为一个组。如果 GROUP 子句带 HAVING 短语,则只有满足指定条件的组才输出。如果有 ORDER 子句,则结果表还要按<列名 2>值的升序或降序排序。SELECT 语句既可以完成简单的单表查询,也可以完成复杂的连接查询和嵌套查询。

6) 数据更新

SQL 中数据更新包括插入数据、修改数据和删除数据三条语句。

插入数据。SQL 的数据插入语句 INSERT 通常有两种形式:一种是插入单个元组;另一种是插入子查询结果。

插入单个元组,命令格式:

INSERT INTO <表名>[(<属性列 1>[,<属性列 2>]…)]VALUES(<常量 1>[,<常量 2>]…)

插入子查询结果,命令格式:

INSERT INTO <表名> [(<属性列 1> [,<属性列 2>]…)]

修改数据,命令格式:

UPDATE <表名> SET <列名> = <表达式>[, <列名> = <表达式>]… [WHERE <条件>]

其功能是修改指定表中满足 WHERE 子句条件的元组。其中 SET 子句给出的<表达式>的值用于取代相应的属性列值。如果省略 WHERE 子句,则表示要修改表中的所有元组。

删除数据,命令格式:

DELETE FROM <表名> [WHERE <条件>]

DELETE 语句的功能是从指定表中删除满足 WHERE 子句条件的所有元组。如果省略 WHERE 子句,则表示删除表中的全部元组,但表的定义仍在字典中。也就是说,DELETE 语句删除的是表中的数据,而不是关于表的定义。

7) 视图

视图不存储具体数据,而仅在数据目录中存放其定义的"虚表",它提供了一种简洁访问基本表中数据的快捷方式,使用户可以更有效、更安全地访问系统中存储的相关数据。数据库中只存放视图的定义,而不存放视图相应的数据,这些数据仍存放在原来的基本表中。所以基本表的数据发生变化,从视图中查询出的数据也就随之改变了。视图一经定义,就可以和基本表一样被查询、删改,同时也可以在一个视图之上再定义新的视图,但对视图的更新

(增、删、改)操作则有一定的限制。

定义视图,命令格式:

```
CREATE VIEW <视图名> [(<列名>,…, <列名>)] AS <子查询> [WITH CHECK OPTION]
```

其中"子查询"可以是任意复杂的 SELECT 语句,但通常不允许含有 ORDER BY 子句和 DISTINCT 短语。WITH CHECK OPTION 表示对视图进行 UPDATE、INSERT 和 DELETE 操作时要保证更新、插入和删除的行满足视图定义中的谓词条件(即子查询中的条件表达式)。

组成视图的属性列名或者全部省略,或者全部指定,没有第 3 种选择。如果省略了视图的各个属性列名,则隐含该视图由子查询中 SELECT 子句目标列中的诸字段组成。在下列三种情况下必须指明组成视图的所有列名:①某个目标列不是单纯的属性名,而是集函数或列表达式;②多表连接时选出了几个同名列作为视图的字段;③需要在视图中为某个列启用新的更合适的名字。

删除视图,命令格式:

```
DROP VIEW <视图名>
```

视图删除后视图的定义将从数据字典中删除,但是由该视图导出的其他视图定义仍在数据字典中,不过该视图已失效,用户使用时会出错,要用 DROP VIEW 语句将它们一一删除。

查询视图:视图定义后,用户就可以像对基本表一样对视图进行查询了。

更新视图:更新视图是指通过视图来插入(INSERT)、删除(DELETE)和修改(UPDATE)数据。由于视图是不实际存储数据的虚表,因此对视图的更新,最终要转换为对基本表的更新。为防止用户通过视图对数据进行增、删、改时,有意无意地对不属于视图范围内的基本表数据进行操作,可在定义视图时加上 WITH CHECK OPTION 子句。这样在视图上增、删、改数据时,DBMS 会检查视图定义的条件,若不满足条件,则拒绝执行该操作。

8) 数据控制

由 DBMS 提供统一的数据控制功能是数据库系统的特点之一。SQL 中数据控制功能包括事务管理功能和数据保护功能,即数据库的回复、并发控制;数据库的安全性和完整性控制。

SQL 定义完整性约束条件的功能主要体现在 CREATE TABLE 和 ALTER TABLE 语句中,可以在这些语句中定义码、取值唯一的列,不允许控制的列、外码(参照完整性)及其他一些约束条件。

SQL 也提供了并发控制及回复的功能,支持事务、提交、回滚等概念。在这里主要介绍 SQL 的安全性控制功能。

DBMS 必须具有以下功能。

(1) 把授权的决定告知系统,这是由 SQL 的 GRANT 和 REVOKE 语句来完成的。

(2) 把授权的结果存入数据字典。

(3) 当用户提出操作请求时,根据授权情况进行检查,以决定是否执行操作请求。

授权,命令格式:

```
GRANT <权限> [,<权限>]… [ON <对象类型><对象名>]
```

TO <用户>[,<用户>] … [WITH CHECK OPTION];

其语义是：将指定操作对象的指定操作权限授予指定的用户。不同类型的操作对象有不同的操作权限，常见的操作权限如表 6-2 所示。

表 6-2　不同对象类型允许的操作权限

对　象	对象类型	操作权限
属性列	TABLE	SELECT，INSERT，UPDATE，DELETE，ALL PRIVILEGES
视图	TABLE	SELECT，INSERT，UPDATE，DELETE，ALL PRIVILEGES
基本表	TABLE	SELECT，INSERT，UPDATE，DELETE，ALTER，INDEX，ALL PRIVILEGES
数据库	DATABASE	CREATETAB

收回权限。授予的权限可以由 DBA 或其他授权者用 REVOKE 语句收回，REVOKE 语句的一般格式为：

REVOKE <权限>[,<权限>]…[ON <对象类型><对象名>] FROM <用户>[,<用户>]…;

6.2.2　基于云架构的数据存储

MapReduce 是 Google 公司工程师 Jeffrey Dean 提出的处理大规模数据集(大于 1TB)的分布式并行计算编程模型，是 Google 云计算的核心技术，其主要思想借鉴于函数式编程语言和矢量编程语言。Hadoop 是 MapReduce 模型的开源实现，借助 Hadoop 平台，编程者可以轻松编写分布式并行应用程序，在计算机集群上完成海量数据的计算处理。Hadoop 由 Java 语言开发，同时支持 C++等编程语言。Hadoop 主要由分布式文件系统(HDFS)和映射-归约(Map-Reduce)算法执行组成。下面首先讨论 Hadoop 生态系统。

1. Hadoop 生态系统

近些年来，Hadoop 生态系统发展迅猛，它本身包含的软件越来越多，同时带动了周边系统的繁荣与发展。尤其是在分布式计算这一领域，为了解决某个特定的问题域，就会出现一个 Hadoop 软件支撑系统，导致软件繁多纷杂，但这也是 Hadoop 的魅力所在。

Hadoop 一个生态系统的每个软件系统，只是用来解决某一个特定的问题域。图 6-1 给出了 Hadoop 生态系统 2.0 版本的核心组件。

下面对这些组件进行说明。

(1) MapReduce：一种分布式计算框架。它的特点是扩展性、容错性好，易于编程，适合离线数据处理，不擅长流式处理、内存计算、交互式计算等。MapReduce 源自 Google 的 MapReduce 论文(发表于 2004 年 12 月)，是 Google MapReduce 的克隆版。基于 Hadoop 的 MapReduce 源代码实现的网址是：http://hadoop.apache.org/。

(2) Hive：由 Facebook 开源，基于 MR 的数据仓库，数据计算使用 MR，数据存储使用 HDFS。Hive 定义了一种类 SQL 查询语言——HQL，它类似 SQL，但不完全相同。Hive 是为方便用户使用 MapReduce 而在外面包了一层 SQL。由于 Hive 采用了 SQL，它的问题域比 MapReduce 更窄，因为很多问题 SQL 表达不出来，例如一些数据挖掘算法、推荐算法、图像识别算法等，这些仍只能通过编写 MapReduce 完成。Hive 的网址是：http://hive.

apache. org/。

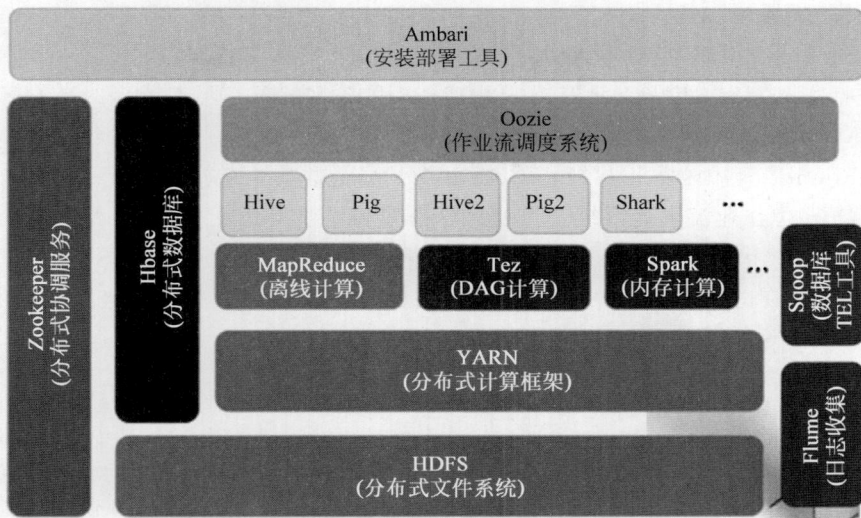

图 6-1 Hadoop 生态系统 2.0 版本的核心组件

（3）Pig：由 Yahoo 开源，构建在 Hadoop 之上的数据仓库。它是使用脚本语言的 MapReduce，为了突破 Hive SQL 表达能力的限制，采用了一种更具表达能力的脚本语言 Pig。由于 Pig 语言强大的表达能力，Twitter 甚至基于 Pig 实现了一个大规模机器学习平台。Pig 的网址是：http://pig. apache. org/。

（4）YARN：分布式计算框架 YARN（Yet Another Resource Negotiator）负责集群资源的统一管理和调度，是 Hadoop 2.0 的新增系统，使得多种计算框架可以运行在一个集群中。

（5）Tez：一个 DAG 计算框架，该框架可以像 MapReduce 一样用来设计 DAG 应用程序。但需要注意的是，Tez 只能运行在 YARN 上。Tez 的一个重要应用是优化 Hive 和 Pig 这种典型的 DAG 应用场景，它通过减少数据读写 I/O，优化 DAG 流程使得 Hive 速度提高了很多倍。Tez 代码的网址：https://svn. apache. org/repos/asf/incubator/tez/branches/。

（6）Spark：为了提高 MapReduce 的计算效率，伯克利开发了 Spark，Spark 可看作基于内存的 MapReduce 实现。此外，伯克利还在 Spark 基础上包了一层 SQL，产生了一个新的类似 Hive 的系统 Shark。Spark 的网址是：http://spark-project. org/。

（7）HDFS：分布式文件系统 HDFS（Hadoop Distributed File System）提供了高可靠性、高扩展性和高吞吐率的数据存储服务。HDFS 源自 Google 的 GFS 论文（发表于 2003 年 10 月），是 GFS 的克隆版。

（8）Mahout：数据挖掘库，基于 Hadoop 的机器学习和数据挖掘的分布式计算框架，实现了三大类算法，即推荐（recommendation）、聚类（clustering）、分类（classification）。

（9）HBase：一种分布式数据库，源自 Google 的 Bigtable 论文（发表于 2006 年 11 月），是 Google Bigtable 的克隆版。

（10）Zookeeper：分布式协调服务，源自 Google 的 Chubby 论文（发表于 2006 年 11

月），是 Chubby 的克隆版。它负责解决分布式环境下数据管理问题，包括统一命名、状态同步、集群管理、配置同步等。

（11）Sqoop：数据库 TEL 工具，它是连接 Hadoop 与传统数据库之间的桥梁，支持多种数据库，包括 MySQL、DB2 等，具有插拔式功能，用户可根据需要支持新的数据库，其本质上是一个 MapReduce 程序。

（12）Flume：日志收集工具，Cloudera 开源的日志收集系统。

（13）Oozie：作业流调度系统。目前计算框架和作业类型繁多，包括 MapReduce Java、Streaming、HQL 和 Pig 等。Oozie 负责对这些框架和作业进行统一管理和调度，包括分析不同作业之间存在的依赖关系（DAG）、定时执行的作业、对作业执行状态进行监控与报警（如发邮件、短信等）。

2. HDFS

1）文件系统架构

HDFS 是一种高度容错的分布式文件系统模型，由 Java 语言开发实现。HDFS 可以部署在任何支持 Java 运行环境的普通机器或虚拟机上，而且能够提供高吞吐量的数据访问。HDFS 采用主从式（master/slave）架构，由一个名称节点（NameNode）和一些数据节点（DataNode）组成。其中，名称节点作为中心服务器控制所有文件操作，是所有 HDFS 元数据的管理者，负责管理文件系统的命名空间（NameSpace）和客户端访问文件。数据节点则提供存储块，负责本节点的存储管理。HDFS 公开文件系统的命名空间，以文件形式存储数据。

HDFS 将存储文件分为一个或多个数据单元块，然后复制这些数据块到一组数据节点上。名称节点执行文件系统的命名空间操作，负责管理数据块到具体数据节点的映射。数据节点负责处理文件系统客户端的读写请求，并在名称节点的统一调度下创建、删除和复制数据块，如图 6-2 所示。

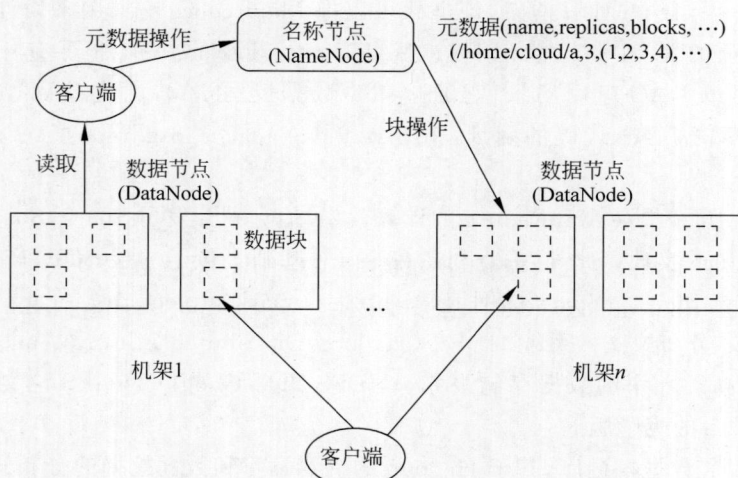

图 6-2　HDFS 的体系结构

HDFS 支持层次型文件组织结构。用户可以创建目录，并在该目录下保存文件。名称节点负责维护文件系统的命名空间，任何对 HDFS 命名空间或属性的修改都将被名称节点记录。DHFS 通过应用程序可以设置存储文件的副本数量,称为文件副本系数,由名称节点管理。HDFS 命名空间的层次结构与现有大多数文件系统类似,即用户可以创建、删除、移动或重命名文件。区别在于,HDFS 不支持用户磁盘配额和访问权限控制,也不支持硬连接和软连接。

2)数据组织与操作

和单磁盘的文件系统一样,HDFS 中文件被分割成单元块大小为 64MB 的区块,而磁盘文件系统的单元块大小为 512B。需要注意的是,如果 HDFS 中的文件小于单元块大小,该文件并不会占满该单元块的存储空间。HDFS 大单元块(64MB 以上)的设计目的是尽量减小寻找数据块的开销。如果单元块足够大,数据块的传输时间会明显大于寻找数据块的时间。因此,HDFS 中文件传输时间基本由组成它的每个组成单元块的磁盘传输速率决定。例如,假设寻块时间为 10ms,数据传输速率为 100MB/s,那么当单元块为 100MB 时,寻块时间是传输时间的 1%。下面通过对文件读取和写入操作的分析介绍基于 HDFS 的文件系统的文件操作流程。

(1)文件读取。HDFS 客户端向名称节点发送读取文件请求,名称节点返回存储文件的数据节点信息,然后客户端开始读取文件信息。具体操作步骤如图 6-3 所示。

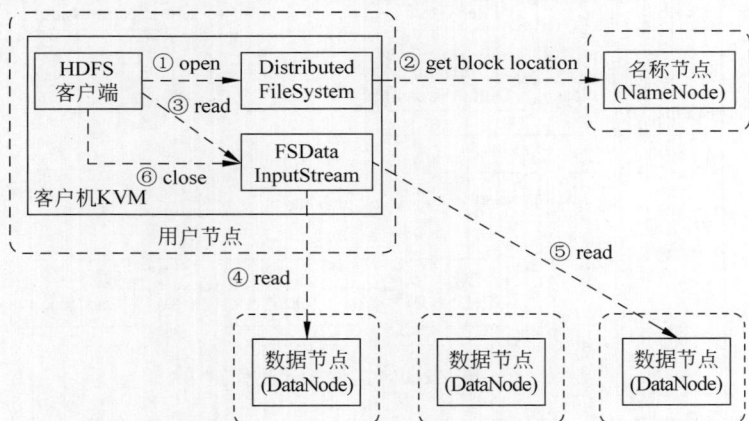

图 6-3 HDFS 文件读取流程

① 客户端获取 HDFS 文件系统 DistributedFileSystem 的实例,调用 open()方法。

② DistributedFileSystem 通过 RPC 远程调用名称节点,确定文件组成单元块的位置信息。名称节点返回每个单元块及其副本的数据节点地址,这些数据节点按照相对于客户机的距离排序。DistributedFileSystem 向客户端返回 FSDataInputStream,而 FSDataInputStream 封装了管理名称节点和数据节点 I/O 的 DFSInputStream。

③ 客户端调用 FSDataInputStream 的 read()方法。

④ FSDataInputStream 中的 DFSInputStream 保存前几个单元块的数据节点地址信息,然后连接存储着文件单元块最近的数据节点,重复调用 read()方法读取数据,返回给客户端。

⑤ 当第一个单元块读取结束,DFSInputStream 关闭与该数据节点的连接,然后寻找下一个单元块的最佳数据节点(DFSInputStream 和数据节点建立连接的顺序决定了文件单元块的读取顺序),并且通知名称节点检索下一批所需单元块的数据节点地址。

⑥ 客户端调用 FSDataInputStream 的 close()方法结束文件读取操作。

在文件读取过程中,如果客户端和某个数据节点通信出现错误,它会连接存储该单元块副本的最近数据节点,同时记录该故障节点,以避免读取后续单元块时再次访问。客户端还可以验证来自数据节点的单元块数据的校验和,如果发现单元块损坏就通知名称节点,然后从其他数据节点中读取该单元块副本。

在名称节点的管理下,HDFS 允许客户端直接连接最佳数据节点读取数据,数据传输相对均匀地分布在所有数据节点上,名称节点只负责处理单元块位置信息请求,使得 HDFS 可以扩展大量并发的客户端请求。这种处理方案不会因为客户端请求的增加出现访问瓶颈。

(2) 文件写入。HDFS 客户端向名称节点发送写入文件请求,名称节点根据文件大小和文件块配置情况向客户端返回所管理的数据节点信息。客户端将文件分割成多个单元块,根据数据节点的地址信息,按顺序写入每一个数据节点中。文件写入的具体操作步骤如图 6-4 所示。

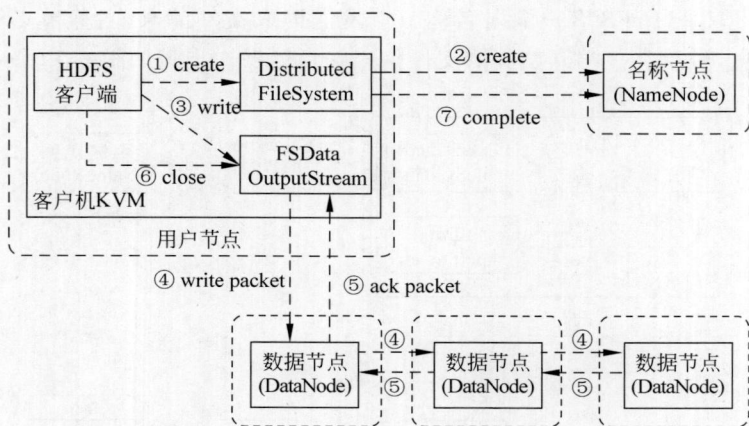

图 6-4　HDFS 文件写入流程

① 客户端调用 DistributedFileSystem 中的 create()方法创建文件。

② DistributedFileSystem 通过 RPC 调用名称节点,在文件系统的命名空间里创建新文件,实际上此时并未给该文件分配单元块。名称节点通过检查确认该文件不存在,并且客户端有权创建该文件。如果检查通过,名称节点就生成新文件记录,否则文件创建失败并抛出 IOException。DistributedFileSystem 向客户端返回 FSDataOutputStream 开始写数据。类似于文件读取操作,FSDataOutputStream 封装 DFSOutputStream 来处理与名称节点和数据节点的通信。

③ 客户端写入数据时,DFSOutputStream 把数据分成一些数据包,把这些数据包写入内部数据队列供 DataStreamer 使用,它还负责询问名称节点选择合适的存储副本的数据节点列表,并分配新的单元块。该数据列表组成一个管道,如图 6-4 示,如果副本级别是 3,管道中就有三个数据节点。

④ FSDataOutputStream 向管道的第一个数据节点传送数据,该数据节点写入完成后,管道将数据包转发给第二个数据节点,完成后再转发到第三个(或最后一个)数据节点。

⑤ DFSOutputStream 维护一个内部数据包队列,等待数据节点的应答。只有管道里所有数据节点都写入并应答后,该数据包才移出应答队列。

⑥ 当客户端完成数据写入后,调用 FSDataOutputStream 的 close()方法关闭。

⑦ DistributedFileSystem 通知名称节点写文件结束。

如果某个数据节点写入失败,HDFS 将按照下面的步骤进行处理。①关闭管道,应答队列中的数据包加入数据队列前面,因此不会因为某个数据节点失败而丢失任何数据包;②在和名称节点协商后,当前正在写入正常数据节点的单元块会得到新 ID,然后故障数据节点的不完整单元块被删除;③故障数据节点从管道中移除,该数据单元块继续被写入管道中的两个正常数据节点;④名称节点会标注该单元块的副本少于指定值,并分配一个新的数据节点写入副本;⑤后面的数据单元块正常处理。

3) 数据副本策略

HDFS 跨机存储文件,文件被分割为很多大小相同的数据块,文件的每个数据块都有副本,并且数据块大小和副本系数可以灵活配置。好的副本存放策略能有效改进数据的可靠性、可用性和利用率。最简单的策略是将副本存储到不同机架的机器上,副本大致均匀地分布在整个集群中。其优点是可以有效防止因整个机架出现故障而造成的数据丢失,并且可以在读取数据时充分利用机架自身网络带宽。但是写操作需要传送数据块到多个不同机架的开销较大。

HDFS 采用机架感知(Rack Awareness)策略。在机架感知过程中,名称节点可以获取每个数据节点所属机架的编号。HDFS 的默认副本系数为 3。首先副本 1 优先存放在客户端节点上,如果客户端没有运行在集群内,就选择任意机架的随机节点;副本 2 存放到另外一个机架的随机节点上;副本 3 和副本 2 存放在同一机架上,但是不能在同一节点上。HDFS 的数据副本策略如图 6-5 所示。三个副本的数据块分别存放在两个不同机架中,比存放到三个不同机架中减少了数据读取所需的网络带宽。因为机架的故障率远远低于节点故障率,所以不会影响到数据的可靠性和可用性。

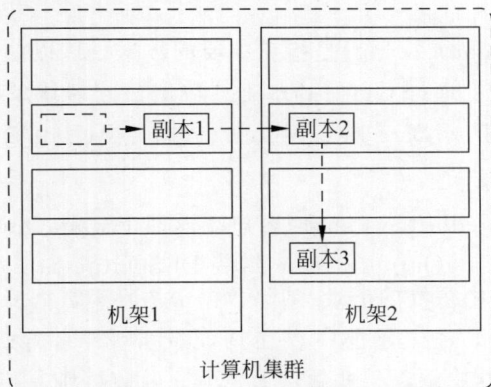

图 6-5 HDFS 的数据副本策略

在该策略中,副本并非均匀分布,三分之一的副本在一个机架,三分之二的副本在一个机架,这样能够有效减少机架间数据传输的次数,既不破坏数据的可靠性和读取性能,同时改进了写入性能。HDFS 尽量读取客户机距离最近的节点副本,以降低读取时延。

4) 数据去重技术

云环境中大量的重复数据会消耗巨大的存储资源,如何节约存储资源成为一个研究热点和技术挑战。数据去重技术是云计算环境中的一种消除冗余数据的技术,可以节约大量存储空间,优化数据存储效率。目前的消除冗余数据的主要技术有数据压缩和冗余数据删除技术。

(1) 传统的数据压缩技术就是对原始信息进行重新编码,力求用最少的字节数来表示原始数据。这类标准压缩技术虽然可以有效地减少数据体积,但无法检测到数据文件之间的相同数据,压缩后的数据体积与压缩前仍然呈线性关系,并且压缩过程需要大量的计算代价。

(2) 冗余数据删除技术通过删除系统中冗余的文件或数据块,使得全局系统中只保存少量的文件或数据块备份,从而达到节省存储资源的目的。随着数据量的增长,去重后数据所占的存储空间大幅降低。

数据去重方法主要分为在线和离线两种。离线去重方法将所有数据先存入一级存储中心,在系统不忙碌时再将一级存储中心中的数据进行去重并存入二级存储中心。离线去重方法的内存消耗和计算消耗过大,需要额外的磁盘空间来存储备份数据。在线去重方法在数据写入存储系统时就进行去重操作,不需要额外的磁盘空间消耗,但去重操作会降低存储系统的 I/O 性能。

6.3　物联网数据分析与挖掘

物联网数据在存储前和存储后,都需要进行分析。存储前的分析称为数据预分析,目标是为减少存储空间、提高存储效率服务;存储后的分析称为数据挖掘,目标是为应用决策提供服务。

6.3.1　物联网数据的预处理

数据预处理(Data Preprocessing)是指在主要的数据处理以前进行的一些辅助处理,为提高数据应用质量和数据处理打下良好的基础。数据预处理技术有很多,主要包括数据清洗(Data Cleaning)、数据集成(Data Integration)、数据转换(Data Transformation)和数据归约(Data Reduction)等。

1. 数据清洗

数据清洗是删去数据中重复的记录、消除数据中的噪声数据、纠正不完整和不一致数据的过程。在这里,噪声数据是指数据中存在错误或异常(偏离期望值)的数据;不完整(incomplete)数据是指数据中缺乏某些属性值;不一致数据则是指数据内涵出现不一致情况(如作为关键字的同一部门编码出现不同值)。数据清洗处理过程通常包括:填补遗漏的数据值,平滑有噪声数据,识别或除去异常值(outlier)以及解决不一致问题。数据的不完整、有噪声和不一致对现实世界的大规模数据库来讲是非常普遍的情况。

不完整数据的产生原因大致有以下几个:①有些属性的内容有时没有,如参与销售事务数据中的顾客信息;②有些数据当时被认为是不必要的;③由于误解或设备失灵导致相关数据没有被记录下来；④与其他记录内容不一致而被删除；⑤历史记录或对数据的修改被忽略了。遗失数据（Missing Data），尤其是一些关键属性的遗失或许需要被推导出来。

噪声数据的产生原因有：①数据采集设备有问题；②数据录入过程发生了人为或计算机错误；③数据传输过程中发生错误；④由于命名规则（Name Convention）或数据代码不同而引起的数据不一致。

2. 数据集成

数据集成是指将来自多个数据源的数据合并到一起构成一个完整的数据集。由于描述同一个概念的属性在不同数据库取了不同的名字，在进行数据集成时就常常会引起数据的不一致或冗余。例如，在一个数据库中一个顾客的身份编码为 custom id，而在另一个数据库则为 cust id。命名的不一致也常常会导致同一属性值的内容不同。如在一个数据库中一个人取名 Bill，而在另一个数据库中则取名为 B。同样，大量的数据冗余不仅会降低挖掘速度，而且也会误导挖掘进程。

3. 数据转换

数据转换是指将一种格式的数据转换为另一种格式的数据。数据转换主要是对数据进行规格化（normalization）操作。在正式进行数据挖掘之前，尤其是使用基于对象距离（Distance-based）的挖掘算法时，如神经网络、最近邻分类（Nearest Neighbor Classifier）等，必须进行数据的规格化。也就是将其缩至特定的范围之内（如[0,10]）。例如，对于一个顾客信息数据库中的年龄属性或工资属性，由于工资属性的取值比年龄属性的取值要大许多，如果不进行规格化处理，基于工资属性的距离计算值显然将远超过基于年龄属性的距离计算值，这就意味着工资属性的作用在整个数据对象的距离计算中被错误地放大了。

4. 数据归约

数据归约是指在尽可能保持数据原貌的前提下，最大限度地精简数据量（完成该任务的必要前提是理解挖掘任务和熟悉数据本身内容）。数据归约也称为数据消减，它主要有两个途径：属性选择和数据采样，分别针对原始数据集中的属性和记录，目的就是缩小所挖掘数据的规模，但却不会影响（或基本不影响）最终的挖掘结果。现有的数据归约包括：①数据聚合（Data Aggregation），如构造数据立方（cube）；②消减维数（Dimension Reduction），如通过相关分析消除多余属性；③数据压缩（Data Compression），如采用编码方法（如最小编码长度或小波）来减少数据处理量；④数据块消减（Numerosity Reduction），如利用聚类或参数模型替代原有数据。

需要强调的是，以上所提及的各种数据预处理方法并不是相互独立的，而是相互关联。如消除数据冗余既可以看成是一种形式的数据清洗，也可以认为是一种数据归约。

由于现实世界的数据常常是含有噪声、不完全的和不一致的，数据预处理能够帮助改善数据的质量，进而帮助提高数据挖掘进程的有效性和准确性。

6.3.2　物联网的知识发现

在物联网时代，如何从海量数据中提取知识，是一个重大的课题。知识发现是一个选择和提取数据的过程，它能自动地发现新的、精确的、有用的模式以及现实世界现象。根据采用的技术不同,知识发现可以分为广义知识发现和狭义知识发现。

广义知识发现方法和实现技术有很多,如数据立方体、面向属性的归约等。数据立方体还有其他一些别名,如"多维数据库""实现视图""OLAP"等。其基本思想是实现某些常用的、代价较高的聚集函数的计算,诸如计数、求和、平均、最大值等,并将这些实现视图存储在多维数据库中。既然很多聚集函数须经常重复计算,那么在多维数据立方体中存放预先计算好的结果将能保证快速响应,并可灵活地提供不同角度和不同抽象层次上的数据视图。另一种广义知识发现方法是加拿大 SimonFraser 大学提出的面向属性的归约方法。这种方法以类 SQL 表示数据挖掘查询,收集数据库中的相关数据集,然后在相关数据集上应用一系列数据推广技术进行数据推广,包括属性删除、概念树提升、属性阈值控制、计数及其他聚集函数传播等。

狭义知识发现方法包括:关联(association)知识发现、分类(classification&clustering)知识发现、预测(prediction)知识发现等。

关联知识发现是反映一个事件和其他事件之间依赖或关联的知识发现。如果两项或多项属性之间存在关联,那么其中一项的属性值就可以依据其他属性值进行预测。最为著名的关联规则发现方法是 R. Agrawal 提出的 Apriori 算法。关联规则挖掘过程主要包含两个阶段:第一阶段必须先从资料集合中找出所有的高频项目组(Frequent Itemsets),第二阶段再由这些高频项目组产生关联规则(Association Rules)。

分类知识发现是反映同类事物共同性质的特征型知识和不同事物之间的差异型特征知识发现。最为典型的分类方法是基于决策树的分类方法,它是从实例集中构造决策树,是一种有指导的学习方法。该方法先根据训练子集(又称为窗口)形成决策树,如果该树不能对所有对象给出正确的分类,那么选择一些例外加入窗口中,重复该过程直到形成正确的决策集。最终结果是一棵树,其叶节点是类名,中间节点是带有分枝的属性,该分枝对应该属性的某一可能值。最为典型的决策树学习系统是 ID3,它采用自顶向下不回溯策略,能保证找到一个简单的树。为降低决策树生成代价,人们还提出了一种区间分类器。

数据分类还有统计、粗糙集(Rough Set)、线性回归和神经网络等方法。线性回归是典型的统计模型。神经网络也是数据分类和规则提取的有效方法。

预测型知识发现是由历史的和当前的数据去推测未来的数据,也可以认为是以时间为关键属性的关联知识发现。目前,时间序列预测方法有经典的统计方法、神经网络和机器学习等。1968 年,Box 和 Jenkins 提出了一套比较完善的时间序列建模理论和分析方法,这些经典的数学方法通过建立随机模型,如自回归模型、自回归滑动平均模型、求和自回归滑动平均模型和季节调整模型等,进行时间序列的预测。由于大量的时间序列是非平稳的,其特征参数和数据分布随着时间的推移而发生变化,因此,仅仅通过对某段历史数据的训练,建立单一的神经网络预测模型还无法完成准确的预测任务。为此,人们提出了基于统计学和基于精确性的再训练方法,当发现现存预测模型不再适用于当前数据时,将对模型重新训练,获得新的权重参数,建立新的模型。也有许多系统借助并行算法的计算优势进行时间序列预测。

此外,还可以发现其他类型的知识发现,如偏差型(deviation)知识发现,它是对差异和极端特例的描述,揭示事物偏离常规的异常现象,如标准类外的特例、数据聚类外的离群值等。所有这些知识都可以在不同的概念层次上被发现,并随着概念层次的提升,从微观到中观、宏观，以满足不同用户不同层次决策的需要。

6.3.3　物联网的数据挖掘

数据挖掘是从大量的数据中提取出令人感兴趣的知识。令人感兴趣的知识是指有效的、新颖的、潜在有用的和最终可以理解的知识。数据挖掘（Date Dig，DD）和知识发现（Knowledge Discovery，KD）为物联网数据分析提供了强有力的支撑。

数据挖掘的具体过程分为以下四步。①数据集成：创建目标数据集。②选择与预处理：数据清理、数据归约、选择数据挖掘函数和挖掘算法。③数据挖掘：寻找有趣的数据模式，自动发现-分类/预测-解释/描述。④解释与评估：分析结果，使用可视化和知识表现技术，向用户提供挖掘的知识。

具体来说，数据挖掘的常用手段大体可以分为三种：关联分析、分类分析和聚类分析。

1. 关联分析

首先通过一个有趣的"尿布与啤酒"的故事来了解关联规则。在一家超市里，有一个有趣的现象：尿布和啤酒赫然摆在一起出售。但是这个奇怪的举措却使尿布和啤酒的销量双双增加了。这是发生在美国沃尔玛连锁超市的真实案例。沃尔玛拥有世界上最大的数据仓库系统，为了能够准确了解顾客在其门店的购买习惯，沃尔玛对其顾客的购物行为进行分析，了解顾客经常一起购买的商品有哪些。沃尔玛数据仓库里集中了其各门店的详细原始交易数据，在这些原始交易数据的基础上，沃尔玛利用数据挖掘方法对这些数据进行分析和挖掘。一个意外的发现是："跟尿布一起购买最多的商品竟是啤酒！"经过大量实际调查和分析，揭示了一个隐藏在"尿布与啤酒"背后的美国人的一种行为模式：在美国，一些年轻的父亲下班后经常要到超市去买婴儿尿布，而他们中有 $30\%\sim40\%$ 的人同时也为自己买一些啤酒。产生这一现象的原因是：美国的太太们常叮嘱她们的丈夫下班后为小孩买尿布，而丈夫们在买尿布后又随手带回了他们喜欢的啤酒。

虽然尿布与啤酒风马牛不相及，但正是借助数据挖掘技术对大量交易数据进行分析，使得沃尔玛发现了隐藏在数据背后的这一有价值的规律。

数据关联是数据库中存在的一类重要的可被发现的知识。若两个或多个变量的取值之间存在某种规律性，就称为关联。关联可分为简单关联、时序关联、因果关联。关联分析的目的是找出数据库中隐藏的关联网。有时并不知道数据库中数据的关联函数，即使知道也是不确定的，因此关联分析生成的规则带有可信度。关联规则挖掘发现大量数据中项集之间有趣的关联或相关联系。Agrawal 等于 1993 年首先提出了挖掘顾客交易数据库中项集间的关联规则问题，以后诸多的研究人员对关联规则的挖掘问题进行了大量的研究。他们的工作包括：对原有的算法进行优化，如引入随机采样、并行的思想等，以提高算法挖掘规则的效率；对关联规则的应用进行推广。关联规则挖掘在数据挖掘中是一个重要的课题，也是最近几年被业界广泛研究的。

1) 关联规则的分类与挖掘过程

按照不同情况，关联规则可以进行如下分类。

（1）基于规则中处理的变量类别，关联规则可以分为布尔型和数值型。布尔型关联规则处理的值都是离散的、种类化的，它显示了这些变量之间的关系；而数值型关联规则可以和多维关联或多层关联规则结合起来，对数值型字段进行处理，将其动态分割或者直接对原始数据进行处理。当然，数值型关联规则中也可以包含种类变量。例如：性别＝"男"＝＞职业＝"教师"，是布尔型关联规则；年龄＝"25 岁"＝＞avg(身高)＝178，涉及的收入是数值类型，所以是一个数值型关联规则。

（2）基于规则中数据的抽象层次，可以分为单层关联规则和多层关联规则。在单层的关联规则中，所有的变量都没有考虑现实的数据是具有多个不同的层次的；而在多层的关联规则中，对数据的多层性已经进行了充分的考虑。例如，联想台式机＝＞中文打印机，是一个细节数据上的单层关联规则；台式机＝＞中文打印机，是一个较高层次和细节层次上的多层关联规则。

（3）基于规则中涉及的数据的维数，关联规则可以分为单维和多维。在单维的关联规则中，只涉及数据的一个维，如用户购买的物品；而在多维的关联规则中，要处理的数据将会涉及多个维。换句话说，单维关联规则是处理单个属性中的一些关系；多维关联规则是处理各个属性之间的某些关系。例如：啤酒＝＞尿布，这条规则只涉及用户购买的物品；性别＝"男"＝＞职业＝"教师"，这条规则涉及两个字段的信息，是两个维上的一条关联规则。

关联规则挖掘过程主要包含以下两个阶段。

① 关联规则挖掘的第一阶段必须从原始资料集合中找出所有高频项目组。高频的意思是指某一项目组出现的频率相对于所有记录而言，必须达到某一水平。一项目组出现的频率称为支持度(support)。以一个包含 A 与 B 两个项目的 2-itemset 为例，我们可以求得包含{A,B}项目组的支持度，若支持度大于或等于所设定的最小支持度(Minimum Support)门槛值时，则{A,B}称为高频项目组。一个满足最小支持度的 k-itemset，则称为高频 k-项目组(Frequent k-itemset)，一般表示为 Large k 或 Frequent k。算法从 Large k 的项目组中再产生 Large $k+1$，直到无法再找到更长的高频项目组为止。

② 关联规则挖掘的第二阶段是要产生关联规则(Association Rules)。从高频项目组产生关联规则就是利用前一步骤得到的高频 k-项目组来产生规则。在最小信赖度(Minimum Confidence)的条件门槛下，若一规则所求得的信赖度满足最小信赖度，称此规则为关联规则。例如，由高频 k-项目组{A,B}所产生的规则 AB，可求得其信赖度，若信赖度大于或等于最小信赖度，则称 AB 为关联规则。

就沃尔玛案例而言，使用关联规则挖掘技术对交易资料库中的记录进行资料挖掘，首先必须设定最小支持度与最小信赖度两个门槛值。在此假设最小支持度 min_support＝5% 且最小信赖度 min_confidence＝70%。因此符合该超市需求的关联规则必须同时满足以上两个条件。若经过挖掘过程，发现尿布、啤酒两件商品满足关联规则所要求的两个条件，即经过计算发现其 Support(尿布,啤酒)≥5% 且 Confidence(尿布,啤酒)≥70%。其中，Support(尿布,啤酒)≥5% 所代表的意义为：在所有的交易记录资料中，至少有 5% 的交易呈现尿布与啤酒这两项商品被同时购买的交易行为。Confidence(尿布,啤酒)≥70% 所代表的意义为：在所有包含尿布的交易记录资料中，至少有 70% 的交易会同时购买啤酒，则其关联规则是[尿布,啤酒]。因此，今后若有某消费者出现购买尿布的行为，超市可推荐该消费者同时购买啤酒。这个商品推荐的行为就是根据[尿布,啤酒]关联规则来确定的，因为该超市就过去的交易记录而言，支持了"大部分购买尿布的交易，会同时购买啤酒"的消费行为。

从上面的介绍还可以看出，关联规则挖掘通常比较适合于记录中的指标取离散值的情况。如果原始数据库中的指标值是取连续的数据，则在关联规则挖掘之前应该进行适当的数据离散化（实际上就是将某个区间的值对应于某个值）。数据的离散化是数据挖掘前的重要环节，离散化的过程是否合理将直接影响关联规则的挖掘结果。

2）关联规则挖掘算法

（1）Apriori算法使用候选项集找频繁项集。

Apriori算法是一种颇有影响的挖掘布尔关联规则频繁项集的算法，其核心是基于两阶段频繁项集思想的递推算法。该关联规则在分类上属于单维、单层、布尔关联规则。在这里，所有支持度大于最小支持度的项集称为频繁项集，简称频集。

该算法的基本思想是：首先找出所有的频繁项集，这些频繁项集出现的频繁程度至少和预定义的最小支持度一样。然后由频繁项集产生强关联规则，这些规则必须满足最小支持度和最小可信度。然后使用第一步找到的频繁项集产生期望的规则，产生只包含集合的项的所有规则，其中每一条规则的右部只有一项。一旦这些规则被生成，那么只有那些大于用户给定的最小可信度的规则才被留下来。为了生成所有频繁项集，使用了递推的方法。

可能产生大量的候选集以及可能需要重复扫描数据库是Apriori算法的两大缺点。

（2）基于划分的算法。

Savasere等设计了一种基于划分的算法。这个算法先把数据库从逻辑上分成几个互不相交的块，每次单独考虑一个分块并对它生成所有的频繁项集，然后把产生的频繁项集合并，用来生成所有可能的频繁项集，最后计算这些项集的支持度。这里分块的大小选择要使得每个分块可以被放入主存，每个阶段只需被扫描一次。而算法的正确性是由每一个可能的频繁项集至少在某一个分块中来保证的。该算法是可以高度并行的，可以把每一分块分别分配给某一个处理器生成频集。产生频集的每一个循环结束后，处理器之间进行通信来产生全局的候选 k-项集。通常这里的通信过程是算法执行时间的主要瓶颈；此外，每个独立的处理器生成频集的时间也是一个瓶颈。

（3）FP-树频繁集算法。

针对 Apriori 算法的固有缺陷，J. Han 等提出了不产生候选挖掘频繁项集的方法——FP-树频繁集算法。它采用分而治之的策略，在经过第一遍扫描之后，把数据库中的频繁集压缩进一棵频繁模式树（FP-tree）中，同时依然保留其中的关联信息，随后再将 FP-tree 分化成一些条件库，每个库和一个长度为 1 的频繁集相关，然后再对这些条件库分别进行挖掘。当原始数据量很大的时候，也可以结合划分的方法，使得一个 FP-tree 可以放入主存中。实验表明，FP-树频繁集算法对不同长度的规则都有很好的适应性，同时在效率上较之 Apriori 算法有巨大的提高。

2．分类分析

分类是数据挖掘的一种非常重要的方法，它使用类标签已知的样本建立一个分类函数或分类模型（也常常称作分类器）。应用分类模型，能把数据库中的类标签未知的数据进行归类。若要构造分类模型，则需要有一个训练样本数据集作为输入，该训练样本数据集由一组数据库记录或元组构成,还需要一组用以标识记录类别的标记,并先为每个记录赋予一个标记(按标记对记录分类)。一个具体的样本记录形式可以表示为$(V_1, V_2, \cdots, V_i, C)$,其中,$V_i$表示样本的属性值,$C$表示类别。对同类记录的特征进行描述有显式描述和隐式描述两种。显式描述如一组规则定义;隐式描述如一个数学模型或公式。

分类分析有两个步骤:构建模型和模型应用。

构建模型就是对预先确定的类别给出相应的描述。该模型是通过分析数据库中各数据对象而获得的。先假设一个样本集合中的每一个样本属于预先定义的某一个类别,这可由一个类标号属性来确定。这些样本的集合称为训练集,用于构建模型。由于提供了每个训练样本的类标号,故称为有指导的学习。最终的模型即是分类器,可以用决策树、分类规则或者数学公式等来表示。

模型应用就是运用分类器对未知的数据对象进行分类。先用测试数据对模型分类准确率进行估计,例如使用保持方法进行估计。保持方法是一种简单估计分类规则准确率的方法。在保持方法中,把给定数据随机地划分成两个独立的集合——训练集和测试集。通常,三分之二的数据分配到训练集,其余三分之一分配到测试集。使用训练集导出分类器,然后用测试集评测准确率。如果学习所获模型的准确率经测试被认为是可以接受的,那么就可以使用这一模型对未知类别的数据进行分类,产生分类结果并输出。

3. 聚类分析

俗话说:"物以类聚,人以群分。"所谓类,通俗地说就是指相似元素的集合。聚类分析又称集群分析,它是研究(样品或指标)分类问题的一种统计分析方法。聚类分析起源于分类学。在古老的分类学中,人们主要依靠经验和专业知识来实现分类,很少利用数学工具进行定量的分类。随着人类科学技术的发展,对分类的要求越来越高,以致有时仅凭经验和专业知识难以确切地进行分类,于是人们逐渐地把数学工具引用到了分类学中,形成了数值分类学,之后又将多元分析的技术引入数值分类学形成了聚类分析。聚类分析内容非常丰富,有系统聚类法、有序样品聚类法、动态聚类法、模糊聚类法、图论聚类法、聚类预报法等。

将物理或抽象对象的集合分成由类似的对象组成的多个类的过程称为聚类。由聚类所生成的簇是一组数据对象的集合,这些对象与同一个簇中的对象彼此相似,与其他簇中的对象相异。

1) 传统的聚类分析算法

传统的聚类分析计算方法主要有如下几种。

(1) 划分方法(Partitioning Methods)。

给定一个有 N 个元组或者记录的数据集,分裂法将构造 K 个分组,每一个分组代表一个聚类$(K<N)$,而且这 K 个分组满足下列条件:①每一个分组至少包含一个数据记录;②每一个数据记录属于且仅属于一个分组(注意:这个要求在某些模糊聚类算法中可以放宽);③对于给定的 K,算法首先给出一个初始的分组方法,以后通过反复迭代的方法改变分组,使得每一次改进之后的分组方案都较前一次好。而所谓好的标准就是:同一分组中的记录越近越好,而不同分组中的记录越远越好。使用这个基本思想的算法有 K-MEANS 算法、K-MEDOIDS 算法、CLARANS 算法。

（2）层次方法（Hierarchical Methods）。

层次方法对给定的数据集进行层次式的分解，直到某种条件满足为止。具体又可分为"自底向上"和"自顶向下"两种方案。例如在"自底向上"方案中，初始时每一个数据记录都组成一个单独的组，在接下来的迭代中，它把那些相互邻近的组合并成一个组，直到所有的记录组成一个分组或者某个条件满足为止。代表算法有 BIRCH 算法、CURE 算法、CHAMELEON 算法等。

（3）基于密度的方法（Density-based Methods）。

基于密度的方法与其他方法的一个根本区别是：它不是基于各种各样的距离，而是基于密度的。这样就能克服基于距离的算法只能发现"类圆形"聚类的缺点。这个方法的指导思想就是，只要一个区域中的点的密度大过某个阈值，就把它加到与之相近的聚类中去。代表算法有 DBSCAN 算法、OPTICS 算法、DENCLUE 算法等。

（4）基于网格的方法（Grid-based Methods）。

基于网格的方法首先将数据空间划分为有限个单元（cell）的网格结构，所有的处理都是以单个的单元为对象的。这样处理的一个突出的优点就是处理速度很快，通常这是与目标数据库中记录的个数无关的，只与把数据空间分为多少个单元有关。代表算法有 STING 算法、CLIQUE 算法、WAVE-CLUSTER 算法。

（5）基于模型的方法（Model-based Methods）。

基于模型的方法给每一个聚类假定一个模型，然后去寻找能够很好地满足这个模型的数据集。这样一个模型可能是数据点在空间中的密度分布函数或者其他。它的一个潜在的假定就是：目标数据集是由一系列的概率分布所决定的。通常有两种尝试方向：统计的方案和神经网络的方案。

其他的聚类方法还有传递闭包法、最大树聚类法、布尔矩阵法、直接聚类法等。下面以最大树聚类法为例介绍其聚类过程。

2）最大树聚类分析算法

由于传递闭包法在被分类的元素比较多时，要把所建立的模糊相似关系"改造"成模糊等值关系是比较烦琐的。为了避免矩阵的复合运算，使计算简化，可通过模糊最大树法进行聚类分析，其结果虽然与传递闭包法完全一致，但却简单得多。

最大树聚类分析算法是模糊聚类方法的一种，和传递闭包法一样，最大树法也要通过规格化，通过标定步骤建立起相似系数构成的相似矩阵。该方法的具体步骤如下。

（1）规格化标定并建立相似矩阵。设被分类的样本集为 $x=(x_1,x_2,x_3,\cdots,x_n)$。每个样本有 S 个指标，即 $X=(x_{i1},x_{i2},\cdots,x_{is})(i=1,2,\cdots,n)$。首先根据样本的各项指标，采用所选用的标准指标进行规格化，再选取适当的公式计算它们之间的相似系数，并建立 x 上的相似关系矩阵 $\boldsymbol{R}$。

（2）构建模糊图的最大树。设 $\boldsymbol{R}$ 是论域 x 上的模糊关系，称二元有序组 $G(x,\boldsymbol{R})$ 模糊图，以所有被分类的对象为顶点，当 $\gamma_{ij}\neq0$ 时，顶点 i 与顶点 j 就可以连一条边。具体画法是：先画出顶点集中的某一个 i，然后按相似系数 γ_{ij} 从大到小的顺序依次连边，它有 n 个顶点，$n-1$ 条边，但不包括任何回路，每一条边都能赋以某一权数，即 γ_{ij}。这样经过有限的步骤,就可以将 x 中的元素全都连接起来,得到 G 的一棵最大树。如果某一步使图中出现了回路,则不画这一连线,并按顺序走下一步,直到所有元素连通为止。这样就得到了一棵所谓的最大树(最大树不是唯一的,但不影响分类的结果)。

（3）利用 λ-截集进行分类。选取 λ 值($0 \leqslant \lambda \leqslant 1$),去掉权重低于 λ 的连线,即把图中 $\gamma_{ij} < \lambda$ 的连线去掉,互相连通的元素归为一类,即可将元素分类。这里聚类水平 λ 大小表示把不同样本归为同一类的严格程度。$\lambda = 0$ 时,表示聚类非常严格,n 个样本各自为一类;$\lambda = 1$ 时,表示聚类很宽松,n 个样本的各项指标均为最差或均为最优。根据各个样本相聚类或分离的顺序,判断出各类优劣次序,最终得到结论。

例如:根据下面的模糊相似矩阵,用最大树法把下列矩阵中的 5 个元素进行分类。

$$\boldsymbol{R} = \begin{bmatrix} 1 & 0.8 & 0.6 & 0.1 & 0.2 \\ 0.8 & 1 & 0.8 & 0.2 & 0.85 \\ 0.6 & 0.8 & 1 & 0 & 0.9 \\ 0.1 & 0.2 & 0 & 1 & 0.1 \\ 0.2 & 0.85 & 0.9 & 0.1 & 1 \end{bmatrix}$$

首先,直接按照模糊相似矩阵 $\boldsymbol{R}$ 中 γ_{ij} 由大到小的顺序依次把这些元素用直线连接起来,并标上 γ_{ij} 的数值,如图 6-6(a)所示。当取 $0.8 < \lambda \leqslant 0.85$ 时,得到聚类图(见图 6-6(b)),即 X 分成三类:$\{X_1\}, \{X_4\}, \{X_2, X_3, X_5\}$。

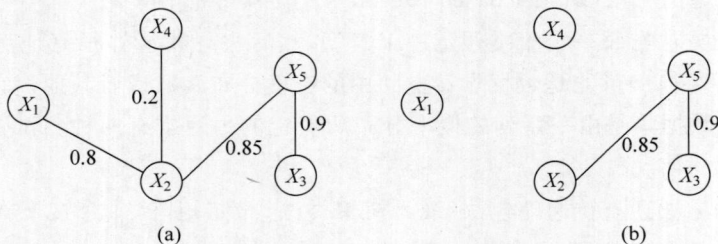

图 6-6　最大树聚类方法示意图

6.3.4　物联网数据并行处理

传统的并行算法设计者需要对求解的问题有深入了解,并能够识别出该问题中的计算密集部分,构造求解上述问题所需的关键数据结构,以及如何使用数据进行计算。编程者则应该考虑组成该问题的任务组成,以及任务中隐含的数据分解。由于要考虑并发处理、容错、数据分布、负载均衡等细节问题,因此,导致了并行程序的代码相对复杂。而 Hadoop 中的 MapReduce(映射-归约)计算模型则将这些公共细节部分抽象为一个库,由公共引擎统一处理,并行编程者不用过多考虑程序本身的分布式存储和并行处理细节,相应的容错处理、数据分布、负载均衡等也由公共引擎完成。因此,基于 MapReduce 操作的分布式并行计算模型是目前处理数据密集型应用问题的最佳模型。

1. 基本思想和编程模型

MapReduce 主要反映了映射和归约两个概念,分别完成映射操作和归约操作。映射操作按照需求操作独立元素组里面的每个元素,这个操作是独立的,然后新建一个元素组保存刚生成的中间结果。因为元素组之间是独立的,所以映射操作基本上是高度并行的。归约操作对一个元素组的元素进行合适的归并。虽然有可能归约操作不如映射操作并行度那么高,但是求得一个简单答案,大规模的运行仍然可能相对独立,所以归约操作同样具有并行的可能。

MapReduce 是一种非机器依赖的并行编程模型,可基于高层的数据操作编写并行程序,MapReduce 框架的运行时系统自动处理调度和负载均衡问题。MapReduce 把并行任务定义为两个步骤:首先 Map 阶段把输入数据元素划分为区块,映射生成中间结果< key,value >对,在 Reduce 阶段按照相同键值归约生成最终结果。

映射归约模型的核心是 Map 和 Reduce 两个操作,由用户自定义,它们的功能是按一定的映射规则将输入的< key,value >对转换成一组< key,value >对输出,如表 6-3 所示。

表 6-3　Map 和 Reduce 操作

操作	输入	输出	说　明
Map	$< k_1, v_1 >$	$List(< k_2, v_2 >)$	将划分的数据块解析为< key,value >对,输入 Map 操作中进行处理,每个输入的< k_1, v_1 >会输出< k_2, v_2 >
Reduce	$< k_2, List(v_2)>$	$< k_3, v_3 >$	$< k_2, List(v_2)>$ 的 $List(v_2)$ 表示相同 k_2 的 value

Map 操作是一类将输入记录集转换为中间格式记录集的独立任务,将输入键值对(key/value)映射为一组中间格式的键值对。该中间格式记录集不需要与输入记录集的类型一致。一个给定的输入键值< key,value >对可以映射成 0 个或多个输出键值< key,value >对。

Reduce 操作将 key 相同的一组中间数值集归约为一个更小的数值集。通常,Reduce 操作包括 shuffle 和排序操作。

映射归约计算模型认为大部分操作和映射操作相关,映射对输入记录的每个逻辑 record 进行运算,产生一组中间值< key,value >对,然后对具有相同 key 的中间值< key,value >执行归约操作来合并数据,如图 6-7 所示。

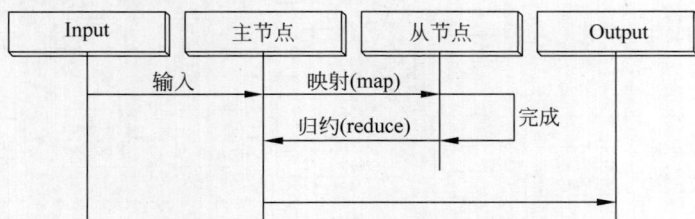

图 6-7　MapReduce 计算模型

2. 算法与流程

MapReduce 运行机制中唯一的主控节点(Master Node)用来实现对从属节点群(Slave Nodes)的管理。存储在分布式文件系统上的输入文件,被分割为可复制的块来解决容错问题。Hadoop 把每个 MapReduce 作业划分为一组任务集合。对每个输入块,首先由映射任务处理,并输出一个键值对列表。映射函数由用户定义。当所有的映射任务完成时,归约任务对按键组织的映射输出列表进行归约操作。模型映射归约操作的交互过程如图 6-8 所示。

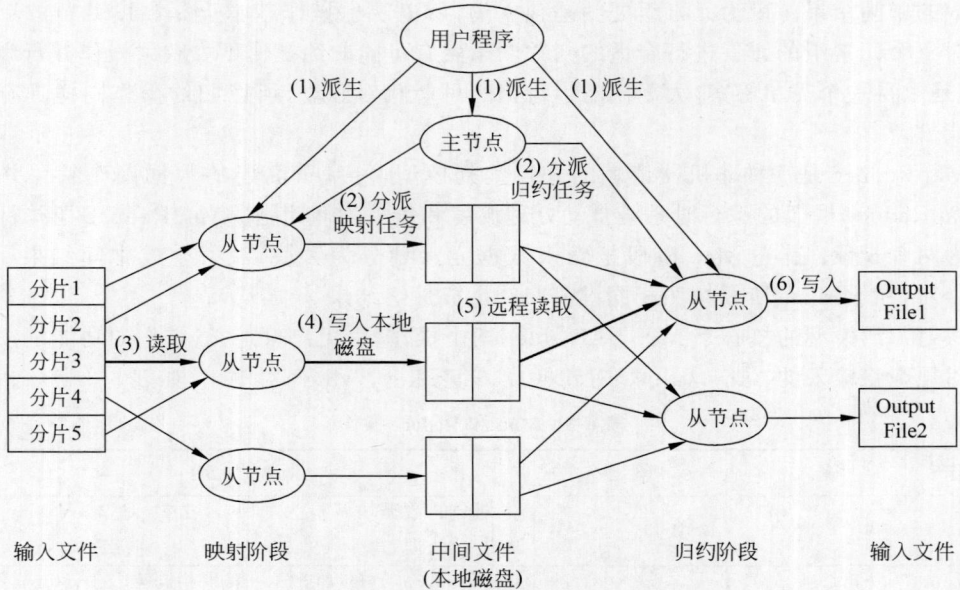

图 6-8　MapReduce 计算模型交互过程

Hadoop 在每个从属节点上同时运行一些映射任务和归约任务,映射和归约任务之间的计算和 I/O 操作重叠进行。一旦从属节点的任务区有空位,它就通知主控节点,然后调度器就分配任务给它。用户程序调用 Map/Reduce 函数时,Hadoop 模型 Map/Reduce 的数据流的具体操作细节如图 6-9 所示。

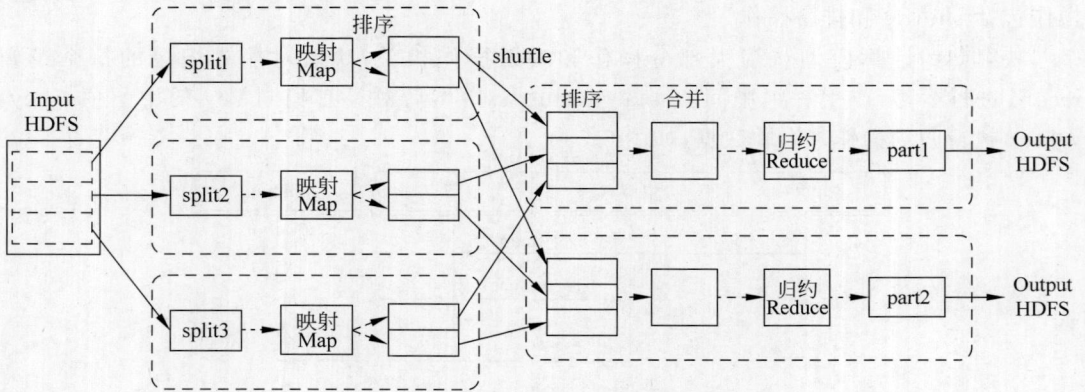

图 6-9　映射归约操作的数据流程

(1) 首先,用户程序调用 MapReduce 引擎将输入文件分成 M 块,每块的大小为 16~64MB(可自定义参数)。

(2) 主控节点负责分派任务。假设有 M 个映射任务和 R 个归约任务,选择空闲的从属节点分配这些任务。

(3) 分配了映射任务的从属节点读取并处理相关的输入分片,解析出中间结果< key,value >对并传递给用户自定义的映射函数,映射函数生成的中间结果< key,value >对暂时存在内存中。

（4）缓冲到内存中的中间结果< key,value >对周期性地写入本地磁盘,这些数据通过分区(partition)函数划分为 R 个区块。中间结果< key,value >在本地磁盘的位置信息要发送到主控节点,然后统一由主控节点传送给执行归约操作的从属节点。

（5）当主控节点通知执行归约任务的从属节点中间结果< key,value >对的位置信息时,该从属节点通过远程调用读取缓冲到映射任务节点本地磁盘上的中间数据。从属节点读取所有的中间数据然后按照中间 key 进行排序,使得 key 相同的 value 集中在一起。如果中间结果集合过大,可能需要使用外排序。

（6）执行归约任务的从属节点根据中间 key 来遍历所有排序后的中间结果< key,value >对,并且把 key 和相关的中间结果集合传递给用户自定义的归约函数,由归约函数将本区块输出到一个最终输出文件,该文件存储到 HDFS 中。

（7）当所有的映射和归约任务完成时,主控节点通知用户程序,返回用户程序的调用点,MapReduce 操作执行完毕。

3. 任务粒度分析

Map 调用把输入数据自动分割为 M 块,每块的大小不超过 64MB,并且分发到多个节点上,这使得输入数据能够在多个节点上并行处理。Reduce 调用利用分割函数分割中间值 key,从而形成 R 片(例如 hash(key) mod R),它们也会被分发到多个节点上。分割数量 R 和分割函数由用户决定。

把原始大数据集分割为小数据块时,通常设定小数据块小于或等于 HDFS 中数据块(block)的大小,默认为 64MB。这样做的目的是保证一个小数据块位于一个计算机节点中,便于本地计算。分割完成后,M 个小数据块就在 N 台计算机上启动 M 个映射任务并行处理,归约任务的数量 R 由用户指定,最小可以为 0。当 $R＝0$ 时,表示没有归约任务,输入数据经过映射后直接输出,如图 6-10 所示。

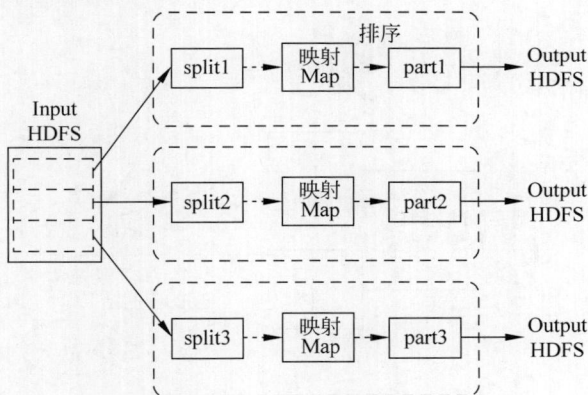

图 6-10 零归约任务的情况

由以上的分析可知,我们细分 Map 阶段成 M 片、Reduce 阶段成 R 片,在理想状态下,M 和 R 应当比从属节点数量要大得多。从属节点并行执行许多不同任务来提高动态负载均衡,同时也能够加快故障恢复的速度,某个失效从属节点上的大量 Map 任务都可以迁移到所有其他从属节点上执行。但在实际应用的编程过程中,会对 M 和 R 的取值有一定的限制,因为主控节点(Master Node)必须执行 $O(M+R)$ 次调度,并且在内存中保存 $O(M\times R)$ 个状态,而保存每对映射归约任务大约需要 1 字节的存储空间。

4. 容错机制

因为 Map/Reduce 部署在若干互联节点上,以实现可靠性和加速运算。这些节点中的某一个或某些难免出现故障,所以容错和自愈机制是 MapReduce 模型必须考虑的。

每个从属节点都会向主控节点发送心跳信息,周期性地把执行进度和状态报告回来。假如某个节点的心跳信息停止发送,或者超过预定时隙,主控节点将标记该节点为死亡状态,并且把先前分配给它的数据发送到其他节点。其中,每个操作使用命名文件的原子操作,避免并行线程之间冲突;当文件被改名时,系统可能会把它复制到任务名以外的其他名字节点上。由于归约操作的并行能力较弱,主控节点尽可能把归约操作调度在同一个节点上,或者距离操作数据最近或次近节点上。当最近节点出现故障时,选择次近节点。

首先考虑从属节点,即任务执行节点出现故障的情况。如果从属节点崩溃或者运行非常缓慢,它将停止向主控节点,即作业管理节点发送心跳信息。主控节点标记该从属节点,并且将它从任务执行节点资源池中移除。如果刚才在故障节点上运行完成的映射任务属于未完成的作业的组成部分,那么主控节点就重新分派它们运行,因为它们的中间结果缓存在该故障从属节点的本地磁盘上,后面的归约无法访问。而已经完成的归约任务就不需要这么做,因为它的输出结果已经保存在全局文件系统中。当节点 A 失效,原本在其上运行的映射任务被迁移到节点 B,并通知所有执行归约操作的节点以及尚未读取节点 A 中间结果的归约任务节点,抛弃节点 A,转向从属节点 B 获取数据。图 6-11 描述了这种情况的处理过程。

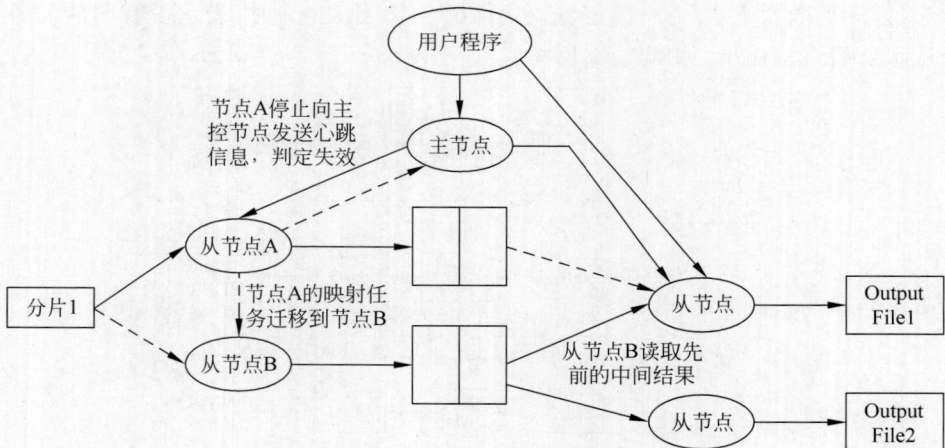

图 6-11   从属节点失效的容错处理

主控节点(即作业管理节点)出现故障是很严重的问题。比较好的策略是为主控节点数据结构设置周期性检查点,当主控节点进程失效时,选择最后一个检查点重新开始。但是最简单、有效的方法是一旦主控节点失效,就终止 MapReduce 程序的执行。因此,应该保证节点可靠性来避免出现这样的情况。

6.4 物联网数据检索

6.4.1 文本检索

传统的文本检索是围绕相关度(Relevance)这个概念展开的。在信息检索中,相关度通常指用户的查询和文本内容的相似程度或者某种距离的远近程度。根据相关度的计算方法,可以把文本检索分成基于文字的检索、基于结构的检索和基于用户信息的检索。

1. 基于文字的检索

基于文字的检索主要根据文档的文字内容来计算查询和文档的相似度。这个过程通常包括查询和文档的表示及相似度计算,二者构成了检索模型。学术界最经典的检索模型有布尔模型、向量空间模型、概率检索模型和统计语言检索模型。

(1) 在布尔模型中,用户将查询表示为由多个词组成的布尔表达式,如查询"计算机 and 文化"表示要查找包含"计算机"和"文化"这两个词的文档。文档被看成文中所有词组成的布尔表达式。在进行相似度计算时,布尔模型实际就是将用户提交的查询请求和每篇文档进行表达式匹配。在布尔模型中,满足查询的文档的相关度是1,不满足查询的文档的相关度是0。

(2) 在向量空间模型中,用户的查询和文档信息都表示成关键词及其权重构成的向量,如向量<信息,3,检索,5,模型,1 >表示由 3 个关键词"信息""检索""模型"构成的向量,每个词的权重分别是 3、5、1。然后,通过计算向量之间的相似度便可以将与用户查询最相关的信息返回给用户。向量空间模型的研究内容包括关键词的选择,权重的计算方法和相似度的计算方法。

(3) 概率检索模型通过概率的方法将查询和文档联系起来。同向量空间模型一样,查询和文档也都是用关键词表示的。概率检索模型需要计算查询中的关键词在相关及不相关文档中的分布概率,然后在进行查询和文档相似度计算时,计算整个查询和文档的相关概率。相对于向量空间模型而言,概率模型具有更深的理论基础,因为它可以利用概率学中许多成熟的理论来诠释信息检索中的许多概念,如"相关"可以解释成一种后验概率,"相似度"可以解释成两个后验概率的比值。概率模型中最关键的问题是计算关键词在与查询相关及不相关文档中的概率。由于对每个查询而言,无法事先预知文档的相关与不相关,因此在计算时往往基于某种假设。

(4) 统计语言检索模型通过语言的方法将查询和文档联系起来。这种思想诞生了一系列的模型。最原始的统计语言检索模型是查询似然模型。简单地说,查询似然模型首先认为每篇文档是在某种"语言"下生成的。在该"语言"下生成查询的可能性便可看成文档和查询之间的相似度。所谓"语言",指可以通过统计语言模型来刻画,即某个词、短语、语句的分布概率。因此,查询似然模型通常包括两个步骤:先对每个文档估计其统计语言模型,然后利用这个统计语言模型计算其生成查询的概率。

2. 基于结构的检索

和基于文字的检索不同,基于结构的检索要用到文档的结构信息。文档的结构包括内部结构和外部结构。内部结构是指文档除文字之外的格式、位置等信息;外部结构是指文档之间基于某种关联构成的"关系网",如可以根据文档之间的引用关系形成"引用关系网"。基于结构的检索通常不会单独使用,可以和基于文字的检索联合使用。

在基于内部结构的检索中,可以利用文字所在的位置、格式等信息来更改其在文字检索中的权重。举例来说,各级标题、句首、HTML 文件中的锚文本可以被赋予更高的权重。基于外部结构的检索可以是基于 Web 网页之间的链接关系以及"链接分析"技术。实际上它或多或少地沿袭了图书情报学中的文献引用思想——被越重要的文献引用、引用次数越多的文献越具价值。

3. 基于用户信息的检索

不论是基于文字还是基于结构的检索,都是从查询或者文档出发来计算相似度的。实际上,用户是信息检索最重要的一个组成成分。就查询来说,是为了表示用户的真正需求;就检索结果来说,用户的认可才是检索的目的。因此,在信息检索过程中不能忽略用户这个重要因素。利用用户本身的信息及参与过程中的行为信息的检索称为基于用户信息的检索。

从理论上说,用户的很多信息都可以用于提高信息检索的质量。如用户的性别、年龄、职业、教育背景、阅读习惯等都可以用于信息检索。但实际上,一方面,这些信息不易获得;另一方面,即使能获得这些信息,这些信息能不能适用于所有用户的信息检索还值得怀疑。所以,目前的信息检索通常仅根据用户的访问行为来获取信息,这个过程称为用户建模。这些信息常常包括用户的浏览历史、用户的单击行为、用户的检索历史等,这些信息称为检索的上下文(context)信息。由于这类检索常常通过分析用户的访问行为得到,因此,这种方法也被称为基于用户行为的检索方法。

基于用户行为的检索又可以分为基于单个用户访问行为的检索和基于群体用户访问行为的检索。顾名思义,基于单个用户访问行为主要通过分析当前检索用户的访问习惯来提高信息检索的质量;而基于群体用户访问行为则主要是通过用户之间的相似性来指导信息检索,它假设具有相似兴趣的用户会访问同一网页。因此,可以通过分析群体用户的访问习惯,从而获得具有相同兴趣的用户信息。

6.4.2 图像检索

关于图像检索的研究可以追溯到 20 世纪 70 年代,当时主要是基于文本的图像检索技术(Text-Based Image Retrieval,TBIR),即利用文本描述的方式表示图像的特征,这时的图像检索实际是文本检索。到 20 世纪 90 年代以后,出现了基于内容的图像检索(Content-Based Image Retrieval,CBIR),即对图像的视觉内容,如图像的颜色、纹理、形状等进行分析和检索,并有许多 CBIR 系统相继问世。但实践证明,TBIR 和 CBIR 这两种技术远不能满足人们对图像检索的需求。为了使图像检索系统更加接近人对图像的理解,研究者们又提出了基于语义的图像检索(Semantic-Based Image Retrieval,SBIR),试图从语义层次解决图像检索问题。

图 6-12 给出了一个图像内容的层次模型。第 1 层为原始数据层，即图像的原始像素点；第 2 层为物理特征层，反映了图像内容的底层物理特征，如颜色、纹理、形状和轮廓等，CBIR 正是利用了这一层的特征；第 3 层为语义特征层，是人们对图像内容概念级的反映，一般是对图像内容的文字性描述，SBIR 是在这一层上进行的检索。下面分别介绍CBIR 和 SBIR 技术。

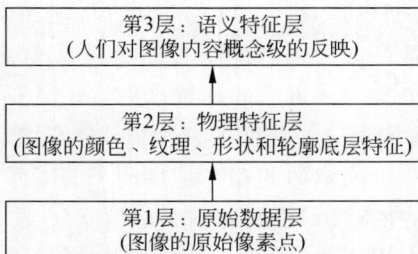

图 6-12 图像内容的层次模型

1. CBIR

CBIR 即把图像的视觉特征，例如颜色、纹理结构和形状等，作为图像内容抽取出来，并进行匹配、查找。迄今已有许多基于内容的图像检索系统问世，如 QBIC、MARS、WebSEEK 和 Photobook 等。

(1) 特征提取。特征提取是 CBIR 系统的基础，在很大程度上决定了 CBIR 系统的成败。目前，对 CBIR 系统的研究都集中在特征提取上。图像检索中用得较多的视觉特征包括颜色、纹理和形状。

颜色是一幅图像最直观的属性，因此颜色特征也最早被图像检索系统采用。最常用的表示颜色特征的方法是颜色直方图。颜色直方图描述了不同色彩在整幅图中所占的比例，但不关心每种色彩所处的位置，即无法具体描述图像中的对象或物体。除了颜色直方图之外，常用的颜色特征表示方法还有颜色矩和颜色相关图。颜色矩采用颜色的一阶矩、二阶矩、三阶矩来表示图像的颜色分布。颜色相关图不但可以刻画某一颜色的像素数量占整个图像的比例，还能够反映不同颜色对之间的空间距离相关性。纹理是一种不依赖于颜色或亮度的、反映图像中同质现象的视觉特征，它包含了物体表面结构组织排列的重要信息以及它们与周围环境的联系。主要的视觉纹理有粗糙度、对比度、方向度、线像度、规整度和粗略度。图像检索中用到的纹理特征表示方法主要有 Tamura 法、小波变换和自回归纹理模型。图像中物体和区域的形状是图像表示和图像检索中经常用到的另一类重要特征。通常形状可以分为两类，即基于边界的形状和基于区域的形状。前者是指物体的外边界，而后者则关系到整个形状区域。描述这两类特征的最典型的方法分别是傅里叶描述符和形状无关矩。

(2) 查询方式。CBIR 系统向用户提供的查询方式与其他检索系统有很大的区别，一般有示例查询和草图查询两种方式。示例查询就是由用户提交一个或几个图例，然后由系统检索出特征与之相似的图像。这里的"相似"，是指上述的颜色、纹理和形状等几个视觉特征上的相似。草图查询是指用户简单地画一幅草图，如在一个蓝色的矩形上方画一个红色的圆圈来表示海上日出，由系统检索出视觉特征上与之相似的图像。

2. SBIR

虽然图像的视觉特征在一定程度上能代表图像包含的信息，但事实上，人们判断图像的相似性并非仅仅建立在视觉特征的相似性上。更多的情况下，用户主要根据图像表现的含义,而不是颜色、纹理、形状等特征来判别图像满足自己需要的程度。这些图像的含义就是图像的高层语义特征,它包含了人对图像内容的理解。SBIR 的目的就是要使计算机检索图像的能力接近人的理解水平。在图 6-12 所示的图像内容层次模型中,语义位于第 3 层。第 2 层和第 3 层之间的差别被许多学者称为"语义鸿沟"。

语义鸿沟的存在是目前 CBIR 系统还难以被普遍接受的原因。在某些特殊的专业领域,如指纹识别和医学图像检索中,将图像底层特征和高层语义建立某种联系是可能的,但是在更广泛的领域内,底层视觉特征与高层语义之间并没有很直接的联系。如何最大限度地减小图像简单视觉特征和丰富语义之间的鸿沟问题,是语义图像检索研究的核心,其中的关键技术就是如何获取图像的语义信息。如图 6-13 所示,三个虚线框分别表示图像语义的三种获取方法——利用系统知识的语义提取、基于系统交互的语义生成和基于外部信息的语义提取。

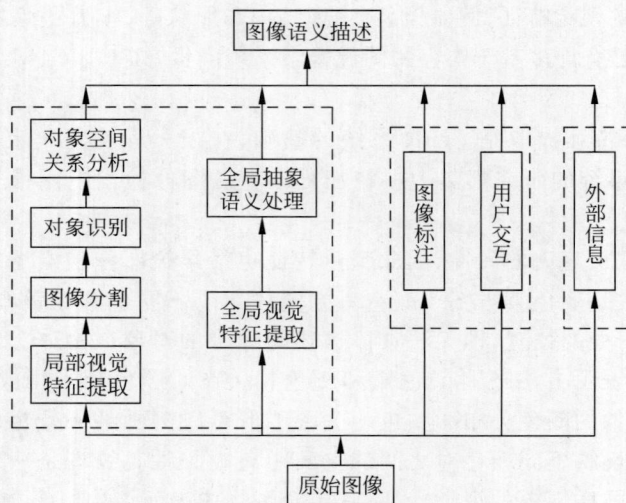

图 6-13 图像语义提取模型

(1) 利用系统知识的语义提取。利用系统知识的语义提取又可分为两类,即基于对象识别的处理方法和全局处理方法。

基于对象识别的处理方法有三个关键的步骤,即图像分割、对象识别和对象空间关系分析,前一个步骤都是下一个处理步骤的基础。该方法可以在特定的应用领域获得很好的效果,前提是需要预先给系统提供该领域的必要知识。一个典型的例子是判断男士西服的类别,系统首先通过图像分割技术,划分出衣服上的纽扣、领带等区域,然后根据西服是单排纽扣还是双排纽扣、扣子的数量、领带的图案和衬衫的颜色来判断西服样式是属于正式的、休闲的,还是传统的。一般而言,只有通过图像分割,才能有效地获取图像的语义信息。

(2) 基于系统交互的语义生成。完全从图像的视觉特征中自动抽取出图像的语义,还存在许多难以克服的困难。通过人工交互的方式来生成图像语义,是许多检索系统都公认的行之有效的方法。人工交互的语义生成主要包括图像预处理和反馈机制两个方面:预处理就是事先对图像进行标注,可以是人工标注或自动标注;反馈机制则用来修正这些标注,使之不断趋于准确。微软研究院开发的 iFind 系统就是一个典型的例子。iFind 系统提出了一种利用用户的检索和随后的反馈机制来获取图像关键词的方法:首先,用户输入一些关键词,系统通过计算查询关键词和图像上所标注的关键词之间的相似度,来得到最符合查询条件的图像集合;然后,用户在返回的查询结果中选择他所认为的相关或不相关的图像,反馈学习机制据此修改每幅图像对应的关键词及其权重。这个反馈过程将使得那些能够描述对应图像的关键词得到更大的权重,从而使图像的语义信息更加准确。

（3）基于外部信息的语义提取。外部信息是指图像来源处的相关信息。例如在Internet 环境下,图像资源与一般独立图像不同,它们是嵌入在 Web 文档中随之发布的,与Web 网页有着千丝万缕的联系,其中关系较大的包括 URL 中的文件名、IMG 的 ALT 域和图像前后的文本等,可以从这些信息中抽取出图像的语义信息。

6.4.3　音频检索

原始音频数据除了含有采样频率、量化精度、编码方法等有限的注册信息外,其本身仅仅是一种不含语义信息的非结构化的二进制流,因而音频检索受到极大的限制。相对于日益成熟的文本和图像检索,音频检索显得相对滞后。直到 20 世纪 90 年代末,基于内容的音频检索才成为多媒体检索技术的研究热点。

1．音频检索的系统结构

图 6-14 所示为音频检索的系统结构,图的左边是原始音频信号的预处理模块,包括语音处理、音频分割、特征提取和分类;图右边是用户的查询模块,包括用户查询接口和检索引擎;图的下方是元数据库和原始音频数据库。元数据库由结构关系、文本库、索引和特征库等组成。

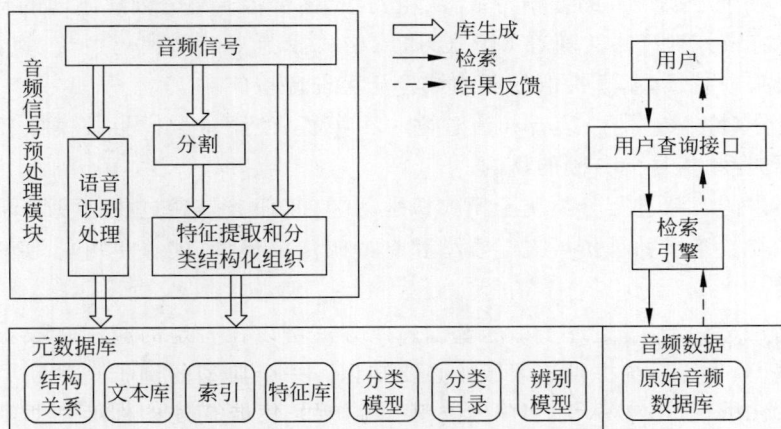

图 6-14　音频检索的系统结构

如果原始音频是一段长音频,那么在特征提取之前需要进行分割处理,把长音频分割为多个小的音频区段。通过分割处理,可以获得音频录音的结构关系,然后对分割好的音频片段进行特征提取。音频经过样本的训练和分类,建立分类目录;语音识别把语音信号转换为文本,存入文本库;提取的声音特征保存在特征数据库中,并将元数据库中的记录与音频数据库中的媒体记录关联起来。

用户通过用户查询接口检索音频信息。用户查询接口主要有两个功能:①把用户提供的待检索音频信号提交到图 6-14 左边的音频信号预处理模块进行预处理,再向检索引擎提交预处理结果;②接收检索返回结果并反馈给用户。用户可以查询音频信息或浏览分类目录。对于长段的音频,可以进行基于内容的浏览,即根据音频的结构进行非线性浏览。检索引擎利用相似性和相关度来搜索用户要求的信息。查询矢量和库中音频矢量之间的相似性由距离测度决定。每类特征都可以有不同的距离测度方法,以便在特定应用或实现中更为有效。

2. 音频特征提取及分类

在音频自动分类中常用的特征一般有能量、基频、带宽等物理特征,以及响度、音调、亮度和音色等感觉特征,还有过零率等特征。下面简要介绍几种音频特征。

(1) 带宽(bandwidth)是指取样信号的频率值范围,它在音频处理上有重要意义。

(2) 响度(loudness)是判断声音数据有声或无声的基本依据,它是用分贝表示的短时傅里叶变化,计算出信号的平方根,还可以用音强求和模型来对音强时间序列进行进一步处理。

(3) 过零率(Zero-crossing Rate)是指在一个短时帧内,离散采样信号值由正到负和由负到正变化的次数,这个量大概能够反映信号在短时帧里的平均频率。

3. 音频信号流的分割

下面介绍三种音频分割算法,它们分别是分层分割算法、压缩窗域分割算法和模板分割算法。

(1) 分层分割算法。当一种音频转换成另外一种音频时,主要的几个特征会发生变换。每次选取一个发生变换最大的音频特征,从粗到细,逐步将音频分割成不同的音频序列。

(2) 压缩窗域分割算法。随着 MPEG 压缩格式成为多媒体编码主流,直接对 MP3 格式的音频信号提取特征,基于提取的压缩域特征实现音频分割。

(3) 模板分割算法。为一段音频流建立一个模板,使用这个模板去模拟音频信号流的时序变化,达到音频信号流分割的目的。

对分割出来的音频进行分类属于模式识别问题,其任务是通过相似度匹配算法将相似音频归属到一类。基于隐马尔可夫链模型和支持向量机模型,能够尽可能地对分割出来的音频进行归类。

4. 音频内容的描述和索引

国际标准化组织(ISO)从 1996 年开始制定多媒体内容描述的标准——多媒体内容描述接口(Multimedia Content Description Interface),简称 MPEG-7,其目标是制定多媒体资源的索引、搜索和检索的互操作性接口,以支持基于内容的检索和过滤等应用。经由 MPEG-7 的描述符和描述模式可以描述音频的特征空间、结构信息和内容语义,并且建立音频内容的结构化组织和索引,从而为具有互操作性的音频检索和过滤等服务提供支持。

5. 音频检索方法

基于内容的音频检索是指通过音频特征分析,对不同音频数据赋以不同的语义,保证具有相同语义的音频在听觉上具有相似性。目前用户检索音频的方法主要有主观描述查询

（Query by Description）、示例查询（Query by Example）、拟声查询（Query by Onomatopoeia）、表格查询（Query by Table）和浏览（Browsing）。

（1）主观描述查询是提交一个语义描述，例如"摇滚音乐"或"噪声"等这样的关键词，然后把包含了这些语义标注的音频或歌曲寻找出来，反馈给用户。用户也可以通过描述音频的主观感受，例如，"欢快"或是"舒缓"，来说明其所要检索的音频的主观（感觉）特性。

（2）示例查询是提交一个音频范例，然后提取出这个音频范例的特征，如飞机的轰鸣声，按照音频范例识别方法判断其属于哪一类，然后把属于该类的音频返回给用户。

（3）拟声查询是指用户发出与要查找的声音相似的声音来表达检索要求。例如，人们并不知道某首歌曲的名字和演唱者，但是对某些歌曲的旋律和风格非常熟悉，于是人们可以将其熟悉的旋律"哼"出来，把这些旋律数字化后输入给计算机，计算机就可以使用搜索引擎去寻找一些歌曲，使反馈给用户的歌曲中包含用户所"哼"的旋律或风格。

（4）表格查询是指用户选择一些音频的声学物理特征并且给出特征值的模糊范围来描述其检索要求，例如，音量、基音频率等。

（5）浏览也是用户进行查询的重要手段。但是，浏览需要事先建立音频的结构化的组织和索引，例如音频的分类和摘要等，否则浏览的效率将会非常低下。

上述几种查询方法并不是孤立的，它们可以组合使用，以取得最佳的检索效果。

6.4.4 视频检索

视频数据作为一种动态、直观、形象的数字媒体，以其稳定、可扩展和易交互等优势，应用越来越广泛。视频数据包括幕、场景、镜头和帧，是一个二维图像流序列，是非结构化的、最复杂的多媒体信息。视频检索（Video Retrieval）指根据用户提出的检索请求，从视频数据库中快速地提取出相关的图像或图像序列的过程。20世纪90年代以来已有许多在视频内容的分析、结构化以及语义理解方面的研究，并取得了一些实验性的成果。目前，国内外已研发出了多个基于内容的视频检索系统，例如IBM的QBIC系统、美国哥伦比亚大学的VisualSeek系统和VideoQ系统、清华大学的TV-FI系统等。

1. 视频检索的分类

从检索形式可将视频检索分为两种类型：基于文本（关键字）的检索，其检索效率取决于对视频的文本描述，难点在于如何对视频进行全面、自动或半自动的描述；基于示例（视频片断/帧）的检索，其优点是可以通过自动地提取视听特征进行检索，难点在于相似性如何计算，以及用户难以找到合适的示例。

2. 视频检索的关键技术

视频检索的关键技术主要有关键帧提取、图像特征提取、图像特征的相似性度量、查询方式以及视频片段匹配等。

（1）关键帧提取。关键帧是用于描述一个镜头的关键图像帧，它反映一个镜头的主要内容。关键帧的选取一方面必须能够反映镜头中的主要事件，另一方面要便于检索。关键帧的选取方法有很多，比较经典的有帧平均法和直方图平均法。

（2）图像特征提取。特征提取可以针对图像内容的底层物理特征进行提取，如颜色、图像轮廓特征等。特征的表示方式有三种：数值信息、关系信息和文字信息。目前，多数系统采用的都是数值信息。

（3）图像特征的相似性度量。早期的工作主要是从视频中提取关键帧，把视频检索转换为图像检索。例如通常情况下，图像的特征向量可看作多维空间中的一点，因此很自然的想法就是用特征空间中点与点之间的距离来代表其匹配程度。距离度量是一个比较常用的方法，此外还有相关性计算、关联系数计算等。在片段检索上，研究方法可以分为两类：①把视频片段分为片段、帧两层考虑，片段的相似性利用组成它的帧的相似性来直接度量；②把视频片段分为片段、镜头、帧三层考虑，片段的相似性通过组成它的镜头的相似性来度量，而镜头的相似性通过它的一个关键帧或所有帧的相似性来度量，帧的相似性通过对帧的图片相似性来度量。

（4）查询方式。由于图像特征本身的复杂性，对查询条件的表达也具有多样性。使用的特征不同，对查询的表达方式也不一样。目前查询方式基本上可归纳为以下几种：底层物理特征查询、自定义特征查询、局部图像查询和语义特征查询。

（5）视频片段匹配。由于同一镜头连续图像帧的相似性，使得经常出现同一样本图像的多个相似帧，因而需要在查询到的一系列视频图像中，找出最佳的匹配图像序列。已经有研究提出了最优匹配法、最大匹配法和动态规划算法等。

6.5 本章小结

本章概述了基于物联网的大量数据的动态组织与管理。从海量感知数据的获取、存储及检索三个层次出发，系统地梳理了数据挖掘与分析、海量数据的存储以及数据的快速检索技术，详细论述了物联网实时信息的处理方式，并分析了其中存在的问题，列举了目前在数据处理中已有的研究成果，旨在为物联网海量感知数据的实时处理提供各种解决思路。

习题

一、选择题

1. 下列选项中，不属于大数据的特征是（　　）。
   A. 海量　　　　　　B. 高速　　　　　　C. 多样　　　　　　D. 实时

2. 当图片的分辨率为 1024×768，色彩为 16 位时，该图片占用的存储空间为（　　）。
   A. 1536KB　　　　　B. 1536MB　　　　　C. 12 288KB　　　　D. 以上都不是

3. 下列选项中，属于结构化数据的是（　　）。
   A. 图像　　　　　　B. 符号　　　　　　C. 声音　　　　　　D. 网页

4. 下面选项中，属于文本数据的是（　　）。
   A. 图片　　　　　　B. 姓名　　　　　　C. 视频　　　　　　D. 音频

5. 从关系模式中找出满足给定条件的那些元组称为（　　）。
   A. 选择　　　　　　B. 投影　　　　　　C. 连接　　　　　　D. 查询

6. 从关系模式中挑选若干属性组成新的关系称为（　　）。

A. 选择 B. 投影 C. 连接 D. 查询

7. SQL 中创建基本表的命令是( )。

A. ALTER B. GRANT C. CREATE D. DELETE

8. SQL 中完成数据编辑功能的命令不包括( )。

A. CREATE B. INSERT C. UPDATE D. DELETE

9. 分类的方法不包括（ ）。

A. 决策树分类 B. 最近邻分类

C. 基于规则的分类 D. 基于密度的分类

10. 在 HDFS 中实施的副本策略中,( )副本存放在同一服务器机架的不同节点上。

A. 1个 B. 2个 C. 3个 D. 以上都不是

二、问答题

1. 物联网数据的主要特点有哪些？

2. 数据预处理主要针对哪些数据？这些数据的特点是什么？

3. 什么是知识？知识如何分类？

4. 数据挖掘的步骤是什么？什么是聚类分析？简述最大树聚类法的原理。

5. Hadoop 可以用来做什么？它解决了目前应用场景中的什么问题？它存在什么缺点吗？

6. 试构建 HDFS,并编写代码实现文件的上传与下载。

7. 试构建 MapReduce 运行环境,并编写代码实现对 HDFS 中文件的操作。

8. 分析 HDFS 与数据库系统之间的区别。

9. 简述基于文字检索的文本检索技术的原理。

10. 简述基于内容的图像检索技术的原理。

11. 简述音频信号的检索方法。

12. 什么是数据副本策略？数据副本策略主要解决云存储中的什么问题？

13. 什么是数据去重技术？在云存储中使用数据去重技术有什么好处？

14. 试说明利用 MapReduce 快速统计一本书籍中不同单词数量的方法。

第7章

物联网信息安全

随着智能家居、数字医疗、智能交通等技术的发展，物联网的应用越发普及，其安全问题也受到越来越多研究者的关注。目前，物联网安全的相关研究尚在快速发展阶段，大部分研究成果还不能较完善地解决物联网中的安全问题。物联网从感知、传输到处理的过程中，均面临着不同的安全威胁。本章从分析物联网的安全问题入手，论述物联网的安全体系，讲述物联网在感知、传输、应用中所采用的主要安全技术手段。

7.1 物联网的安全问题分析

物联网的飞速发展使得其面临的安全问题日趋严峻。物联网的安全问题不仅能给用户带来财产损失，甚至会威胁用户的生命安全。例如，2016 年前 FBI 美国信息安全专家发现，现阶段市场上的心脏起搏器和胰岛素泵等无线嵌入式医疗设备普遍存在可利用的安全漏洞；2010 年曝光的震网病毒对多国核电站、水坝、国家电网等工业与公共基础设施造成了大规模的破坏。物联网安全已经成为国家安全和社会稳定的基石。

物联网作为一个人、机、物融合系统，面临的安全问题十分复杂，主要包括：物联网感知层安全问题、物联网传输层安全问题和物联网应用层安全问题等。

1. 物联网感知层安全问题

物联网感知层主要负责数据收集，所以其安全措施也围绕如何保证收集数据的完整性、机密性、可鉴别性来展开。为了实现这个目标，感知层的主要安全任务除了保障物联网感知层设备的接入安全、物理安全和系统安全外，还需为传输层通信安全提供基础保障。下面围绕这四个主要安全任务进行讨论。

1）接入安全

在感知层，接入安全是重点。首先，一个感知节点不能被未经过认证授权的节点或系统访问，这涉及感知节点的信任管理、身份认证、访问控制等方面的安全需求。在感知层，由于传感器节点受到能量和功能的制约，其安全保护机制较差，并且由于传感器网络尚未完全实现标准化，其中消息和数据传输协议没有统一的标准，从而无法提供一个统一、完善的安全保护体系。因此，感知节点及传感器网络除了可能遭受同现有网络相同的安全威胁外，还可能受到恶意节点的攻击、传输的数据被监听或破坏、数据的一致性差等安全威胁。

2）物理安全

感知层设备的物理安全会比之前的传统计算机受到更为严重的威胁。因为农业和工业环境中的传感器分布较广,在传感器运转正常的情况下可能长时间无人进行检查,很可能被敌手直接捕获;对于小型家用和医疗的智能设备,攻击者可以更加容易地对其进行信道分析。同时,智能医疗设备、穿戴设备和智能家居设备等会比传统的个人计算机收集到更多敏感隐私数据。

3）系统安全

感知层设备受资源所限,只能执行少量的专用计算任务,没有足够的资源用于实施细粒度的系统安全措施。此外,许多工控专用设备其程序与系统依赖于特定的硬件架构,传统的访问控制、沙箱、病毒查杀等系统防御技术无法在这些特定设备上实现。这些因素都导致目前感知层设备的软硬件系统十分薄弱。

4）通信安全

感知层设备在利用传输层的协议进行通信时,必然需要为传输层安全通信提供基础保障。主要包括通信密钥生成、设备身份认证及数据溯源等。同样,由于感知层设备资源有限,经典的加密、认证以及其他密码算法直接部署在传感器等小型嵌入式设备上会严重降低设备处理效率,大幅增加设备功耗。一般需要通过设计轻量级密码学算法或优化经典密码学算法来解决这一难题,这也带来了对感知层的传输过程进行深度加密的难度。

综上所述,感知层四个方面的安全要求是相互依赖的,任何一个方面出现漏洞都会引发不同程度的安全问题,因此,需要全面考虑感知层设备各个方面的安全要求以及相互之间的影响,才能设计出有效的安全防御策略。

2. 物联网传输层安全问题

传输层主要负责安全、高效地传递感知层收集到的信息。因此传输层主要依托各种网络设施,不仅包括小型传感器网络,也包括 Internet、移动通信网络和一些专用网络(如电力通信网、广播电视网)等。由于物联网中的通信终端呈指数增长,而现有的通信网络承载能力有限,当大量的网络终端节点接入现有网络时,将会给通信网络带来更多的安全威胁。

传感器网络是物联网的基础网络,传感器设备收集的数据首先都要通过传感器网络才能向上传递给其他网络。同时,传感器网络与传统计算机网络有着许多不同,因此传感器网络的安全问题也成为近些年物联网安全研究的热点之一。首先,由于传感器网络节点资源有限,特别是电池供电的传感器设备,很容易对其直接进行拒绝服务攻击(DoS),造成节点电量耗尽。其次,传感器节点分布广泛、数目众多,管理人员无法确保每个节点的物理安全,大量终端节点的接入肯定会带来网络拥塞,而网络拥塞会给攻击者带来可乘之机,也会对服务器产生拒绝服务攻击。敌手可直接捕获传感器节点进行更加深入的物理分析,从而获取节点通信密钥等。特别是一旦感知网关节点被敌手控制,会使整个传感器网络的安全性全部丢失。

此外,由于物联网中的设备传输的数据量巨大,一般通过对密码学算法与协议进行的轻量化处理来抵御对传感器网络的攻击,从而避免数据在传输的过程中遭到截取和破解;而且这些轻量级算法与协议大多缺乏对设备电量和网络带宽消耗的测试,适用性有待提高。虽然现阶段对传输层通信网络的攻击仍然以传统网络攻击(如重放攻击、中间人攻击、假冒攻击)等为主,但仅仅抵御这些传统网络攻击是不够的,随着物联网的发展,传输层中的网络通信协议会不断增多。例如,当数据从一个网络传递到另外一个网络时会涉及身份认证、密钥协商、数据机密性与完整性保护等诸多问题,因此面临的安全威胁将更加突出。

另外,在实际应用中,大量使用无线传输技术,大多数设备都处于无人值守的状态,使得信息安全得不到保障,很容易被窃取和恶意跟踪。而隐私信息的外泄和恶意跟踪给用户带来了极大的安全隐患。

3. 物联网应用层安全问题

应用层需要对收集的数据完成最终的处理并应用。而数据处理与应用的过程都需要对应的安全措施来实施保护。对于云端数据智能处理平台,通过数据统计分析来满足应用程序使用的同时需要防止用户隐私信息泄露。现阶段学术界主要采用同态加密来解决这一问题。对同态加密的数据进行处理得到一个输出,将这一输出进行解密,其结果可以保证与用同一方法处理未加密的原始数据得到的输出结果是一样的。但全同态加密算法效率还有待提高,而且部分同态加密算法可对加密数据进行的处理十分有限。

有研究人员提出:根据数据的用途不同以及数据的敏感程度不同,对原始数据可以采用不同的数据加密处理方法。例如,为了防止心率等医疗数据被篡改可采用 Hash 算法;为了统计用户的用电量而不泄露其具体信息可采用同态加密算法;对于无须计算的隐私数据可采用数据混淆的方法。同时,由于云服务器会保存大量的用户数据,云服务数据的存储、审计、恢复、共享都需要更多的安全措施来保护。此外,物联网设备数目的增多使得分布式拒绝服务(Distributed Denial of Service,DDoS)攻击的规模将会大幅提升,云端服务器还需要提高抵御 DDoS 攻击的能力。由于应用服务程序与用户联系最为紧密,所以其最重要的安全任务是在提供服务的同时保护用户隐私信息。此外,为了保护程序中的敏感操作和隐私数据,可以设计多种访问控制模型,以提高应用系统的安全性。

7.2 物联网的安全体系

针对物联网的上述安全问题,目前已经有许多针对性的技术手段和解决方案。但需要说明的是,物联网作为一个应用整体,各个层独立的安全措施简单相加不足以提供可靠的安全保障。而且,物联网与几个逻辑层所对应的基础设施之间还存在许多本质区别,有其自身特征。最基本的特征可以从下述两点看到。

(1) 已有的对传感网、互联网、移动网、安全多方计算、云计算等的一些安全解决方案在物联网环境中可以部分使用,但另外部分可能不再适用。首先,物联网所对应的传感网的数量和终端物体的规模是单个传感网所无法相比的;其次,物联网所连接的终端设备或器件的处理能力将有很大差异,它们之间可能需要相互作用;最后,物联网所处理的数据量将比现在的互联网和移动网都大得多。

(2) 即使分别保证了感知控制层、数据传输层和应用层的安全,也不能保证物联网的安全。这是因为物联网是融合几个层次于一体的大系统,许多安全问题来源于系统整合;物联网的数据共享对安全性提出了更高的要求;物联网的应用对安全提出了新要求,如隐私保护不是单一层次的安全需求,而是物联网应用系统不可或缺的安全需求。

鉴于以上原因,对物联网的发展需要重新规划并制定可持续发展的安全架构,使物联网在发展和应用过程中,其安全防护措施能够不断完善。

物联网应用场景逐渐增多,不同应用场景的需求目标不同,应用技术也不尽相同,故各应用场景对应的安全任务的侧重点并不相同。构建一个适合不同应用的物联网安全体系面临着巨大的挑战。

从网络安全的角度看,物联网是一个多网并存的、异构融合的网络,不仅存在传感器网络、移动通信网络和互联网同样的安全问题,而且也存在其特殊的安全问题,如 RFID 安全、条形码安全和位置隐私安全等。从物联网的信息处理过程来看,感知信息需要经过采集、汇聚、融合、传输、处理、决策与控制等过程,整个过程都离不开各种安全技术,这些安全技术大多是现有信息安全方法的灵活运用,以适应物联网的安全特征与要求。

国内外学者针对物联网的安全问题开展了相关研究,在物联网感知、传输和应用等各个环节均开展了相关工作,并由此形成了物联网安全体系,如图 7-1 所示。

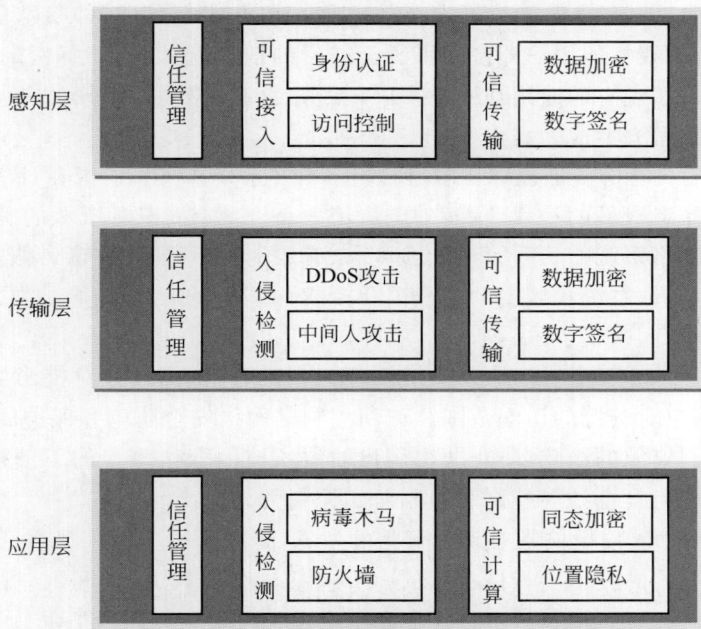

图 7-1 物联网安全体系

(1) 在感知层,感知设备有多种类型,为确保其安全性,目前主要是进行加密和认证工作,利用认证机制避免标签和节点被非法访问。感知层加密已经有了一定的技术手段,但是还需要提高安全等级,以应对更高的安全需求。

(2) 在传输层,主要研究节点到节点的机密性。利用节点与节点之间严格的认证,保证端到端的机密性,利用密钥有关的安全协议支持数据的安全传输。

(3) 在应用层,主要研究工作是数据库安全访问控制技术,但还需要研究一些其他的相关安全技术,如信息保护技术、信息取证技术、数据加密检索技术等。

此外,在物联网安全隐患中,用户隐私的泄露是危害用户的最大安全隐患之一。如果将物联网用户数据不加保密就传输到云计算中心,恶意用户或云计算中心的管理者可能通过分析用户数据从而探测用户的隐私,如用户位置、生活爱好、移动特征等信息,使得用户面临极大的隐私风险。所以在考虑对策时首先要对用户的隐私进行保护。目前,主要通过加密和授权认证等方法对用户数据进行处理,通过加密让只有拥有解密密钥的用户才能读取物联网传输和存储过程中的用户数据以及用户的个人信息,这样能够有效保证传输和存储过程中的数据不被人监听。但是,加密后数据的使用变得极为不方便,因此需要研究支持密文检索和运算的加密算法,确保数据在加密情况下还能进行正确的检索和计算。

物联网安全体系的核心是网络安全。网络安全从其本质上来讲就是网络上的信息安全。凡是涉及网络上信息的保密性、完整性、可用性、真实性和可控性的相关技术和理论,都是网络安全所要研究的领域。严格地说,网络安全是指网络系统的硬件、软件及其系统中的数据受到保护,不受偶然的或者恶意的原因而遭到破坏、更改、泄露,确保系统连续、可靠、正常地运行,网络服务不中断。

网络安全的根本目的就是防止网络传输过程中的信息被篡改、监听和非法使用。网络安全主要包含四个方面。

(1) 数据加密。加密是保障数据安全的一种主要方式,它以某种特殊的算法改变原有的信息数据,使得未授权的用户即使获得了已加密的信息,但因不知解密的方法,仍然无法了解信息的内容。在现有的通用加密技术中,加密后的数据需要解密才能使用。如何构建支持密文计算的加密方案成为难点。

(2) 身份认证。身份认证也称为"身份验证"或"身份鉴别",是指在计算机及计算机网络系统中确认操作者身份的过程,从而确定该用户是否具有对某种资源的访问和使用权限,进而使计算机和网络系统的访问策略能够可靠、有效地执行,防止攻击者假冒合法用户获得资源的访问权限,保证系统和数据的安全以及授权访问者的合法利益。常用的身份认证方法包括用户名＋口令、指纹、证书等。

(3) 访问控制。访问控制就是在身份认证的基础上,依据授权对提出的资源访问请求加以控制,约束用户对资源的访问范围。访问控制是网络安全防范和保护的主要策略,它可以限制用户对关键资源的访问,防止非法用户的侵入或因合法用户的不慎操作所造成的破坏。访问控制可分为自主访问控制和强制访问控制两大类。

(4) 入侵检测。入侵检测是对入侵行为的发觉,是一种试图通过观察行为、安全日志或审计数据来检测入侵的技术。入侵检测的内容包括试图闯入、成功闯入、冒充其他用户、违反安全策略、合法用户的泄露、独占资源以及恶意使用。进行入侵检测的软件与硬件的组合便是入侵检测系统(Intrusion Detection System,IDS)。病毒查杀、木马检测、防火墙是典型的入侵检测系统,它们能够及时发现系统中的安全隐患,防患于未然。

物联网安全体系除了面临前述的通用网络安全问题外,还存在以下一些特殊的安全问题。

(1) 物联网标签扫描引起的信息泄露问题。由于物联网的运行靠的是标签扫描,而物联网技术设备的标签中包含着有关身份验证的相关信息和密钥等非常重要的信息,在扫描过程中能够自动回应阅读器,但是查询的结果不会告知所有者。这样物联网标签扫描时可以向附近的阅读器发布信息,并且射频信号不受建筑物和金属物体阻碍,一些与物品连在一起的标签内的私密信息就可能泄露。在标签扫描中个人隐私的泄露可能会对个人造成伤害,严重的甚至会危害国家和社会的稳定。

(2) 物联网射频标签受到恶意攻击的问题。物联网能够得到广泛的应用在于其大部分应用不用依靠人工来完成,这样既会节省人力还能提高效率。但是,这种无人化的操作给恶意攻击者以机会,攻击者很可能对射频标签进行篡改、伪造,甚至能够在实验室里获取射频信号,这些都威胁到物联网的安全。

(3) 物联网标签用户可能被跟踪定位的问题。射频识别标签会对符合工作频率的信号予以回应,但是不能区分非法与合法的信号,这样恶意的攻击者就可能利用非法的射频信号干扰正常的射频信号,还可能对标签所有者进行定位跟踪。这样可能对被跟踪和定位的相关人员带来生命财产安全问题,甚至可能造成国家机密的泄露,使国家陷入危机。

(4) 基于二维码的恶意诱导带来的攻击问题。由于二维码的数据内容与制作来源难以监管。编/译码过程完全开放,识读软件质量参差不齐,在缺乏统一管理规范的前提下,造成二维码存在信息泄露和信息涂改等安全威胁。针对二维码的攻击方式也呈现出多样性,主要包括如下四类。

➢ 诱导登录恶意网站:攻击者只需将伪造、诈骗或钓鱼等恶意网站的网址链接制作成二维码图形,诱导用户扫码登录其网站,获取用户输入的个人敏感信息、金融账号等。

➢ 木马植入:攻击者将自动下载恶意软件的命令编入二维码,当用户在缺少防护措施的情况下扫描该类二维码时,用户系统被悄悄植入了木马、蠕虫或隐匿软件,使得攻击者在后台可以肆意破坏用户文件,偷窃用户信息,甚至远程控制用户,群发吸收用户费用的反馈短信等。

➢ 信息劫持:很多商家提供扫码支付等在线支付手段,网络支付平台可根据用户订单生成二维码,方便用户扫描支付。若攻击者劫持了商家与用户之间的通信信息,并恶意修改订单,这将对用户和商家造成直接经济损失。

➢ Web 攻击:随着手机浏览器功能日趋成熟,用户能够通过手机输入网站域名或提交 Web 表单。攻击者利用 Web 页面的漏洞,将非法 SQL 语句编入二维码,当用户使用手机扫描二维码登录 Web 页面时,恶意 SQL 语句被自动执行(SQL 注入)。若数据库防范机制脆弱,则会造成数据库被入侵,导致更严重的危害。

为了解决物联网感知过程标签面临的安全问题和感知节点在数据采集、传输、存储和处理等过程的安全问题,物联网安全体系还需要考虑如下技术。

(1) 感知操作安全机制。感知操作安全机制指感知节点设备和感知对象在进行感知操作过程中的安全机制。根据感知操作读取和控制的不同,感知操作安全机制分为单向读取(如条码扫描器扫描标签、摄像机获取图像等)、双向读取(如手机与计算机同步、车载计算机同步等)、单向控制(如红外线、电磁波遥控等)和双向控制(如智能门禁系统等)四类。

(2) 感知节点通信安全机制。根据保密性要求,重点关注感知节点的身份认证、感知数据的加密机制问题;根据完整性要求,重点关注感知节点数据的备份技术和传输过程的抗干扰技术。

(3) 感知节点设备安全机制。与传统设备保护类似,包括身份鉴别、访问控制、安全审计及节点自身备份与恢复等安全功能。

(4) 感知节点安全监管机制。主要通过系统管理、策略管理和审计管理等方法对物联网感知节点提供安全保障。

(5) 感知节点数据存储安全机制。主要从保密性、完整性提供安全保障。对感知节点设备的信息、密钥、安全参数和重要数据等关键信息进行保护,可依据数据重要程度、节点计算能力、存储能力进行不同强度的加密保护;在感知节点设备计算能力、存储容量的可用范围内,采用数字签名算法或散列算法确保数据的完整性。

(6) 感知节点数据备份机制。根据数据的敏感性及其对系统中断后产生的影响,设置等级不同的数据备份与恢复机制,该机制明确了数据备份与恢复的方式、数据存放的物理位置、命名规则、存储介质更换频率和数据传输方式。

(7) 感知节点数据处理安全机制。主要从保密性、完整性提供安全保障,旨在保护数据不被泄露和窃取。

(8) RFID 安全机制。包括物理安全机制和逻辑安全机制。其中,物理安全机制包括 Kill 命令、电磁屏蔽、主动干扰、阻塞标签、可分离标签等;逻辑安全机制包括散列锁定、临时 ID、重加密等。

(9) 二维码安全机制。针对二维码编译码流程中存在的安全漏洞及目前存在的几类典型的攻击方式,可以考虑在编码环节引入双重加密策略,在译码环节进行解密,并使用认证手段进行安全管理。既采用信息加密技术保证二维码信息的安全保密性,同时采用认证管理手段保证用户获得信息的正确性。也可以采用信息隐藏技术生成安全二维码,或从编码环节和解析环节引入安全机制实施协同防护。

7.3　物联网的感知层安全

感知层通过 RFID 装置、各类传感器(如温度、湿度、红外、超声、速度传感器等)、图像捕捉装置(摄像头)、全球定位系统(GPS)、激光扫描仪等实现物理信息的采集、捕获和识别功能。不同的感知设备收集的信息通常具有明确的应用目的,如公路摄像头捕捉的图像信息直接用于交通监控;使用导航仪可以轻松了解当前位置及目的地的路线;使用摄像头可以和朋友聊天,在网络上面对面交流;使用条形码技术,可以快速、便捷地进行商品结算;使用 RFID 技术的汽车无钥匙系统,可以让车主自由开关门与驾驶,还可以在近百米的距离了解汽车的当前状态等。但是,各种方便的感知设备给人们生活带来便利的同时,也存在各种安全和隐私问题。例如,通过摄像头的视频对话或监控也会被具有恶意的人控制利用,从而监控个人的生活,泄露个人的隐私。特别是近年来,黑客利用个人计算机连接的摄像头泄露用户的隐私事件层出不穷。本节重点阐述感知层的 RFID 安全威胁与机制、物联网摄像头的安全机制、二维码的安全技术机制以及感知层的可信接入机制。

7.3.1　RFID 的安全威胁

RFID 是一种简单的无线系统,该系统用于控制、监测和跟踪物体,由一个询问器(即 RFID 阅读器)和很多应答器(即 RFID 标签)组成。

一方面,RFID 标签在设计和应用时大多采用"系统开放"的设计思想和低成本策略。低成本电子标签资源的有限性导致 RFID 系统安全机制的实现受到一定的约束和限制,使得它面临着严峻的信息安全和隐私保护的困扰。例如,2008 年 8 月,美国麻省理工学院的三名学生宣布成功破解了波士顿地铁资费卡。更严重的是,当时世界各地的公共交通系统大多采用了同样的智能卡技术,因此,使用这一破解方法几乎可以"免费搭车,周游世界"。

另一方面,RFID 是一种非接触式自动识别技术,它通过射频信号自动识别目标对象并获取相关数据。RFID 的识别工作无须人工干预,导致 RFID 在数据获取、传输、处理和存储各个环节以及标签、读写器、天线和计算机各个设备中都面临严重的安全威胁。不断爆出的 RFID 被破解事件说明,黑客可以从 RFID 标签中获取用户的隐私,甚至伪造 RFID 标签。

根据攻击者采用的攻击方式和带来的后果,可以将 RFID 安全威胁概括如下。

1．非法跟踪

攻击者通过大功率 RFID 读卡器非接触地读取目标受害者身上的 RFID 标签,并通过对获取的信息进行分析,可以掌握目标受害者的地理位置信息,并以此为基础,实施跟踪,从而侵犯用户位置隐私权,给非法侵害行为或活动提供便利的目标及条件。

2．中间人攻击

被动的 RFID 标签在收到来自标签读取设备的查询信息指令后会主动发起响应过程,发送能够证明自身身份的信息数据,因此攻击者可以使用那些已经受到自己控制的标签读取设备来接收并读取标签发出的信息。具体来说,攻击者首先伪装成一个标签读取设备来靠近标签,在标签携带者毫不知情的情况下进行信息的获取,然后攻击者将从标签中所获得的信息直接或者经过一定的处理之后再发送给合法的标签读取设备,从而达到攻击者的各种目的。在攻击的过程中,标签与标签读取设备都会以为攻击者是正常的通信流程中的另一方。

3．重放攻击

重放攻击是指主动攻击者将窃听到的用户的某次消费过程或身份验证记录重放或将窃听到的有效信息经过一段时间以后再次传给信息的接收者,以骗取系统的信任,达到其攻击的目的。重放攻击复制两个当事人之间的一串信息流,并且重放给一个或多个当事人。

4．物理破解

由于 RFID 系统通常包含了大量的系统内的合法标签,但是攻击者却可以很容易地获取系统内标签。廉价的标签通常是没有赋予防破解机制的,因此容易被攻击者破解,获取其中的安全机制和所有的隐私信息。一般在物理层面被破解之后,标签将被破坏,并且将不再能够继续使用。保证标签不受损的物理破解技术门槛较高,一般不容易实现。但一旦攻击者破解特定的 RFID 系统的部分标签后,就可以获得这类标签内部的所有信息,进而可以推测出同类标签中的隐私信息,甚至能够破译出该类标签之前所发送的加密信息之中的秘密内容,或者通过已经获得的部分标签的秘密信息来推断其他未被破解的标签的秘密信息,进而发起更广泛的攻击。

5．伪造或克隆 RFID 标签

包含轻量级安全措施的电子标签十分脆弱,通过一些简单的破解技术,攻击者可能随意改变甚至破坏 RFID 标签上的有用信息。因为每一个 RFID 标签都有一个唯一的标识符,要伪造标签就必须修改标签的标识。标识通常是被加锁保护的,但 RFID 制造技术可能会被犯罪分子掌握,在某些场合下,标签就可能会被复制或克隆。伪造标签虽然比较困难,但通过技术手段还是可能的,正如信用卡被骗子拿去复制并允许卡在同一时刻、多个地方使用的问题类似。伪造或克隆的 RFID 标签会严重影响 RFID 在零售业和自动付费等领域的应用。

6. 扰乱 RFID 标签信息读取

扰乱 RFID 标签信息读取的方式多种多样。例如,可以通过篡改标签和实施重放攻击扰乱 RFID 读取正确信息;通过使用法拉第网罩(Faraday Cage)等物理屏蔽手段阻止 RFID 读取标签信息;通过使用大功率发射机使标签感应出足够大的电流而烧断天线的方式破坏 RFID 标签;通过 DoS 攻击等技术手段破坏系统的正常通信,扰乱 RFID 系统的正常运行。

7. 拒绝服务攻击

拒绝服务攻击又称淹没攻击。当数据量超过其处理能力而导致信息被淹没时,则会发生拒绝服务攻击。这种攻击方法在 RFID 领域的变种是射频阻塞,当射频信号被噪声信号淹没后就会发生射频阻塞。拒绝服务攻击主要是通过发送不完整的交互请求来消耗系统资源。例如当系统中多个标签发生通信冲突,或者一个特别设计的用于消耗 RFID 标签读取设备资源的标签发送数据时,拒绝服务攻击就发生了。

8. 屏蔽攻击

屏蔽是指用机械的方法来阻止 RFID 标签阅读器对标签的读取。例如使用法拉第网罩阻挡某一频率的无线电信号,使阅读器不能正常读取标签。攻击者还有可能通过电子干扰手段来破坏 RFID 标签读取设备对 RFID 标签的正常访问。

9. 略读

略读是在标签所有者不知情或没有得到所有者同意的情况下读取存储在 RFID 标签上的数据。它可以通过一个特别设计的 RFID 阅读器与 RFID 标签进行交互而得到标签中存储的数据。这种攻击之所以会发生,是因为大多数标签在不需要认证的情况下也会广播存储的数据内容。

总之,攻击者实施上述攻击的目的不外乎两个:盗取 RFID 标签数据或 RFID 信息篡改。

(1) 盗取 RFID 标签数据:当 RFID 用于个人身份标识时,攻击者可以从标签中读出唯一的电子编码,从而获得使用者的相关个人信息;当 RFID 用于物品标识时,攻击者可以通过阅读器确定哪些目标更值得他们关注。由于 RFID 标签与标签读取设备之间是通过无线广播的方式来进行数据传输的,攻击者通过无线监听将有可能获得双方传输的信息内容。如果这些信息内容未受到保护,攻击者就将能够得到标签与标签读取设备之间传输的信息及其具体的含义内容,进而可以使用这些信息用于身份欺骗或者偷窃。价格低廉的超高频 RFID 标签一般通信的有效距离比较短,直接的窃听不容易实现,但是攻击者可以通过中间人来发起攻击,最终获得相关信息。

(2) RFID 信息篡改:信息篡改是指攻击者将窃听到的信息进行修改之后,在接收者毫不知情的情况下再将信息传给原本的接收者的攻击方式。信息篡改是一种未经授权而修改或者擦除 RFID 标签上的数据方法。攻击者通过信息篡改可以让物品所附着的标签传达他们想要的信息。这种攻击的目的主要是：①攻击者恶意破坏合法用户的通信内容,阻止合法用户建立通信链接;②攻击者将修改后的信息传给接收者,企图欺骗接收者相信该信息是由一个合法用户发送、传递的。

7.3.2　RFID 的安全机制

随着物联网技术的发展及其应用的推广,RFID 已经成为极具应用前景的技术之一。然而随着 RFID 应用的普及,其隐私安全问题也日渐突出。例如,由于用户因携带有不安全的 RFID 标签导致个人或组织的秘密或敏感信息泄露;由于用户佩戴有 RFID 标签的服饰(如手表)或随身携带有 RFID 标签的药物,攻击者可以用 RFID 阅读器获得标签中的信息,从而不仅获得了用户个人财产的信息,而且还可以据此推断出用户的个人喜好与疾病等私密信息。

根据 RFID 的隐私信息来源,可以将 RFID 隐私安全威胁分为三类。

➤ 身份隐私威胁:即攻击者能够推导出参与通信的节点的身份。

➤ 位置隐私威胁:即攻击者能够知道一个通信实体的物理位置或粗略地估计出到该实体的相对距离,进而推断出该通信实体的位置隐私信息。

➤ 内容隐私威胁:即由于消息和位置已知,攻击者能够确定通信交换信息的意义。

通过对 RFID 隐私安全威胁分析可知,RFID 隐私威胁的根源是 RFID 标签的唯一性和标签数据的易获得性。因此,为了保证 RFID 标签的隐私安全,需要从如下几方面入手。

(1) 保证 RFID 标签 ID 的匿名性。标签匿名性(anonymity)是指标签响应的消息不会暴露出标签身份的任何可用信息。加密是保护标签响应的方法之一。然而尽管标签的数据经过了加密,但如果加密的数据在每轮协议中都固定,攻击者仍然能够通过唯一的标签标识分析出标签的身份,这是因为攻击者可以通过固定的加密数据来确定每一个标签。因此,使标签信息隐蔽是确保标签 ID 匿名的重要方法。

(2) 保证 RFID 标签 ID 的随机性。正如前面的分析,即便对标签 ID 信息加密,因为标签 ID 是固定的,所以未授权的扫描也将侵害标签持有者的定位隐私。如果标签的 ID 为变量,标签每次输出都不同,攻击者不可能通过固定输出获得同一标签信息,从而可以在一定范围内解决 ID 追踪和信息推断的隐私威胁问题。

(3) 保证 RFID 标签前向安全性。所谓 RFID 标签的前向安全,是指隐私攻击者即便获得了标签存储的加密信息,也不能回溯当前信息而获得标签历史事件数据。也就是说,隐私攻击者不能通过联系当前数据和历史数据对标签进行分析以获得标签合法拥有者的隐私信息。

(4) 增强 RFID 标签的访问控制性。RFID 标签的访问控制,是指标签可以根据需要确定读取 RFID 标签数据的权限。通过访问控制,可以避免未授权 RFID 读写器的扫描,并保证只有经过授权的 RFID 读写器才能获得 RFID 标签及相关隐私数据。访问控制对于实现 RFID 标签隐私保护具有重要的作用。

为了实现上述目标,保证 RFID 的隐私安全,防止隐私攻击,可以采用如下几大类 RFID 隐私保护方法:改变关联性方法、改变唯一性方法、隐藏信息方法、无线隔离方法和同步方法。

1. 改变关联性方法

所谓改变关联性，就是改变 RFID 标签与具体目标的关联，取消 RFID 标签与其所依附物品之间的联系。例如，购买粘贴有 RFID 标签的钱包后，该 RFID 标签与钱包之间就建立了某种联系。而改变它们之间的关联，就是采用技术和非技术手段，取消它们之间已经建立的关联（如将 RFID 标签丢弃）。改变 RFID 标签与具体目标的关联性的基本方法包括丢弃、销毁和睡眠。

（1）丢弃（discarding）：丢弃是指将 RFID 标签从物品上取下来后遗弃。例如，购买基于 RFID 标签的衣服后，将附带的 RFID 标签丢弃。丢弃不涉及技术手段，因此简单、易行，但是丢弃的方法存在很多问题。首先，采用 RFID 技术的目的不仅仅是销售，它还包含售后、维修等环节，因此，如果简单地丢弃 RFID 标签后，在退货、换货、维修、售后服务等方面都可能面临很多问题；其次，丢弃后的 RFID 标签会面临垃圾收集攻击威胁，因此并不能解决隐私问题；最后，如果处理不当，RFID 标签的丢弃也会带来环保等问题。

（2）销毁（killing）：销毁是指让 RFID 标签进入永久失效状态。销毁可以是毁坏 RFID 标签的电路，也可以是销毁 RFID 标签的数据。例如，如果破坏了 RFID 标签的电路，则不仅该标签无法向 RFID 阅读器返回数据，且对其进行物理分析可能也无法获得相关数据。销毁数据需要借助技术手段，对普通用户而言可能存在一定的困难，一般需要借助于特定的设备来实现，因此实现难度较大。与丢弃相比，由于标签已经无法继续使用，因此不存在垃圾收集攻击等威胁。但在标签被销毁后，也会面临售后服务等问题。

Kill 命令机制就是一种从物理上毁坏标签的方法。RFID 标准设计模式中包含 Kill 命令，执行 Kill 命令后，标签所有的功能都将丧失，从而使得标签不会响应攻击者的扫描行为，进而防止对标签以及标签的携带者的跟踪。例如，在超市购买完商品后，即在阅读器获取完标签的信息并经过后台数据库的认证操作之后，就可以"杀死"消费者所购买的商品上的标签，起到保护消费者的隐私的作用。"杀死"标签可以完全防止攻击者的扫描和跟踪，但是这种方法破坏了 RFID 标签的功能，无法让消费者继续享受到以 RFID 标签为基础的物联网的服务。比如，如果商品被售出后，标签上的信息无法再次使用，则售后服务以及与此商品相关的其他服务项目也就无法进行了。另外，如果 Kill 命令的识别序列号（PIN）泄露，则攻击者就可以使用这个 PIN 来"杀死"超市中的商品上的 RFID 标签，然后就可以将对应的商品带走而不会被觉察到。

（3）睡眠（sleeping）：睡眠是通过技术或非技术手段让标签进入暂时失效状态，当需要的时候可以重新激活标签。这种方法具有显著的优点：由于可以重新激活，因此避免了需要借助于 RFID 标签的售后服务等问题，而且也不会存在垃圾收集攻击和环保等问题。但与销毁一样，需要借助专业人员才能实现。

2. 改变唯一性方法

改变 RFID 标签输出信息的唯一性是指 RFID 标签在每次响应 RFID 读写器的请求时，返回不同的 RFID 序列号。无论是跟踪攻击还是重放攻击，很大程度上是由于 RFID 标签每次返回的序列号都相同所致。因此，解决 RFID 隐私安全问题的另外一个方法是改变序列号的唯一性。改变 RFID 标签数据需要技术手段支持。根据所采用技术的不同，主要方法包括基于标签重命名的方法和基于密码学的方法。

（1）基于标签重命名的方法是指改变 RFID 标签响应读写器请求的方式，每次返回一个不同的序列号。例如，在购买商品后，可以去掉商品标签的序列号而保留其他信息（例如产品类别码），也可以为标签重新写入一个序列号。由于序列号发生了改变，因此攻击者无法通过简单的攻击来破坏隐私性。但是，与销毁等隐私保护方法相似，序列号改变后带来的售后服务等问题需要借助其他技术手段来解决。

例如，下面的方案可以让顾客暂时更改标签 ID：当标签处于公共状态时，存储在芯片 ROM 里的 ID 可以被阅读器读取；当顾客想要隐藏 ID 信息时，可以在芯片的 RAM 中输入一个临时 ID；当 RAM 中存储有临时 ID 时，标签会利用这个临时 ID 回复阅读器的询问；只有把 RAM 重置，标签才显示其真实 ID。但这个方法给顾客使用 RFID 带来了额外的负担，同时临时 ID 的更改也存在潜在的安全问题。

（2）基于密码学的方法是指通过加解密等方法，确保 RFID 标签序列号不被非法读取。例如，采用对称加密算法和非对称加密算法对 RFID 标签数据以及 RFID 标签和阅读器之间的通信进行加密。使得一般攻击者由于不知道密钥而难以获得数据。同样，在 RFID 标签和读写器之间进行认证，也可以避免非法读写器获得 RFID 标签数据。

3. 隐藏信息方法

隐藏 RFID 标签是指通过某种保护手段，避免 RFID 标签数据被读写器获得，或者阻挠读写器获取标签数据。隐藏 RFID 标签的基本方法包括基于代理的方法、基于距离测量的方法、基于阻塞的方法等。

（1）基于代理的 RFID 标签隐藏技术。在基于代理的 RFID 标签隐藏技术中，被保护的 RFID 标签与读写器之间的数据交互不是直接进行的，而是借助一个第三方代理设备（如 RFID 读写器）。因此，当非法读写器试图获得标签的数据时，实际的响应是由这个第三方代理设备所发送。由于代理设备的功能比一般的标签强大，可以实现加密、认证等很多在标签上无法实现的功能，从而增强隐私保护。基于代理的方法可以对 RFID 标签的隐私起到很好的保护作用，但是由于需要额外的设备，因此成本高，实现起来较为复杂。

（2）基于距离测量的 RFID 标签隐藏技术。基于距离测量的 RFID 标签隐藏技术是 RFID 标签测量自己与读写器之间的距离。依据距离的不同而返回不同的标签数据。一般来说，为了隐藏自己的攻击意图，攻击者与被攻击者之间需要保持一定的距离，而合法用户（如用户自己）获得 RFID 标签数据可以近距离进行。因此，如果标签可以知道自己与读写器之间的距离，则可以认为距离较远的读写器有攻击意图的可能性较大，因此可以返回一些无关紧要的数据；而当收到近距离的读写器的请求时，则返回正常数据。通过这种方法可以达到隐藏 RFID 标签的目的。基于距离测量的标签隐藏技术对 RFID 标签有很高的要求，而且要实现距离的精确测量也非常困难。此外，如何选择合适的距离作为评判合法或非法读写器的标准，也是一个非常复杂的问题。

（3）基于阻塞的 RFID 标签隐藏技术。基于阻塞的 RFID 标签隐藏技术就是通过某种技术，妨碍 RFID 读写器对标签数据的访问。阻塞的方法可以通过软件实现，也可以通过一个 RFID 设备来实现。此外，通过发送主动干扰信号，也可以阻碍读写器获得 RFID 标签数据。与基于代理的标签隐藏方法相似，基于阻塞的标签隐藏方法成本高、实现复杂，而且如何识别合法读写器和非法读写器也是一个难题。

4. 无线隔离方法

通过无线技术手段进行 RFID 隐私保护是一种物理手段,可以阻挠 RFID 读写器获取标签数据,避免 RFID 标签数据被非法读写器获得。无线隔离 RFID 标签的方法包括电磁屏蔽方法、无线电主动干扰方法、天线可分离的 RFID 标签方法等。

(1)电磁屏蔽方法。利用电磁屏蔽原理,把 RFID 标签置于由金属薄片制成的容器中,无线电信号将被屏蔽,从而使阅读器无法读取标签信息,标签也无法向阅读器发送信息。最常使用的就是法拉第网罩。法拉第网罩可以有效屏蔽电磁波,这样无论是外部信号还是内部信号,都将无法穿越法拉第网罩。这种方法的缺点是在使用标签时又需要把标签从相应的法拉第网罩构造中取出,这样就失去了使用 RFID 标签的便利性。另外,如果要提供广泛的物联网服务,不能总是让标签置于屏蔽状态中,而需要在更多的时间内使得标签能够与阅读器处于自由通信的状态。

(2)无线电主动干扰方法。指能主动发出无线电干扰信号的设备可以使附近 RFID 系统的阅读器无法正常工作,从而达到保护隐私的目的。这种方法的缺点在于其可能会产生非法干扰,从而使得在其附近的其他 RFID 系统甚至其他无线系统也不能正常工作。

(3)天线可分离的 RFID 标签方法。利用 RFID 标签物理结构上的特点,IBM 推出了可分离的 RFID 标签。其基本设计理念是使无源标签上的天线和芯片可以方便地被拆分。这种可分离的设计可以使消费者改变电子标签的天线长度从而大大缩减标签的读取距离,如果用手持的阅读设备则必须要紧贴标签才可以读取到信息。这样一来,没有顾客本人的许可,阅读器设备不可能通过远程方式隐蔽地获取信息。缩短天线后标签本身还是可以运行的,这样就方便了货物的售后服务和产品退货时的识别。但是可分离标签的制作成本还比较高,标签制造的可行性也有待进一步研究。

以上的这些安全机制是通过牺牲 RFID 标签的部分功能为代价来换得隐私保护的要求。这些方法可以在一定程度上起到保护低成本的 RFID 标签的目的,但是由于验证、成本和法律等的约束,物理安全机制还是存在着各种各样的缺点。

5. 同步方法

阅读器可以将标签的所有可能的回复(表示为一系列的状态)预先计算出来,并存储到后台的数据库中,在收到标签的回复时,阅读器只要直接从后台数据库中进行查找和匹配,即可达到快速认证标签的目的。在使用这种方法时,阅读器需要知道标签的所有可能的状态,即和标签保持状态的同步,以此来保证标签的回复可以根据其状态预先进行计算和存储,因此被称为同步方法。同步方法的缺点是攻击者可以攻击一个标签任意多次,使得标签和阅读器失去彼此的同步状态,从而破坏同步方法的基本条件。具体来说,攻击者可以变相"杀死"某个标签或者让这个标签的行为与没有受到攻击的标签不同,从而识别这个标签并实施跟踪。同步方法的另一个问题是标签的回复是可以预先计算并存储后以备匹配的,同回放的方法是相同的,攻击者可以记录标签的一些回复信息数据并回放给第三方,以达到欺骗第三方阅读器的目的。

7.3.3　物联网摄像头的安全机制

物联网摄像头为方便管理员远程监控,一般会通过公网 IP(或端口映射)接入互联网。因此许多暴露在互联网上的摄像头也成了黑客眼中的目标。2016 年 10 月发生在美国的大面积断网事件,导致美国东海岸地区大面积网络瘫痪,其原因为美国域名解析服务提供商 Dyn 公司当天受到强力的 DDoS 攻击所致。Dyn 公司称此次 DDoS 攻击行为来自一千万个 IP 源,其中重要的攻击来源于物联网设备。这些设备遭受一种称为 Mirai 病毒的入侵攻击,大量的被攻击设备形成了引发 DDoS 攻击的僵尸网络。其中,遭受 Mirai 病毒入侵的物联网设备包括大量网络摄像头,Mirai 病毒攻击这些物联网设备的主要手段是通过出厂时的登录用户名和并不复杂的口令猜测。

1. 物联网摄像头风险分析

据统计分析,这些受控物联网摄像头存在的漏洞类型主要包括弱口令类漏洞、越权访问类漏洞、远程代码执行类漏洞以及专用协议远程控制类漏洞。

弱口令类漏洞比较普遍,目前在互联网上还可以查找到大量的使用初始弱口令的物联网监控设备,如大量运用在工厂、商场、企业、写字楼等地方的摄像头。弱口令就是容易被别人猜测到或被破解工具破解的口令或仅包含简单数字和字母的口令,例如"123""abc"等。常见的默认弱口令账户包括 admin/12345、admin/admin 等。

越权访问类漏洞是指攻击者能够执行其本身没有权限的一些操作,属于"访问控制"的问题。通常情况下,使用应用程序提供的功能的流程是:登录→提交请求→验证权限→数据库查询→返回结果。如果在"验证权限"环节存在缺陷,那么便会导致越权。一种常见的存在越权的情形是:应用程序的开发者安全意识不足,认为通过登录即可验证用户的身份,而对用户登录之后的操作不做进一步的权限验证,进而导致越权问题。这类漏洞属于影响范围比较广的安全风险,包括配置文件、内存信息、在线视频流信息等。通过此漏洞,攻击者可以在非管理员权限的情况下访问摄像头产品的用户数据库,提取出用户名及哈希密码。攻击者可以利用用户名与哈希密码直接登录该摄像头从而获得该摄像头的相关权限。

远程代码执行类漏洞是由于开发人员编写的源码,没有针对代码中可执行的特殊函数入口做过滤,导致客户端可以提交恶意构造语句并交由服务器端执行。Web 服务器没有过滤类似 system()、eval()、exec()等函数是该漏洞攻击成功的最主要原因。存在远程代码执行漏洞的网络摄像头的 HTTP 头部 Server 均带有"Cross Web Server"特征,黑客利用该类漏洞,可获取设备的 shell 权限。

专用协议远程控制漏洞是指应用程序开放 telnet、ssh、rlogin 以及视频控制协议等服务,本意是给用户一个远程访问的登录入口,方便在不同办公地点随时登录应用系统。但由于没有针对源代码中可执行的特殊函数入口做过滤,导致客户端可以提交恶意构造语句到服务器端执行,从而使得攻击者的攻击可以得逞。

2. 物联网摄像头安全措施

黑客攻击都是为了一定的目的,或者是经济目的,或者是政治目的。对于物联网摄像头,只要让黑客攻击所获利益不足以弥补其攻击所付的代价,这种防护就是成功的。当然,要正确评估攻击代价与攻击利益也是困难的,只能根据物联网摄像头的实际情况,包括本身的资源、重要性等因素进行安全防护。因此,对物联网摄像头的安全保护,不能简单地使用"亡羊补牢"的措施,但同时也不必对安全防护失去信心。

物联网摄像头的安全防护,必须联合各方采取多种安全措施。

(1)加强提高视频监控系统使用者安全意识。使用者及时更改默认用户名,设置复杂口令,采取强身份认证和加密措施,及时升级补丁,定期进行配置检测、基线检测。

(2)加强视频监控系统生产过程管控。做好安全关口把控,将安全元素融入系统生产中,降低代码出错率,杜绝后门程序。

(3)建设健全的视频监控系统生产标准和安全标准,为明确安全责任和建立监管机制提供基础。

(4)建立监管机制。一方面,对视频监控系统进行出厂安全检测;另一方面,对已建设系统进行定期抽查,督促整改。

(5)加大视频监控系统安全防护设施的产业化力度。在"产、学、研、用"的模式下推进视频监控系统安全防护设施的产业发展,不断提高整体防护能力。

7.3.4　二维码的安全机制

在国外,二维码的应用发展得比较早,早在20世纪80年代开始,日本和韩国快餐店和便利店的宣传单和优惠券上面就都使用二维码,后来又逐步发展到将二维码作为电影和表演的入场券,观众只需在特定设备上扫码即可进入,目前通过扫描加密二维码方式进行登记、付费等应用也已经成为普遍的方式。二维码进入我国的时间比较短,在2008年奥运会以后才开始慢慢应用,2010年开始普及,之后发展速度很快,电影票、登机牌、火车票等上面都有二维码。尤其是随着支付宝和微信支付的普及,通过扫码付款已经成为日常生活的一部分。二维码的保护一直是一个研究热点,目前二维码保护技术常见的有基于密码的安全二维码方法和基于信息隐藏的二维码保护算法。基于密码的安全二维码在兼容标准二维码的基础上扩充安全信息区,可实现私密数据隐藏,并且不改变二维码的外观等特征,也不影响标准编码内容的识读。通过在二维码中嵌入一些秘密信息,改变二维码的形态,从而使得攻击者无法获知其真实内容。但嵌入秘密信息的二维码可以被正常的读写器提取,通过密钥无损地恢复出正常的二维码。

基于信息隐藏的二维码保护算法将二维码图像分成若干小块,将每一个小块扫描成一维序列后嵌入1比特信息。二维码图像是一种二值图像,连续像素具有同种颜色的概率很高。因此,对每一行,不再直接对每一个位置的像素进行编码,而是对颜色变化的位置和从该位置开始的连续同种颜色的个数进行编码。如图7-2所示,像素的编码结果为:$<a_0,$
$3>,<a_1,5>,<a_2,5>,<a_3,2>,<a_4,1>$。其中$<a_1,5>$表示连续5个像素。我们将该像素序列编码成$<a_i,\mathrm{RL}(a_i)>$的形式,其中$a_i$为像素值,$\mathrm{RL}(a_i)$为连续$a_i$的个数,称为行程。通过行程的奇偶性来表示嵌入的0、1信息。同时为了能够在信息提取后完全恢复载体数据,通过1像素的奇偶校验来判断该像素块是否被修改过。

算法的具体步骤如下。

(1)将二维码边缘部分进行填充,使得二维码图像像素长宽都为3的倍数,把二维码分成互不重叠的3×3小块。

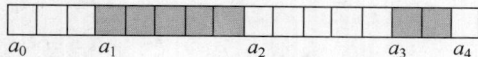

$$a_0 \qquad a_1 \qquad a_2 \qquad a_3 \quad a_4$$

图 7-2　像素的编码示例

（2）将每个 3×3 小块按照图 7-3 所示，从 b_1 到 b_9 的顺序扫描成一维序列，并将该序列进行行程编码，每个小块编码为 $<a_i, \mathrm{RL}(a_i)>$ 序列，其中 a_i 为 0 或者 1，$\mathrm{RL}(a_i)$ 为 0 或 1 的连续个数。

b_1	b_2	b_3
b_6	b_5	b_4
b_7	b_8	b_9

图 7-3　像素值扫描顺序图

（3）选出第一个行程最长的编码，将行程为奇数的标识嵌入 1，行程为偶数的标识嵌入 0。如行程奇偶性与嵌入信息不符，则将行程值加 1。

（4）根据该图像块是否被修改过，对 1 的像素进行奇偶校验。1 的像素为偶数表示该块未修改，奇数表示修改过，如需修改则改变 b_9 像素的值。

（5）重复上述过程，直到所有分块均被修改。

上述过程中，由于行程值为 9 的行程编码修改后将越界，故不作为嵌入块。同时最长行程包含 b_9 像素值的编码，由于其长度可能会发生变化，所以也不作为嵌入块。

7.3.5　感知层的可信接入机制

随着物联网的快速普及与发展，网络中接入的感知节点数量与资源日益增多，通过网络共享各种软、硬件资源，提供统一、开放的计算与信息服务环境，已成为一种趋势。在物联网内，各种资源与环境具有异构性、动态性、分布性和多管理域性等特征，在这样的环境下为用户提供可靠、安全的感知服务和信息共享服务，面临着更加严峻的安全技术挑战。

1. 信任管理

信任管理（Trust Management）技术是解决物联网接入安全问题的一个重要手段，是实现可信接入的重要基石，它对于实现高可信的物联网服务环境，支持物联网服务大众化、平民化和"即要即得"具有重要的理论意义和现实意义。

信任包括基于身份的信任（Identity Trust）和基于行为的信任（Behavior Trust）。基于身份的信任采用静态验证机制来决定是否给一个实体授权，常用的技术包括加密、数据隐藏、数字签名、授权以及访问控制策略等。基于行为的信任通过实体的行为历史记录和当前行为特征来动态判断实体的可信任度，根据可信任度大小给出访问权限。

在基于身份的信任管理技术领域，主要提供面向同一组织或管理域的授权认证，从身份可信的角度，通过对软件实体的授权和身份验证确保系统运行的安全性，是可信接入研究的基础问题之一。例如，PKI（公钥基础设施）和 PMI（授权管理基础设施）等技术依赖于全局命名体系和集中可信权威。

在基于行为的动态信任管理领域，在对信任关系进行建模与管理时，强调综合考察影响软件可信性的多种因素（特别是行为和环境上下文），针对可信性的多个属性进行有侧重点的建模。强调动态地收集相关的主观因素和客观证据的变化，以一种即时的方式实现对软件实体的可信性评估、管理和决策，并对物联网实体的可信性进行动态更新与演化。

从社会学的角度看，"信任"一词解释为"相信而敢于托付"。信任是一种有生命的感觉，也是一种高尚的情感，更是一种连接人与人之间关系的纽带。《出师表》里有这样的一句话："亲贤臣，远小人，此先汉所以兴隆也；亲小人，远贤臣，此后汉所以倾颓也。"诸葛亮从两种截然相反的结果中为我们提供了信任对象的品格。"信任"这一概念曾在诸如心理学、社会学、政治学、经济学、人类学、历史及社会生物学等多种不同类型的社会学文献中被提及，信任与可预测、可靠性、行为一致性、能力、义务、责任感、动机、可依赖性、专业技能、可信任性、行为预期等概念相关。由此可见，信任的确是一个相当复杂的社会"认知"现象，牵扯很多层面和维度，很难定量表示和预测。

在物联网环境中，一个主体经常请求和另一主体协同，前者称为请求者，后者称为授权者，授权者需要对请求者作出访问控制决定。这个访问控制决定是在授权者对请求者不熟识甚至陌生，缺乏关于它的行为的全部信息的情况下，依赖部分信息自主地做出的。因为在物联网环境中，有时没有中心化的管理权威可以依赖，不能获得某一主体的全部信息，或者根本就不认识主体，这样请求者有可能对授权者做出破坏性行为，因而产生了可信性、不确定性或风险问题。信任管理就是用来解决这类问题的一种技术，它提供了一个适合开放、分布和动态特性的应用系统的安全决策框架。

信任管理系统的核心内容是，用于描述安全策略和安全凭证的安全策略描述语言以及用于对请求、安全凭证集和安全策略进行一致性证明验证的信任管理引擎。

具体说来，信任管理系统的主要任务包括以下几方面。

（1）信任关系的初始化。主体和客体信任关系的建立，需要经历两个阶段：主体的服务发现阶段以及客体的信任度赋值和评估。当一个主体需要某种服务时，能够提供某种服务的服务者可能有多个，客体需要选择一个合适的服务提供者，这需要根据服务者的声誉等因素来选择。

（2）行为观测。监控实体间所有交互的影响，产生证据是动态信任管理的关键任务之一，信任评估和决策依据在很大程度上依赖于观察者。信任值的更新需要根据观测系统的观测结果进行动态更新。行为观测主要有两个任务：实体间交互上下文的观测与存储和触发信任值的动态更新。当一个观测系统检测到某个实体的行为超出了许可或者实体的行为是一种攻击性行为时，将会触发一个信任度的重新评估。

（3）信任评估。根据数学模型建立的运算规则，在时间和观测到的证据上下文的触发下动态地进行信任值的重新计算，这是信任管理的核心工作。实体 A 和实体 B 交互后，实体 A 需要更新信任信息结构表中对实体 B 的信任值。如果这个交互是基于推荐者的交互，主体 A 不仅要更新它对实体 B 的信任值，而且也要评估对它提供推荐的主体的信任值，这样，信任评估可以部分解决信任模型中存在的恶意推荐问题。

2．身份认证

身份认证是指用户身份的确认技术，它是物联网信息安全的第一道防线，也是最重要的一道防线。身份认证可以实现将物联网感知终端及用户终端安全接入物联网中，合理地使用各种资源。身份认证要求参与安全通信的双方在进行安全通信前，必须通过信任管理技术互相鉴别对方的身份。在物联网应用系统，身份认证技术需要密切结合物联网信息传送的业务流程，阻止对重要资源的非法访问。

认证（authentication）是证实一个实体声称的身份是否真实的过程。认证又称为鉴别。

身份认证分为单向认证和双向认证。如果通信的双方只需要一方被另一方鉴别身份,这样的认证过程就是一种单向认证。在双向认证过程中,通信双方需要互相认证对方的身份。

下面介绍感知层系统中常用的几种身份认证方式。

1）用户名/密码方式

用户名/密码是最简单也是最常用的身份认证方式,是基于"What you know"的验证手段。每个用户的密码是由用户自己设定的,只有用户自己才知道。只要能够正确输入密码,计算机就认为操作者是合法用户。实际上,由于许多用户为了防止忘记密码,经常采用诸如生日、电话号码等容易记住的字符串作为密码,或者把密码抄在纸上放在一个自认为安全的地方,这样很容易造成密码泄露。即使能保证用户密码不被泄露,但由于密码是静态的数据,在验证过程中需要在计算机内存中和网络中传输,而每次验证使用的验证信息都是相同的,因此很容易被驻留在计算机内存中的木马程序或网络中的监听设备截获。因此,从安全性上讲,用户需要养成定期或不定期修改密码的习惯,并尽量采用字母数字混合的模式,保证密码长度大于 8 位。尽管用户名/密码方式被广泛使用,但也是一种不太安全的身份认证方式。

2）智能卡认证

智能卡是一种内置集成电路的芯片,芯片中存有与用户身份相关的数据。智能卡由专门的厂商通过专门的设备生产,是不可复制的硬件。智能卡由合法用户随身携带,登录时必须将智能卡插入专用的读卡器读取其中的信息,以验证用户的身份。智能卡认证是基于"What you have"的手段,通过智能卡硬件的不可复制来保证用户身份不会被仿冒。然而由于每次从智能卡中读取的数据是静态的,通过内存扫描或网络监听等技术还是很容易截取到用户的身份验证信息,因此还是存在安全隐患。

3）动态口令

动态口令技术是一种让用户密码按照时间或使用次数不断变化的技术。在该技术中,每个密码只能使用一次。动态口令技术采用一种称为动态令牌的专用硬件,内置电源、密码生成芯片和显示屏,密码生成芯片运行专门的密码算法,根据当前时间或使用次数生成当前密码并显示在显示屏上。认证服务器采用相同的算法计算当前的有效密码。用户使用时只需要将动态令牌上显示的当前密码输入客户端计算机,即可实现身份认证。由于每次使用的密码必须由动态令牌来产生,只有合法用户才持有该硬件,所以只要通过密码验证就可以认为该用户的身份是可靠的。因为用户每次使用的密码都不相同,即使黑客截获了一次密码,也无法利用这个密码来仿冒合法用户的身份。

动态口令技术采用一次一密的方法,有效保证了用户身份的合法性。但是如果客户端与服务器端的时间或次数不能保持良好的同步,就可能发生合法用户无法登录的现象。并且用户每次登录时需要通过键盘输入一长串无规律的密码,一旦输错就要重新操作,使用起来非常不方便。

4）USB Key 认证

基于 USB Key 的身份认证方式是近几年发展起来的一种方便、安全的身份认证技术。它采用软硬件相结合、一次一密的强双因子认证模式,很好地解决了安全性与易用性之间的矛盾。USB Key 是一种 USB 接口的硬件设备,它内置单片机或智能卡芯片,可以存储用户的密钥或数字证书,利用 USB Key 内置的密码算法实现对用户身份的认证。基于 USB Key 身份认证系统主要有两种应用模式:一是基于冲击/响应的认证模式,二是基于 PKI 体系的认证模式。

5) 生物识别

生物识别技术主要是指通过可测量的身体或行为等生物特征进行身份认证的一种技术。生物特征是指唯一可以测量或可自动识别和验证的生理特征或行为方式。生物特征分为身体特征和行为特征两类。身体特征包括指纹、掌形、视网膜、虹膜、人体气味、脸形、手的血管和 DNA 等；行为特征包括签名、语音、行走步态等。目前部分学者将视网膜识别、虹膜识别和指纹识别等归为高级生物识别技术；将掌形识别、脸形识别、语音识别和签名识别等归为次级生物识别技术；将血管纹理识别、人体气味识别、DNA 识别等归为超级生物识别技术。

生物识别技术具有传统的身份认证手段无法比拟的优点。采用生物识别技术，可不必再记忆和设置密码，使用更加方便。目前，指纹识别已经得到广泛应用，如不少笔记本电脑和手机都可以通过指纹识别合法用户。此外，某些单位通过指纹考勤机实施考勤，可以防止作弊。

7.4　物联网的传输层安全

物联网不仅要面对移动通信网络和互联网带来的传统网络安全问题，而且由于物联网是由大量的自动设备构成，缺少人对设备的有效管控，并且终端数量庞大，设备种类和应用场景复杂，这些因素都对物联网安全造成新的威胁。相对传统单一的 TCP/IP 网络技术而言，所有的网络监控措施、防御技术不仅面临更复杂结构的网络数据，同时又有更高的实时性要求，在网络通信、网络融合、网络安全、网络管理、网络服务和其他相关学科领域将面临新的挑战。

7.4.1　物联网传输层的安全挑战

物联网感知数据需要通过多种网络基础设施进行传输，包括 ZigBee、WiFi 和以太网等。而以太网环境目前遇到前所未有的安全挑战，因此物联网传输层面临的安全问题十分严峻。同时，由于不同架构的网络需要相互联通，因此在跨网络架构的安全认证等方面也会面临巨大挑战。

物联网的接入主要依赖移动通信网络，移动通信网络中移动站与固定网络端之间的所有通信都是通过无线接口来传输的。然而无线接口是开放的，任何使用无线设备的个体均可以通过窃听无线信道来获得其中传输的信息，甚至可以修改、插入、删除或重传其中传输的信息，达到假冒移动用户身份以欺骗网络端的目的。因此，移动网络存在严重的无线窃听、身份假冒、数据篡改等不安全因素。具体体现在以下几方面。

(1) 信道开放性。由于无线网络设计的基础是利用无线电波来实施传输，没有明确的覆盖范围，这样就使得恶意用户可以对无线电波覆盖范围内的数据流进行侦听。一般情况下，物联网环境中的节点处理能力有限，如果没有对传递信息加以保护，那么恶意用户将很容易实施窃听，更有甚者，可以篡改和转发通信信息，造成更大的威胁。

(2) 终端管理问题。随着物联网感知终端日益智能化，终端的计算和存储能力不断增强,物联网应用更加丰富,但这些应用同时也增加了终端病毒、木马或恶意代码入侵的渠道。病毒、木马或恶意代码在物联网内具有更大的传播性、更高的隐蔽性、更强的破坏力,相比单一的通信网络而言更加难以防范,带来的安全威胁更大。同时,网络终端自身系统平台缺乏完整性保护和验证机制,平台软、硬件模块容易被攻击者篡改,内部各个通信接口也缺乏机密性和完整性保护,在此之上传递的信息也容易被窃取或篡改。

(3) 安全协议存在漏洞。物联网的数据传输离不开无线网络传输通道,这些通道使用安全协议来保证数据接入的安全性。但现有的无线通信认证协议,如 WEP(Wired Equivalent Privacy)等,存在安全漏洞,将导致出现非法接入问题。

(4) 缺乏交互认证。无线局域网设计的另一个缺陷就是用户和无线接入点(AP)之间的异步性。根据标准,仅当认证成功之后,认证端口才会处于受控状态。但是,对于用户端来说并不是这样的,其端口实际上中是处于认证成功后的受控状态。而认证只是 AP 对用户端的单向认证,攻击者可以处于用户和 AP 之间。对用户来说,攻击者充当 AP,而对于 AP 来讲,攻击者又充当用户端。

(5) 互联网安全问题。大多数物联网的业务信息要利用互联网传输。互联网仍将面临传统的 DoS 攻击、DDoS 攻击、假冒攻击等网络安全威胁。而且,由于物联网业务节点数量将大大超过以往任何服务网络,并以分布式集群方式存在,在大量数据传输时将使互联网堵塞,更容易实施拒绝服务攻击。在互联网环境中,TCP/IP 得到了广泛的应用。由于 TCP/IP 在最初设计时是基于一种可信环境的,没有考虑安全性问题,因此它自身存在许多固有的安全缺陷。例如,IP 地址可以软件设置,造成了地址假冒和地址欺骗两类安全隐患;IP 支持源路由方式,即源发方可以指定信息包传送到目的节点的中间路由,这就提供了源路由攻击的条件。另外,在 TCP/IP 的实现中也存在着一些安全缺陷和漏洞,如序列号容易被猜测,不进行参数检查而容易出现缓冲区溢出等。另外,基于 TCP/IP 的各种应用层协议,如 Telnet、FTP、SMTP 等也缺乏认证和保密措施,这就为欺骗、否认、拒绝、篡改、窃取等行为开辟了方便之门,导致网络攻击频发。为了解决这些问题,出现了安全的互联网通信协议,如 IPSEC、HTTPS 等。

7.4.2　传输层的数据加密机制

保护物联网传输层数据安全的最有效手段就是加密。加密和解密构成了密码学(cryptology)的两个分支。自人类社会出现后,就有了基于密码的信息传输方式,通过长期发展,逐渐形成一门独立的学科。

1. 密码学的发展

密码学的发展大致可以分为三个阶段。

(1) 1949 年之前,是密码发展的第一阶段,即古典密码体制。古典密码体制是通过某种方式的文字置换进行的,这种置换一般是通过某种手工或机械的方式进行转换,同时简单地使用了数学运算。虽然在古代加密方法中已体现了密码学的若干要素,但它只是一门艺术,而不是一门科学。

(2) 1949—1975 年,是密码学发展的第二阶段。1949 年 Shannon 发表了题为《保密通信的信息理论》的著名论文,把密码学置于坚实的数学基础之上,标志着密码学作为一门学科的形成,这是密码学的第一次飞跃。然而,在该时期密码学主要用在政治、外交、军事等方面,其研究是在秘密地进行,密码学理论的研究工作进展不大,公开发表的密码学论文很少。

(3) 1976 年,W. Diffie 和 M. Hellman 在《密码编码学新方向》一文中提出了公开密钥的思想,这是密码学的第二次飞跃。1977 年美国数据加密标准(DES)的公布使密码学的研究公开,密码学得到了迅速发展。1994 年美国联邦政府颁布的密钥托管加密标准(EES)和数字签名标准(DSS)以及 2001 年颁布的高级数据加密标准(AES),都是密码学发展史上的重要里程碑。

密码学包含两个互相对立的分支,即密码编码学(cryptography)和密码分析学(cryptanalysis)。前者编制密码以保护秘密信息,而后者则研究加密消息的破译以获取信息,二者相辅相成。现代密码学除了包括密码编码学和密码分析学外,还包括密钥管理、安全协议、散列函数等内容。如密钥管理包括密钥的产生、分配、存储、保护、销毁等环节,秘密寓于密钥之中,所以密钥管理在密码系统中至关重要。密码学的进一步发展,涌现了大量的新技术和新概念,如零知识证明、盲签名、量子密码学等。

2. 密码模型

在密码学中,伪装(变换)之前的信息是原始信息,称为明文(Plain Text);伪装之后的信息,看起来是一串无意义的乱码,称为密文(Cipher Text)。把明文伪装成密文的过程称为加密(encryption),该过程使用的数学变换就是加密算法;将密文还原为明文的过程称为解密(decryption),该过程使用的数学变换称为解密算法。

加密与解密通常需要参数控制,该参数称为密钥,有时也称密码。加、解密密钥相同的称为对称性密钥或单钥型密钥,不同时就称为不对称密钥或双钥型密钥。密码算法是用于加密和解密的数学函数。通常情况下,有两个相关的函数:一个用作加密,另一个用作解密。密码简单地说就是一组含有参数 k 的变换 E。设已知消息 m,通过变换 E_k 得密文 C,这个过程称为加密,E 为加密算法,k 不同,密文 C 亦不同。典型的密码模型如图 7-4 所示。

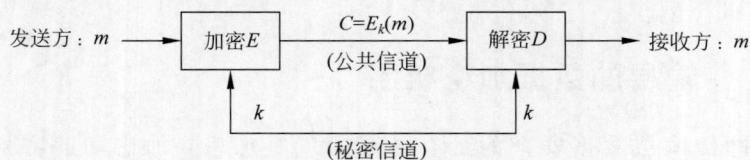

图 7-4 密码模型

加密系统采用的基本工作方式称为密码体制。密码体制的基本要素是密码算法和密钥。密码算法是一些公式、法则或程序;密钥是密码算法中的控制参数。

一个密码体制是满足以下条件的五元组(P,C,K,E_k,D_k)。

(1) P 表示所有可能的明文组成的有限集(明文空间)。

(2) C 表示所有可能的密文组成的有限集(密文空间)。

(3) K 表示所有可能的密钥组成的有限集(密钥空间)。

(4) 对任意的 $k \in K$,都存在一个加密算法 $E_k \in E$ 和相应的解密算法 $D_k \in D$;并且对每一个 $E_k: P \rightarrow C$ 和 $D_k: C \rightarrow P$,对任意的明文 $x \in P$,均有 $D_k(E_k(x))=x$。

根据加密密钥与解密密钥是否相同,密码模型可以分为对称密码系统(Symmetric

System，One-key System，Secret-key System）和非对称密码系统（Asymmetric System，Two-key System，Public-key System）。

在对称密码系统中，加密密钥和解密密钥相同，或者一个密钥可以从另一个导出，能加密就能解密，加密能力和解密能力是结合在一起的，开放性差。

在非对称密码系统中，加密密钥和解密密钥不相同，从一个加密密钥导出解密密钥计算复杂、困难，加密过程和解密过程是分开的，开放性好，适合在网络上传播。

3. 古典密码体制

古典密码体制采用手工或者机械操作实现加解密，相对简单。回顾和研究这些密码体制的原理和技术，对于理解、设计和分析现代密码学仍然有借鉴意义。

广义上说，经典加密法可定义为不要求用计算机来实现的所有加密算法。但这并不是说它不能在计算机上实现，而是因为它可以手工加密和解密文字。

虽然这些经典加密算法现在已经很容易破解，但是它们仍然能够给现代密码学带来启示和一些特别的作用，甚至一些经典加密法现在还在被密码爱好者使用。例如，古典密码体制中的置换密码技术仍然广泛应用于现代密码系统中。

置换密码又称换位密码（Permutation Cipher 或 Transposition Cipher），其特点是明文的字母集保持相同，但顺序被打乱了。即，明文中每一个字符按某种规则被替换成同一字母集中的另外一个字符。对密文进行逆替换就可恢复出明文。这种加密法有点像拼图游戏——所有的图块都在这里，但排列的位置不正确。

置换加密法设计者的目标是，设计一种方法，使你在知道密钥的情况下，能将图块很容易地正确排序。而如果没有这个密钥，就不容易解决。而密码分析者的目标是在没有密钥的情况下重组拼图，或从拼图的特征中发现密钥。

置换加密法使用的密钥通常是一些几何图形，它决定了重新排列字母的方式。最先有意识地使用这些方法来加密信息的可能是公元前500年的古希腊人。他们使用的是一根叫天书（skytale）的棍子。送信人先绕棍子卷一张牛皮带，然后把要写的信息刻写在上面，接着打开牛皮带送给收信人。如果不知道棍子的粗细是不可能解密里面的内容的。

实现置换加密的方法有很多，这里仅举两三例。

（1）铁轨法。

铁轨法要求明文的长度必须是4的倍数，不符合要求则在明文的最后加上一些字母以符合加密的条件。将明文按列以从上到下的顺序分两行逐列写出。在此基础上再依序由左而右再由上而下地写出字母即为密文（在写明文时也可以写成三行或四行等，写法不同，则解法也相应不同）。

例如：明文"STRIKE WHILE THE IRON IS HOT"，首先，该明文不满足条件，故在尾端加上字母"E"使明文的长度变成4的倍数。接着，将明文以从上到下的顺序逐行写出：

S R K W I E H I O I H T

T I E H L T E R N S O E

依序由左而右再由上而下地写出字母即为密文：SRKWIEHIOIHTTIEHLTERNSOE。

铁轨法的解密过程也非常简单，如上例中将密文每4个字母一组，其间用空格隔开：

SRKW IEHI OIHT TIEH LTER NSOE

因为知道加密的顺序，接收方可将密文以一直线从中分为两个部分，如下所示：

SRKW IEHI OIHT｜TIEH LTER NSOE

然后，左右两半依序轮流读出字母便可以还原成原来的明文了。

（2）路游法。

路游法可以说是铁轨法的一种推广。此方法也必须将明文的长度调整为 4 的倍数。之后将调整过的明文依由左而右、由上而下的顺序（此顺序称为排列顺序）填入方格矩阵中。依照某一事先规定的路径（称为游走路径）来游走矩阵并输出所经过的字母，即为密文。

路游法的安全性主要是取决于排列路径与游走路径的设计。必须注意的是，排列路径与游走路径绝不可以相同，否则便无法加密。

例如，依前例明文为：STRIKE WHILE THE IRON IS HOT，放入下面的矩阵中：

S	T	R	I	K	E
W	H	I	L	E	T
H	E	I	R	O	N
I	S	H	O	T	E

如果以如下所示的游走路径：

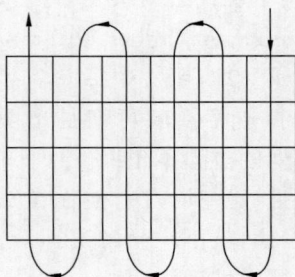

则可以得到如下的密文：ETNETOEKILROHIIRTHESIHWS。

（3）列置换法。

法国人在一战时期使用了一种列置换法，即中断列置换法。在这种列置换法中，某些预定的对角线上的字母先被读取，然后再按预定次序读取各列，读取各列时忽略预先已读的字母。例如，在下面所示的模式中，首先读取对角线的字母，然后再按数字由小到大的顺序读取各列：

4	2	7	1	3	5	6
t	h	i	s	i	s	a
w	e	a	k	c	i	p
h	e	r	i	t	w	a
s	b	r	o	k	e	n

结果密文为：haik aito sk eeb ic twhs swe pan irr。

由此可见，置换密码就是明文中每一个字符被替换成密文中的另外一个字符，代替后的各字母保持原位置。对密文进行逆替换就可恢复出明文。

有以下四种类型的置换密码。

（1）单表置换密码：就是将明文的一个字符用相应的一个密文字符代替，加密过程是从明文字母表到密文字母表的一一映射。

（2）同音置换密码：它与单表置换密码系统相似，唯一的不同是单个字符明文可以映射成密文的几个字符之一，例如 A 可能对应于 5、13、25 或 56，B 可能对应于 7、19、31 或 42，所以，同音代替的密文并不唯一。

（3）多字母组置换密码：字符块被成组加密，例如 ABA 可能对应于 RTQ，ABB 可能对应于 SLL 等。多字母置换密码是字母成组加密，在第一次世界大战中英国人就采用这种密码。

（4）多表置换密码：对文件进行单表置换有个问题，就是置换某字符的置换字符是固定的，这样较容易破解。因此，出现了多表置换。多表置换方法为：选用一个长周期的优质随机函数，先建造一个初始置换表和其反置换表，将用户密码的衍生值作为随机函数的种子，对初始置换表和其反置换表进行随机排序，然后开始依次处理文件数据。每处理一字节的数据进行一次置换表和其反置换表的随机排序，直到数据处理完毕。

例如，典型的多表置换方法是使用多个单字母密钥，即每一个密钥被用来加密一个明文字母。其中，第一个密钥加密明文的第一个字母，第二个密钥加密明文的第二个字母，以此类推。在所有的密钥用完后，密钥再循环使用，若有 20 个单个字母密钥，那么每隔 20 个字母的明文都被同一密钥加密，这称为密码的周期。在经典密码学中，密码周期越长越难破译，但使用计算机就能够轻易破译具有很长周期的置换密码。

4. 对称加密算法

为了建立适用于计算机系统的商用密码，美国国家标准局（National Bureau of Standards，NBS）于 1973 年 5 月和 1974 年 8 月两次发布通告，向社会征求密码算法。在征得的算法中，由 IBM 公司提出的 LUCIFER 算法中选。1975 年 3 月，NBS 向社会公布了此算法，以征求公众的评论。1976 年 11 月，该算法被美国政府采用，随后被美国国家标准局和美国国家标准协会（ANSI）承认。1977 年 1 月以数据加密标准（Data Encryption Standard，DES）的名称正式向社会公布，故 LUCIFER 算法的修正版作为新的数据加密标准一直被称为 DES 算法。

DES 算法的入口参数有三个：Key、Data、Mode。其中 Key 为 8 字节共 64 位，是 DES 算法的工作密钥；Data 也为 8 字节 64 位，是要被加密或被解密的数据；Mode 为 DES 的工作方式，有加密或解密两种。

DES 是一个分组加密算法，它以 64 位为分组对数据加密。同时 DES 也是一个对称算法，即加密和解密用同一个算法。它的密钥长度虽然是 64 位，但有效密钥是 56 位（因为 8 的倍数位都用作奇偶校验位）。

DES 的加密原理如图 7-5 所示。具体过程

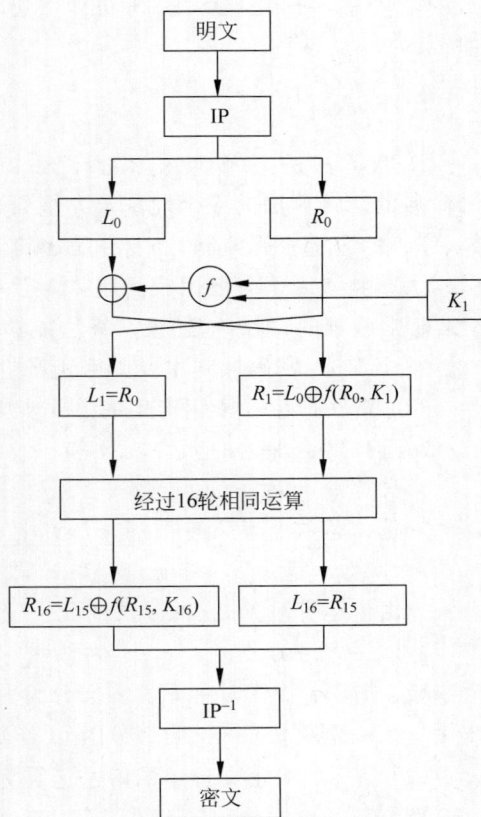

图 7-5　DES 加密原理

为：DES 对 64 位的明文数据 M 进行操作，M 经过一个初始置换 IP 后被分成左半部分 L_0 和右半部分 R_0，两部分都是 32 位。在密钥 K_1 控制下对 R_0 进行轮函数 f 运算后，再与 L_0 异或，运算结果作为 R_1；而将 R_0 直接作为 L_1 的输入。由此得到第 2 轮的输入 L_1 和 R_1，以此类推，经过 16 轮相同运算后，得到 L_{16} 和 R_{16}。然后，交换左、右 32 位为 R_{16} 和 L_{16}，合并为 64 位后经过一个逆置换 IP^{-1}，就产生了 64 位密文数据。

其中，轮函数 f 运算的过程比较复杂，其核心思想是对输入的 32 位数据进行非线性变换，保证在没有密钥的情况下无法通过密文推测出明文。有关 f 函数的工作原理请参照密码学有关书籍。

DES 在加密过程中，每一轮的密钥是随轮函数 f 运算而不断变换的，因此增强了 DES 的安全性。

1978 年年初，IBM 公司意识到 DES 的密钥太短，于是设计了一种方法，利用三重加密来有效增加密钥长度，加大解密代价，称为 3DES。

3DES 是 DES 算法扩展其密钥长度的一种方法，可使加密密钥长度扩展到 128 位(112 位有效)或 192 位(168 位有效)。其基本原理是将 128 位的密钥分为 64 位的两组，对明文多次进行普通的 DES 加解密操作，从而增强加密强度。3DES 可以用两个密钥对明文进行三次加密，其缺点是加、解密速度比 DES 慢。

假设两个密钥分别是 K_1 和 K_2，则 3DES 的加密过程为：①用密钥 K_1 进行 DES 加密；②用 K_2 对第一步的结果进行 DES 解密；③对上步的结果使用密钥 K_1 进行 DES 加密。

5. RSA 算法

RSA 算法是 1978 年由 Rivest、Shamir 和 Adleman 提出，并用他们三人的名字的首字母命名的。该算法的安全性基于大整数素因子分解的困难性上，是迄今为止理论上最为成熟、完善的公钥密码体制，经受住了多年深入的密码分析，已得到了广泛的应用。

大整数素因子分解困难问题：给定大数 $n=pq$，其中 p 和 q 为大素数，则由 n 计算 p 和 q 是非常困难的，即目前还没有算法能够在多项式时间内有效求解该问题。

整个 RSA 密码体制主要由密钥产生算法、加密算法和解密算法三部分组成。

(1) 密钥产生。密钥产生的主要步骤包括：

➢ 选择两个保密的大素数 p 和 q；

➢ 计算 $n=pq$，$\varphi(n)=(p-1)(q-1)$，其中 $\varphi(n)$ 是 n 的欧拉函数值；

➢ 选一整数 e，满足 $1<e<\varphi(n)$，且 $\gcd(\varphi(n), e)=1$($\varphi(n)$ 与 e 的最大公约数为 1)；

➢ 计算 d，满足 $de \equiv 1 \bmod \varphi(n)$，即 d 是 e 在模 $\varphi(n)$ 下的乘法逆元，因 e 与 $\varphi(n)$ 互素，由模运算可知，它的乘法逆元一定存在；

➢ 以 $\{e, n\}$ 为公钥，$\{d, n\}$ 为私钥。

(2) 加密：加密时首先将明文分组，使得每个分组对应的十进制数小于 n，即分组长度小于 $\log_2 n$。然后对每个明文分组 m 作加密运算：$c=m^e \bmod n$。

(3) 解密：对密文分组的解密运算为：$m=c^d \bmod n$。

例，若 $p=13$，$q=17$，明文 $m=20$。求公钥、私钥和 m 的密文。

解：(1) 密钥产生：

$n = pq = 221$，$\varphi(n) = (p-1)(q-1) = 192$。取 $e = 7$，满足 $1 < e < \varphi(n)$，且 $\gcd(\varphi(n), e) = 1$。确定满足 $de = 1 \bmod 192$ 且小于 192 的 d，因为 $55 \times 7 = 385 = 2 \times 192 + 1$，所以 $d = 55$，因此公钥为 $\{7, 221\}$，私钥为 $\{55, 221\}$。

（2）加密：密文 $c = m^e \bmod n = 20^7 \bmod 221 = 45$。

（3）解密：明文 $m = c^d \bmod n = 45^{55} \bmod 221 = 20$。

6. MD5 算法

MD5 的全称是消息-摘要算法（Message-Digest Algorithm 5）的英文缩写，是 20 世纪 90 年代初由 MIT Laboratory for Computer Science 和 RSA Data Security Inc 的 Ronald L. Rivest 开发，经过 MD2、MD3 和 MD4 发展而来。

MD5 是一种典型的散列函数，满足散列函数的特点，属于单向散列函数。它的作用是将一个任意长度的字节串压缩成一定长度的整数。算法的设计基于替换-置换网络的香农定理。MD5 算法简要描述为：MD5 以 512 位分组来处理输入的信息且每一分组又被划分为 16 个 32 位子分组，经过一系列的处理后，算法的输出由四个 32 位的子分组组成，将这四个 32 位的子分组级联后将生成一个 128 位散列值。

7.4.3 传输层的安全传输协议

由于 IPv4 存在许多安全问题，所以研究者设计了 IPv6 来弥补 IPv4 的缺陷。在 IPv6 系统中，内嵌有安全传输协议 IPSec，支持注册、授权、数据完整性保护和重发保护。通过 IPv6 中的 IPSec 可以对 IP 层的通信提供加密和授权。通过移动 IPv6 还可以实现远程企业内部网和虚拟专用网络的无缝接入，保证连接安全。

1. IPSec 协议

IPSec（Internet Protocol Security）是 IETF（Internet 工程任务组）于 1998 年 11 月公布的 IP 安全标准，其目标是为 IPv4 和 IPv6 提供透明的安全服务。IPSec 在 IP 层上提供数据源地验证、无连接数据完整性、数据机密性、抗重播和有限业务流机密性等安全服务，可以保障主机之间、网络安全网关（如路由器或防火墙）之间或主机与安全网关之间的数据包的安全。

使用 IPSec 可以防范以下几种网络攻击。

（1）Sniffer：IPSec 对数据进行加密以对抗 Sniffer，保持数据的机密性。

（2）数据篡改：IPSec 用密钥为每个 IP 包生成一个消息验证码（MAC），密钥为数据的发送方和接收方共享。对数据包的任何篡改，接收方都能够检测，保证了数据的完整性。

（3）身份欺骗：IPSec 的身份交换和认证机制不会暴露任何信息，依赖数据完整性服务可以实现数据的来源认证。

（4）重放攻击：IPSec 防止了数据包被捕获并重新投放到网上，即目的地会检测并拒绝老的或重复的数据包。

（5）拒绝服务攻击：IPSec 依据 IP 地址范围、协议，甚至特定的协议端口号来决定哪些数据流需要保护，哪些数据流可以允许通过，哪些需要拦截。

IPSec 是一种开放标准的框架结构，通过使用加密的安全服务以确保在 Internet 协议

（IP）网络上进行安全通信。IPSec 对于 IPv4 是可选使用的，对于 IPv6 是强制使用的。IPSec 协议工作在开放系统互联（Open Systems Interconnection，OSI）模型的第三层，非常适合保护基于 TCP 或 UDP 的数据通信。这就意味着，与传输层或更高层的协议相比，IPSec 协议必须处理可靠性和分片的问题，这同时也增加了它的复杂性和处理开销。

2. SSL 安全协议

SSL（Secure Socket Layer）协议位于 TCP/IP 与应用层协议之间，为数据通信提供安全支持。SSL 协议可分为以下两层。

> SSL 记录协议（SSL Record Protocol）层：它建立在可靠的传输协议（如 TCP）之上，为高层协议提供数据封装、压缩、加密等基本功能的支持。

> SSL 握手协议（SSL Handshake Protocol）层：它建立在 SSL 记录协议之上，用于在实际的数据传输开始前，通信双方进行身份认证，协商加密算法和交换加密密钥等。

SSL 安全通信协议是 Netscape 公司推出 Web 浏览器时提出的。SSL 协议目前已成为 Internet 上保密通信的工业标准。现行的 Web 浏览器普遍将 HTTP 和 SSL 相结合来实现安全通信。IETF 将 SSL 进行了标准化，即 RFC2246，并将其称为 TLS（Transport Layer Security）。从技术上讲，TLS1.0 与 SSL3.0 的差别非常微小。

在 WAP 的环境下，由于手机及手持设备的处理和存储能力有限，WAP 论坛（www.wapforum.org）在 TLS 的基础上进行了简化，提出了 WTLS（Wireless Transport Layer Security）协议，以适应无线的特殊环境。

SSL 采用公开密钥技术，其目标是保证两个应用间通信的保密性和可靠性，可在服务器和客户机两端同时实现。SSL 能使客户/服务器应用之间的通信不被攻击者窃听，并且始终对服务器进行认证，还可以选择对客户进行认证。

SSL 协议要求建立在可靠的传输层协议（如 TCP）之上。SSL 协议的优势在于它是与应用层协议独立无关的，高层的应用层协议（如 HTTP、FTP、Telnet）能透明建立于 SSL 协议之上。SSL 协议在应用层协议通信之前就已经完成加密算法、通信密钥的协商以及服务器认证工作。

3. HTTPS 安全协议

HTTPS（HyperText Transfer Protocol Secure）是以安全为目标的 HTTP 通道，简单讲是 HTTP 的安全版，即 HTTP 下加入 SSL 层。HTTPS 的安全基础是 SSL，因此加密的详细内容就需要 SSL。HTTPS 由 Netscape 开发并内置于其浏览器中，用于对数据进行压缩和解压操作，并返回网络上传送回的结果。HTTPS 实际上应用了 Netscape 的完全套接字层（SSL）作为 HTTP 应用层的子层。HTTPS 使用端口 443，而不是像 HTTP 那样使用端口 80 来和 TCP/IP 进行通信。

HTTPS 的信任继承基于预先安装在浏览器中的证书颁发机构（如 VeriSign、Microsoft 等）。因此，一个到某网站的 HTTPS 连接可被信任，当且仅当：

> 用户相信他们的浏览器正确地实现了 HTTPS，并且安装了正确的证书；

> 用户相信证书颁发机构所信任的合法网站；

> 被访问的网站提供了一个有效的证书，意即，它是由一个被信任的证书颁发机构签发

的(大部分浏览器会对无效的证书发出警告);

> 该证书正确地验证了被访问的网站(如访问 https://example 时收到了给"Example Inc."而不是其他组织的证书);

> 或者互联网上相关的节点是值得信任的,或者用户相信本协议的加密层(TLS 或 SSL)不能被窃听者破坏。

当浏览器连接到一个提供无效证书的网站时,旧浏览器会使用一个对话框询问用户是否继续,而新浏览器会在整个窗口中显示警告。新浏览器也会在地址栏中凸显网站的安全信息。大部分浏览器在网站含有由加密和未加密内容组成的混合内容时,会发出警告;大部分浏览器使用地址栏来提示用户到网站的连接是安全的,或会对无效证书发出警告。

如果利用 HTTPS 协议来访问网页,其步骤如下。

(1) 用户在浏览器的地址栏里输入 https://www.baidu.com。

(2) HTTP 层将用户需求翻译成 HTTP 请求。

(3) SSL 层安全地协商出一份加密密钥,并用此密钥来加密 HTTP 请求。

(4) TCP 层与 Web Server 的 443 端口建立连接,传递 SSL 处理后的数据。

接收端与此过程相反。

7.5　物联网的应用层安全

物联网的应用领域非常广泛。不管哪种应用模式,都离不开身份认证、访问控制和隐私保护等安全技术。本节将介绍物联网应用中的安全问题,主要包括身份认证技术、访问控制技术、数字签名技术。

7.5.1　访问控制

访问控制(Access Control)就是在身份认证的基础上,依据授权对提出的资源访问请求加以控制。访问控制是网络安全防范和保护的主要策略,它可以限制对关键资源的访问,防止因非法用户的侵入或合法用户的不慎操作所造成的破坏。

1. 访问控制系统的构成

访问控制系统一般包括主体、客体和安全访问策略。

> 主体:发出访问操作、存取要求的发起者,通常指用户或用户的某个进程。

> 客体:被调用的程序或欲存取的数据,即必须进行控制的资源或目标,包括数据与信息、各种网络服务和功能、网络设备与设施、网络中的进程等活跃元素。

> 安全访问策略:它是一套规则,用以确定一个主体是否对客体拥有访问能力。它定义了主体与客体可能的相互作用途径。例如,授权访问有读、写、执行。

访问控制根据主体和客体之间的访问授权关系,对访问过程做出限制。从数学角度来看,访问控制本质上是一个矩阵,行表示资源,列表示用户,行和列的交叉点表示某个用户对某个资源的访问权限(读、写、执行、修改、删除等)。

2. 访问控制的分类

访问控制按照访问对象的不同可以分为网络访问控制和系统访问控制。

网络访问控制限制外部对网络服务的访问和系统内部用户对外部的访问,通常由防火墙实现。系统访问控制为不同用户赋予不同的主机资源访问权限。操作系统提供一定的功能可实现系统访问控制,如 UNIX 的文件系统。网络访问控制的属性有源 IP 地址、源端口、目的 IP 地址、目的端口等;系统访问控制(以文件系统为例)的属性有用户、组、资源(文件)、权限等。

操作系统的用户范围很广,拥有的权限也不同。按照用户的不同可以分为如下几类。

(1) 系统管理员。这类用户具有最高级别的权限,可以对系统任何资源进行访问并具有任何类型的访问操作能力。系统管理员负责创建用户、创建组、管理文件系统等所有的系统日常操作,授权修改系统安全员的安全属性。

(2) 系统安全员。这是管理系统的安全机制。系统安全员按照给定的安全策略,设置并修改用户和访问客体的安全属性,选择与安全相关的审计规则。系统安全员不能修改自己的安全属性。

(3) 系统审计员。系统审计员负责管理与安全有关的审计任务。这类用户按照制定的安全审计策略负责整个系统范围的安全控制与资源使用情况的审计,包括记录审计日志和对违规事件的处理。

(4) 一般用户。这是最大一类用户,也就是系统的一般用户。他们的访问操作要受一定的限例。系统管理员对这类用户分配不同的访问操作权利。

访问控制按照访问手段还可分为自主访问控制和强制访问控制两类。

(1) 自主访问控制(Discretionary Access Control,DAC)。DAC 是一种最普通的访问控制手段,它的含义是由客体自主确定各个主体对它的直接访问权限。自主访问控制基于对主体或主体所属的主体组的识别来限制对客体的访问,并允许主体显式地指定其他主体对该主体所拥有的信息资源是否可以访问以及可执行的访问类型,这种控制是自主的。

(2) 强制访问控制(Mandatory Access Control,MAC)。在 MAC 中,用户与文件都有一个固定的安全属性,系统利用安全属性来决定一个用户是否可以访问某个文件。安全属性是强制性的,它是由安全管理员或操作系统根据限定的规则分配的,用户或用户的程序不能修改安全属性。在强制访问控制中,每一个数据对象被标以一定的密级,每一个用户也被授予某一个级别的许可证。对于任意一个对象,只有具有合法许可证的用户才可以存取,强制访问控制因此相对比较严格。它主要用于多层次安全级别的应用中,预先定义用户的可信任级别和信息的敏感程度安全级别,当用户提出访问请求时,系统对两者进行比较以确定访问是否合法。

3. 访问控制的基本原则

为了获取系统的安全,授权应该遵守访问控制的三个基本原则。

(1) 最小特权原则。最小特权原则是系统安全中最基本的原则之一。所谓最小特权(Least Privilege)是指"在完成某种操作时所赋予网络中每个主体(用户或进程)必不可少的特权"。最小特权原则,则是指"应限定网络中每个主体所必需的最小特权,确保可能的事故、错误、网络部件的篡改等原因造成的损失最小"。

最小特权原则使得用户所拥有的权力不能超过他执行工作时所需的权限。最小特权原则一方面给予主体"必不可少"的特权,以保证所有的主体都能在所赋予的特权之下完成所需要完成的任务或操作;另一方面,它只给予主体"必不可少"的特权,这就限制了每个主体所能进行的操作。

(2) 多人负责原则。即授权分散化,对于关键的任务必须在功能上进行划分,由多人来共同承担,保证没有任何个人具有完成任务的全部授权或信息。例如,将责任分解,使得没有一个人具有重要密钥的完全拷贝。

(3) 职责分离原则。职责分离是保障安全的一个基本原则。职责分离是指将不同的责任分派给不同的人员以期达到互相牵制,消除一个人执行两项不相容的工作的风险。例如收款员、出纳员、审计员应由不同的人担任。计算机环境下也要有职责分离,为避免安全上的漏洞,有些许可不能同时被同一用户获得。

4. BLP 访问控制模型

BLP(Bell-La Padula)模型是由 David Bell 和 Leonard La Padula 于 1973 年创立,是一种典型的强制访问模型。在该模型中,用户、信息及系统的其他元素都被认为是一种抽象实体。其中,读和写数据的主动实体被称为"主体",接收主体动作的实体被称为"客体"。BLP模型的存取规则是每个实体都被赋予一个安全级,系统只允许信息从低级流向高级或在同一级内流动。

BLP 强制访问策略将每个用户及文件赋予一个访问级别,如最高秘密级 T(Top Secret)、秘密级 S(Secret)、机密级 C(Confidential)及无级别级 U(Unclassified),其级别为T>S>C>U。系统根据主体和客体的敏感标记来决定访问模式。访问模式包括以下几种。

➤ 下读(Read Down):用户级别大于文件级别的读操作。

➤ 上写(Write Up):用户级别小于文件级别的写操作。

➤ 下写(Write Down):用户级别等于文件级别的写操作。

➤ 上读(Read Up):用户级别小于文件级别的读操作。

依据 BLP 安全模型所制定的原则是利用"不上读""不下写"来保证数据的保密性。即不允许低信任级别的用户读取高信任级别的信息,也不允许高信任级别的信息写入低信任级别区域,禁止信息从高级别流向低级别。强制访问控制通过这种梯度安全标签实现信息的单向流通。

BLP 依据"不下读""不上写"的原则来保证数据的完整性。在实际应用中,完整性保护主要是为了避免应用程序修改某些重要的系统程序或系统数据库。

关于 BLP 模型更多的细节可参考有关文献。

5. 基于角色的安全访问控制模型

基于角色的访问控制(Role-based Access Control,RBAC)是美国国家标准与技术研究院(NIST)提出的一种新的访问控制技术。该技术的基本思想是将用户划分成与其在组织结构体系相一致的角色,将权限授予角色而不是直接授予主体,主体通过角色分派来得到客体操作权限从而实现授权。由于角色在系统中具有相对于主体的稳定性，并更便于直观理解，从而大大减少了系统授权管理的复杂性，降低了安全管理员的工作复杂性和工作量。

基于角色访问控制的要素包括用户、角色、许可等基本定义。

在 RBAC 中，用户就是一个可以独立访问计算机系统数据或者用数据表示的其他资源的主体。角色是指一个组织或任务中的工作或者位置，它代表了一种权利、资格和责任。许可（特权）就是允许对一个或多个客体执行的操作。一个用户可经授权而拥有多个角色，一个角色可由多个用户构成；每个角色可拥有多种许可，每个许可也可授权给多个不同的角色。每个操作可施加于多个客体（受控对象），每个客体也可以接受多个操作。

图 7-6 给出了一个基于角色的访问控制的案例。图中有 5 个用户，其中，用户 1 拥有角色 1，其访问控制权限是浏览、读、写和执行；用户 2 拥有角色 2，其访问控制权限是浏览、读、写；用户 3、4、5 拥有角色 3，其访问控制权限是浏览和读。采用基于角色的访问控制，可以极大地减少权限分配的难度并降低分配的烦琐性。

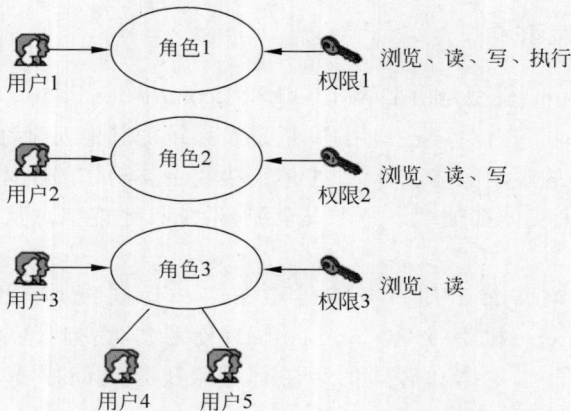

图 7-6　一个基于角色的访问控制案例

7.5.2　数字签名

数字签名（Digital Signatures）是指用户用自己的私钥对原始数据的哈希摘要进行加密所得的数据。信息接收者使用信息发送者的公钥对附在原始信息后的数字签名进行解密后获得哈希摘要，并通过与自己收到的原始数据产生的哈希摘要对照，便可确信原始信息是否被篡改。这样就保证了数据传输的不可否认性。

1999 年美国参议院通过了立法，规定数字签名与手写签名的文件、邮件在美国具有同等的法律效力。数字签名实现的基本原理很简单，假设 A 要发送一个电子文件给 B，A、B 双方只需经过下面三个步骤即可。

（1）A 用其私钥加密文件，这便是签名过程。

（2）A 将加密的文件送到 B。

（3）B 用 A 的公钥解开 A 送来的文件。

数字签名技术是保证信息传输的保密性、数据交换的完整性、发送信息的不可否认性、交易者身份的确定性的一种有效的解决方案，是保障计算机信息安全性的重要技术之一。

下面对数字签名的过程进行说明。如果持证人甲向持证人乙传送数字信息，为了保证

信息传送的真实性、完整性和不可否认性,需要对要传送的信息进行数字加密和数字签名,其传送过程如下:

(1) 甲准备好要传送的数字信息(明文)。

(2) 甲对数字信息进行哈希(Hash)运算,得到一个消息摘要。

(3) 甲用自己的私钥(SK)对消息摘要进行加密得到甲的数字签名,并将其附在数字信息上。

(4) 甲随机产生一个加密密钥(DES密钥),并用此密钥对要发送的信息进行加密,形成密文。

(5) 甲用公钥(PK)对刚才随机产生的加密密钥进行加密,将加密后的DES密钥连同密文一起传送给乙。

(6) 乙收到甲传送过来的密文和加过密的DES密钥后,先用自己的私钥(SK)对加密的DES密钥进行解密,得到DES密钥。

(7) 乙然后用DES密钥对收到的密文进行解密,得到明文的数字信息,然后将DES密钥抛弃(即DES密钥作废)。

(8) 乙用甲的公钥(PK)对甲的数字签名进行解密,得到消息摘要。

7.6 外包数据的隐私保护

物联网感知将产生大量数据,这些数据通常存储在云计算中心。云计算开启了一个新的网络时代,其对社会和经济各领域都产生了深远影响。但云计算在给用户带来便利的同时,也给用户的隐私安全带来严重的威胁。用户将自己的数据外包给云计算平台托管,自身则失去了对数据的直接控制力。云服务提供者可以任意访问用户的数据,因此,如果云服务提供者本身就不可信,则用户的数据隐私就无安全性可言。

如果将数据加密后再提交,即使密文数据被攻击者窃取,在没有解密密钥的情况下,攻击者也无法得到明文信息,从而保证了隐私安全。但加密后的数据不能进行有效的操作,导致服务提供者无法利用密文数据提供有效服务,因此,用户只能提交明文的数据。

出于隐私安全的考虑,许多用户放弃使用云计算,这也成为阻碍云计算发展和推广的主要因素之一。针对云服务无法对密文数据进行有效操作的问题,需要研究新型密码学来支持数据隐私保护。即通过新型加密或扰动等方法对数据进行变换,以此来隐藏明文中的隐私信息,同时,保证变换后数据仍能进行特定计算。

目前已有的可计算加密技术可分为三类:支持检索的加密技术、支持关系运算的加密技术和支持算术运算的加密技术。图7-7给出了一种支持加密数据检索、关系运算和算术运算的云计算模型。

该模型包括数据拥有者(Owner)、数据使用者(User)和服务提供者(Service Provider,SP)三个角色。三者之间的交互过程如下。

(1) Owner用加密算法E对敏感数据d_i($i \in [1, n]$, $n > 1$)加密得到$E(d_i)$,然后存储到SP的服务器上。

(2) User获得Owner的授权后,对敏感计算参数(para)加密得到$E(\text{para})$,并将$E(\text{para})$和计算要求(type)提交给SP。

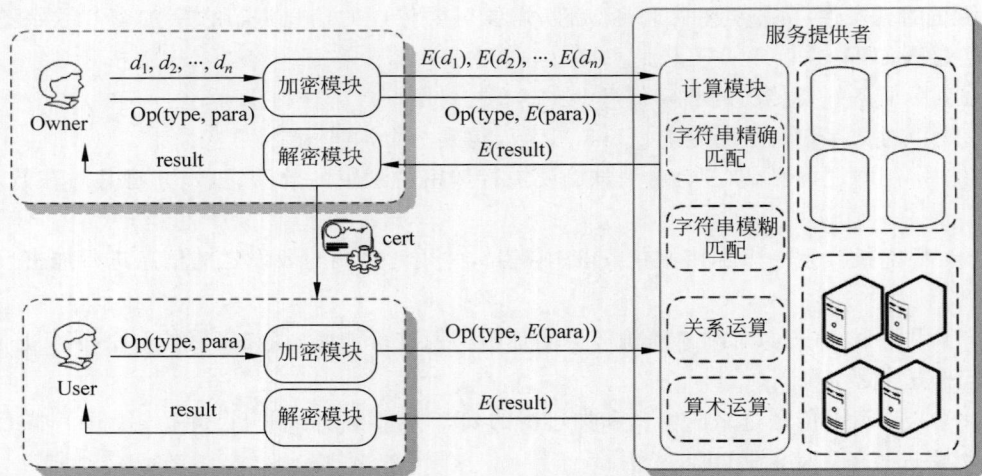

图 7-7　支持密文计算的云计算模型

（3）SP 验证 User 的权限，然后根据 User 的计算要求，对其权限范围的 $E(d_i)$ 和计算参数 $E(\text{para})$ 进行计算，得到计算结果 $E(\text{result})$，并将 $E(\text{result})$ 返回给 User。

（4）User 对 $E(\text{result})$ 进行解密，得到结果的明文 result。

在这个过程中，由于 Owner 和 User 分别对敏感的外包数据和计算参数进行了加密处理，使得 Owner 和 User 的私密数据得到了很好的保护。

在支持密文运算（包括算术运算和关系运算）的新型加密算法中，同态加密算法成为目前的研究热点。此外，支持密文模糊检索的加密算法也具有广阔的应用前景。

1. 支持密文模糊检索的加密算法

在传统的密码学领域，数据的加密与检索之间存在着矛盾。加密的目的是隐藏明文信息的真实含义，密文泄露的信息量越少，越难以被攻击者所理解，那么加密的效果就越好。然而，信息量的隐藏也为数据的检索增加了困难。通常，数据的使用者无法直接从密文数据中鉴别出哪些数据是自己所需要的，因而不得不将所有可能包含所需数据的密文进行解密，再对解密后的明文数据进行检索。当密文数据形成规模之后，或者在速度受限的网络环境中获取非用户本地存储的数据时，上述方法将会变得困难，甚至无法实现。为了解决上述密文数据的检索瓶颈问题，一些密文检索技术相继被提出。已提出的密文检索技术可以分为以下几类。

（1）基于密文精确匹配的方法。Song 等首先提出了基于数据异或运算的密文关键字检索算法，随后，Boneh 等提出了基于双线性映射的密文关键字检索算法 PEKS，Ohtaki 等使用 BloomFilter 对关键词的信息进行提取与存储，实现了关键词的布尔检索，Liu 等在 PEKS 算法的基础上提出了 EPPKS 算法。EPPKS 支持对外包数据的加密，并通过让服务提供者参与一部分解密工作，减轻用户的计算负载。基于密文精确匹配的方法功能较为单一，只能实现对密文关键词的精确匹配，当密文数据形成规模之后，无法使用排序技术或索引技术加快密文数据的检索，无法完全解决云环境中的密文数据处理需求。

（2）基于保序的最小完美哈希函数的方法。Belazzougui 等通过建立相关分级树和前缀匹配的方法实现了一种保序的最小完美哈希函数,这种方法并不能实现对原始数据的隐藏,而是把原始数据映射到了与其值接近的桶中。Czech 等通过构造带权随机无环图,实现了保序的最小完美哈希函数,该函数能够有效地对原始数据进行隐藏,但是随机图需要进行多次尝试以进行构造,并且构造过程中需要保存映射表,使得这种方法的时空效率较差。保序的最小完美哈希函数只适用于小定义域静态数据的加密与检索,当定义域较大或数据动态变化时,这种方法无法使用。

(3) 基于索引的方法。Wang 等提出了一种针对数据库中 XML 数据的可检索加密方案,该算法在使用传统加密算法对数据进行加密的同时,构建可用于结构检索的结构索引和可用于数值比较的值索引。由于这种方法从服务器端检索得到的结果集中包含有误检的数据,在对传回用户端的结果集进行解密后,需要再进行一次筛选,这会增加传输负载和用户端的计算量。Haclgümüş 等根据数据库的范围将数据库进行分桶,并将桶的范围作为索引,在进行检索时,首先确定关键词所在的桶,并对桶中数据进行解密,再对解密后的数据进行精确检索。这种方法会造成数据库信息的泄露,同时,二次检索也会为用户端造成计算负担。

(4) 基于保序加密技术的方法。Agrawal 等利用最小描述原理构造单调的加密函数,实现了一种针对数值型数据的保序加密算法,使用这种算法加密得到的密文数值概率分布能够满足用户给定的目标分布;Boldyreva 等提出一个基于区间划分和超几何概率分布的保序加密算法,通过区间划分的有序性保证密文的保序性;Seungmin 等提出了一种基于级数展开的保序加密算法,并通过对密文空间的划分和混淆来隐藏密文的大小关系;Swaminathan 等利用保序加密算法对文档中关键词的词频进行保护,实现了一种基于密文评价值排序的相关文档检索算法。目前已有的保序加密算法大都针对数值型数据,缺乏对字符串数据的支持,时间性能和安全性也有待进一步提升。

2. 同态加密

由于传统的加密无法满足各种计算要求,因此,研究一种支持在不解密的情况下直接对密文进行计算的加密技术就十分必要。为此,学者们提出了同态加密的思想。与传统的加密一样,同态加密也需要一对加解密的算法 E 和 D,在明文 p 上满足 $D(E(p))=p$。此外,若将解密算法 D 看作一个映射,则 D 在明文空间 P 和密文空间 C 上建立了同态关系。即,如果存在映射 $D:C \rightarrow P$,使得对于任何属于密文空间 C 上的密文序列 $c_0, c_1, \cdots, c_n$,满足关系式:

$$D(f'(c_0, c_1, \cdots, c_n)) = f(D(c_0), D(c_1), \cdots, D(c_n))$$

其中,f 为明文空间上的运算函数;f' 为密文空间上的运算函数,且 f 是 f' 是等价的。

若 f 表示的是加法函数,则称该加密方法为加法同态,同理,也有乘法同态。减法可以转换为加法,除法可以转换为乘法。此外,f 也可以代表一个包含多种运算的混合运算函数。只要 f 所能表示的函数受限(如运算种类或运算次数有限),都称该加密方法为部分同态加密。

例如,考虑一个简单的加密方法,给定密钥 key,如果 $E(p)=$key $\cdot p$;$D(c)=c/$key,则当 key$=7$ 时,对于明文 3 和 6,它们的明文和密文加法运算如图 7-8 所示。

若 f 可以表示为任意的(计算机可执行的)函数,则称该加密方法为全同态加密。全同态加密意味着可以对密文进行任意的计算,因此是最理想的同态加密方法。利用同态加密,

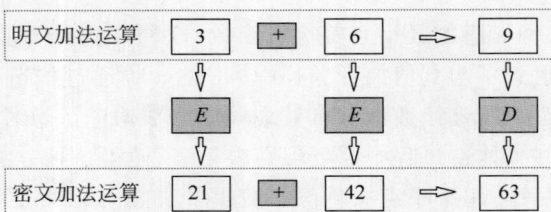

图 7-8　明文和密文加法运算

在对密文直接进行计算之后,即可得到密文形式的计算结果,从而可避免明文运算带来的隐私泄露风险。

Rivest 等基于大数分解问题提出了一种针对数据库加密的秘密同态策略。通过秘密同态技术,可以对密文数值进行算术运算,得到的结果解密之后与之前使用明文进行相应运算得到的值相同,从而实现数据的有效检索,但这种算法不具备良好的安全性。Gentry 使用一种被称为理想格(Ideal Lattice)的数学对象,实现了一种全同态加密算法。目前全同态技术仍处于研究阶段,需要极强的运算能力支持,还无法被实际应用。

7.7　物联网的位置隐私

随着感知定位技术的发展,人们可以更加快速、精确地获知自己的位置,基于位置的服务(Location-Based Service,LBS)应运而生。利用用户的位置信息,服务提供商可以提供一系列的便捷服务。但是,当用户在享受位置服务的过程中,可能会泄露自己的个人爱好、社会关系和健康信息。因此,保护用户隐私成为物联网环境必须实施的技术。

过去几年,匿名和混淆技术已成为 LBS 隐私保护研究的主流技术。匿名是指有很多对象组成的一个集合,这个集合中的各个对象从集合外来看是不可区分的。基于匿名的隐私保护技术主要是隐藏用户身份标识,即将用户的身份标识和其绑定的位置信息的关联性分割开,如利用假名代替用户的身份、k-匿名、混合区域等。基于混淆的隐私保护技术主要是隐藏位置信息标识,即模糊化与用户身份绑定的位置信息,通过降低位置信息的精确度来保护隐私,如基于某个区域内多个用户历史轨迹的空间隐形算法等。

根据位置匿名化处理方法的不同,位置匿名技术可以分为 3 类。

1. 位置 k-匿名

Gruteser 和 Grunwald 最早将数据库中的 k-匿名概念引入到 LBS 隐私保护研究领域,提出位置 k-匿名,即当一个移动用户的位置无法与其他 $k-1$ 个用户的位置相区别时,称此位置满足位置 k-匿名。他们把位置信息表示为一个包含三个区间的三元组($[x_1, x_2]$, $[y_1, y_2]$, $[t_1, t_2]$),其中($[x_1, x_2]$, $[y_1, y_2]$)表示用户所在的二维空间区域,$[t_1, t_2]$ 表示用户在($[x_1, x_2]$, $[y_1, y_2]$)区域的时间段。在时间 $[t_1, t_2]$ 内,空间区域($[x_1, x_2]$, $[y_1, y_2]$)内至少包含 k 个用户。这样的用户集合满足位置 k-匿名。图 7-9 给出了一个位置 3-匿名的例子。User1,User2,User3 经过位置匿名后,均

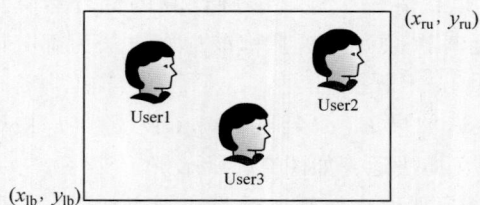

图 7-9　位置 3-匿名例子

用($[x_{\text{lb}},y_{\text{lb}}]$,$[x_{\text{ru}},y_{\text{ru}}]$)表示。其中,$(x_{\text{lb}},y_{\text{lb}})$是匿名框的左下角,$(x_{\text{ru}},y_{\text{ru}})$是匿名框的右上角。对攻击者而言,只知道在此匿名区域内有3个用户,具体哪个用户在哪个位置他无法确定,因为用户在匿名框中任何一个位置出现的概率相同,所以在k-匿名模型中,匿名集由在同一个匿名框中出现的所有用户组成。

2．假位置

如果不能找到其他$k-1$个用户进行k匿名,则可以通过发布假位置达到以假乱真的效果。用户可以生成一些假位置(dummies),并同真实位置一起发送给服务提供者。这样,服务提供者就不能分辨出用户的真实位置,从而使得用户位置隐私得到保护。如图7-10所示,黑色圆点表示用户的真实位置点,白色的圆点表示假位置(哑元),方框表示位置数据。为了保护用户的隐私,用户提交给位置服务器的是白色的假位置。因为攻击者不知道用户的真实位置,从而保护了用户的位置隐私。隐私保护水平以及服务质量与假位置和真实位置的距离有关,假位置距离真实位置越远,服务质量越差,但是隐私保护度越高;相反,距离越近,服务质量越好,但是隐私保护度越差。

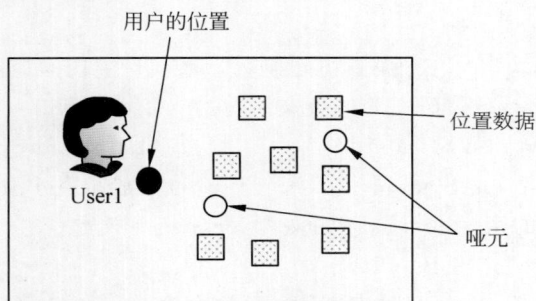

图 7-10　假位置示意图

3．空间数据加密

大量物体和人员的位置信息构成了海量的空间数据。空间数据加密方法不需要用户向服务提供者发送其位置信息,而是通过对位置加密达到匿名的效果。例如,Khoshgozaran等提出了一种基于赫尔伯特(Hilbert)曲线的空间位置匿名方法,其核心思想是将空间中的用户位置及查询点位置单向转换到一个加密空间,在加密空间中进行查询。该方法首先将整个空间旋转一个角度,在旋转后的空间中建立 Hilbert 曲线。用户提出查询时,根据Hilbert 曲线将自己的位置转换成 Hilbert 值,提交给服务提供者;服务提供者从被查询点中找出 Hilbert 值与用户 Hilbert 值最近的点,并将其返回给用户。

7.8　本章小结

本章对物联网的信息安全技术进行了深入探讨和论述。具体包括物联网的安全需求,物联网的安全体系和物联网感知层、传输层和应用层面临的安全问题。最后,对物联网的位置隐私保护技术进行了分析和介绍。

习题

一、选择题

1. 异常检测的方法不包括（　　）。
   A. 基于模型的方法　　　　　　　　　　B. 基于近邻的方法
   C. 基于规则的方法　　　　　　　　　　D. 基于密度的方法

2. 下列属于生物特征识别的身份认证是（　　）。
   A. 图案　　　　　B. 指纹　　　　　C. 口令　　　　　D. 电子令牌

3. 信息如果只能由低安全级的客体流向高安全级的客体，高安全级的客体信息不允许流向低安全级的客体，则这个安全策略是（　　）。
   A. 向下读向上写　　　　　　　　　　　B. 向下读向下写
   C. 向上读向上写　　　　　　　　　　　D. 向上读向下写

4. 当一个组织（公司）的系统中有大量数据时，需要采用（　　）手段来保护系统数据安全。
   A. RBAC　　　　B. 强制访问控制　　C. 自主访问控制　　D. 以上都可以

5. 对称加密算法 DES 是（　　）的英文缩写。
   A. Data Encryption Standard　　　　　B. Data End System
   C. Data Encryption System　　　　　　D. Data End Standard

6. 如果恺撒密码的密钥 $K=4$，设明文为 YES，则密文是（　　）。
   A. BHV　　　　　B. CIW　　　　　C. DJX　　　　　D. AGU

7. RSA 的公开密钥 (n,e) 和秘密密钥 (n,d) 中的 e 和 d 必须满足（　　）。
   A. 互质　　　　B. 都是质数　　　C. $ed=1 \bmod n$　　D. $ed=n-1$

8. 下列不是隐私保护的主要方法的是（　　）。
   A. 匿名　　　　　B. 假名　　　　　C. 加密　　　　　D. 副本

9. 关于 HASH 描述准确的是（　　）。
   A. HASH 是一种表格，用来记账
   B. HASH 是一种数字货币加密算法
   C. 哈希函数，将任意长度的数据映射到有限长度的域上
   D. HASH 是一种区块链

10. 防篡改技术不依赖于（　　）技术。
    A. 非对称加密　　B. 哈希函数　　C. 数字签名　　D. 数字水印

二、简答题

1. 简要分析物联网安全问题。
2. 简述物联网面临的主要安全问题。
3. 简述物联网的感知层面临的安全挑战和可采用的安全技术。
4. 简述感知层的 WSN 安全机制和 RFID 安全机制。
5. 简述物联网传输层面临的安全问题及主要手段。
6. 简述密码学的基本概念和发展历程。

7. 简述对称密码和非对称的密码的区别与联系。

8. 什么是身份认证？身份认证有哪些方法和手段？

9. 什么是访问控制？常用的访问控制模型有哪几种？

10. 什么是数字签名？数字签名主要解决什么问题？

11. 什么是隐私保护？位置隐私保护的主要方法有哪些？

12. 简要说明数字签名的工作原理和应用场景。

13. 简述 DES 算法的工作原理。

14. 在使用 RSA 的公钥体制中，已截获发给某用户的密文为 $c=10$，该用户的公钥 pk＝5，$n=35$，那么明文 m 应该为多少？

15. 利用 RSA 算法运算，如果 $p=11$，$q=13$，pk＝103，对明文 3 进行加密。求 sk 及密文。

16. 在 RSA 体制中，假设某用户的公钥是 3533，$p=101$，$q=113$，请对明文 9726 加密和解密。

17. 简述位置 k-匿名的思想，说明其在位置隐私保护中的作用。

18. 简述基于赫尔伯特曲线的空间数据加密原理。

第8章

物联网的典型应用

物联网的应用无处不在,已经渗透到人们生活的各个领域,如环境监控、智能家居、智能交通、智慧农业、智能物流、智能电网、智慧医疗和工业流程等。下面从几个典型应用讲述物联网的应用特征和方式。

8.1 基于物联网的环境监控

地球环境的动态、实时监测是对物联网技术的典型应用,它通过点、线、面一体化的监测手段,实现对关键指标自动采集,并借助多种通信手段与智能网关设备及中心服务器相连,实现数据的实时传输和及时共享。上层智能决策中心在获取大量感知数据的基础上,通过各种模型分析目标区域环境变化趋势,对地球环境做出实时、准确的评估以及重大事件和突发事件的及时响应和预警。

物联网相关技术在地球环境监测领域的应用,将使我们摆脱传统监测手段单一、劳动强度大、采集周期长、成本高等缺点,作为环境监测的支撑技术,以统一的环境资源数据库为基础,建立起一个覆盖大气-水-土环境在内的实时在线监测网络,并构造一个集环境监测、预警、应急响应、领导决策一体的智能化体系架构,最终实现对地球环境更透彻的感知、更全面的互联、更精确的操控。

物联网技术与地球环境监测的有机结合对于完善和优化监测体系,提高监测效率,助推监测信息化,确保监测的实效性具有十分重要的意义。

8.1.1 基于物联网的环境监控系统架构

针对地球环境监测中基体复杂,流动性、变异性较大,涉及空间分布广泛,时间离散的特点,现有监测机制无法实现各监测站点的全面互联和数据的实时共享。因此需要以物联网智能网关作为接入平台,利用分层思想对物联网网关接入技术进行分析,研究物联网网关的体系结构、通信机制和数据管理方式。最后,通过地球环境监测平台实现对异构感知设备的可视化监控和一体化管理。

环境物联网的基本系统架构分为感知层、网络层和应用层,其作用可形象表述为传感、传送、传导和传达(即四传)。感知层对应了测量、感知环境污染监控因子的仪器仪表、现场传感器等(即传感),网络层对应各种可用的有线和无线网络(即传送),应用层则对应环境自动监控的具体业务逻辑的实现(即传导和传达),如图 8-1 所示。

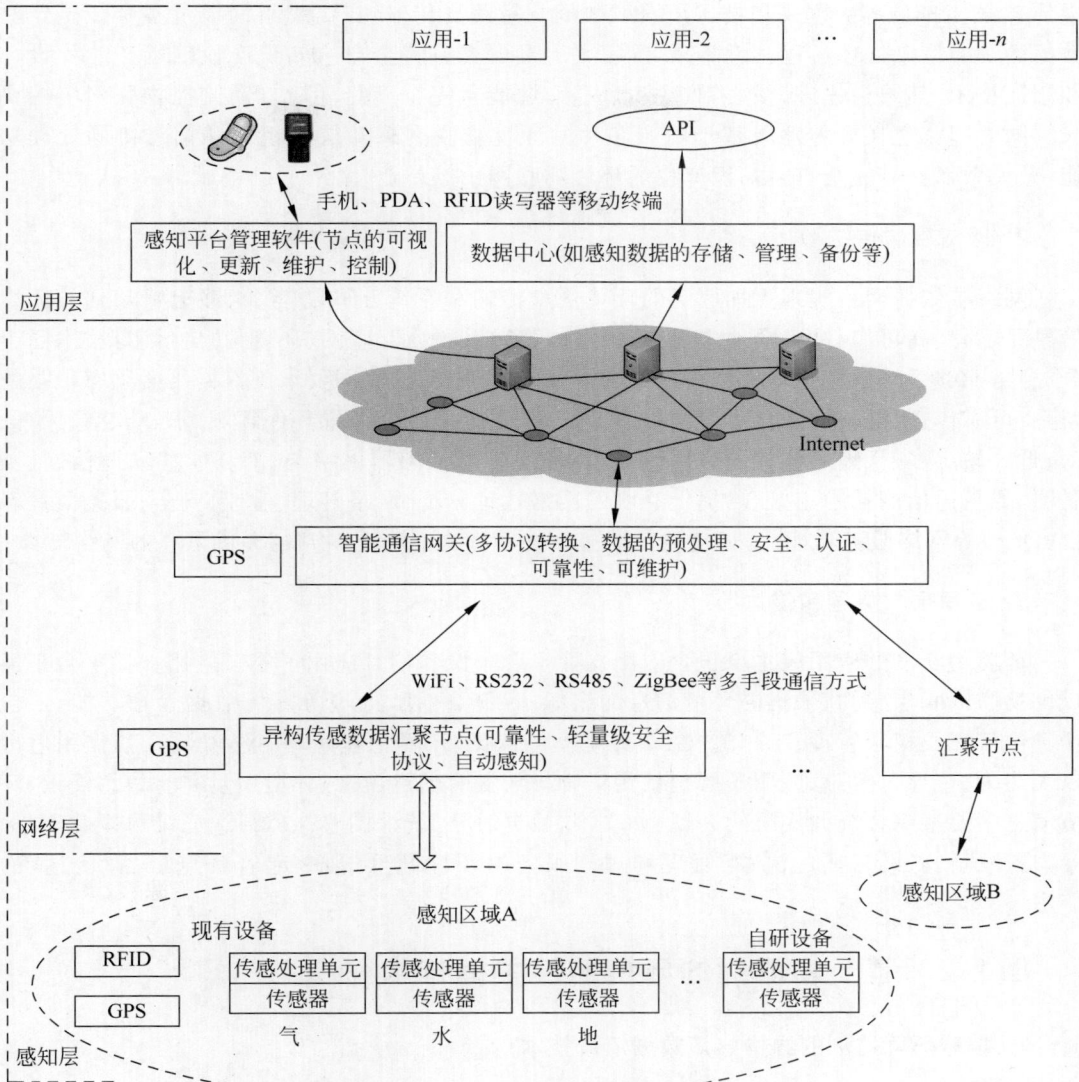

图 8-1 环境物联网应用的基本框架

1. 感知层（"传感"）

数据采集与感知主要用于采集各类环境要素测点（断面）、污染源纳入环境监测监控的因子、指标的数据（包括各类物理、化学、生物学指标），环境管理对象的标识（如机动车或便携式环境监测仪器的 RFID 电子标签），环境监控现场音视频数据，卫星定位数据以及卫星遥感数据。环境物联网的数据采集涉及传感器、检测仪、RFID、多媒体信息采集、二维码和实时定位等几乎所有的监测、检测、传感技术，在地理上则包括了水、陆、空、天等广阔的空间尺度和范围。环境自动监控感知层物联数量众多，环境业务特征强，是环境物联网的核心和基础，需要不断研究发展更多的满足新兴监测指标要求的专业传感器技术，使之具有良好的指标感知和数据分析处理功能。感知层还要发展传感器网络组网和协同信息处理技术，实现传感器、RFID 等数据采集技术所获取数据的短距离传输、自组织组网以及多个传感器对数据的协同信息处理过程。近年来，国家大力发展具有完全自主知识产权的国产芯片设计和制造技术，其结构先进，核心制造技术成熟，性能上完全满足环境自动监控物联网应用要求。同时国家也在大力发展基于国产芯片的环境物联网感知层的组网和信息协同处理功能，做大做强具有完全自主知识产权的环境物联网民族产业。

2. 网络层（"传送"）

网络层依托网络实现更加广泛的环境信息传输和系统互联功能，能够把感知到的环境信息无障碍、高可靠、高安全地进行传送。由于移动通信、互联网、环境信息专网等技术已十分成熟，能够很好地满足环境物联网中数据传输的需要，物联网要求支撑网络必须有很强的路由、可靠传送、网络故障自愈等网络服务能力，主要应综合考虑环保领域"水、陆、空、天"联动、野外站点多、天地一体化的应用特点，将环境信息传感器网络与 4G/5G 移动通信网、互联网、卫星通信网技术相融合，提供透明的网络地址分配、网络管理、监控、安全、服务质量保证（QoS）等网络服务功能，为环境自动监控系统节点之间实现"物联"提供可靠的网络支撑。

3. 应用层（"传导和传达"）

环境物联网的应用层主要包含应用支撑平台子层和信息应用子层。应用支撑平台子层提供物联网底层感知、采集的环境信息的组织、存储、交换、处理等环境数据管理功能，还包括身份认证及权限管理、工作流、GIS、环境模型计算、环境管理计算、报表服务，其作用可形象表述为"传导"。信息应用子层包括污染物排放实时信息展现、环境质量实时信息展现、环境信息多要素综合统计成果的展现（如文本、数据表格、统计图、Web GIS、三维可视化 GIS）等，是环境物联网为环境决策、管理和规划服务的环境信息门户，起着信息产品"传达"的作用。

8.1.2　基于物联网的环境监控关键技术

1. 地球环境监测的异构感知数据汇聚技术

地球环境监测设备种类繁多且接口（包括 RS232、RS485 和 USB 等）丰富，造成感知数据呈现多源、异构的特性，具体表现为不同来源的数据具有不同的数据标准、获取方式、组织方法和数据结构。为有效实现这些数据的收集和聚合，需要对所感知的各类异构数据进行标准化转换，提高后期的数据处理效率；同时，为方便数据的传输，需要统一通信协议标准，实现汇聚节点与智能网关间的网络互联。

由于大部分环境监测设备部署在野外，环境条件恶劣，需要充分考虑数据采集及传输的抗干扰能力和纠错能力，设计高性价比的数据采集系统，保证采集数据的完整性、可靠性和一致性。

感知数据的安全隐患主要包括物理攻击、拒绝服务攻击、伪造、篡改、窃听等。基于这些安全隐患，结合访问控制列表技术和各类加密算法，同时考虑低能耗、低复杂性的需要，分析设计地球环境监测数据认证服务协议，实现汇聚数据的安全传输。

主要的研究工作包括：异构感知数据标准化技术，多协议通信标准研究，高性价比可靠数据采集技术研究,地球环境监测数据认证服务协议设计。

2. 地球环境监测的智能通信网关

基于物联网技术的地球环境监测是一个复杂庞大的系统,其智能接入网关研究与开发是影响未来发展的关键所在,将成为连接感知网络与通信网络的纽带。作为网关设备,物联网智能网关可以实现感知网络与通信网络以及不同类型感知网络之间的协议转换,既可以实现面向全局的广域互联,也可以实现不同监测区域的局域互联,从而构建起从 IP 骨干网、接入网、移动通信网到近程通信感知网络的整体性网络,实现不同监测子网的无缝融合。

主要研究工作包括:智能通信网关体系结构的研究,分析不同终端接入方案,智能通信网关硬件的设计与开发,原始感知数据的压缩与编码,数据安全性与有效性研究。

3. 基于云架构的地球环境监测数据存储与管理

地球环境监测数据具有海量、非线性、多尺度、高维等复杂性特点,给数据的存储、维护提出了巨大的挑战。针对上述特点,利用云存储技术,结合开源的 Hadoop 分布式文件系统(HDFS)构建分布式、集群数据存储模型,同时,考虑到评价模型的构建对数据的实时调度速度要求较高,采取数据预读取策略,提高数据的读取效率。随着数据存储容量的增加,存储节点的数量和系统出现存储节点失效的概率也同步增加,因此,需要构建可伸缩、高性能、高可靠性的存储结构,采用相应的数据冗余机制,确保存储系统的高可用性。

主要的研究工作包括:分布式集群数据库云存储模型,信息孤岛数据聚融、数据预处理、数据清洗,海量数据预读取策略,存储过程、应用程序接口(API)设计。

4. 地球环境监测物联网平台的优化组织、调度与维护

在基于物联网的地球环境监测系统中,感知设备众多、节点散布范围广、各节点实时状态未知、感知信息种类多,如何分析、解释、管理网络中产生的大量节点和数据,是物联网必然要解决的问题。有效的解决途径就是开发一个可视化管理平台,利用定制的可视化平台,去观测监测网络内部的各种感知设备活动状态、属性等信息,辅助用户监测网络行为,发现网络中的错误,实现对监测网络的图形显示、科学管理、实时监测。此外,地球环境监测感知平台还需具有对节点的远程唤醒、诊断、程序自动升级更新等功能,实现对终端节点的自动化管理。

主要研究工作包括:感知系统可视化管理平台开发;感知系统软件自主发布;验证感知平台在实际监测应用中的效果,进而对软件进行完善与优化等。

8.1.3 物联网技术在环境监控中的应用

在环境自动监控应用中,环境物联网有众多的应用场景,尤其在为适应当前主要污染源的在线监控、机动车尾气排放监管、环境质量监控预警、环境风险源监管等环境管理业务的信息化支撑要求等方面,能有效解决环境信息的过程化、高密度、精细化、快速化采集问题,有利于促进环境监管方式和能力的根本性变革,构建强大的"智慧环保"监管能力。

1. 基于环境容量的自动监控自适应平衡

在我国各地环境自动监控系统建设中,目前还没有完全从区域或流域的环境容量出发,实现污染源监控系统集群网络各节点以环境容量为约束条件的污染物排放总量自适应、相互平衡的机制和功能,而这恰恰是我国环境污染减排考核、保障环境质量、确保环境安全最需要的环境自动监控功能。大量的环境监控中心只是单一地实现污染源在线监控装置(监控节点)与监控中心端的实时数据、历史数据、状态数据的上传,以及中心端极其简单地对现场检测仪器、污染处理设施控制指令的下发执行。这是一种较为典型的传统模式——节点-中心星形联网模式,如图 8-2 所示,其弊端是各污染源节点之间互相不感知、不联动、不协作,没有"物物"联网;在污染源监控网络内部,基本没有自适应、自我主动调整机制和功能,难以确保污染源在线监控集群不突破环境容量。以一条河流为例,假设纳污环境容量为 T,如不严密考虑河流自净等因素,各污染源允许的排放总量为 $P_1, P_2, \cdots, P_n$,则应满足 $P_1 + P_2 + \cdots + P_n \leqslant T$。

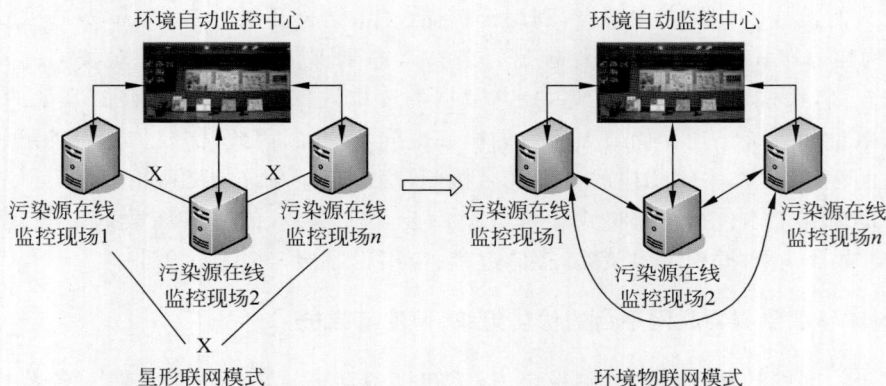

图 8-2 环境自动监控系统传统星形联网(左)与环境物联网模式(右)

当某污染源排放量发生 ΔP 的增量时,根据集成到环境自动监控系统网络中适当的总量平衡来消减任务分配模型,其他污染源自动监控节点就应当智能感知,共同协作,降低排放强度,调减排放量,这样才能确保河流纳污量不超过允许的环境容量,环境质量处于稳定状态,确保环境安全。这就要求环境自动监控系统应从传统的节点-中心星形联网模式发展为节点-节点、节点-中心并重的物联网监控模式。各监控节点不仅要监控和累计统计自身的排污数据,同时也要及时感知、获得有共同环境质量目标关联的其他节点的实时监控数据和累计统计排污数据,在全面考虑众多作用影响因素的流域(区域)总量平衡模型的控制下,实现污染物排放浓度、总量的自适应调整,整个时间过程均需要所有参与的自动监控节点的互相感知、信息连续交换、环境行为互协作,不断自我调整,不断针对目标而优化排污过程,而这正是物联网技术的最佳应用场景,具有强大的应用潜力。

2. 环境自动监控系统与企业生产业务系统的对接和信息交换

企业生产业务系统源源不断地消耗水、电、煤、油及其他原材料,其生产运营设备的工况信息也是环境自动监控系统"智慧"判断排污强度特征的依据。企业生产业务负荷大则自动监控系统应将排污数据感知、采集频率相应提高,无工况则自动调节污染因子感知设备处于休眠待机状态,节约环境自动监控系统运行成本。这些功能需求均依赖基于物联网理念的技术集成研究和应用。随着企业生产制造和物流系统物联网的不断完善,环境物联网与企业生产业务物联网的信息交换、精细感知生产工况、主动调节环境自动监控采集的频率将变得可行。

3. 自动监控系统的运维管理

应用物联网理念创新的污染源自动监控系统已成为我国现阶段巩固污染减排成果的有效手段。目前,在中国应用较多的环境监控是水资源管理和动力环境监控。其实,环境监控已逐渐渗入各行各业,如农业环境监控、温室大棚种植监控、钢铁行业能源环境监控、通信站环境监控等。"管中窥豹,可见一斑",环境监控现在已成为保护生态环境、合理利用环境资源、发展低碳经济、减少污染物排放、实现可持续发展的重要工作,各级政府部门已日益重视对环境的保护。

基于物联网理念的环境自动监控系统的运维管理复杂,需要采用人、机互融技术对自动监控系统进行精细化管理和维护。例如,针对污水在线处理系统,环境自动监控物联网应该能够自动判断何时需要执行污水检测、添加污水处理试剂或药液、进行定期检修维护;污水处理部门能够根据自动监控系统提供的数据,及时获取试剂消耗量和设备工作状态,及时补充试剂和耗材备件,为自动生成维护计划提供服务。"人"与"物"的有机沟通使得环境自动监控系统能够更加健康、稳定、高效地运行,系统联网率、数据捕获率、数据有效率将大大提高。

4. 机动车尾气排放监管

机动车数量庞大,流动性强,对机动车尾气排放的环境自动监控一直较薄弱。在物联网技术支持下,对机动车内置无线电子标签或其他无线传感器,通过无线传感技术、地理信息系统、数据智能等技术的集成应用,每辆车都被精确地空间定位,车辆的工况信息被持续采集,这些车辆的地理位置和尾气排放信息源源不断地在环境物联网上传输到机动车尾气监管信息平台,就能准确获得道路网、城市乃至更大区域内机动车空间分布动态,精细计算碳氢化合物、氮氧化物等尾气成分排放的时空特征,为淘汰不符合排放标准车辆,在空气污染严重路段实行车辆分流、限行等保障空气质量措施提供动态、可靠的信息依据。

5. 排污总量-环境质量关联耦合

目前,环境质量自动监测预警系统并没有与污染源在线监控系统有机地联网集成,而是自成体系,缺乏污染物排放总量、强度信息与环境质量的关联分析和响应能力。环境物联网可以实现"物与物"的信息交换和业务协作,建立高效的"智慧环境监控"联动机制,形成以保障环境质量稳定为目标的动态信息传递链。以空气质量保障为例,一旦自动监测站感知到空气质量发生波动,环境监控中心在污染扩散模型的支持下,立即生成排放控制应急方案,将污染排放控制任务传递到周边参加了关联耦合的污染源监控节点,这些节点自适应调整,通过限产、停产等应急措施降低污染物排放浓度和总量,达到确保环境质量稳定的目的(见图 8-3)。

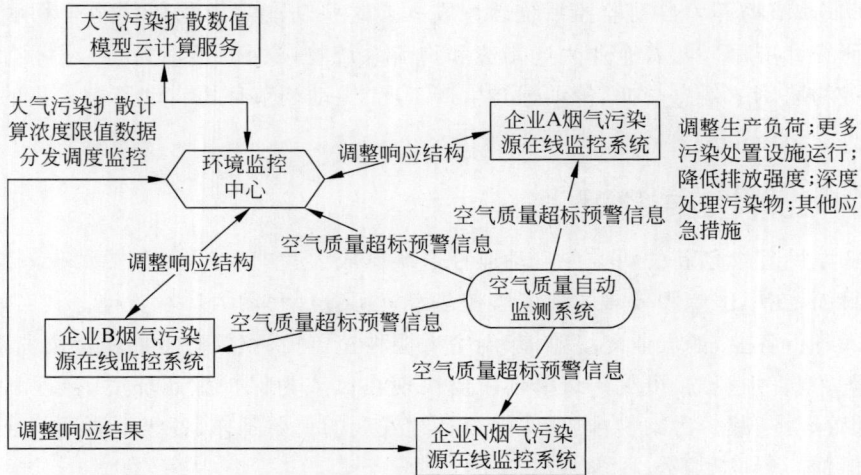

图 8-3   物联网实现排污总量与环境质量关联耦合示例

6. 天地一体化生态环境感知

近年来,生态环境部高度重视环境监测天地一体化应用。环境一号卫星(全称为"环境与灾害监测预报小卫星星座",简称"环境一号",代号 HJ-1)是中国第一个专门用于环境与灾害监测预报的小卫星星座,是中国继气象、海洋、资源卫星系列之后发射的又一新型的民用卫星系统。环境一号卫星由两颗光学小卫星(HJ-1A、HJ-1B)和一颗合成孔径雷达小卫星(HJ-1C)组成,具有中高空间分辨率、高时间分辨率、高光谱分辨率、宽观测带宽性能,能综合运用可见光、红外与微波遥感等观测手段弥补地面监测的不足,可对中国环境变化实施大范围、全天候、全天时的动态监测,初步满足中国大范围、多目标、多专题、定量化的环境遥感业务化运行的实际需要。环境一号卫星系统的建设在国家环境监测发展中具有里程碑意义,标志中国环境监测进入卫星应用的时代。

环境一号卫星于 2003 年国家批准立项建设。HJ-1A 和 HJ-1B 于 2008 年 9 月在太原卫星发射中心以"一箭双星"成功发射,现运行正常。HJ-1C 于 2012 年 11 月在太原卫星发射中心发射。这些卫星上的红外波段 CCD、高光谱、微波等传感器,初步形成了宏观尺度的生态环境监视预警信息感知能力。多年来,环保系统在地面已有密布各地的空气质量自动监测网络、地表水质自动监测网络、重点污染源在线监控系统网络,环境监测实验室配备了大量的分析检测仪器,在环境应急方面也配备了大量的便携式仪器,环境信息 VPN、业务专网建设也基本完善,环境物联网技术可以加强这些多学科、多源、多传感器信息集成,增强各系统间相互感知、耦合和联动,构建天地一体化、"水、陆、空、天""多兵种"联动的环境物联网应用框架。

7. 与其他行业物联网的数据交换

环境自动监控系统今后还要集成利用其他涉环行业(如水利、气象、农林、国土、建设)的业务系统在线感知的数据信息,环境物联网是从行业管理和应用集成角度来定义的,其他行业部门也会发展行业物联网应用,各行各业物联网将在更广的范围,按照一定的物联网标准规范进行互联并交换信息,构成区域、国家乃至全球尺度的物联网。多行业、多学科的环境信息集成,将大大提高环境自动监控系统的应用成效,更好地为环境管理和政府决策、应急指挥服务。

8.2 基于物联网的智能家居

智能家居概念的起源很早。20世纪80年代初,随着大量采用电子技术的家用电器面市,住宅电子化开始实现;20世纪80年代中期,将家用电器、通信设备与安全防范设备各自独立的功能综合为一体,又形成了住宅自动化概念;至20世纪80年代末,由于通信与信息技术的发展,出现了通过总线技术对住宅中各种通信、家电、安防设备进行监控与管理的商用系统,这在美国被称为Smart Home,也就是现在智能家居的原型。

智能家居在维基百科中定义如下:以住宅为平台,兼备建筑、网络通信、信息家电、设备自动化,集系统、结构、服务、管理为一体的高效、舒适、安全、便利、环保的居住环境。进入21世纪后,智能家居的发展更是多样化,技术实现方式也更加丰富。总体而言,智能家居发展大致经历了4代:第一代主要是基于同轴线、两芯线进行家庭组网,实现灯光、窗帘控制和少量安防等功能;第二代主要基于RS485总线接口、部分基于IP技术进行组网,实现可视对讲、安防等功能;第三代实现了家庭智能控制的集中化,出现了控制主机,业务包括安防、控制、计量等;第四代基于全IP技术,末端设备基于ZigBee等技术,智能家居业务采用"云"技术,并可根据用户需求实现定制化、个性化。

近年来物联网的发展为智能家居引入了新的概念及发展空间,智能家居可以被看作物联网的一种重要应用。基于物联网的智能家居,表现为利用信息传感设备(同居住环境中的各种物品松耦合或紧耦合)将与家居生活有关的各种子系统有机地结合在一起,并接入互联网,进行监控、管理、信息交换和通信,实现家居智能化,包括:智能家居(中央)控制管理系统、终端(家居传感器终端、控制器)、家庭网络、外联网络、信息中心等。

8.2.1 基于物联网的智能家居组织架构

1. 家居综合布线系统

家居布线系统就是把电话、有线电视、计算机网络、影音系统、家庭自动化控制系统的布线统一规划、布局,集中管理,为实现家居智能化提供网络平台。通过家居综合布线,既可以实现智能化控制,又可以做到资源共享,而且通过综合布线,可使家庭内部布线系统具有良好的扩展性,并可随时升级,满足用户未来的需要。

2. 家居安防系统

家居安防系统可以有效利用技术手段来实现居家安全防范。家居安防系统包括防盗、防燃气泄漏、防火等功能,并具备远程监控,住户可以通过网络或电话随时了解家中情况,同时可远程监控家庭内部情况。

3. 家庭自动化系统

智能家居的主体在于家庭自动化。家庭自动化的主体是家电、照明等电气设备的控制。

自动化系统采用集中或者分布式控制,住户可以通过网络或者电话远程控制家庭内部设备,家居自动化系统是智能家居的主要发展方向。

4. 场景环境预置

随着人们对生活体验的个性化要求越来越高,对家庭内部影音系统、环境、网络虚拟环境等需求也越来越高,人们用在这方面的消费支出也将越来越高。未来的智能化家居也会更多地满足人们这些方面的需求。

8.2.2　基于物联网的智能家居关键技术

1. 计算机软件技术与计算机网络技术

在数字家庭网络中涉及的计算机软件,除一般的用户程序外,最突出的有两个方面。首先是网络操作系统和数据库,这个操作系统应该具有占存储器小、使用方便、配置灵活、容错性能好等特点;由于一般的家庭控制网络中,不可能使用各种体积庞大的数据库,而实际使用时又需要处理大量的数据,因此需要设计者设计一个适合家庭网络使用的数据库。

其次是家庭网关,它是智能家庭网络上的一个重要部分,是将单个家庭网络与外部世界(如局域网、Internet 或智能小区的子网络)沟通起来的关键部件。它支持家庭网络接入Internet 或 Ethernet,进行路由选择、网页浏览,此外还提供编码压缩和网络接口等功能。

2. 信息网络系统技术

当今各地的有线电视主干网已大规模采用光纤。利用有线电视网作为信息传输平台,基于有线电视网建设智能小区已有许多城市的成功案例。有线电视接入技术是一种成熟技术,能综合传输图像、数据和语言等多媒体业务。高速数据传输采用 QAM/QPSK 调制,低速数据采用 FSK/ASK 调制。

用户终端机顶盒拥有 Internet 接入能力并能够将家庭设备,包括报警探头、水电气表、家电等接入互联网,不仅满足了用户交互或快速上网等的要求,而且为住户提供了能适应将来科技发展的人性化接口,其实施的保证是由有线电视中心完成的。比较有现实意义的是,基于有线电视网能够节省大量的利用光纤及五(六)类线组网的费用,并免去了网络运行维护的费用。

3. 图像处理技术

图像处理技术属于信息技术中层次比较高的技术,目前它也已经走入了数字家庭之中。其中比较典型的例子是智能门锁,这种门锁是不需要用普通钥匙的,它的"钥匙"是该家庭每个成员自己身上的某个器官特征:如手指的指纹,或人脸的特写,或眼睛中的虹膜等。这些人体自身的特征,首先需要通过一些专用的装置将它们采集到,然后对这些采集到的图像信息进行必要的处理,并提取相应的特征,最后根据这些特征来识别出"是否是本家居中的成员"。

4．传感器技术

在一个智能家居中，为保证完善的控制，需要测量的物理量是多种多样的（例如流量、电量、温度、湿度、微量气体含量等），这都需要传感器技术。一般说来，家庭中的物理量的测量精度要求不高，测量设备的体积和重量也没有苛刻的要求，因此还需要研究和开发适应家庭网络控制用的价格低、稳定、可靠和多功能集成的测量技术和传感器技术以及相应的产品。

8.2.3 物联网技术在智能家居中的应用

下面列举智能家居的具体应用场景，来体验一下物联网智能家居服务可以给人们的生活带来怎样的便捷：用户在下班回家的路上即可用手机启动下班"业务"流程，将热水器和空调调节到预订的温度，并检测冰箱内尚有的食物，如不足则通过网络下订单要求超市按照当天的菜谱送货，场景示意图如图 8-4 所示，而这仅仅只是智能家居的一个典型应用场景。

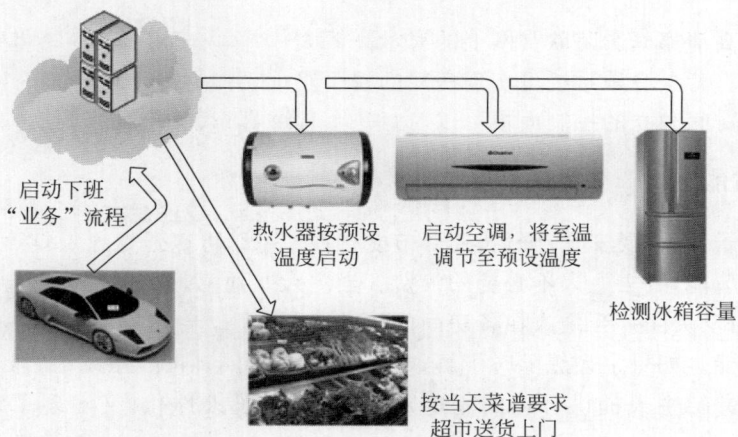

图 8-4 物联网智能家居应用场景之一

1．智能家电控制

早上醒来，房间内的灯光、窗帘、空调、音响等都相应进入预定的工作状态。上班前，选择外出模式，电器自动关闭，门窗闭合，房子自动开始警戒。在上班时，可通过手机或计算机网上管控家中的电器。当家中的电器出现异常时，可通过短信及时通知主人。下班的路上，发个指令让电饭煲开始煮饭，给空调、热水器和洗衣机发个短信，它们立即开始工作。当打开家门时屋子里已经是舒适宜人的温度，饭已经熟了，洗澡水烧好了，衣服也洗干净了……回到家拿起智能遥控器，随心操控各类设备：畅快地享受数码高清大片带来的震撼；躺在软软的床上，遥控灯光让环境光线变得柔和；远离一天的嘈杂，享受此时属于自己的静谧；入睡之前，窗帘在遥控器的指令下徐徐拉上，带着屋顶的满眼星光和您一同入梦……这些就是物联网生活的一部分体现，这已经不再属于科幻范畴，现代家庭物联网系统已经让这样的生活成为现实，并且预计在 5～10 年间普及。

2．安全防范系统

当家中有外人入侵、火灾隐患等情况时，系统会以手机短信等方式第一时间向主人和物业管理中心报警。当主人忘记关闭燃气阀时，系统就会发送报警信息至主人手机，主人便可通过手机短信、网络等方式关闭智能燃气阀；如果家中发生燃气泄漏，系统发送报警信息通知主人，并自动关闭燃气总阀门，在最大程度上减少人身、财产的损失。视频监控系统对房屋周围进行安全布防，一旦遇到非法入侵，系统会主动拨打电话给物业管理中心报警，留下宝贵的影像资料，并在第一时间发送手机短信通知主人。

3．可视对讲功能

当家中有客人来访时，无论主人这时身处客厅、厨房还是浴室，均可以通过室内分机来观看来访者并与其通话，也可以直接开门，不用跑到门口去开门。

4．智能影音功能

用智能化高清家庭影院欣赏网上的海量高清大片，影院场景一键切换，所有烦琐操作全部由系统代劳。背景音乐系统可实现房间的视听功能，并使房间的任何一个角落都可以享受到音乐。各房间独立的控制面板可以对每一个音源进行调节。

5．绿色节能功能

居家过日子，不仅要安全、舒适，还要节能省钱。系统可以通过人走灯灭、电器用电报告等方式来体现节能，省去主人不必要的浪费。当主人回到家，灯光、窗帘将会自动开启，离家时灯光、窗帘自动关闭。当主人在各房间内移动时，灯光也会随开随灭，省去手动开关的同时又实现了节能。如果主人想随时了解家中各电器的用电情况，系统还可以随时记录各电器的用电情况并给主人提供合理的用电建议，既体现了人性化，又实现了绿色节能，一举多得。

6．情景模式设置

可以通过设置居家模式、外出模式、影院模式、就餐模式、会客模式、睡眠模式等所需要的情景模式，一键切换，随时选择我们想要的生活。

目前，我国家电物联网技术发展迅速，并已走入百姓家中。多家知名电器厂商推出了将电饭煲、冰箱、空调等进行互联的智能家居系统，相关市场正迎来新一轮爆发，竞争更为激烈。

作为物联网重要的应用，智能家居涉及多个领域，相对于其他的物联网应用来说，拥有更广大的用户群和更大的市场空间，同时与其他行业有大量的交叉应用。目前，智能家居的应用多是垂直式发展，行业各自发展，无法互联互通，并不能涉及整个智能家居体系架构的各个环节。如家庭安防，主要局限在家庭或小区的局域网内，即使通过电信运营商的网络给业主提供彩信、视频等监控和图像采集业务，由于业务没有专用的智能家居业务平台提供，仍然无法实现整个家庭信息化。但也应看到，智能家居已经发展很多年，业务链上的各个环节，除业务平台外都已较为成熟，而且均能获得利润，具有各自独立的标准体系。在都有各自的"小天地"但规模相对较小的现状下,要在未来实现规模化发展,还有许多问题亟待解决。造成目前智能家居现状的原因是多方面的,包括政府扶持不够、资金投入不足、行业壁垒、地方保护,以及智能家居和物联网相关技术短期内不成熟等。由于智能化家庭是社会生产力发展、技术进步和社会需求相结合的产物,随着人民生活水平的提高、相关政府部门的扶持、相关行业协会的成立,智能家居将逐步形成完整的产业链,统一的行业技术标准和规范也将进一步得以制定与完善。智能化家庭网络正向着集成化、智能化、协调化、模块化、规模化、平民化方向发展。

8.3 基于物联网的智能交通管理

近几年,交通运输业带来的能耗、污染以及拥堵问题日益严重,极大地制约了我国经济的发展。发展智能交通是解决思路之一。随着高新技术的发展和应用,道路交通管理领域正发生一场深刻的变革。智能交通系统在全球范围内的兴起,从根本上改变了传统交通控制的思想观念,传统的经验型交通管理模式已经无法适应新时期道路交通发展的需求。道路交通管理正在从以静态管理为主的模式向以动态管理为主、动静态管理相结合进行网络化、智能化管理的方向发展,对道路交通流进行整体优化、全面控制、主动诱导的先进交通控制技术和管理方法在现实中逐步得以实施。

智能交通管理系统(Intelligent Transportation Management System,ITMS)是通过先进的交通信息采集技术、数据通信传输技术、电子控制技术和计算机处理技术等,把采集到的各种道路交通信息和各种交通服务信息传输到交通控制中心,交通控制中心对交通信息采集系统所获得的实时交通信息进行分析、处理,并利用交通控制管理优化模型进行交通控制策略、交通组织管理措施的优化,交通信息分析、处理和优化后的交通控制方案和交通服务信息等内容通过数据通信传输设备分别传输给各种交通控制设备和交通系统的各类用户,以实现对道路交通的优化控制,为各类用户提供全面的交通信息服务的一种系统。

智能交通能够提高道路使用效率,使交通堵塞减少约 60%,使短途运输效率提高近70%,使现有道路的通行能力提高两至三倍。车辆在智能交通体系内行驶,停车次数可以减少 30%,行车时间减少 13%～45%,车辆的使用效率能够提高 50% 以上。

智能交通能够大幅降低汽车能耗。通过智能交通控制,由于平均车速的提高带来了燃料消耗量和排出废气量的减少,汽车油耗也可由此降低 15%。以 7000 万辆汽车保有量测算,每年可减少约 2500 万吨汽油的消耗,占每年成品油进口量的一半以上。同时,交通的顺畅将大幅度减少车辆在路上的停滞时间,使得汽车尾气的排放大大减少,从而改善空气质量。据测算,全国汽车发动机空转的时间每减少 1 分钟,就可减少 1000 吨汽油转换的废气排放。推动智能交通,可使中国温室气体的排放量减少 25%～30%。

智能交通能够有效减少交通事故。例如,某国每年仅交通事故一项造成的伤残人数就达五十多万,死亡人数十余万。智能交通技术能够有效减少交通事故的发生,可使每年因交通事故造成的死亡人数下降 30%～70%。

通过智能交通管理系统的建设,交通管理者可以利用多媒体技术、网络技术、卫星定位技术等现代化的管理手段,实时、准确、全面地掌握当前交通状况,预测交通流动向,制定合理的交通诱导方案,实现快速反应,准确、及时地处理交通突发事件,提前消除交通隐患。增强城市交通管理部门对城市交通的管控能力,改变城市交通管理的科学化、现代化水平,城市交通系统的整体性能将得到根本改善。

8.3.1 基于 RFID 的不停车收费系统

近年来,物联网相关技术的发展、成熟,为交通信息的采集提供了新的思路,也为智能交通系统的研究注入了新的活力。加之政府对物联网行业和智能交通行业发展的重视,以及大力度的资金支持,极大地促进了物联网技术在智能交通领域的发展。

目前,RFID 技术在电子不停车收费(ETC)系统中已经取得了很大的成功。例如,中国高速公路的 ETC 系统、美国东北部的快易通电子收费系统(E-Zpass)等,它们使用 RFID 技术来允许司机通过收费站时实现不停车交费。RFID 相比交通领域传统的检测技术,如线圈检测、视频检测等具有的最大优势就是它能够迅速、准确地识别特定的车辆。信息采集的过程如图 8-5 所示。

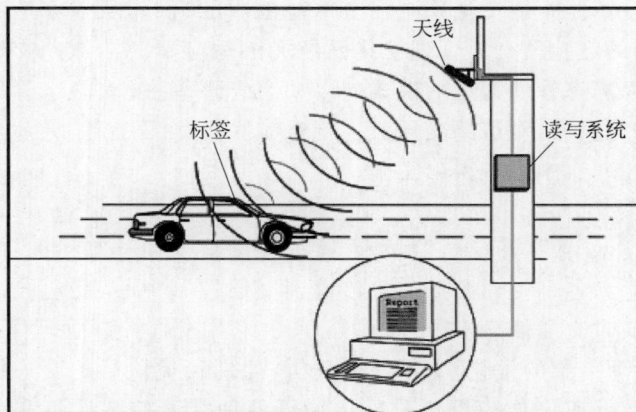

图 8-5 基于 RFID 的不停车收费系统示意图

当携带有 RFID 标签的车辆经过检测区域时,阅读器天线发出的信号会激活 RFID 标签,然后 RFID 标签会发送带有车辆信息的信号,天线接收到信号后传送给阅读器,经阅读器解码后通过网络传输到数据中心,经过分析、处理就可以获得路网的交通流参数以及车辆的行驶轨迹,据此可以进行有效的控制并提出相应的管理措施。

8.3.2 基于物联网的智能交通关键技术

1. 城市交通领域专用 RFID 标签

虽然目前 RFID 技术已经比较成熟,有源 RFID 标签的工作范围已经可达 100m,但是尚缺少针对城市交通领域专用的 RFID 的深入研究。从适用性和成本两方面考虑,研究适合城市交通领域专用的 RFID 技术都很有必要。城市交通领域专用 RFID 技术的研究需要从以下几个方面考虑。

(1)频段:目前看来,超高频段比较适合车辆管理使用。

(2)存储容量:作为以电子车牌为目标的智能交通车辆身份标识与信息载体关键技术,车辆管理服务对容量的需求应该兼顾绝大部分车辆的管理服务。

（3）工作距离：其工作距离及相关的物理特性应该可以支持绝大部分智能交通（如公交信号优先、智能信号控制等）需要、支持远距离机动执法。

（4）功能：是否集成其他通信功能，如信息写入，以满足车辆与控制中心交互信息的需要。

2．基站分布网络的优化

RFID 读写器采集到的交通数据能否如实反映该路段的交通运行状态，与读写器在整个路网上的分布有着很大的关系。如果每一条路段都安装读写器，则所需费用是十分高昂的。在期望采集到完整的路网交通信息的基础上，尽可能地减少读写器基站的数目，这就是基站优化分布的宗旨。另外，在安装单个基站时，要考虑读写器天线的布置方式，满足能识别多车道的车辆及行驶方向。

优化分布的基本思路如下：由于出租车和公交车的运行线路大部分都在车流量比较大的城市主干道和快速路上，因此在行程时间调查的前提下，可结合主干道和快速路的行程时间参数，以及整个城市路网交通流量的参数，提出主干道或快速路上 RFID 自动识别系统的布设个数和基于图论的读写器布点方案。

3．多传感深度融合的系统集成关键技术

基于 RFID 技术、计算机视觉技术、传感技术等的多传感深度融合系统集成关键技术是智能交通系统的关键技术之一。RFID 技术在智能交通管理领域的应用主要有以下两种情况：封闭区域使用或开放道路环境下使用。其中，封闭区域使用可以保证所有车辆装有 RFID 终端或标签，开放道路环境难以要求所有车辆装有 RFID 终端或标签。

对于第一种情况，单一 RFID 技术可以勉强对车辆实现管理，但难以实现优质的管理和服务；对于第二种情况，若不结合其他传感技术，RFID 有如"无源之水"。因此，RFID 技术与其他传感技术相结合的深度融合应用是智能交通的必然发展趋势之一。

多传感深度融合的系统集成关键技术就是在全面考虑需要融合的 RFID 技术、计算机视觉技术、传感技术等具体技术特性的基础上提出的针对性的工程硬件架构，并最终定义多传感深度融合智能交通中间件产品。

多传感深度融合智能交通中间件的输入为计算机视觉软硬件接口、RFID 技术常见产品接口与传感接口；输出接口为向上传输融合接口的标准网口与自定义传输协议，协议中包括融合前信息与现场融合后信息以及现场的时空信息和产品自检信息。

4．交通信息的深度挖掘

智能交通信息深度挖掘技术需要充分利用基站采集的交通信息，全面挖掘智能交通管理和服务等再生信息。需要对采集所得的数据及时处理，过滤"病态数据"，并根据有效数据，采用合适的算法以得到各项参数，为交通预测和诱导提供依据。

为了准确地得到交通流参数，仅仅依靠单一的检测数据是不行的，必须对区域内相关临近道路上的检测数据进行融合处理，包括事件检测和流量、行程时间两个方面。在交通流特性已知时，可对相邻路段或交叉口周围路段上的多个数据进行时间和空间对准，在关联分析的基础上判定区域交通流的特性和交叉口的控制状态。若路段的某处有偶发事件，则本路

段和临近路段的交通流参数会发生突变。通过参数突变点的融合判断可以推测出交通偶发事件的发生。同时,可以利用基于 RFID 技术的车辆定位方法对车辆进行定位,通过 BP 网络、Kalman 滤波、时间序列分析等方法,给出下一时段的交通流量和运行时间预测值,从而实现对路网交通流的诱导、疏通,减少交通堵塞。

8.3.3 物联网在智能交通中的应用

1. 交通执法管理

目前,对于违章行驶行为,采用的是人工现场执法辅以图像捕捉违章行为,具有不可靠性和随机性。基于 RFID 技术的交通管理系统结合"电子眼",利用地感信号和"时空差分"等技术对逆行、超速、路口变道等违章行为实现准确的检测与判定,实现交通违规、违章的处理。

在特定情况下,公安部门往往需要对某些特定车辆在某特定区域内运行状态的全过程进行记录及回溯。基于 RIFD 技术的交通管理系统通过前端基站对车载标签的识读以及后台信息系统对数据的有效管理,提供查询服务,并支持查看历史过车记录的详细信息以及查询结果的数据分析功能。

另外,出于一定执法需要,公安机关有时需要临时部署车辆拦截任务。基于 RFID 技术的智能交通管理系统可以提供高度定制的执法入口,供执法人员把欲拦截车辆或司机的信息录入系统,系统执行相应高级别的响应,将此信息实时下发到基站,配合公安机关实施有效的布控管理。

2. 交通需求管理

有证据表明,对进入交通流量很大的城市中心区域的车辆收取一定的拥堵费,可以缓解城市中心区的交通压力,改善城市的空气质量。

新加坡 1975 年起在市中心 $6km^2$ 的控制区域,对进入的车辆每天收费 3 新元的"道路拥堵费",公交车除外。

英国伦敦和瑞典斯德哥尔摩于 2003 年和 2007 年先后开始对市中心的车辆征收"道路拥堵费"。伦敦对进入市中心的小车征收道路拥堵费后,每天进入市中心的小汽车减少了 20%～30%,公交车因此较以前提速 25%。

2008 年 3 月 31 日,美国纽约市议会表决通过了在曼哈顿区征收交通拥堵费的提案。根据提案,从早 6 时至晚 6 时,纽约市曼哈顿区 60 街以南到华尔街商圈路段将收取拥堵费,收费标准为轿车每天 8 美元,卡车每天 21 美元,出租车多收 1 美元附加费。

伴随着日益恶劣的交通状况,国内的一些大城市,如北京、上海、深圳也开始考虑采取收取"道路拥堵费"的方式来解决交通拥堵的问题。如果有关的方案最终能获得审批通过的话,基于 RFID 的智能交通管理系统可以在收费的技术层面发挥巨大的作用。当车辆通过某路口进入收费区域,设置在路口的基站检测到该车时,即可将与该车相关的信息传入数据中心,系统会自动将费用从车主的账户中扣除。甚至可以考虑根据车辆在中心区的逗留时间及行程来对收取拥堵费的多少进行调节。

3. 交通调度与控制

通过 RFID 技术可以实现特定车辆的进入控制。通过安装在路口的 RFID 阅读器,并辅以其他自动控制系统,可以不让特定类型的车辆,或有违章记录的车辆进入某区域或者某路段。

通过安装在路口的 RFID 阅读器,还可以探测并计算出某两个红绿灯区间的车辆数目,从而智能地计算路口的交通信号配时,智能交通信号控制结构如图 8-6 所示。同时,由于 RFID 具有识别特定车辆的功能,故可以对公交车辆进行识别,从而实现公交优先的交通信号控制。

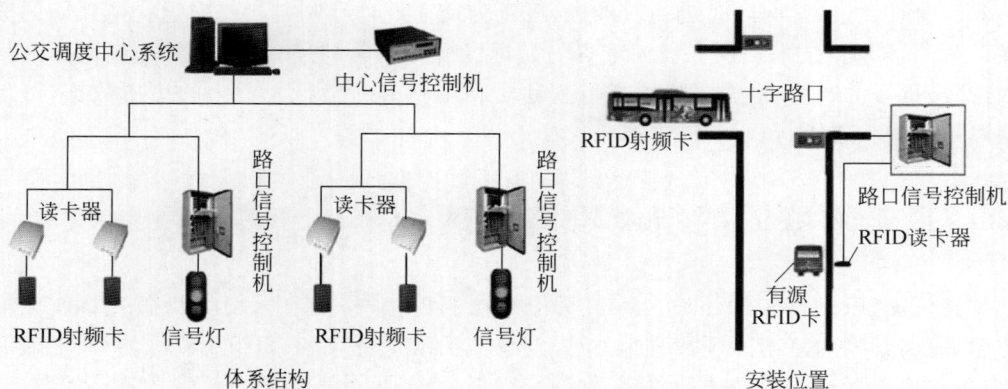

图 8-6 智能交通信号控制结构

另外,根据从 RFID 信息采集器获得的整个路网的交通流参数,可以对整个路网的交通运行状态进行分析和评估,提前判断出可能出现交通拥堵的区域,然后采取一定的控制措施或者进行交通诱导,消除可能出现的拥堵情况。

4. 交通诱导

交通诱导系统指在城市或高速公路网的主要交通路口,布设交通诱导屏,为出行者指示下游道路的交通状况,让出行者选择合适的行驶道路,既为出行者提供了出行诱导服务,同时调节了交通流的分配,改善了交通状况。

智能交通诱导还具有查询来自车载终端信息的功能,依据 RFID、GPS 等对车辆进行定位,根据车辆在网络中的位置和出行者输入的目的地,结合交通数据采集子系统传输的路网交通信息,为出行者提供能够避免交通拥挤、减少延误及高效率到达目的地的行车路线。在车载信息系统的显示屏上给出车辆行驶前方的道路网状况图,并标识出最佳行驶路线。

5. 紧急事件处理

利用 RFID、检测及图像识别技术,可对城市道路中的交通事故等偶发事件进行检测,如检测到事故系统会报警,然后利用基于 RFID 的定位技术对事件发生地点进行定位,通知有关部门派遣救援车辆。

当救援车辆接受派遣,前往事发地点时,利用 RFID 对该特定车辆的识别,系统开始对救援车辆的运行进行管理。交通控制中心的计算机将计算最短行驶路径,使得通过此路径的救援车辆以最短时间到达出事地点。在这条路径设置有基站,当车辆通过时路径信息将会被基站接收,然后传回数据中心。最后,在救援车辆通过的线路上,可以采用信号优先控制,将所有交叉口的绿灯时间调整至最大,保证救援车辆优先通过,从而使救援车辆以最快的速度到达出事地点。同时,系统可以向十字路口的车辆和行人发出警报,告诉他们紧急车辆即将到达。此外,交通信息中心通过网络系统可以向其他车辆提供事件地点及其周围的交通状况信息。

通过此系统,可以提高受伤人员的抢救效率和犯罪嫌疑人的捕获率,而且减少了在十字路口由于紧急车辆紧急奔向事故现场而引发的交通事故。

由于 RFID 可以记录车辆的行驶轨迹,因此可以得到出行的源-目的信息,即 OD 信息。这一 OD 信息数量巨大,同时也比较准确,可以为交通规划和基础设施布设提供很好的数据支撑。另外,RFID 技术提供了极为宝贵的与司机行为有关的信息,可以对这些数据进行分析,研究出行者的行为,对交通模式进行判断。利用获得的出行者行为的历史数据,可以更好地对路网的状态进行预测。

8.4　基于物联网的智能物流管理

物流管理(Logistics Management)是指在社会再生产过程中,根据物质资料实体流动的规律,应用管理的基本原理和科学方法,对物流活动进行计划、组织、指挥、协调、控制和监督,使各项物流活动实现最佳的协调与配合,降低物流成本,提高物流效率和经济效益。

物流管理的发展经历了配送管理、物流管理和供应链管理三个阶段。物流管理起源于第二次世界大战中军队运送物资装备所发展出来的储运模式和技术。在战后这些技术被广泛应用于工业界,并极大地提高了企业的运作效率,为企业赢得更多客户。当时的物流管理主要针对企业的配送部分,即在成品生产出来后,如何快速而高效地经过配送中心把产品送达客户,并尽可能维持最低的库存量。美国物流管理协会那时叫作实物配送管理协会,而加拿大供应链与物流管理协会则叫作加拿大实物配送管理协会。在这个初级阶段,物流管理只是在既定数量的成品生产出来后,被动地去迎合客户需求,将产品运到客户指定的地点,并在运输的领域内去实现资源最优化使用,合理设置各配送中心的库存量。准确地说,这个阶段物流管理并未真正出现,有的只是运输管理、仓储管理和库存管理。物流经理的职位当时也不存在,有的只是运输经理或仓库经理。

现代意义上的物流管理出现在 20 世纪 80 年代。人们发现利用跨职能的流程管理的方式去观察、分析和解决企业经营中的问题非常有效。通过分析物料从原材料运到工厂,流经生产线上每个工作站,产出成品,再运送到配送中心,最后交付给客户的整个流通过程,企业可以消除很多看似高效率却实际上降低了整体效率的局部优化行为。因为每个职能部门都想尽可能地利用其产能,没有留下任何富余,一旦需求增加,则处处成为瓶颈,导致整个流程的中断。又比如运输部作为一个独立的职能部门,总是想方设法降低其运输成本,但若其因此而将一笔必须加快的订单交付海运而不是空运,这虽然省下了运费,却失去了客户,导致整体的失利。所以传统的垂直职能管理已不适应现代大规模工业化生产,而横向的物流管理却可以综合管理每一个流程上的不同职能,以取得整体最优化的协同效用。

在这个阶段,物流管理的范围扩展到除运输外的需求预测、采购、生产计划、存货管理、配送与客户服务等,以系统化管理企业的运作,达到整体效益的最大化。高德拉特所著的《目标》一书风靡全球制造业界,其精髓就是从生产流程的角度来管理生产。相应地,美国实物配送管理协会在 20 世纪 80 年代中期改名为美国物流管理协会,而加拿大实物配送管理协会则在 1992 年改名为加拿大物流管理协会。

现代物流不仅单纯考虑从生产者到消费者的货物配送问题,而且还考虑从供应商到生产者对原材料的采购,生产者本身在产品制造过程中的运输、保管和信息等各个方面,以及全面、综合地提高经济效益和效率的问题。因此,现代物流是以满足消费者的需求为目标,把制造、运输、销售等市场情况统一起来考虑的一种战略措施。这与传统物流把它仅看作"后勤保障系统"和"销售活动中起桥梁作用"的概念相比,在深度和广度上又有了进一步的含义。

一个典型的制造企业,其需求预测、原材料采购和运输环节通常叫作进向物流,原材料在工厂内部工序间的流通环节叫作生产物流,而配送与客户服务环节叫作出向物流。物流管理的关键则是系统地管理从原材料、在制品到成品的整个流程,以保证在最低的存货条件下,物料畅通地买进、运入、加工、运出并交付到客户手中。对于有着高效物流管理的企业的股东而言,意味着以最少的资本做最大的生意,产生最大的投资回报。现代物流是传统物流发展的高级阶段,以先进的信息技术为基础,注重服务、人员、技术、信息与管理的综合集成,是现代生产方式、现代经营管理方式、现代信息技术相结合在物流领域的体现。它强调物流的标准化和高效化,以相对较低的成本提供较高的客户服务水平。快速、实时、准确的信息采集和处理是实现物流标准化和高效化的重要基础。物联网技术在现代物流管理中的应用将对其产生重大影响。

8.4.1 基于物联网的智能物流管理系统架构

智能物流管理系统的物理体系结构可被分为三个层次,第一层,在货物及每辆货车上安装 RFID 标签;第二层,在配送中心仓库中布置网状的 RFID 射频识读器,同时在仓库出入口地面上布置地面的接收天线,货物的进出库信息以及车辆的定位信息通过接收设备传递给物流中间件;第三层,物流中间件通过 PML 服务器获得物品的具体信息,并将生产过程数据存入云计算平台。其中,PML 服务器主要存储每个生产商产品的原始信息(包括产品 EPC、产品名称、产品种类、生产厂商、产地、生产日期、有效期、是否是复杂产品,主要成分等)、产品在供应链中的路径信息(包括单位角色、单位名称、仓库号、读写器号、时间、城市、解读器用途以及时间等字段)以及库存信息。

智能物流管理系统在物理层上采用 RFID 技术,通过 RFID 射频识读器自动读取物品标签信息,能够完成自动盘库、跟踪货品、引导叉车实时定位、快速出入库等功能,几乎不需要人工操作,同时能够减少人工清点库存及失误。

智能物流管理系统的软件体系结构可被分为四个层面:第一层是云计算平台,负责管理计算机硬件,为用户提供透明的虚拟化资源,当然还应包括软资源(操作系统、数据库等);第二层是基于人工智能方法的云计算应用程序,可以称之为智能分析引擎,在其中存储着分拣、调度知识等一系列专家知识库,同时用 Map/Reduce 框架编写搜索方法,以便于快速、分布式的并行计算,有利于快速做出决策;第三层是业务逻辑层,调用上层数据形成"货主货物查询系统""车辆运行监控系统""负载率统计系统"等物流信息系统模块,该层可以以

Web Service 的方式存在,并向外提供服务;第四层是直接为用户或管理员提供可视化的操作、查询的 Web 界面。

软件体系结构完成的功能包括:能够依据从 PML 服务器中提取的货物信息(发货地点和时间、收货地点、体积、重量等),判断其优先级别,自动安排哪些货物该上哪辆车,自动提示工作人员应该装、卸哪些货物;分析空载率及其原因,为提高整个物流运行效率提供决策支持。

云计算是物联网整个智能物流管理系统体系结构的中枢与连接的纽带,物理体系结构用于海量数据的采集、传递,软件体系结构用于实现数据的分析、查询、决策等具体的应用。

8.4.2　基于物联网的智能物流管理关键技术

当前的物流过程存在物流信息不对称、信息不及时等弊端,难以实现及时的调节和协同。随着经济全球化进程的推进,调度、管理和平衡供应链各环节之间的资源变得日益迫切。以电子产品代码(EPC 码)和物联网为核心在互联网之上构造"物联网",将在全球范围从根本上改变对产品生产、运输、仓储、销售各环节物品流动监控和动态协调的管理水平。物联网可以实现多目标与运动目标的非接触式自动识别。物联网强调物质与信息的交互,将物联网技术应用于物流业的信息采集和物流跟踪,可以极大地提高行业内服务水平。其中的关键技术涉及如下几个方面。

(1)实现信息采集、信息处理的自动化。可以应用到供应链管理、设备保存、车流交通、工厂生产等方面,为用户提供实时、准确的货况信息、车辆跟踪定位、运输路径选择、物流网络设计与优化等服务,大大提升物流企业综合竞争能力。

(2)实现商品实物运动等操作环节的自动化。例如分拣、搬运、装卸、存储等,为用户根据不同的情况区分商品实物,减轻劳动强度,优化作业程序,节省人力、物力。

(3)实现管理和决策的自动化乃至智能化。例如库存管理、自动订单生成、配送线路优化等。可以利用传感器监测、追踪特定物体,包括监控货物在途中是否受过震动、是否经受过温度的剧烈变化,从而推断货物其物理结构有可能受到损害等。

总之,将物联网技术应用于物流管理,可在更大范围内共享物联网信息,以最低的整体成本达到最高的供应链物流管理效率。物联网在物流管理中的广泛应用,将大力推进我国生产建设的快速发展,推进我国的现代化进程。

8.4.3　物联网在智能物流管理中的应用案例

RFID 电子标签的物流管理系统是通过 EPC 网络系统实现的。这种系统比传统的物流管理智能化程度要高得多,它通过互联网上的 ONS 服务器和 PML 服务器可以对全世界所有的物品进行全方位的管理。基于物联网的智能物流管理架构如图 8-7 所示。

(1)任何一个零售超市或货物仓库的任何一个具有 RFID 电子标签的物品或商品,只要经过流动(甚至不经过流动),都可以在 RFID 阅读器上读出其 RFID 电子标签中的电子产品代码,这个代码在全球是唯一的,它是传统的条形码代码的超集。读出这个代码后,即可在本地的物品管理数据库中对这些物品进行管理,这就类似于传统的条形码物流管理系统。但 RFID 电子标签使用的意义完全不同于传统的物流管理,它的重大意义是要建立一个全球统一的物联网,将全球的物品全部通过这个物联网联系起来,通过物联网实现物品从生产到流通,再到消费的全球性的智能物品管理网络。

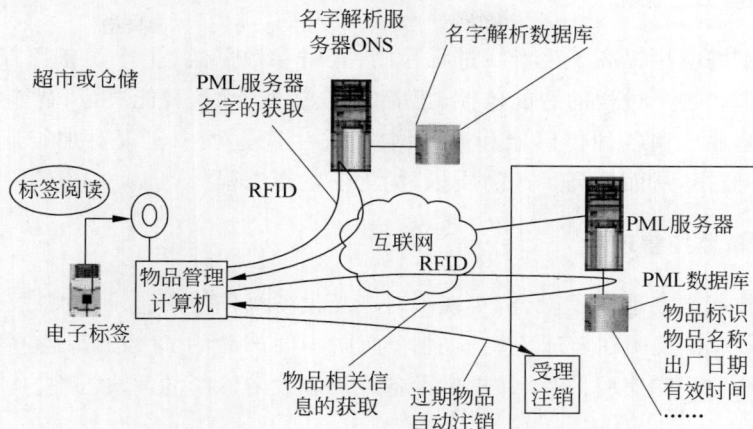

图 8-7 基于物联网的智能物流管理架构

(2) 从 RFID 阅读器中读出的电子物品代码经过物品管理系统向互联网上的 ONS 目标名字服务器发出请求,寻找相应的 PML 服务器,ONS 目标名字服务器反馈给相应进行物品管理的零售超市或货物仓库。

(3) 进行物品管理的零售超市或物品仓库根据所查询到的物品信息对物品进行相应的处理。比如在零售店中自动定期地检查商品的有效期,当商品有效期快结束时,自动进行订货,这样就能很容易实现商品管理。

8.5 基于物联网的工业流程管理

物联网的关键环节可以归纳为全面感知、可靠传送、智能处理。全面感知是指利用射频识别(RFID)、GPS、摄像头、传感器、传感器网络等感知、捕获、测量的技术手段,随时随地对物体进行信息采集和获取;可靠传送是指通过各种通信网络、互联网随时随地进行可靠的信息交互和共享;智能处理是指对海量的跨部门、跨行业、跨地域的数据和信息进行分析处理,提升对物理世界、经济社会各种活动的洞察力,实现智能化的决策和控制。

工业是物联网应用的重要领域。具有环境感知能力的各类终端、基于泛在技术的计算模式、移动通信等不断融入工业生产的各个环节,可大幅提高制造效率,改善产品质量,降低产品成本和资源消耗,将传统工业提升到智能工业的新阶段。

从当前技术发展和应用前景来看,物联网在工业领域的应用主要集中在以下几个方面:制造业供应链管理、生产过程工艺优化、产品设备监控管理、环保监测及能源管理、工业安全生产管理。

1. 制造业供应链管理

物联网应用于企业原材料采购、库存、销售等领域,通过完善和优化供应链管理体系,提高供应链效率,降低成本。空中客车公司(Airbus)通过在供应链体系中应用传感网络技术,构建了全球制造业中规模最大、效率最高的供应链体系。

2. 生产过程工艺优化

物联网技术的应用提高了生产线过程检测、实时参数采集、生产设备监控、材料消耗监测的能力和水平。生产过程的智能监控、智能控制、智能诊断、智能决策、智能维护水平在不断提高。钢铁企业应用各种传感器和通信网络,在生产过程中实现对加工产品的宽度、厚度、温度的实时监控,从而提高了产品质量,优化了生产流程。

3. 产品设备监控管理

各种传感技术与制造技术融合,实现了对产品设备操作使用记录、设备故障诊断的远程监控。GE Oil&Gas 集团在全球建立了 13 个面向不同产品的 i-Center,通过传感器和网络对设备进行在线监测和实时监控,并提供设备维护和故障诊断的解决方案。

4. 环保监测及能源管理

物联网与环保设备的融合实现了对工业生产过程中产生的各种污染源及污染治理各环节关键指标的实时监控。在重点排污企业排污口安装无线传感设备,不仅可以实时监测企业排污数据,而且可以远程关闭排污口,防止突发性环境污染事故的发生。电信运营商已开始推广基于物联网的污染治理实时监测解决方案。

5. 工业安全生产管理

把感应器嵌入和装备到矿山设备、油气管道、矿工设备中,可以感知危险环境中工作人员、设备机器、周边环境等方面的安全状态信息,将现有分散、独立、单一的网络监管平台提升为系统、开放、多元的综合网络监管平台,实现实时感知、准确辨识、快捷响应、有效控制。

8.5.1　物联网在工业流程管理中的架构

同其他应用模式相同,物联网在工业管理中的架构也包括三个层次,每个层次完成各自的工作。

传感层:承担信息的全面感知和采集。通过智能卡、RFID 电子标签、各种物理量的传感器、传感器网络等实现对物品的识别、信息采集和预处理。

传输层:承担信息的可靠传输。根据应用的需要,传输层可以是公共移动网和固网、互联网、广电网、行业专网或专用于物联网的各种新型通信网。

应用层:完成信息的分析、处理、管理和控制,进一步做出智能决策,实现物联网特定的智能化应用和服务。

8.5.2　物联网在工业流程管理中的关键技术

物联网是信息通信技术发展的新一轮制高点,正在工业领域获得广泛的应用,并与未来先进制造技术相结合,形成新的智能化的制造体系。这一制造体系仍在不断发展和完善之中。概括起来,物联网与先进制造技术的结合主要体现在 8 个方面。

（1）泛在网络技术：建立服务于智能制造的泛在网络技术体系，为制造中的设计、设备、过程、管理和商务提供无处不在的网络服务。目前，面向未来智能制造的泛在网络技术发展还处于初始阶段。

（2）泛在制造信息处理技术：建立以泛在信息处理为基础的新型制造模式，提升制造行业的整体实力和水平。目前，泛在信息制造及泛在信息处理尚处于概念和实验阶段，各国政府均将此列入国家发展计划，大力推动与实施。

（3）虚拟现实技术：采用真三维显示与人机自然交互的方式进行工业生产，进一步提高制造业的效率。目前，虚拟环境正在许多重大工程领域里进行研究并得到了广泛的应用。未来，虚拟现实技术的发展方向是三维数字产品设计、数字产品生产过程仿真、真三维显示和装配维修等。

（4）人机交互技术：传感技术、传感器网、工业无线网以及新材料的发展，提高了人机交互的效率和水平。目前制造业处在一个信息有限的时代，人要服从和服务于机器。随着人机交互技术的不断发展，我们将逐步进入基于泛在感知的信息化制造人机交互时代。

（5）空间协同技术：空间协同技术的发展目标是以泛在网络、人机交互、泛在信息处理和制造系统集成为基础，突破现有制造系统在信息获取、监控、控制、人机交互和管理方面集成度差、协同能力弱的局限，提高制造系统的敏捷性、适应性、高效性。

（6）平行管理技术：未来的制造系统将由某一个实际制造系统和对应的一个或多个虚拟的人工制造系统组成。平行管理技术就是要实现制造系统与虚拟系统的有机融合，不断提升企业认识和预防非正常状态的能力，提高企业的智能决策和应急管理水平。

（7）电子商务技术：目前制造与商务过程一体化特征日趋明显，整体呈现出纵向整合和横向联合两种趋势。未来要建立、健全先进制造业中的电子商务技术框架，发展电子商务以提高制造企业在动态市场中的决策与适应能力，构建和谐、可持续发展的先进制造业。

（8）系统集成制造技术：系统集成制造是由智能机器人和专家共同组成的人机共存、协同合作的工业制造系统。它集自动化、集成化、网络化和智能化于一身，使之具有修正或重构自身结构和参数的能力，具有自组织和协调能力，可满足瞬息万变的市场需求，应对激烈的市场竞争。

8.5.3 物联网在工业流程管理中的应用案例

德国联邦教育和研究部近年来启动了一项科研计划 SemProM（Semantic Product Memory），其目标是开发下一代的无线移动式嵌入元件——数字式产品存储器（Digital Product Memory，DPM）。从物联网的意义上讲，它将可以获取所有运行和物流产品数据，并与用户及其他产品进行数据交换，以及建立直接即时的通信环境。目前，工业合作伙伴瞄准了诸如贸易、物流、健康关怀和汽车领域。现在 RFID 标签进行无线读取和存储数据已没有了"视距范围"的限制，而未来的数字式产品存储器将远远超出这一能力。与飞机的黑盒子比较，除了产品的性能数据和运行数据外，DPM 还可记录来自各种嵌入式传感器（如温度、曝光度、湿度、加速度和位置等）的数据；可以实时获取和认证所有相关的产品数据，以及深入更基础的细节。

图 8-8 给出了一种基于物联网的工业流程管理应用案例。首先，将射频标签贴于工业流程管理的各个主要阶段，获取工业流程控制的各种信息，如生产步骤、生产数量、生产能耗

等；然后，将这些信息汇总到企业管理层，企业管理人员通过这些数据可以获取工业流程的实时状态，了解企业运作效率。

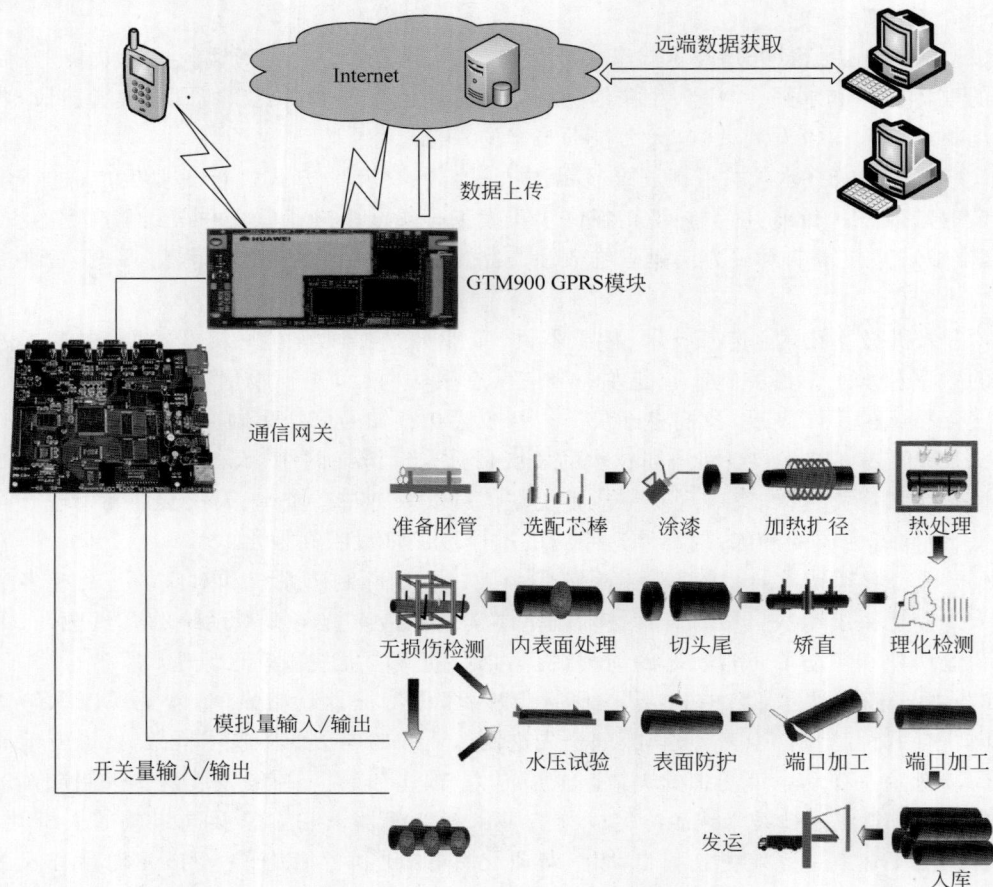

图 8-8　基于物联网的工业流程管理示例

这里以钢管生产流水线为例，具体方法如下。

（1）在每条钢管生产流水线安装身份识别系统，检测参与生产过程人员的员工身份，防止非认证人员进入。

（2）在钢管生产流水线主要环节的配电柜上安装电流环，检测生产过程消耗的电能。

（3）在钢管生产车间安装温湿度传感器，检测生产车间的工作环境。

（4）在钢管生产车间安装视频监控摄像头，检测生产车间的工作状态、人员活动情况。

（5）在钢管生产流水线的钢坯上，粘贴防高温电子标签，标识钢管批号。

（6）在钢管生产流水线的表面处理环节，安装电镀传感器，检测钢管电镀质量。

（7）在钢管生产流水线的加压环节，安装压力传感器和光线传感器，检测钢管压力情况和焊接质量。

（8）在钢管生产流水线的切割环节，安装行程开关，检测钢管切割数量。

（9）将上述环节的各种感知信息上传到工业流程物联网数据中心，进行分析和可视化处理，为企业管理者提供生产指导。

8.6 本章小结

本章主要介绍了物联网在现实生活中的典型应用,包括环境监控、智能家居、物流交通、工业应用等不同行业,内容涉及系统架构、关键技术以及行业应用等领域。通过以上内容的介绍,使读者对物联网有了更加深入的了解。

习题

1. 简述物联网在环境监控中的应用架构。
2. 简述物联网在智能交通中的应用架构。
3. 简述物联网在智能家居中的应用架构。
4. 简述物联网应用中需要解决的关键技术。
5. 试提出物联网在环境控制、智能家居以及交通管理中一种新的应用实例。
6. 简述物联网在工业流程管理中的作用和意义。
7. 设想基于物联网的未来养老模式,并给出一种应用方案。

第 **9**章
物联网技术导论实验指导

"物联网工程"是2010年经教育部批准设立的新专业,该专业顺应国家战略性新兴产业需要,适应国家和教育部的战略要求,满足我国经济结构战略性调整的要求和物联网产业发展对人才的迫切需要。

人才培养,理论先行,实践为重。作为物联网工程专业的第一门课程或非物联网工程专业的通识教育课程,做好实验至关重要。本章设置四个实验,各个高校可以根据自身需要进行选择。

9.1 实验准备:实验环境安装和配置

物联网技术导论的相关实验需要使用Python编程环境,如果已经学会了Python编程,可以直接跳过本部分。

1. 编程语言简介

Python语言是一种解释型的、面向对象的、交互式的高级程序设计语言,也是一种功能强大而完善的通用型语言。它注重的是如何解决问题而不是编程语言的语法和结构,已经具有30多年的发展历史,成熟且稳定。Python由丰富且强大的类库和第三方库组成,第三方库可根据需要单独下载并安装即可使用。Python已成为不少高校大一新生的入门语言。

2. Python语言集成开发环境

Python语言集成开发环境有多种方式可供选用。包括微软的Visual Studio Code集成开发环境和Python语言原生集成开发环境。对于初学者,建议使用原生集成开发环境。

1) Python语言原生集成开发环境

初学者可以通过Python官网下载Python语言原生开发环境。该网站的首页如图9-1所示,可根据用户使用的操作系统的类型选择需要下载的版本。其中,Python 3.9.2不能使用在Windows 7及之前的操作系统上,Python 3.8.8则支持Windows 7及之前的操作系统。例如,我们使用的是Windows 7操作系统,则下载windows installer(64位)3.8.8版本,下载后的程序名称为Python-3.8.8-amd64.exe。单击Python-3.8.8-amd64.exe,按照提示进行安装即可。

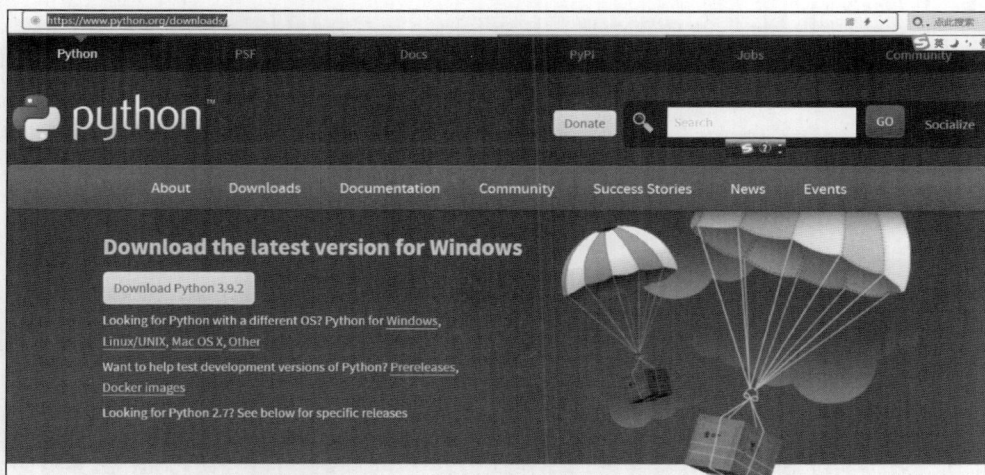

图 9-1　Python 编程环境下载页面

2) Python 语言的编程方式

Python 3.8.8 安装完毕后，就可以在操作系统的菜单中找到 Python 3.8 程序，如图 9-2(a)所示。单击 Python 3.8 选项，会出现图 9-2(b)和图 9-2(c)所示的 4 个命令行。其中第一行"IDLE(Python 3.8 64-bit)"就是集成开发环境（即文件式编程），第二行"Python 3.8(64-bit)"是交互式编程环境（即 Shell 式编程）。

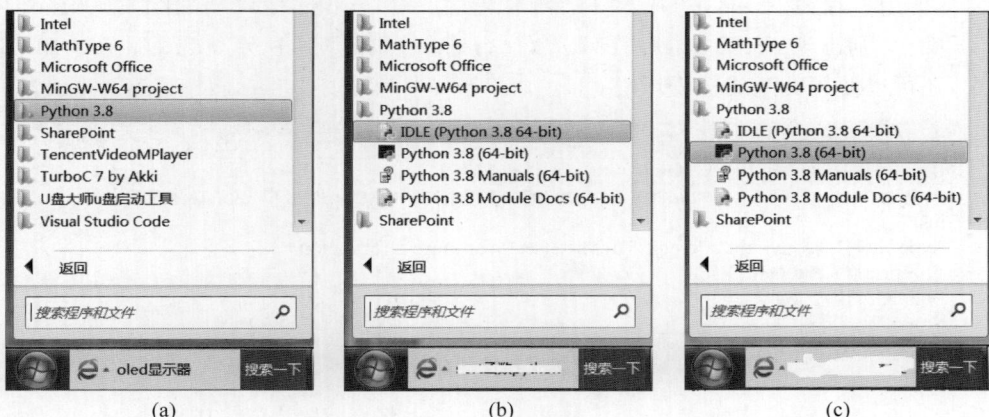

(a)　　　　　　　　　(b)　　　　　　　　　(c)

图 9-2　Python 编程环境安装后在 Windows 中的位置

（1）交互式编程环境。

交互式编程环境可以在命令行窗口中直接输入程序代码，按 Enter 键就可以直接运行代码，并立即看到输出结果，非常适合初学者进行编程训练。

每执行完一行代码后，还可以继续输入下一行代码，再次按 Enter 键并查看结果……整个过程就好像我们在和计算机对话，所以称为交互式编程。

具体步骤如下：单击"开始"→"所有程序"→"Python 3.8"→"Python 3.8(64bits)"命令，将出现 Python 3.8(64bits)命令窗口。

例如，在窗口中输入 print("Hello Gui!")，则输出显示 Hello Gui!。

在窗口中依次输入 a＝10，b＝30，c＝a＊b－100，print(c)，则输出显示 200。

上述输入和输出的相关显示如图 9-3 所示。图中的"＞＞＞"是命令行提示符，由系统自动生成。

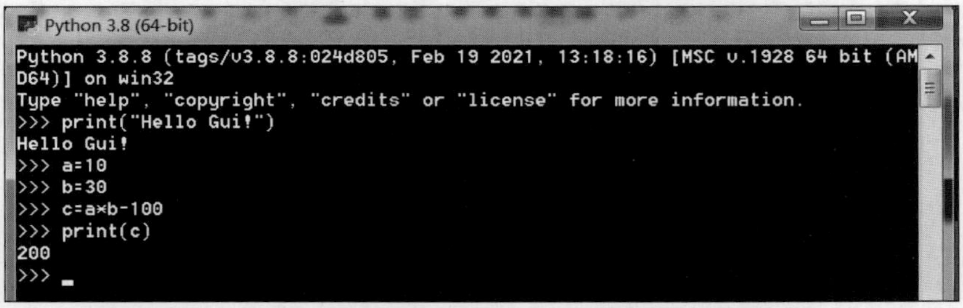

图 9-3　Python 的命令行窗口

显然，命令行交互式编程，只能做些简单的编程工作，每次只能输入一行，需要显示输出结果时使用 print 语句，一般用来进行程序局部功能调试使用。要完成复杂的软件功能，还需要文件式编程与运行方式。

（2）文件式编程环境。

创建一个源文件，将所有代码放在源文件中，让解释器逐行读取并执行源文件中的代码，直到文件末尾，也就是批量执行代码。这是最常见的编程方式，也是我们学习编程的重点。

具体使用过程如下：单击"开始"→"所有程序"→"Python 3.8"→"IDLE(Python 3.8 64bits)"命令，则出现 IDLE Shell 3.8.8 命令行窗口，如图 9-4 所示。当然，在 IDLE Shell 窗口中，还可以使用交互式编程环境。

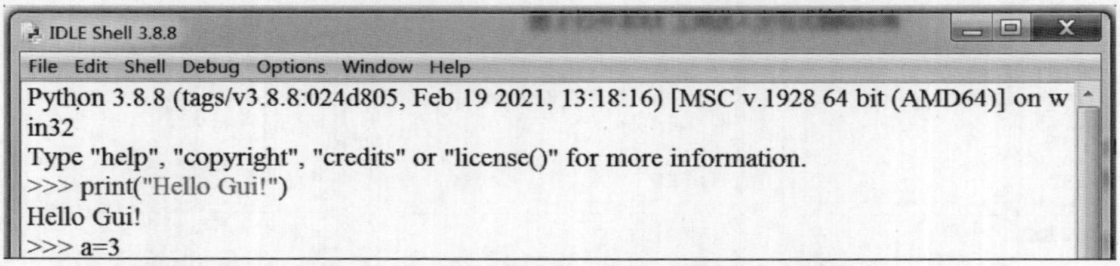

图 9-4　Python 集成开发环境中的命令行窗口

例如，在 Shell 窗口中输入 print("Hello Gui!")；将在 Shell 窗口中输出 Hello Gui!。

显然，用 Shell 进行交互式编程，比前面介绍的编辑界面更美观和清晰。也就是说，Shell 具有语法自动校错功能，并能够根据输入的关键词及字符等，使用不同颜色进行提示，方便编程人员阅读查看。

如果采用文件编程方式，可单击 IDLE Shell 中的 File-New file，将会弹出一个新窗口，用户就可以在这个窗口中进行程序设计了。如图 9-5 所示，在窗口写入 4 条指令，设计完成后，可以使用 File-Save as 将其存储为一个 .py 文件；也可以直接选择图 9-5(a)中所示的 Run→Run Module 命令运行这段程序（系统会自动提示将上述程序存储为一个文件）。其运行结果会在上面提到的 IDLE Shell 3.8.8 命令行窗口中进行显示，如图 9-5(b)所示。

（3）Visual Studio Code 编程开发环境。

Visual Studio Code 是一种支持多种语言编程的集成开发环境，包括 C++、C＃、Java、

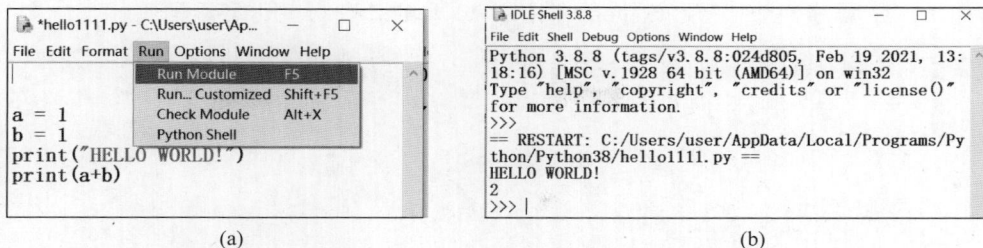

图 9-5　Python 集成开发环境

Python、PHP、Go、Perl 等，读者可以通过官网下载并安装该软件。需要下载的软件名称为 VSCodeUserSetup-x64-1.54.3.exe。单击下载的软件，按照提示完成安装即可。

　　安装完成后，单击桌面的图标█，即可进入如图 9-6(a)所示的许可协议界面，单击"下一步"按钮进入编程环境，如图 9-6(b)所示。有关 Visual Studio Code 编程环境的使用，这里不做进一步的介绍，读者可以参考相关网站。

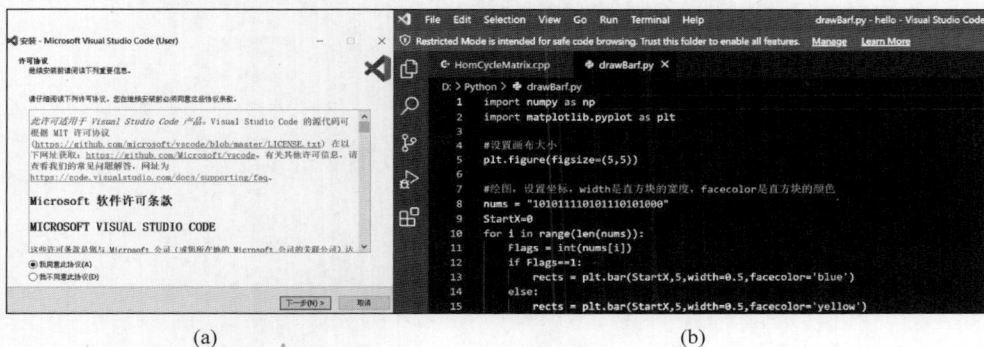

图 9-6　Visual Studio Code 软件开发环境

9.2　一维条形码 EAN 编码实验

　　实验目的：通过实验，使读者深入理解一维条形码的编码原理。

　　实验环境：Windows 操作系统、Python 编程环境。

　　实验步骤：

　　(1) 理解 EAN-13 的编码原理。

　　(2) 使用 Python 数据结构(如列表)构造 EAN-13 编码字符集 A、B、C。

　　(3) 使用 Python 数据结构(如列表)构造 EAN-13 数字编码规则表。

　　(4) 利用 Python 程序设计 EAN-13 算法，生成输入条形码的二进制系列。

　　(5) 利用 Python 可视化模块集绘制条形码。

　　参考程序：

　　该程序首先为 EAN-13 的编码规则设置一个数据结构，这里用列表类型 rule 表示；然后，为三个字符集 A、B、C 设置一个数据结构，这里用列表类型 charset 表示；最后，设计一个 EAN 编码函数 EAN13()。具体的 Python 程序见程序 9-1。

程序 9-1　基于 Python 的 EAN-13 码的二进制序列编码程序

```
rule = [ #根据前缀码,确定候选字符集.0 为字符集 A,1 为字符集 B,2 为字符集 C.
    [0,0,0,0,0,0,2,2,2,2,2,2],[0,0,1,0,1,1,2,2,2,2,2,2], [0,0,1,1,0,1,2,2,2,2,2,2],[0,
0,1,1,1,0,2,2,2,2,2,2],
    [0,1,0,0,1,1,2,2,2,2,2,2],[0,1,1,0,0,1,2,2,2,2,2,2], [0,1,1,1,0,0,2,2,2,2,2,2],[0,
1,0,1,0,1,2,2,2,2,2,2],
    [0,1,0,1,1,0,2,2,2,2,2,2],[0,1,1,0,1,0,2,2,2,2,2,2] ]
charset = [                     #数字 0~9 对应的条空组合,有 A、B、C 三种字符集
    #字符集 A #字符集 B #字符集 C
    "0001101", "0100111", "1110010",        #对应字符 0
    "0011001", "0110011", "1100110",        #对应字符 1
    "0010011", "0011011", "1101100",        #对应字符 2
    "0111101", "0100001", "1000010",        #对应字符 3
    "0100011", "0011101", "1011100",        #对应字符 4
    "0110001", "0111001", "1001110",        #对应字符 5
    "0101111", "0000101", "1010000",        #对应字符 6
    "0111011", "0010001", "1000100",        #对应字符 7
    "0110111", "0001001", "1001000",        #对应字符 8
"0001011", "0010111", "1110100" ]           #对应字符 9 #列表结束

def EAN13(EAN_nums):    #生成条形码的函数,前缀有两位,除了 6 还剩一个 9 也需要进行编码
    number1 = int(EAN_nums[0]); print(EAN_nums)
    j = len(EAN_nums)
    nums = EAN_nums[1:j-1]                   #去掉 EAN 码第 1 位前缀码和最后 1 位校验码
    EANbin = "000000000"                     #左边 9 个空白
    odd = int(EAN_nums[0])                   #奇数位初值为 EAN 码第 1 位,一般为 6
    even = 0                                 #偶数位初值为 0
    for i in range(len(nums)):
        if i == 0:
            EANbin += "00101"                #添加起始符
        if i == 6:
            EANbin += "01010"                #添加中间分隔符
        if i % 2 == 1:
            odd += int(nums[i])              #校验码计算 1
        else:
            even += int(nums[i])             #校验码计算 2
        index = int(nums[i]) * 3 + rule[number1][i]
        EANbin += charset[index]
    checkcode = 10 - (even * 3 + odd) % 10   #求校验码
    print("校验码为:", checkcode)
    EANbin += charset[checkcode * 3 + 2]
    EANbin += "10100"                        #添加结束符
    EANbin += "000000000"                    #右边 9 个空白
    print(EANbin)                            #输出显示编码后的二进制序列

def main():                                  #主程序
    print("EAN - 13:")
    EAN13("6903244981002")                   #调用编码函数,对 EAN - 13 进行编码
    print("New ISBN:")
    EAN13("9787121405419")                   #调用编码函数,对 ISBN 进行编码
main()
```

当输入的 EAN-13 编码为 6903244981002 时,计算的校验码为 2,生成的二进制系

列为：

0000000000001010001011010011101000010011011010001101000110101011101001001000
110011011100101110010110110010100000000000

当输入的 New ISBN 编码为 9787121405419 时，计算的校验码为 9，生成的二进制系
列为：

0000000000001010111011000100100100010011001001101100110010101010111001110010
100111010111001100110110101001010000000000

9.3 一维条形码 EAN 的可视化实验

实验目的：通过实验，使读者深入理解一维条形码 EAN 的可视化方法。

实验环境：Windows 操作系统、Python 编程环境。

实验步骤：

(1) 理解 EAN-13 的条空绘制方法。

(2) 安装和配置 matplotlib 库。

(3) 安装和配置 os 库。

(4) 利用 matplotlib 库函数绘制条形码。

(5) 利用 os 的库函数显示条形码。

参考程序：

下面的程序是在 9.2 节实验基础上进行的。该程序调用 9.2 节实验形成的函数
EAN13()将输入的条形码转换为一个二进制序列，然后将二进制序列转换为可视化图形。

在构建黑白条形码时，当二进制为 1 时，绘制一个黑色直方图，当二进制为 0 时绘制白
色直方图（或不绘制任何图形）。

具体程序如程序 9-2 所示。

程序 9-2 绘制 EAN-13 条形码的程序

```python
import numpy as np
import matplotlib.pyplot as plt
# 这里省略的代码可参考程序 9－1
# 使用 matplotlib 库快速绘制条形码
def DrawAllBar():
    plt.figure(figsize = (6,2))                    # 设置画布大小
    nums = res
    StartX = 0
    for i in range(len(nums)):
        Flags = int(nums[i])
        if Flags == 1:
            rects = plt.bar(StartX,3,width = 1,facecolor = 'black') # 绘制黑色直方图
        else:
            rects = plt.bar(StartX,3,width = 1,facecolor = 'white') # 绘制白色直方图
        StartX += 1
    # 设置 X、Y 轴的数据标签位置
    for rect in rects:
        rect_x = rect.get_x()                      # 得到的是直方块左边线的值
        rect_y = rect.get_height()                 # 得到直方块的高
```

```
        plt.text(rect_x + 0.5/4, rect_y + 0.5, str(int(rect_y)), ha = 'left',size = 5)
        plt.xlabel('Digital')
        plt.ylabel('Heigth')
        plt.title('EAN13:6903244981002')
        plt.show()
# 主程序
def main():
        print("EAN - 13:")
        EAN13("6903244981002") # 函数 EAN13()的具体代码见程序 9 - 1,末尾需增加 return 语句
        DrawAllBar() # 绘制条形码函数
main()
```

当输入的 EAN-13 编码为 9787121405419 时,校验码为 9,生成二进制序列为:
000000000000101011101100010010010001001100100110110011001010101011100111001
010011101011100110011011101001010100000000000

生成的条形码图案如图 9-7 所示。

图 9-7　生成的条形码图案

9.4　基于 Python 库的条形码生成实验

实验目的:基于 EAN-13 编码规则实现条形码生成,程序较为复杂。实际上,为了简化编程,也可以直接引用 Python 中 pyStrich 库来实现条形码的生成。同样的道理,二维码的生成可以基于"二维码的数据编码"规则来实现,但该方法工作量大,对于普通用户没有必要从零开始编程实现二维码。实际上,Python 语言提供了强大的二维码函数库,用户可以通过引用其中的库函数完成二维码。

实验环境:Windows 操作系统、Python 编程环境。

一维条形码的实验步骤:

(1) 安装 pyStrich 库(pip install pyStrich)。

(2) 引用 pyStrich 库中的 EAN13 编码器。

(3) 输入条形码。

(4) 调用 EAN13Encoder()函数。

(5) 生成条形码图形。

参考程序如程序 9-3 所示。

程序 9-3　　基于 Python 库的 EAN-13 编码程序

```
from pystrich.ean13 import EAN13Encoder        ＃引用条形码库中的 EAN13 编码器
import os                                       ＃引用 os 库,用于生成条形码时进行查看
code = input("输入条码 ean13:")
if len(code) < 12 or len(code) > 13:
    print('输入有误,EAN－13 条形码长度必须为 13 位')
else:      ＃生成条形码
    if code.isdigit() == True:                  ＃ 判断是否为数字
        encoder = EAN13Encoder(code)
        encoder.save("ean13.png", bar_width = 4) ＃保存为图片
        os.system("ean13.png") ＃用系统默认的看图软件打开生成的条形码图片
    else:
        print("输入的不是数字, 请输入数字!")
＃ 程序结束
```

二维条形码的实验步骤如下。

(1) 安装 pyStrich 库(pip install pyStrich)或 qrcode 库。

(2) 引用 qrcode 库生成 QR 二维码。

(3) 引用 pyStrich 库生成 QR 二维码。

1. 基于 qrcode 库的二维码生成

qrcode 库不是 Python 解释器自带的函数库,需要使用 pip 工具进行安装。具体方法为：使用 cmd 命令进入命令行状态,找到 pip.exe 所在目录,在该目录下输入 pip install qrcode,按 Enter 键后系统会进行自动安装。安装完成后就可以使用 qrcode 库了。

程序 9-4 是基于 qrcode 库的二维码生成程序。

程序 9-4　　基于 qrcode 库的二维码生成程序

```
方法 1:利用 qrcode 库生成 QR 二维码
import qrcode               ＃ 导入 qrcode 库
img = qrcode.make('http://www.xjtu.edu.cn')     ＃ 生成二维码图片并存储在 img 中
img.save('qr1.png')         ＃ 将 img 存储在硬盘上当前目录下的 qr1.png 文件中
img.show()                  ＃ 显示二维码
```

2. 基于 pystrich 库的二维码生成

读者也可以利用 pystrich 库生成 QR 二维码,具体程序如程序 9-5 所示。

程序 9-5　　基于 pystrich 库的二维码生成程序片段

```
import os
from pystrich.qrcode import QRCodeEncoder
code = input("输入条形码 qrcode:")          ＃ 可输入 http://www.xjtu.edu.cn
encoder = QRCodeEncoder(code)               ＃ 调用库模块进行 QR 编码
encoder.save("QR2.png", cellsize = 15)      ＃ 保存 QR 码图片
os.system("QR2.png")                        ＃用系统默认看图软件打开图片
```

此外,互联网上有大量二维码生成工具,读者如果需要,可以使用在线工具生成所需要的二维码信息。

9.5 基于最大树的数据聚类实验

实验目的：通过实验理解最大树聚类法的原理。

实验环境：Windows 操作系统、Python 编程环境。

实验步骤：

(1) 数据准备。

(2) 计算相似度矩阵。

(3) 进行归一化处理。

(4) 根据阈值进行聚类。

(5) 编程实现上述过程。

实验案例：

(1) 已知 5 个样本，每个样本有 6 个指标。如表 9-1 所示。

表 9-1 5 个样本的 6 个指标一览表

样本	指标 1	指标 2	指标 3	指标 4	指标 5	指标 6
样本 X1	2	3	5	6	2	1
样本 X2	4	6	6	7	9	2
样本 X3	3	4	5	1	1	4
样本 X4	5	5	5	5	5	5
样本 X5	7	6	5	4	3	2

(2) 利用海明距离来度量 n 个样本中任意两个样本 i 和 j 之间的相似度 S_{ij}，其中 x_{ik} 是第 i 个样本的第 k 个指标，y_{ik} 是第 j 个样本的第 k 个指标。

具体计算公式如下：

$$S_{ij} = \sum_{k=1}^{m} |x_{ik} - y_{ik}|$$

5 个样本间的相似度计算结果如下：

$$\begin{bmatrix} 0, & 15, & 11, & 13, & 12, \\ 15, & 0, & 20, & 12, & 13, \\ 11, & 20, & 0, & 12, & 13, \\ 13, & 12, & 12, & 0, & 9, \\ 12, & 13, & 13, & 9, & 0 \end{bmatrix}$$

(3) 对海明距离进行归一化处理(即将数据统一映射到[0,1]区间上)。

归一化处理方法有多种，主要包括"均值方差法""极值"处理法等。其中，最容易理解、使用最多的是"极值"处理法，在"极值"处理法中，又包括"标准型""极大型""极小型"等不同类型。具体思路是：针对所有相似度指标，求出其中的最大值或最小值。

如，设 $S_{\max} = \max\limits_{i,j=1}^{n}\{S_{ij}\}$，$S_{\min} = \max\limits_{i,j=1}^{n}\{S_{ij}\}$，，$S'_{ij}$ 为归一化后的指标值，则：

标准型归一化方法为 $S'_{ij} = \dfrac{S_{ij}}{S_{\max}}(i,j=1,2,\cdots,n)$；

极大型归一化方法为 $S'_{ij}=\dfrac{S_{ij}-S_{\min}}{S_{\max}-S_{\min}}(i,j=1,2,\cdots,n)$；

极小型归一化方法为 $S'_{ij}=\dfrac{S_{\max}-S_{ij}}{S_{\max}-S_{\min}}(i,j=1,2,\cdots,n)$。

下面采用标准型"极值"方法进行归一化，即用每个值除以它们中的最大值。将归一化后的计算结果构造为一个模糊相似矩阵，如下所示。

$$\boldsymbol{R}=\begin{bmatrix} 1 & 0.25 & 0.45 & 0.35 & 0.40 \\ 0.25 & 1 & 0.0 & 0.4 & 0.35 \\ 0.45 & 0.0 & 1 & 0.4 & 0.35 \\ 0.35 & 0.4 & 0.4 & 1 & 0.55 \\ 0.40 & 0.35 & 0.35 & 0.55 & 1 \end{bmatrix}$$

（4）用最大树法对矩阵中的 5 个样本进行分类。

按照模糊相似矩阵 $\boldsymbol{R}$ 中的 r_{ij} 值按由大到小的顺序依次把这些元素用直线连接起来，并标上 r_{ij} 的数值，如图 9-8(a)所示。当取 $0.4<\lambda\leqslant0.45$ 时，得到聚类图（见图 9-8(b)），即 X 分成三大类：$\{X1,X3\}$，$\{X4,X5\}$，$\{X2\}$。

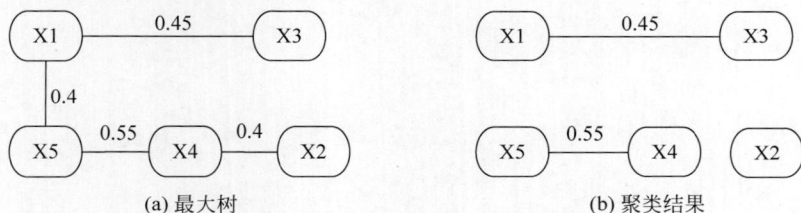

图 9-8 最大树聚类方法示意图

（5）最大树聚类算法很容易使用 Python 程序代码进行实现，如程序 9-6 所示。

程序 9-6 最大树聚类算法的 Python 程序

```
＃已知样本 1、2、3、4、5 的 6 个指标,将其放在列表 sample 中
sample = [ [2,3,5,6,2,1], [4,6,6,7,9,2], [3,4,5,1,1,4], [5,5,5,5,5,5], [7,6,5,4,3,2] ]
result = []                      ＃ 设置空列表 result,用来存储相似度
for i in range(5):
    s1 = sample[i]               ＃ 取出样本 i 的 6 个指标
    for j in range(5):
        s2 = sample[j]           ＃ 取出样本 j 的 6 个指标
        sum1 = 0
        for k in range(6):
            p = abs(s1[k] - s2[k])
            sum1 += p
        result.append(sum1)
max1 = max(result)               ＃ 求海明距离的最大值
for i in range(len(result)):
    result[i] = 1 - result[i]/max1  ＃ 求相似度
print(result)                    ＃ 显示聚类前结果
lamuta = 0.41                    ＃ 给出阈值为 0.41
for i in range(len(result)):
    if result[i]< lamuta:
```

```
        result[i] = 0
matrix = []; temp = []
for i in range(len(result)):
    temp.append(result[i])
    if (i + 1) % 5 == 0:
        matrix.append(temp)
        temp = []
print(matrix)                #显示聚类后最终矩阵
```

该程序的运行结果如下:

[[1.0,0,0.45,0,0],[0,1.0,0,0,0],[0.45,0,1.0,0,0],[0,0,0,1.0,0.55],[0,0,0,0.55,1.0]]

参 考 文 献

[1] 孙其博,刘杰,黎羴,等.物联网:概念、架构与关键技术研究综述[J].北京邮电大学学报,2010, 33(3):1-9.

[2] 沈苏彬,范曲立,宗平,等.物联网的体系结构与相关技术研究[J].南京邮电大学学报(自然科学版), 2009,29(6):1-11.

[3] 马峰,张硕.一种基于信息隐藏的安全二维码技术[J].科学技术创新,2017(32):83-84.

[4] 王小乐,陈丽娜,黄宏斌,等.一种面向服务的 CPS 体系框架[J].计算机研究与发展,2010,47(z2): 299-303.

[5] 张云霞,田烨.M2M 应用浅析[J].电信科学,2009,25(12):4-8.

[6] 张鼎.智能传感器设计[M].北京:人民邮电出版社,2009.

[7] 樊尚春.传感器技术及应用[M].北京:北京航空航天大学出版社,2010.

[8] 韦元华.条形码技术与应用[M].北京:中国纺织出版社,2003.

[9] 叶靖.物流条码技术及应用[M].北京:清华大学出版社,2011.

[10] 黄玉兰.物联网射频识别(RFID)核心技术详解[M].北京:人民邮电出版社,2010.

[11] 单承赣,单玉峰,姚磊.射频识别(RFID)原理与应用[M].北京:电子工业出版社,2008.

[12] 刘基余.GPS 卫星导航定位原理与方法[M].2 版.北京:科学出版社,2008.

[13] 孙巍,王行刚.移动定位技术综述[J].电子技术应用,2003,29(6):6-9.

[14] REED J H,KRIZMAN K J,WOERNER B D,et al. An overview of the challenges and progress in meeting the E-911 requirement for location service[J]. Communications Magazine,IEEE,1998. 36 (4):30-37.

[15] 张守信.GPS 卫星测量定位理论与应用[M].长沙:国防科技大学出版社,1996.

[16] CAFFERY J,STUBER J,STUBER G L. Subscriber location in CDMA cellular networks[J]. IEEE Transactions on Vehicular Technology,1998,47(2):406-416.

[17] 谢希仁.计算机网络[M].5 版.北京:电子工业出版社,2008.

[18] 李晓维.无线传感器网络技术[M].北京:北京理工大学出版社,2007.

[19] 喻宗泉.蓝牙技术基础[M].北京:机械工业出版社,2006.

[20] 唐雄燕.宽带无线接入技术及应用:WiMAX 与 WiFi[M].北京:电子工业出版社,2006.

[21] 温小斌,康耀红.Internet 图像检索技术综述[J].海南大学学报(自然科学版),2006,24(2): 181-187.

[22] 柯育强,康耀红.Internet 音频检索技术综述[J].海南大学学报(自然科学版),2008,26(1): 102-106.

[23] 弓洪玮.视频检索综述[J].人力资源管理(学术版),2009(9):246-247.

[24] 杨庚,许建,陈伟,等.物联网安全特征与关键技术[J].南京邮电大学学报(自然科学版),2010,30 (4):20-29.

[25] 宁焕生,张瑜,刘芳丽,等.中国物联网信息服务系统研究[J].电子学报,2006,34(12):2514-2517.

[26] 刘云浩.物联网导论[M].北京:科学出版社,2010.

[27] 任丰原,黄海宁,林闯.无线传感器网络[J].软件学报,2003,14(7):1282-1291.

[28] 李国刚,李旭文,温香彩.物联网技术发展与环境自动监控系统建设[J].中国环境监测,2011,27(1): 5-10.

[29] 何世钧,陈中华,张雨,等.基于物联网的海洋环境监测系统的研究[J].传感器与微系统,2011,

30(3)：13-15.

[30] 孙忠利.谈中国智能家居的现状及发展趋势[J].中国新通信,2017,19(10)：66.

[31] 周军.携手共拓智能家居"零"市场[J].数字社区 & 智能家居,2009(1)：32-36.

[32] 温毓铭,滕国文,杨建强.基于物联网的智能交通道路导航系统[J].计算机时代,2018(9)：11-13.

[33] 王晓秒.基于物联网技术的智能物流供应链管理研究[J].知识经济,2022,605(9)：51-53.

[34] 万嵩.物联网技术的发展及其工业应用的方向[J].数码世界,2018(5)：84-85.

[35] 桂小林.物联网技术导论[M].北京：清华大学出版社,2012.

[36] 桂小林.物联网信息安全[M].2版.北京：机械工业出版社,2020.

[37] 张玉清,周威,彭安妮.物联网安全综述[J].计算机研究与发展,2017,54(10)：2130-2143.

[38] 周世杰,张文清,罗嘉庆.射频识别(RFID)隐私保护技术综述[J].软件学报,2015,26(4)：960-976.

[39] 桂小林.物联网技术导论[M].2版.北京：清华大学出版社,2018.